W0171658

SCHMITT
HUGO JUNKERS
und seine Flugzeuge

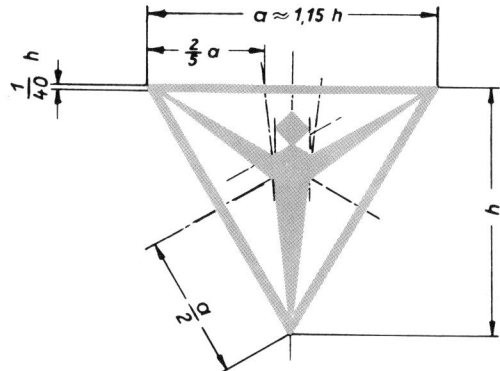

GÜNTER SCHMITT

und seine

HUGO JUNKERS

Flugzeuge

transpress

VEB Verlag
für Verkehrswesen
Berlin 1986

Schmitt, Günter:
Hugo Junkers und seine Flugzeuge /
[unter Mitarb. von Angelika Hofmann
u. Thomas Hofmann]. – 2., uv. Aufl.
Berlin: Transpress, 1986. – 224, [16]
S.: 327 Bilder, 16 Farbtaf., 23 Tab.
NE: 1. Mitarb.

**unter Mitarbeit von
Angelika Hofmann und
Thomas Hofmann (Dessau)**

ISBN 3-344-00192-2

2., unveränderte Auflage 1986
© 1986 by transpress VEB Verlag für Verkehrswesen
1086 Berlin, Französische Straße 13/14
VLN 162-925/178/86
LSV 3879
Verlagslektor: Hans-Joachim Mau
Gestaltung: Eberhard Felz/Zeichnungen: Klaus Huhndorf
Printed in the German Democratic Republic
Gesamtherstellung: INTERDRUCK Graphischer Großbetrieb
Leipzig,
Betrieb der ausgezeichneten Qualitätsarbeit, III/18/97
Manuskript abgeschlossen: August 1985
567 209 7
04800

Ein Wort zuvor ...

Professor Hugo Junkers war ein international geachteter Pionier des technischen Fortschritts, der auf mehreren Gebieten Herausragendes geleistet hat. Besonders durch die Entwicklung moderner Verkehrsflugzeuge in seinem Flugzeugwerk fand er weltweit Anerkennung. Die von ihm hervorgebrachte und beharrlich verfolgte technische Konzeption des freitragenden Ganzmetall-Kabinenflugzeuges hat den Flugzeugbau revolutioniert und war richtungweisend für die erste Generation zuverlässiger und im Weltluftverkehr vielseitig einsetzbarer Passagierflugzeuge. Mit dieser Leistung wurde Hugo Junkers in den Jahren der Weimarer Republik zu dem, was der englische idealistische Philosoph Thomas Carlyle im vorigen Jahrhundert einen „Beginner" genannt hatte, worauf sich später der russische marxistische Theoretiker Georgi Plechanow bezog, als er schrieb: „Der große Mann ist eben ein Beginner, denn er blickt weiter als die anderen ... Er löst die wissenschaftlichen Aufgaben, die der vorhergegangene Verlauf der geistigen Entwicklung der Gesellschaft auf die Tagesordnung gesetzt hat; er weist die neuen gesellschaftlichen Bedürfnisse auf, die durch die vorhergegangene Entwicklung der gesellschaftlichen Verhältnisse erzeugt worden sind; er ergreift die Initiative zur Befriedigung dieser Bedürfnisse."

Diesen neuen gesellschaftlichen Bedürfnissen in der Luftfahrt nach dem ersten Weltkrieg entsprach eine neue Generation von Flugzeugen, die friedlichen Zwecken dienten und nicht nur durch diesen moralischen Anspruch ihrer Verwendung, sondern auch hinsichtlich ihrer technischen Parameter denen des Krieges überlegen waren. Das hat Junkers erkannt, weitblickender als andere; dafür hat er sich eingesetzt; das hat er vollbracht. Damit und darauf bezogen war er im besten Sinne ein

Beginner gewesen und überragte andere im Flugzeugbau längere Zeit deutlich.

Hugo Junkers war ein bedeutender Technikwissenschaftler, aber er war auch umstritten. Seine Bestrebungen wurden beeinflußt von den gesellschaftlichen Widersprüchen seiner Zeit und brachten Widersprüchlichkeiten seiner Handlungsweisen hervor, die ohne das sozialhistorische Umfeld, in dem er sich als vorwärtsdrängender Neuerer zu verwirklichen und seinen Flugzeugen weite Verbreitung zu verschaffen suchte, kaum verstanden werden können. Deshalb werden hier gesellschaftliche Hintergründe in die Betrachtung einbezogen, obgleich sich die Darstellung besonders auf die flugzeugtechnischen Leistungen von Hugo Junkers und seiner wissenschaftlich-ingenieurtechnischen Mitarbeiter konzentriert. Dabei werden wesentliche Seiten seiner Persönlichkeit sichtbar: erfolgreicher Repräsentant der technischen Wissenschaften, vorausschauender Flugzeugprojektant, Alleinbeherrscher seiner Betriebe, expansiver Luftverkehrsunternehmer, Industriepartner der Sowjetunion, humanistisch gesinnter Liberaler ...

Der Name Hugo Junkers ist bis in die Gegenwart mit überkommenen voreiligen Behauptungen und Vorurteilen behaftet, die vornehmlich unterstellen, er sei ein bedeutender Rüstungsfabrikant und an der Flugzeugfabrikation zur Vorbereitung des zweiten Weltkrieges beteiligt gewesen. In diesem Buch werden Tatsachen vorgeführt, die es ermöglichen, diese Beurteilung zu überprüfen und zu korrigieren.

Die schöpferischen Jahre seines Lebens verbrachte Hugo Junkers in Dessau, er war 45 Jahre lang ein angesehener Bürger dieser Stadt, eine Persönlichkeit, die auf mehreren technischen Wissenschaftsgebieten für den Fortschritt eintrat und sich dafür, selbst unter Hinnahme von Rückschlägen

und Anfeindungen, mit beachtenswerter Konsequenz engagierte. Er war auch ein Mann, der, aus den Erfahrungen des ersten Weltkrieges politisch reifer geworden, sich fortan wiederholt in aller Öffentlichkeit zu einem Anhänger friedlicher Beziehungen zwischen den Völkern erklärte und, trotz durchschimmernder nationalistischer Standpunkte, den Krieg als Mittel zur Durchsetzung politischer Bestrebungen für untauglich erklärte. Außerdem war er ein Industrieller, der dem ersten sozialistischen Staat unseres Erdballs im Moment seiner besonderen außenpolitischen und wirtschaftlichen Schwierigkeiten unvoreingenommen entgegenging, ihn mit seinen Mitteln, denen des modernen Flugzeugbaus und des Luftverkehrs, unterstützte. Er half Rückständigkeiten zu überwinden, die als historischer Ballast aus der Zarenzeit übernommen worden waren. Solche Haltungen und Handlungen, wenn wir sie — Jahrzehnte überspringend — in unsere Gegenwart transferieren, machen Hugo Junkers und sein Wirken zu einem aktuell bedeutsamen Sachverhalt in der deutschen Luftfahrtgeschichte, weil die Zeit und die Welt, in der wir heute leben, um der Zukunft willen ähnliches Eintreten verlangen, aus welcher weltanschaulichen Position heraus auch immer: Einsatz für den menschheitsdienlichen Fortschritt, für friedliche zwischenstaatliche Beziehungen, für praktisches Handeln im Sinne politischer Vernunft.

Ein staatspolitisches Regime, das ein tausendjähriges werden wollte, aber in seinem zwölften bereits in den selbstverursachten Trümmern verrauchte, hat den Erfinder und Industriellen Hugo Junkers zu Fall gebracht und ihn von einem der Höhepunkte seines verkehrsflugzeugtechnischen Wirkens herabgestürzt. Ein Grund von vielen guten geschichtsbezogenen Gründen mehr, sich des Hugo Junkers zu erinnern, sich ihm zuzuwenden und seine Leistungen mit kritischem Blick zu würdigen, die er vollbracht hat, bevor er im Jahre 1933 gewaltsam aus Dessau, der produktivsten Stätte seines Wirken, entfernt worden war.

Die Darstellung geht von den ersten selbständigen Schritten aus, die Hugo Junkers in technisches Neuland und zu ersten Neulösungen führten. Sodann orientiert sie sich, ordnenden Gesichtspunkten folgend, vor allem an der chronologischen Abfolge der von ihm und seinen Mitarbeitern hervorgebrachten Flugzeuge bis zum Zeitpunkt der forcierten Einbeziehung seiner Werke in die Luftkriegsvorbereitung. In den entsprechenden Kapiteln werden sämtliche Junkers-Flugzeuge vorgestellt, die gebaut wurden und flogen — unabhängig davon, ob sie in Dessau, in Fili bei Moskau, in Limhamn bei Malmö oder in Tokio entstanden. Ergänzend werden Flugzeugprojekte, soweit diese bis heute bekannt geworden sind, erwähnt und gekennzeichnet. Vorgestellt werden außerdem sämtliche Flugmotoren, die unter der Regie von Hugo Junkers entstanden. In einer Schlußbetrachtung wird gezeigt, daß und warum der Name Junkers für die forcierte Luftrüstung in den Jahren vor und während des zweiten Weltkrieges mißbraucht worden ist.

Zum Zwecke der sorgfältigen Informationsaufnahme und der Vergleichsarbeit sind vielfältige Schriftmaterialien, Dokumente und Bilder aus Publikationen, aus dem innerbetrieblichen Schriftverkehr der ehemaligen Dessauer Werke, aus Archiven, der internationalen Fachliteratur sowie aus Privatsammlungen herangezogen und genutzt worden. Für die erwiesene Unterstützung sei an dieser Stelle gedankt: dem Rat der Stadt Dessau, Stadtarchiv Dessau; dem Museum für Stadtgeschichte in Dessau; der Staatsbibliothek Berlin; dem VEB Gas- und Elektrogeräte Dessau, Betrieb des Kombinates Haushaltsgeräte; dem Staatsarchiv Magdeburg, Außenstelle Oranienbaum; dem Deutschen Museum in München. Außerdem gebührt den Herren Klaus Wartmann (Mahlow), Hans-Joachim Mau (Berlin), Peter Peil (Strausberg), Ulrich Unger (Berlin), Günter Karg (Dessau), Dr. Michael Waßermann (Anklam), Peter Löwe (Berlin), Wladimir Wassilewitsch Korol (Leningrad), Pavel Sviták (Prag), Andrzej Glass (Warschau) sowie anderen Luftfahrtfreunden besonderer Dank für die erwiesene Dokumentations- und Materialhilfe.

Autor und Verlag haben sich gemeinsam darum bemüht, durch die Auswahl und Verwendung von teilweise gar nicht oder wenig bekannten Unterlagen und Bildern den dokumentarischen Wert und informatorischen Nutzen dieses Junkers-Buches zu erhöhen. Zu dieser Absicht hat Herr Klaus Huhndorf mit der Akribie seiner Typenblattzeichnungen in vorteilhafter Weise beigetragen. Alle Beteiligten waren gemeinsam bestrebt, mit diesem flugzeughistorischen Typenbuch unter Berücksichtigung zeitgeschichtlicher Zusammenhänge zur Aufarbeitung eines ebenso interessanten wie aufschlußreichen Ausschnitts der Luftfahrtgeschichte beizutragen.

Verweise auf Literatur- und Archivquellen, denen darstellungswesentliche Zitate, Feststellungen von zeitlichen und technischen Daten oder andere relevante Angaben entnommen worden sind, befinden sich an der jeweiligen Textstelle und erleichtern dem speziell interessierten Leser das Vergleichen oder Weitersuchen mit Hilfe eines im Anhang beigefügten Quellenverzeichnisses.

Doz. Dr. sc. Günter Schmitt

Inhalt

Junkers Weg
nach Dessau

Ingenieur Hugo Junkers

In der Mitte des vorigen Jahrhunderts, am 3. Februar 1859, wurde Hugo Junkers in der rheinischen Industriestadt Rheydt geboren. Er war einer der sieben Söhne von Heinrich Junkers (geb. 1823). Hugo Junkers besuchte ab 1875 die Gewerbeschule in Barmen, bestand die Reifeprüfung im Jahre 1878, arbeitete nach dem Abitur ein halbes Jahr lang als Praktikant in der Maschinenfabrik von Klingelhöffer in Rheydt, bevor er noch im selben Jahr seine Studien an den Technischen Hochschulen in Berlin, in Karlsruhe und in Aachen begann. Seine Studienjahre endeten mit dem Abschlußexamen im Jahre 1883 in Aachen.

Ein Sachverhalt, der für seine spätere Entwicklung als bedeutsam angesehen werden kann, war die frühe Neigung zu technischen Basteleien, die sich schon im Jugendalter tendenziell zu einer Liebhaberei zu entwickeln begann. Daraus entstand nach seinem Studium die Freude daran, in technisch neue Gebiete vorzustoßen und unbefangen, daher auch unkonventionell, an die Lösung technischer Probleme und Aufgaben heranzugehen. Bedeutenden Einfluß übte darauf Professor Adolf Slaby aus, der an der Technischen Hochschule in Berlin-Charlottenburg Thermodynamik lehrte und sich zu jener Zeit als einer der ersten Wissenschaftler mit theoretischen und praktischen Problemen des Verbrennungsmotors beschäftigte. Dazu experimentierte er in seinem technischen Laboratorium gemeinsam mit seinen Studenten an verschiedenen Motoren, vor allem mit dem Ziel, Hypothesen und theoretische Aussagen im Experiment zu bestätigen oder zu widerlegen. Die vielfältigen Anregungen, die Hugo Junkers während dieser Laborversuche erhielt, veranlaßten ihn auch in den Jahren nach seinem Hoch-

Die Familie des Prof. Junkers etwa im Jahre 1928;
obere Reihe v. l. n. r.: Günther J. (1915), Erhard J. (1908), Hertha J. (1899), Heinrich J. (1910), Anneliese J. (1900), Ruth J. (1903);
zweite Reihe v. l. n. r.: Ilse J. (1905), Klaus J. (1906), Therese J. (die Ehefrau und Mutter/1876), Dorotheé J. (1920), Hugo J. (1859), Luise J. (1913);
unten: Gudrun J. (1916); im Bild fehlt der im Jahre 1923 bei einem Flugunfall tödlich verunglückte Werner J.

schulstudium, in denen er als Konstrukteur in verschiedenen Maschinenfabriken arbeitete, immer wieder zu Professor Slaby zurückzukehren, an dessen theoretischen Arbeiten und Erprobungen teilzunehmen und auf diese Weise seine technikwissenschaftlichen Kenntnisse und Fähigkeiten zu erweitern.

Am 17. November 1887 starb Hugo Junkers' Vater an einer Gasvergiftung. Seinen sieben Söhnen hinterließ er eine einträgliche Weberei in Rheydt-Morr, eine Ziegelbrennerei, einigen Grundbesitz und ein an-

Arbeitsbeginn von Hugo Junkers in Dessau

„Charlottenburg, den 28. Okt. 1888

Geehrter Herr von Oechelhaeuser!
Gestatten Sie zunächst, daß ich Ihnen für die freundliche Aufnahme, welche Sie mir bei meinem gestrigen Besuche zu Theil werden ließen, meinen verbindlichen Dank ausspreche. Bezüglich unserer Abmachungen bestätige ich Ihnen hiermit, daß ich gern bereit bin, auf Ihre Vorschläge einzugehen. Ich würde mich hiernach verpflichten, mich dem weiteren Ausbau Ihres Motors zu widmen, unter dem Zugeständniß, daß ich innerhalb eines Zeitraumes von vorläufig 1½ Jahren weder direkt noch indirekt Schritte thun werde, um die von mir geplanten Neuerungen industriell zu verwerthen, es sei denn, daß es in Verbindung mit Ihnen oder unter Ihrer ausdrücklichen Zusage geschieht. Dagegen wollten Sie mir gestatten, die betreffenden Verbesserungen, wie solche in meinen bisherigen Aufzeichnungen — von welchen ich Ihnen noch einen schriftlichen Auszug vorlegen werde — enthalten sind, in meinen Mußestunden weiter auszuarbeiten und zur Patentierung einzureichen.
Im Übrigen vertraue ich vollständig Ihrem freundlichen Entgegenkommen und sehe Ihrer baldgefälligen Rückäußerung entgegen, um meine Übersiedelung nach dort baldmöglichst zu bewerkstelligen.
Inzwischen empfehle ich mich Ihnen hochachtungsvoll ergebenst"

gez.: Hugo Junkers

„Dessau, den 29. Okt. 1888

Geehrter Herr Junkers!
Indem ich Ihr geehrtes Schreiben v. Gestrigen bestätige, acceptire ich die von Ihnen darin gestellten Bedingungen bez. gemachten Zugeständnisse und sehe Ihrem Eintritt hierselbst so bald es Ihnen möglich ist entgegen.
Hochachtungsvoll begrüßt Sie"

gez.: W. v. Oechelhaeuser

sehnliches Vermögen. Die Erbaufteilung reichte aus, ihre weitere berufliche Entwicklung finanziell sicherzustellen. Im folgenden Jahr begann der inzwischen dreißigjährige Hugo Junkers mit eigenen bedeutenden technischen Entwicklungsarbeiten. Dafür fand er die vermittelnde Unterstützung seines Berliner Hochschullehrers Adolf Slaby. Professor Slaby, der seine theoretischen Ansichten an den Ergebnissen und Bedürfnissen der industriellen Praxis orientierte, unterhielt Kontakte mit vielen Ingenieuren und technischen Forschern. Zu seinem Bekanntenkreis gehörte auch der Technische Leiter der „Deutschen Continental-Gasgesellschaft" in Dessau, Wilhelm von Oechelhäuser, der sich im Unternehmen seines Vaters als leitender Ingenieur mit der Entwicklung eines Gasmotors beschäftigte und dafür einen geeigneten Mitarbeiter suchte. Mit diesem Anliegen wandte er sich im Jahre 1888 an Slaby, der für diese Tätigkeit seinen einstigen Schüler Hugo Junkers empfahl. Infolge dieser Empfehlung reiste Junkers erstmals nach Dessau — und blieb dort.

Aus seiner Ehe (er heiratete im Jahre 1898) gingen zwölf Kinder hervor, deren spätere berufliche Laufbahn zumeist von der Entwicklung der Junkers-Werke beeinflußt worden ist.

Gasmotor, Kalorimeter und erste Fabriken

Mit der Dessauer Tätigkeit als Konstrukteur bei Oechelhäuser, die Hugo Junkers im November 1888 aufnahm, begann für ihn ein Lebensabschnitt voller erstaunlicher Kreativität.

Nachdem Junkers anfänglich den technischen Vorstellungen und Vorhaben Oechelhäusers gefolgt war, erhob sich die Zusammenarbeit zwei Jahre später auf die Stufe partnerschaftlicher Gleichberechtigung, denn im Frühjahr 1890 wurde in Dessau die „Versuchsstation für Gasmotoren von Oechelhäuser und Junkers" gegründet, in der neben Hugo Junkers auch die Ingenieure Wilhelm Lynen und Wagner mitarbeiteten. Die gleichberechtigte Partnerschaft sicherte Junkers weitestgehende Selbständigkeit bei der Festlegung und beim Vollziehen seiner untersuchungsmethodischen Schrittfolgen, in deren Verlauf

sich allmählich der Arbeitsstil seines systematischen Forschens zu entwickeln begann.

Die Werkstatt, in der Junkers damals arbeitete, war ein ehemaliger Pferdestall auf dem Gelände der Gasanstalt. Nach einer Reihe von Versuchen, bei denen die verschiedenen Einflüsse auf die Betriebsfähigkeit und Wirtschaftlichkeit eines Gasmotors einzeln analysiert wurden, entstand im Jahre 1892 als Versuchsanlage der erste Gegenkolben-Zweitakt-Gasmotor mit einer Leistung von 73,5 kW (100 PS). Die zu seiner Entstehung von Junkers schrittweise vollzogene experimentelle Vorgehensweise sollte auch für seine künftige Tätigkeit bei der Entwicklung technischer Neuerungen kennzeichnend bleiben. In einem damals unveröffentlichten Vortrag, den Hugo Junkers am 3. Juli 1912 an der Tech-

nischen Hochschule Aachen zum Thema „Kritische Betrachtungen zur Konstruktion des Großölmotors" hielt, hat er rückblickend prinzipielle Erfahrungen seines Vorgehens wie folgt zusammengefaßt:
„Der Weg, um aus der Idee zur brauchbaren Maschine überzugehen, kann verschieden sein. Man könnte beispielsweise die Maschine, so, wie man sie sich denkt, für die Praxis ausführen und nun ausprobieren. Das ist aber im allgemeinen ein sehr undankbarer Weg, und er ist zum Schaden der Beteiligten leider sehr oft beschritten worden und hat zur Folge gehabt, daß manche an sich gute Sache einen Mißerfolg gehabt hat, von dem sie sich nicht wieder erholte … Der geeignetste Weg ist der, daß man genau erwägt, welches die größten Schwierigkeiten sind. Diese Schwierigkeiten sind nun für sich zu untersuchen in geeigneter Weise, also derart, daß man Apparate schafft, die losgelöst sind von allem Beiwerk."[1]

In dieser Weise ist Hugo Junkers bereits bei seinen Arbeiten zur Entwicklung des Gasmotors vorgegangen. In sein Versuchsjournal notierte er am 28. März 1890 die folgenden Aufgaben:
„1. Weitgehende Expansion;
2. Verminderung von Wärmeverlusten an Wandungen im Verbrennungsraum;
3. weitgehende Ausnutzung der Maschinenelemente;
4. reine, kalte Ladung (vollständige Ausspülung, geringe Zeitdauer der Berührung mit den heißen Wandungen.)"[2]

Für die Einzeluntersuchung dieser entwicklungsthematischen Aspekte baute Junkers mehrere einfache Apparaturen

Der Gegenkolben-Zweitaktgasmotor von Oechelhäuser und Junkers mit einer Leistung von 73,5 kW/100 PS aus dem Jahre 1892

und führte mit ihnen Vorversuche aus, bevor er gewonnene Erkenntnisse im Jahre 1892 gemeinsam mit Oechelhäuser in einer Versuchsanlage technisch umsetzte und vereinigte. Diese Anlage war freilich nur für den kurzzeitigen Betrieb geeignet. Aber schon im Jahre 1893 entstand ein zweites Muster, das bereits betriebsreif war und als Großgasmotor für den Hochofenbetrieb verwendet werden konnte. Für Junkers war jedoch auch dieser Gasmotor erst eine Zwischenlösung, die er als Versuchsgrundlage für weitere Forschungsschritte ansah. Erst nach intensivem Weitersuchen nach zweckmäßigeren Lösungen wollte er zur Fabrikation übergehen. Anders sah es Oechelhäuser, der als absatzinteressierter Industrieller auf die rasche wirtschaftliche Verwertung der Erfindung drängte, was zumindest insoweit verständlich ist, als er die Hauptlast der Entwicklungskosten für die von Junkers betriebenen Forschungen getragen hatte. Derart prinzipielle Meinungsunterschiede führten dazu, daß der Partnerschaftsvertrag am 17. April 1893 wieder gelöst wurde.

Dieser Sachverhalt ist für Junkers ebenfalls charakteristisch, denn auch in der Zukunft sollten Partnerschaften dadurch erschwert werden, daß er sich gegen die Serienherstellung von Kompromißlösungen sträubte.

Bereits am 21. Oktober 1892 hatte Hugo Junkers die erste eigene Firma gegründet, die er unter der Bezeichnung „Hugo Junkers — Civilingenieur, Dessau" in das Handelsregister eintragen ließ. Noch im selben Jahr erhielt er sein erstes Patent (DRP-Nr.: 71731) und im Jahre 1893 ein weiteres (DRP-Nr.: 72564) für ein Kalorimeter, eine Apparatur zur Messung des Heizwertes von flüssigen und gasförmigen Brennstoffen. Das Kalorimeter war gewissermaßen eine „Nebenerfindung" der gemeinsam mit Oechelhäuser entwickelten Großgasmaschine gewesen, denn es hatte sich als notwendig erwiesen, auf rasche und unkomplizierte Weise den Heizwert des Gases festzustellen. Junkers hatte die technische Lösung in dem Prinzip gefunden, Gasheizwerte durch Wärmeübertragung auf durchfließendes Wasser zu messen. Davon ausgehend entwickelte er nach der Trennung von Oechelhäuser ein Gerät, mit dem es möglich wurde, größere Wassermengen für ganz bestimmte Gebrauchszwecke zu erhitzen. So entstand der Gasbadeofen.

Junkers meldete für diesen „Flüssigkeitserhitzer" im Jahre 1894 ein Patent an,

Das erste Werksgebäude der „Junkers & Co." (Ico) in der damaligen Dessauer Albrechtstraße 47, gekauft und in Betrieb genommen im Jahre 1895

Schrankkalorimeter (Wärmemeßgerät) der „Junkers & Co."

Junkers-Kalorifer (Gasofen für Luftheizungen)

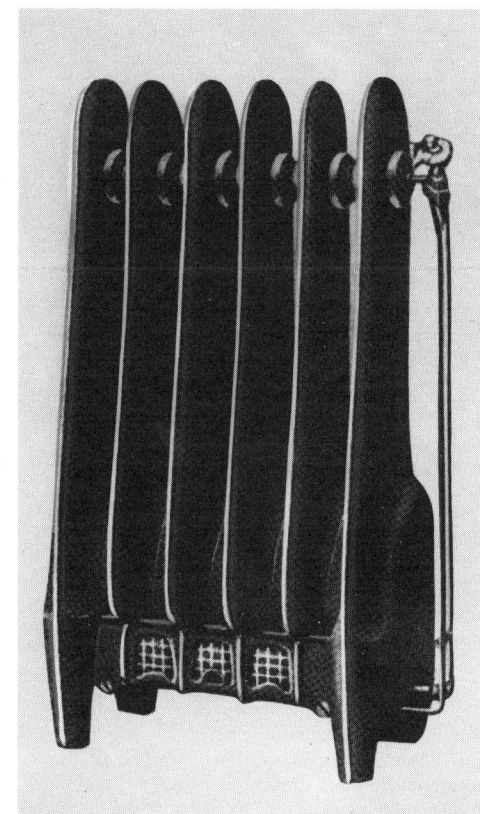

*Junkers-Warmluftgebläse
für Werkhallen*

*Gasradiator nach dem Junkers-Prinzip
der indirekten Heizfläche*

*Das erste Muster
eines Junkers-Gasbadeofens*

*Junkers-Gasbadeofen in Werbefotos:
Leicht zu bedienen von Kindern
und erfrischend für ihre Mütter*

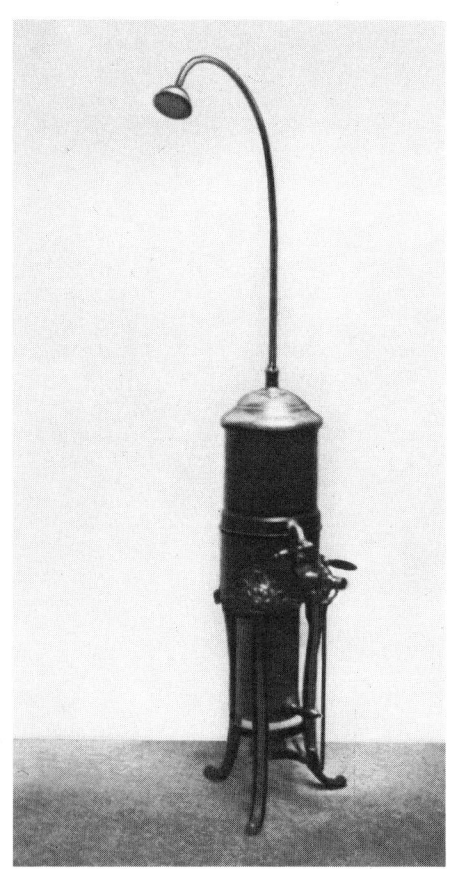

*Ein Erzeugnis des Dampfkesselbaus
der „Junkers & Co."*

das zwei Jahre später erteilt wurde (DRP-Nr.: 84781). Sogleich nach der Anmeldung hatte er versucht, das Patent an einen Fabrikanten zu verkaufen. Da sich kein Interessent fand, begann er selbst die Produktion in einem eigenen Gasbadeofenwerk und wandelte seine Firma, in der er bis zu diesem Zeitpunkt nur einen Klempner beschäftigt hatte, am 2. Juli 1895 in eine Handelsgesellschaft mit der Bezeichnung „Junkers & Co." (Ico) um. Bis zum Jahre 1898 stieg die Anzahl der Arbeiter in diesem Betrieb auf 30 (bis zum Jahre 1914 auf 310, bis 1927 sogar auf 1100). War dieses Gerät in der ersten Zeit ein luxuriöser Ausstattungsteil in Wohnungen begüterter Familien, wurde er später auch allmählich als „Volksbadeofen" in Arbeiterwohnungen verwendet (Preis 1896: 75,- Mark; 1914: 37,- Mark).

Waren die gasbeheizten Wassererhitzer in den ersten Jahren so beschaffen, daß sie über der Badewanne aufgehängt oder neben ihr aufgestellt wurden, der Wasserzulauf abgesperrt und stehendes Wasser erhitzt wurde, das dann ohne Druck aus dem Ablaufventil herauslief, begann sich fortan eine Weiterentwicklung durchzusetzen. Diese wurden in einer zeitgenössischen Darstellung wie folgt beschrieben:

„Nun kam aber mit der zunehmenden Verwendung von Warmwasserversorgungsanlagen die Forderung auf, ein Wassererwärmer solle mehrere Zapfstellen bedienen, so daß man also von einem Apparat aus nicht nur in der Küche, sondern auch an anderen Stellen der Wohnung warmes Wasser haben kann. Dazu wurden die automatischen Armaturen ausgebildet, die durch den Druck des durchströmenden Wassers das Gas anstellen, sobald irgendeine Zapfstelle geöffnet wird. Da die Zapfstellen von dem Warmwasserapparat entfernt sind, so muß dieser unter dem Druck der Wasserleitung stehen und seine Wasserräume müssen druckfest sein. Deswegen ging man zur Verwendung von Rohrschlangen über. In der Ausbildung dieser sogenannten Druckautomaten brachte nun Junkers im Jahre 1906 einen wesentlichen Fortschritt."[3]

Der damit realisierte Erfindungsgedanke wurde im Jahre 1906 in einer Junkers-Patenschrift niedergelegt (DRP-Nr.: 190294). Die heute als Gasdurchlauferhitzer bezeichnete Einrichtung, die zum weitverbreiteten Ausstattungsstandard moderner oder modernisierter Wohnungen gehört, hat in diesem Junkers-Patent seinen Ausgangspunkt.

Weitere Anwendungen von Junkers-Patenten, die später in Familienhaushalten zur alltäglichen Selbstverständlichkeit wurden, sind unter anderem das Prinzip der indirekten Heizfläche in Gasheizungen (DRP-Nr.: 424535), von Kochreglern in Gaskochgeräten (DRP-Nr.: 193273, 197692 und 281932) sowie der Luftheizung, als Kalorifer bezeichnet (DRP-Nr.: u. a. 439616). Diesen Junkers-Patenten folgten ständig weitere auf den verschiedenen Anwendungsgebieten, vor allem in den Bereichen der Wärmetechnik und im Motorenbau, später auch in der Flugzeugtechnik. Mit den Erfindungen, die entweder direkt von ihm stammen oder aus den technischen Entwicklungsleistungen seiner Mitarbeiter hervorgegangen sind, erhielt der technische Fortschritt eine Vielzahl von Impulsen, die bis in die Gegenwart hineinreichen.

Schon seine ersten Erfindungen hatten Hugo Junkers in den Bereichen der technischen Wissenschaften bekannt gemacht. Im Jahre 1897 wurde er für Lehraufgaben als Professor an die Technische Hochschule Aachen berufen. Er lehrte dort Thermodynamik, wie sein ehemaliger Lehrer Slaby in Berlin, und leitete zwei hochschuleigene Maschinenlaboratorien bis zum Jahre 1912. Noch im Oktober 1897 gründete er in Aachen die „Versuchsanstalt Professor Junkers", in der er sich zunächst darum bemühte, Erkenntnisse, die er bei den Arbeiten am Gegenkolben-Gasmotor gewonnen hatte, auf die Entwicklung eines Ölmotors anzuwenden. Die Anzahl der Mitarbeiter dieser Versuchsanstalt, die auch nach der Beendigung seiner Aachener Hochschullehrtätigkeit weiter bestand, stieg bis zum Jahre 1919 auf 29 (davon 20 Meister, Facharbeiter und Werkstattlehrlinge). Die Finanzierung erfolgte hauptsächlich durch die „Junkers & Co.". Die jährlich überwiesenen Beträge aus dem Dessauer Werk für die Forschung in Aachen betrugen beispielsweise 67000 Mark im Jahre 1906 und erreichten die Höhe von 240000 Mark im Jahre 1913.

Junkers war schon, denn eine andere Möglichkeit bestand für ihn ohnehin nicht, mit der ersten Versuchsanstalt zur Eigenfinanzierung seiner Forschungen übergegangen, deren Ergebnisse auf zwei Wegen gewinnbringend zurückfließen sollten: durch den Verkauf von Lizenzen an andere Unternehmer sowie durch die Produktionsanwendung der Erfindungen in seinen eigenen Betrieben. Die soziale Doppelrolle, in der er sich als Wissenschaftler und Unternehmer befand, hatte ihre eigene Dialektik. Die Unabhängigkeit von fremden Geldquellen, die er sicherstellen wollte, konnte nicht die ökonomische Abhängigkeit des Wissenschaftlers Junkers von dem Industriellen Junkers verhindern[4], sondern setzte sie voraus. Außerdem war die von Professor Junkers angestrebte finanzielle Unabhängigkeit zwar als Handlungskonzept denkbar, aber, wie noch zu sehen sein wird, auf die Dauer praktisch nicht realisierbar.

Ebenso unkonventionell und pragmatisch, wie Junkers an technische Probleme heranging, wodurch er oft Lösungen fand, die sich als überraschend einfach und gerade deshalb als bahnbrechend erwiesen, löste er auch seine Lehraufgaben in Aachen. Seine Grundmethode bestand darin, sich an konkreten praktischen Bedürfnissen der gegenwärtigen und künftigen technischen Entwicklung zu orientieren, davon Hypothesen und technische Zielparameter abzuleiten, diese zu formulieren, Lösungswege auszuarbeiten und sie durch variationsreiche Experimente und Vergleiche zu untersuchen, bis die optimale Variante der Lösung erkennbar wurde, um dann diese — und keine andere — weiterführend zu bearbeiten und zur technischen Reife zu bringen.

„Hugo Junkers leistete auf vielen Gebieten der Technik wahre Pionierarbeit. Ihn fesselte unerforschtes Land. Kennzeichnend für seinen Arbeitsstil war, daß er unbefangen an neue Aufgabenstellungen heranging. Er brach mit überlieferten Vorstellungen und ging immer von den Forderungen der Praxis aus. Junkers fragte nicht, wie kann ich Bestehendes durch Verbesserung weiterentwickeln, sondern welches sind die Aufgaben, die die Kraftmaschine ... zu erfüllen hat, welches technische Ziel muß der Entwicklung zugrundegelegt werden und welches Mittel und welche Kenntnisse sind hierfür notwendig."[5]

Dieses forschungsmethodische Vorgehen bestimmte zugleich seine lehrmethodischen Vorgehensweisen. Darüber existieren biographische Darstellungen wie auch eigene Bekundungen zur Ausbildung von Ingenieuren, die er publizierte.

Über die Aachener Lehrtätigkeit von Professor Junkers schrieb beispielsweise sein damaliger Biograph: „Er hatte schon damals wie später den ... Grundsatz, mit möglichst einfachen Mitteln umfassende Untersuchungen anzustellen und zu neuen Ergebnissen zu kommen. Vor seinen Studenten war er immer bestrebt, sie selbst die experimentellen Mittel und Methoden durch einfaches Nachdenken finden zu lassen ..."[6]

Junkers zum Verhältnis von Idee und Erfindung

„Die Idee ist noch keine fertige Erfindung. Sie ist nur der Ausgangspunkt, meist ein ganz kleiner Teil der gesamt zu leistenden Arbeit. Nun ist man meist geneigt, anzunehmen: Ja, aber die Idee ist die Hauptsache, das andere findet sich von selbst, das kann dann jeder machen, wenn er nur das Geld hat. Daß das ein ungeheurer Irrtum ist, wird jeder bestätigen, der sich einmal auf den dornenvollen Weg begeben hat, aus der Idee ein fertiges, brauchbares Produkt zu machen.

Das Erfinden besteht nämlich nicht nur aus der Idee. Die der Erfindung zugrunde liegende Idee ist im allgemeinen nur der kleinste Teil der Erfindung, wenn man unter Erfindung das Schaffen einer brauchbaren Neuerung und nicht bloßes Phantasieren verstehen will."

(Stenografische Notizen, 1919 Archiv: Deutsches Museum München)

In späteren Jahren hat er diesen Grundsatz der praxisbezogenen Ausbildung in seine Unternehmungen übernommen und die berufs- bzw. arbeitsplatzbezogene Weiterbildung von neueingestellten Mitarbeitern eingeführt. Es bedarf kaum einer besonderen Erwähnung, daß dieses betriebsspezifische Vorgehen nicht ohne Auswirkungen auf die Leistungsfähigkeit der Mitarbeiter in den Werksabteilungen mit Entwicklungsaufgaben und die Herausbildung von technischen Spitzenkräften blieb. Das Streben nach technischen Neuerungen wurde dort zur allgemeinen Arbeitshaltung, die das Qualitätsansehen der Junkers-Erzeugnisse begründete.

Die Qualität der Dessauer Fabrikate stimulierte die Nachfrage und den Absatz auf in- und ausländischen Märkten und stärkte die Positionen des Unternehmers Junkers im Konkurrenzkampf. Daher braucht nicht übersehen zu werden, daß die gesellschaftlichen Verhältnisse jener Jahre auch um die Junkers-Betriebe keinen Bogen machten. Dessau war in der Zeit der zunehmenden Monopolisierung, der immer stärkeren Konzentration des Kapitals in den Händen weniger Unternehmer sowie damit verbundener wirtschaftlicher Machtgrup-

Der Gegenkolbenölmotor von Junkers (1908)

*Das ab 1918 in Betrieb genommene
Werkgelände der „Junkers & Co."
in der damaligen Cöthener Kreisstraße
(heute: Junkerstraße)*

*Das Kaloriferwerk der „Junkers & Co."
1920 in der damaligen Cöthener Straße
(heute: VEB Junkalor, Altener Straße)*

pierungen keine Insel, in der lediglich geforscht und nach technischen Neuerungen gesucht werden konnte; wenngleich dies, was Junkers zu seinen Lebzeiten oft zum Vorwurf gemacht wurde, seinem Streben am nächsten gekommen wäre.

Hugo Junkers war übrigens nicht der erste Unternehmer, der gleichzeitig mit technischen Innovationen hervortrat. Vor ihm hatte in Deutschland beispielsweise Carl Friedrich Benz einen ähnlichen Weg angetreten. Im Jahre 1878 hatte er seinen ersten Zweitaktgasmotor konstruiert und 1885 das erste entwicklungsfähige Automobil gebaut, zuerst als Motordreirad, ab 1893 als Vierradwagen. Auch er konnte Forschungen und technische Entwicklungsarbeiten nur dadurch finanzieren, daß er selbst zum Bourgeois wurde und auf diese Weise die materiellen Voraussetzungen seiner herausragenden technischen Leistungen sicherstellte.

Auch in den Junkers-Betrieben, die um die Jahrhundertwende existierten und später entstanden, war Profit zunächt der Zweck der Produktion, unabhängig davon, wofür ihn Junkers verwendete. Er hat ihn überwiegend unter Gesichtspunkten technischer Weiterentwicklung und Einflußausweitung genutzt. Neben der Forschung, die zu allen Zeiten sein größter Kostenfaktor war, wuchsen später die Ausgaben für kostenträchtige Werbeflüge und Verkaufsexpeditionen bis nach Übersee, für eine Vielzahl von Druckschriften der technischen Propaganda und Absatzwerbung. Junkers hat auch im Hinblick auf die Fertigung in seinen eigenen Betrieben sowie für das spätere Dienstleistungsangebot mit Flugzeugen (Schädlingsbekämpfung, Luftbilddienste u. a.) die notwendigen Investitionen nicht gescheut.

Wenn an früherer Stelle unter Hinweis auf die soziale Doppelrolle von Junkers die Feststellung begründet war, daß sich der Wissenschaftler in ökonomischer Abhängigkeit vom Unternehmer befand, so ist hier verdeutlichend hinzuzufügen, daß der Forscher seine Existenz nur unter der Bedingung sichern konnte, daß er zugleich

als Unternehmer erfolgreich war. Selbst dann also, wenn Junkers ein vergleichsweise bescheidenes Privatleben geführt hat, was trotz vieler diesbezüglicher Literaturhinweise dahingestellt bleiben mag, waren die mit den Jahren geradezu sprunghaft ansteigenden Kosten für die ständig ausgeweitete und komplexer werdende technische Forschung bereits ein hinreichender wie unausbleiblicher ökonomischer Zwang, der den Wissenschaftler Junkers veranlassen mußte, auf den Unternehmer Junkers einen entsprechenden Erfolgsdruck auszuüben.

Als Beleg für diese Feststellung mag der Hinweis darauf genügen, daß Junkers bereits kurze Zeit nach der Berufung zum Hochschullehrer nach Aachen die Aufgaben des Direktors der „Junkers & Co." an Hermann Schleissing übergab, der, wofür es mehrere Bezeugungen gibt, ein unerbittlicher Antreiber war und im Junkers-Werk den Akkordlohn einführte. Möglicherweise sammelte Schleissing dabei jene Grunderfahrungen, die ihn später für die Funktion des Vorsitzenden des Arbeitgeberverbandes der Metallindustrie im Raum Anhalt geeignet machten.

Die Einführung des Akkordlohns und der straffen Produktionsorganisation wurde durch die beginnende Serienfertigung von Meßgeräten und wärmetechnischen Apparaturen ermöglicht. Da ging es um möglichst hohe Stückzahlen pro Arbeitskraft und Arbeitstag bei der Verwertung von Junkers-Erfindungen entsprechend der steigenden Nachfrage auf dem Markt.

Gänzlich andere Bedingungen als in der Serienfertigung bestimmten die Arbeit in Entwicklungsbereichen, deren Anzahl mit der Gründung weiterer Junkers-Betriebe und mit der Überführung neuer Fabrikate in die Produktion zunahm. In diesen Bereichen waren Wissenschaftler, Ingenieure, Meister und ausgewählte Facharbeiter gemeinsam mit der Erarbeitung einer technischen Neuerung oder mit den Vorbereitungen für ihre Überführung in die Produktion beschäftigt. Hier wurden andere Leistungen als in der Massenfabrikation verlangt — und auch erbracht. Wer in einem derartigen Bereich tätig war, und das waren in der Umgebung des vorwärtsdrängenden Professor Junkers viele, hatte also weitgehende schöpferische Freiräume und war nicht in eine minutiöse Organisation

des Arbeitstages in einer Sechstagearbeitswoche mit konkret in Stückzahlen ausgedrückten Leistungsvorgaben eingereiht. Er gelangte deshalb auch zu anderen Urteilen und Bewertungen über die Arbeitsbedingungen bei Junkers als ein Akkordarbeiter. Letztere aber bildeten die Mehrheit, und sie waren es, von denen unter dem zunehmenden Leistungsdruck die Bestrebungen ausgingen, sich zu organisieren, wie viele Arbeiter auch in anderen Betrieben den gewerkschaftlichen Zusammenschluß suchten. Solche Regungen unter den Arbeitern blieben selbstverständlich auch Junkers nicht verborgen, der auf derartige Mitteilungen mit dem Satz zu reagieren pflegte: „Wo ich in meinen Werken eine Organisation aufkommen sehe, da schlage ich sie zusammen."[7]

Das war die Sprache des Unternehmers Junkers, die sich von der anderer Angehöriger der Bourgeoisie nicht unterschied. Sie ist insofern Ausdruck typischer Fabrikbesitzerhaltung. Auch sie weist auf die Differenziertheit seiner Persönlichkeit hin, die bei seiner Gesamtbeurteilung berücksichtigt werden muß. Als Forscher war Junkers dem technischen Fortschritt verschrieben. Damit war er aber nicht automatisch ein Verfechter des gesellschaftlichen Fortschritts. Auf Grund seiner sozialen Stellung als Fabrikbesitzer konnte er das auch nicht sein, ohne sich als Unternehmer zu eliminieren oder wenigstens in Frage zu stellen. Unter den gegebenen gesellschaftlichen Verhältnissen hätte das nichts anderes als das Selbstaufgeben des produktiven Forschers bedeuten müssen, weil es seinen wissenschaftlichen Arbeiten die ökonomische Grundlage entzogen hätte. Die Zeit, in der er lebte, ließ ihm nur die Möglichkeit, entweder beides oder keines von beiden zu sein.

Junkers konnte allerdings seine erwähnte Absicht im Hinblick auf das Zusammenschlagen jeglicher Organisation in seinen Werken nicht durchsetzen. Die Gewerkschaften entstanden auch in Dessau und setzten sich schließlich durch, so daß nur noch gewerkschaftlich organisierte Arbeiter in den Junkers-Werken eingestellt wurden. Doch es war auch diese Unter-

Stempeluhren am Fabrikeingang der „Junkers & Co."

Metalldrückerei

Ende der Tagesarbeit

*Die im März 1919 gegründete
Fabrikfeuerwache der Junkers-Werke*

Der Saal der technischen Zeichner

Großraumbüro (etwa 1925)

nehmerhaltung, wenngleich sie sich im Verlaufe der Jahre im liberalen Sinne veränderte, den weiteren Betrachtungen voranzustellen.

Die Forschung in seiner Aachener Versuchsanstalt konzentrierte sich zunächst, wie bereits erwähnt, auf den Verbrennungsmotorenbau. Im September 1907 meldete Junkers ein Grundlagenpatent für einen Schwerölmotor an (DRP-Nr.: 220124). Im Jahre 1908 entstand sein erster Versuchs-Ölmotor mit einer Leistung von 110/147 kW (150/200 PS), der bis zum Jahre 1910 als Tandemversuchsanordnung mit einer Leistung von 735 kW (1000 PS) weiterentwickelt wurde. Mit dieser Anlage wurden weitere eingehende Versuche unternommen, die das Ziel verfolgten, konstruktive Lösungen für verschiedene Verwendungsgebiete zu finden, die Fabrikation und den Vertrieb aber durch das Angebot oder den Verkauf von Lizenzen an bereits existierende Maschinenfabriken des In- und Auslandes zu übertragen. Erst im Jahre 1913, ein Jahr nach Beendigung seiner Lehrtätigkeit an der Technischen Hochschule Aachen, gründete er in Magdeburg die „Junkers-Motorenwerke" und begann dort mit der Produktion, nachdem es ihm nicht gelungen war, andere deutsche Produzenten für seinen Ölmotor zu finden. Das Magdeburger Werk arbeitete bis zum Beginn des ersten Weltkrieges besonders eng mit der englischen Firma „Doxford & Sons" in Sunderland zusammen, die nach dem System von Junkers Öl-Schiffsmaschinen baute, die Entwicklungsarbeiten während des ersten Weltkrieges selbständig weiterführte und nach dem Kriege eines der führenden Unternehmen im Großschiff-Motorenbau war. Die „Junkers-Motorenwerke" in Magdeburg wurden im Jahre 1915 wieder geschlossen, als Junkers in Dessau sein Forschungspotential darauf konzentrierte, seine Idee vom Ganzmetallflugzeugbau zu verwirklichen.

Im Jahre 1919, nach dem Ende des ersten Weltkrieges, wandte sich Junkers dem Motorenbau erneut zu, als er in Dessau die „Junkers Motorenbau GmbH" (Jumo) gründete.

„Wellblechente" und Großraumflügel

In unmittelbare Berührung mit dem Flugzeugbau kam Professor Junkers im Jahre 1908, als er während seiner Lehrtätigkeit an der Technischen Hochschule Aachen mit Professor Hans Reißner einen Hochschullehrer kennenlernte, der sich mit praktischen Flugversuchen beschäftigte. Zu jener Zeit waren in Europa vor allem der Doppeldecker der amerikanischen Mechanikerbrüder Orville und Wilbur Wright, der Kastendoppeldecker der Franzosen Gabriel und Charles Voisin sowie der Doppeldecker des Franzosen Henry Farman bekannt. Es waren durchweg leichte und zerbrechli-

Prof. Hans Reißner –
durch seine Flugzeugversuche
wurde Prof. Junkers zu flugtechnischen
Forschungen angeregt

che, stoffbespannte Konstruktionen in Leistenbauweise. Der Motorflug hatte begonnen, steckte aber noch in den Kinderschuhen. In Deutschland gab es zu jener Zeit bereits mehrere Experimenteure, aber noch keinen verwendungsfähigen Motorflugapparat.

Professor Reißner hatte im Jahre 1909 einen Doppeldecker fertiggestellt, für dessen Bau neben Leisten und Bespannstoff auch Stahlrohr verwendet wurde. Damit wurden am 12. April 1909 auf dem Gelände der Branderheide bei Aachen Flugversuche ausgeführt, bei denen Flugweiten von mehr als 100 Metern in vier bis sechs Metern Höhe gelungen sein sollen. Einige Zeit später wurde der Flugapparat durch einen Sturz zerstört. Danach begann die Zusammenarbeit von Reißner und Junkers. Letzterer teilte darüber im Jahre 1920 in einem Vortrag vor der „Wissenschaftlichen Gesellschaft für Luftfahrt" mit: „Obschon das Problem des Fliegens mich von Jugend auf sehr interessierte, fand ich in früheren Jahren keine Zeit und Gelegenheit, mich eingehender damit zu befassen. Erst als im Jahre 1909 Kollege Reißner mich in Aachen zur gemeinsamen Bearbeitung des Maschinenfluges aufforderte, schienen sich günstige Aussichten für eine wirksame Mitarbeit auf diesem Gebiet zu eröffnen. Aber unabweisbare andere Verpflichtungen ließen mir auch jetzt sehr wenig Zeit. Das aus der Verbindung mit Reißner hervorgegangene Flugzeug ist daher im wesentlichen seiner Bearbeitung entsprungen."[8]

Das Flugzeug, auf das sich Junkers hier bezieht, ist ein Eindecker nach der Entenbauart, also mit vorn (in Flugrichtung) liegendem Leitwerk und hinten befindlichen Tragflächen. Die Tragflügel bestanden aus mit Stahlrohr versteiftem, gewelltem Eisenblech, weshalb dieses Flugzeug sehr bald als „Wellblech-Ente" bekannt wurde.

Diese Metallflügel sind in der Aachener „Versuchsanstalt Professor Junkers" entwickelt und in den Dessauer Werkstätten der „Junkers & Co." hergestellt worden. Aus diesem Grunde verbreitete sich später die Ansicht, daß das ganze Flugzeug dort entstanden sei und der Reißner-Eindecker das erste Junkers-Flugzeug war. Dieser Ansicht ist Professor Junkers gleich am Beginn seines oben zitierten Vortrages korrigierend entgegengetreten.

Die Reißner-Ente wurde im Februar 1912 fertiggestellt, später zum Flugplatz Johannistal gebracht, im Schuppen Nr. 7 am „alten Startplatz" untergestellt und von dem Schweizer Flugzeugführer Robert Gsell erfolgreich geflogen. Am 7. August 1912 meldete die „B. Z. am Mittag" unter der Überschrift „Entenflüge in Johannisthal":

„Zum erstenmal ist jetzt auf dem Johannisthaler Flugplatz ein Flugzeug des sogenannten ‚Ententyps' zu sehen … Der Apparat unterscheidet sich von anderen Eindeckern durch Anordnung der Tragdecken an einem langen Halsrumpf, der vorn die Steuerflächen trägt, ferner durch den besonderen offenen Aluminiumwellrippenbau der Tragflächen und durch den gelenkigen Antrieb des am Hinterende des Apparates befindlichen Propellers. Der Konstrukteur Prof. Reißner nimmt eine besonders hohe natürliche Flugstabilität der Maschine in Anspruch, und es scheint in der Tat nur eine sehr geringe Steuerbetätigung nötig zu sein. Es ist dies der erste flugfähige Apparat mit Metallflächen und der erste fliegende Entenapparat in Deutschland."

Und am 9. Oktober 1912 berichtete diese Berliner Zeitung:

„Auf der Reißner-Ente, dem originellen Eindecker des Aachener Professors, hat gestern der Pilot Gsell … die Bedingungen der Pilotenprüfung erfüllt, um die Wendigkeit des Apparates zu beweisen. Er flog

*Der Enten-Eindecker von Prof. Reißner,
wegen der Tragflächen
aus gewelltem Eisenblech
auch „Wellblech-Ente" genannt*

sehr enge Achten, bei denen sich die ‚Ente'
als durchaus stabil erwies. Auch die Landungen verliefen sehr glatt. Die Maschine
ist mit einem 70-PS-Argus-Motor ausgestattet."
Das Johannisthaler „Gastspiel" der Entenkonstruktion mit den Junkersschen Wellblechtragflächen war nicht nur ein aufsehenerregendes Ereignis, sondern auch ein
glänzender Nachweis für die — jedenfalls
für damalige Ansprüche — flugzeutechnische Eignung des Reißner-Konzepts. Das
Flugzeug hatte zuerst einen unbespannten,
später einen stoffbespannten Leitwerksträger. Eine früher durch Berichte geförderte
Feststellung, daß es sich um zwei Muster
gleicher Bauart gehandelt haben soll, hat
sich im Ergebnis weiterer Nachforschungen nicht bestätigt. Vielmehr kann als gesichert gelten, daß nur ein Exemplar der
Reißner-Ente gebaut, dieses aber durch
Nachbespannungen im Verlaufe mehrerer
Flugerprobungen modifiziert worden ist.
   Gegen Jahresende 1912 wurde das Flugzeug nach Aachen zurückgebracht und der
Johannisthaler Mietschuppen wieder freigegeben. Am 27. Januar 1913 stürzte Lucien Hild, der in Johannisthal auf einem
Dorner-Eindecker das Fliegen erlernt und
gerade fünf Monate zuvor seine Flugzeugführererlaubnis erworben hatte, mit dem
Reißner-Flugzeug über die Branderheide
bei Aachen tödlich ab. Hild hatte bei dem
Versuch, eine Hochspannungsleitung zu

überfliegen, den Eindecker übersteuert.
Dabei war das Flugzeug nach rückwärts
abgerutscht, weil der Motor und die Eisenblechtragflächen — und damit der Schwerpunkt — bei dieser Konstruktion hinten lagen. Lucien Hild war zu diesem Zeitpunkt
bereits das achtundvierzigste Todesopfer
des deutschen Motorfluges.
   Die Eisenblech-Tragflächen, zum Zweck
höherer Festigkeit gewellt, die Junkers
zum Reißner-Eindecker beigesteuert hatte,
waren für die damalige Zeit ganz und gar
ungewöhnlich und bezeugten selbst in diesem Konstruktionsdetail sein selbständiges, von üblichen Lösungen abweichendes
Herangehen an technische Entwicklungen.
Ein förderlicher Ausgangspunkt waren dabei offenbar seine inzwischen umfangreichen Erfahrungen auf dem Gebiete der
Metallverarbeitung gewesen.
   Diese Phase der Zusammenarbeit mit
Reißner bildete zugleich den Beginn der
Hinwendung zu dem für ihn gänzlich neuen
Gebiet der Flugzeugtechnik und Aerodynamik. Im Dezember 1909 meldete er ein Patent für einen Flugzeugflügel an, das ihm
am 1. Februar 1910 erteilt wurde (DRP-
Nr.: 253788). Dieses Patent ist später
fälschlicherweise oft als erstes Patent für
ein „Nurflügelflugzeug" bezeichnet worden, obgleich es, aber auch nur bei richtiger Interpretation der damit verbundenen
technischen Idee, als Großraumflügel-Patent gekennzeichnet werden muß. Selbst
einer der engsten Junkers-Mitarbeiter, Professor Otto Mader, hat noch im Jahre 1929
diese völlig neuartige Patentidee unrichtig
dargestellt und damit zur Verfestigung der
Auffassung beigetragen, daß der Gegenstand des ersten Junkers-Patents auf dem

Gebiete der Flugzeugtechnik ein Flugzeug
gewesen sei, das nur aus einem Flügel bestünde (Nurflügelflugzeug), demnach als
Fluggerät ohne Rumpf und Schwanzleitwerk erdacht war. In einem Vortrag erklärte Mader damals: „Hier eilt nun Junkers, wie oft in seinen Plänen, zunächst der
Wirklichkeit weit voraus. Das äußere Dokument dafür ist das Patent vom 1. Februar
1910. Ein Flugzeug, nur aus einem Tragflügel bestehend; alle Teile, Motor, Personen,
Brennstoffe, Traggerüste verschwinden in
dieser Umhüllung!"[9]
   Hinzu kommt, daß auch die vom „Kaiserlichen Patentamt" mit Datum vom 14. November 1912 veröffentlichte Patentschrift
bereits die ebenso umständliche wie irreführende Bezeichnung trägt: „Gleitflieger
mit zur Aufnahme von nicht Auftrieb erzeugenden Teilen dienenden Hohlkörpern".
   Jedoch — weder ging es um ein Nurflügelflugzeug, noch um einen Gleichflugapparat. Der von Junkers gefertigte handschriftliche Patententwurf vom 3. Dezember 1909 trägt nämlich die ganz andere
Bezeichnung: „Patent über eine körperliche Gestaltung der Tragflächen". Bereits
diese Originalbezeichnung des Erfinders
weist darauf hin, daß der Gegenstand des
Patentanspruchs nicht ein komplettes Flugzeug, sondern nur ein Flugzeugteil war,
nämlich ein neuartiger Flügel. Deshalb gehen alle Schlüsse, die aus dem Nichtvorhandensein eines Rumpfes und eines
Schwanzleitwerkes in dem Entwurf auf
ein Nurflügelflugzeug-Patent folgern, von
einer falschen Voraussetzung aus. Es handelte sich, wie die schriftlichen Darstellungen von Junkers zu seiner Idee eindeutig
bezeugen, um die Patentierung eines frei-

*Deckblatt und Zeichnungen
der Patentschrift vom 1. Februar 1910
für den Großraumflügel als Teil
eines Flugzeuges, vom Patentamt
fehlerhaft als „Gleitflieger" bezeichnet*

*Von Junkers für die Erteilung
des US-amerikanischen Patents
eingereichte Anwendungsvariante seines
Großraumflügels als unterer Tragflügel
in Doppeldeckern mit Druckpropeller,
Leitwerksträgern und Leitwerk (1911)*

*Zeichnungen aus dem Junkers-Patent
mit Anwendungsvarianten
des Großraumflügels in Doppeldeckern,
erteilt in den USA für eine
„Flying Machine" (20. Oktober 1914)*

tragenden (also unverstrebten) Großraumflügels, in dessen Inneren alle Teile des Flugzeuges untergebracht werden sollten, die keinen Auftrieb lieferten, der aber durch seine Profildicke zugleich für ein optimales Verhältnis von Widerstand und Auftrieb sorgen sollte. Eben darin bestand der revolutionäre Gedanke, der sich über die damals üblichen dünnen, verstrebten und verspannten Tragflächen sowie die frei dem Luftstrom ausgesetzten und damit Widerstand erzeugenden Personen, Motoren, Kraftstoffbehälter, Kühler, Stiele u. a. hinausschob. Außerdem ist nicht zu übersehen, daß weder der Entwurf aus dem Jahre 1909 noch die gedruckte Patentschrift irgendwelche Vorrichtungen oder Bauteile zum Steuern des Fluges aufwei

sen oder wenigstens andeuten, auf die auch ein schwanzloses Flugzeug, also ein Nurflügler, nicht verzichten kann.

Welche umwälzende Neuerung und welche Weitsicht sich mit der Idee aus dem Jahre 1909 verband, wird leicht daran erkennbar, daß sie zu einer Zeit zu Papier gebracht wurde, als noch sämtliche Flugapparate, sofern sie sich überhaupt in die Luft erhoben, leicht zerbrechliche Gebilde aus Holz, Leinwand sowie einem Gewirr von Spann- und Steuerdrähten waren, weshalb der Motorflug jener Jahre noch ein sehr risikoreiches Wagnis war.

Der Wortlaut des handschriftlichen Junkers-Textes zu seinem Patententwurf ist dieser:
„Der Zweck ist:

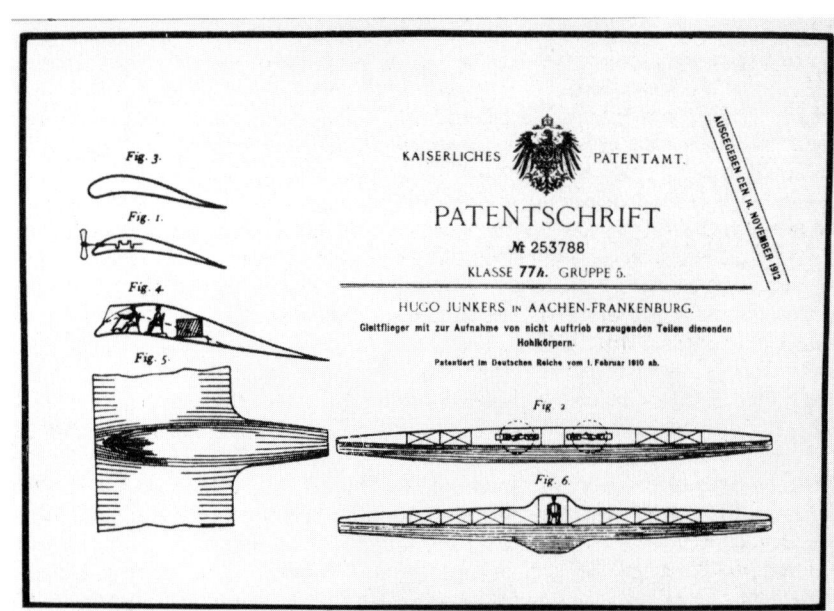

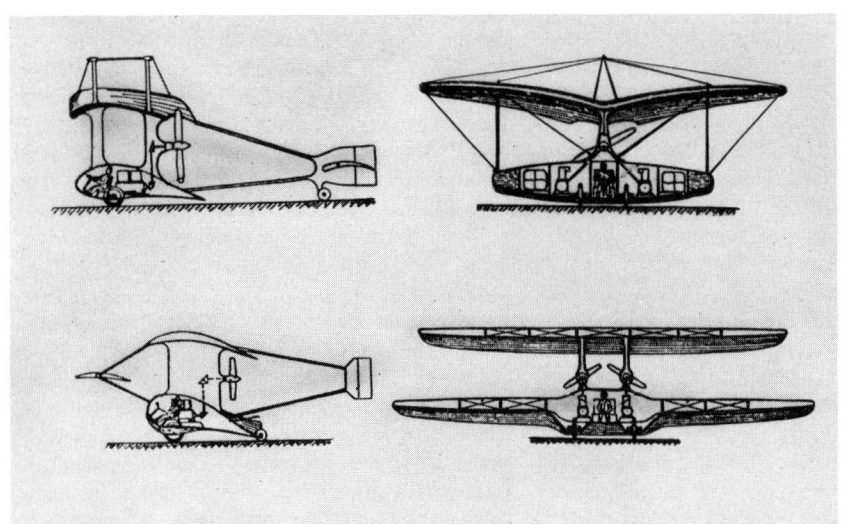

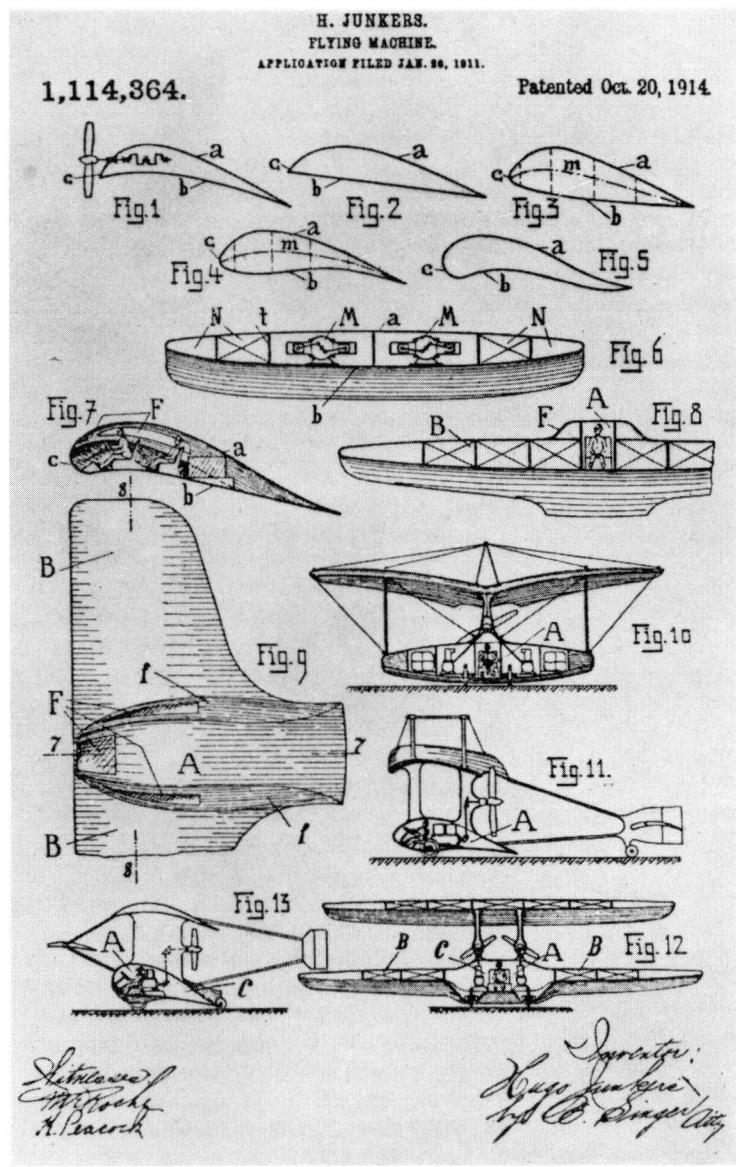

1. Schaffung eines großen Widerstandsmomentes der Tragflächen gegen vertikal und auf Verdrehung wirkende Angriffmomente, indem die beiden durch Gurtungen in geeigneter Weise zu verbindenden Flächen einen ‚Träger' bilden.

2. Schaffung eines Hohlraumes zur Aufnahme von mitzuführenden Gegenständen (Maschinen, Behälter, Nutzlasten, Personen usw.) zum Zwecke der möglichsten Verringerung des Luftwiderstands unter gleichzeitiger Ausnutzung der bedeckenden Flächen zum Heben (d. h. als Tragflächen).

Die Flächen erhalten zu diesem Zweck eine fischförmige Gestalt. Um an einzelnen Stellen des Hohlraumes besonders hohe Körper aufnehmen zu können, ohne den Hohlraum im ganzen den Höhendimensionen dieser Körper entsprechend zu gestalten, können an diesen Stellen Ausbauten angebracht werden, welche für sich ebenfalls entsprechend den Forderungen kleinsten Widerstandes bei größter Tragkraft und geringstem Gewicht zu gestatten sind."[10]

Im Jahre 1920, als zumindest ein Teil der Junkers-Idee, nämlich das Flugzeug ohne Verspannungsdrähte, also mit freitragenden Flügeln, längst verwirklicht war, nahm Junkers selbst noch einmal zu dem 1910 erteilten Patent Stellung, als er erklärte, daß es die Grundlage für sein Metallflugzeug gewesen sei, und ausführte:

„Dieses Patent beruht auf der *Erkenntnis*, daß die künftige Entwicklung des Flugzeugbaues sich in Richtung der weitgehendsten *Verringerung der Widerstände* bewegen würde, und auf der Auffindung des geeignetsten Mittels zur Lösung dieser Aufgabe.

Um die außerordentlich große Bedeutung der Verminderung des Widerstandes zu würdigen, muß man sich vor Augen halten, daß sich mit ihm auch der Propeller und die Motorleistung vermindern. Dies bringt neben einer erheblichen Verbesserung der Wirtschaftlichkeit eine Reihe von Vorteilen, die sich aus der Herabsetzung von Motor- und Brennstoffgewicht ergeben.

Wenn man zwei gleichgroße Flugzeuge vergleicht, so wird das Flugzeug, dessen Widerstand geringer ist, infolge Verminderung des Motor- und Brennstoffgewichtes eine erheblich größere Nutzlast befördern oder sein Flugweg wird durch Mitnahme einer größeren Betriebsstoffmenge bedeutend verlängert; ferner kann man zur Beförderung der gleichen Nutzlast ein kleineres,

das heißt billigeres Flugzeug bauen. Unter Verzicht auf eine Verkleinerung der Motorleistung kann endlich eine größere Fluggeschwindigkeit erzielt werden.

Daß diese Vorteile nicht nur hypothetischer Art sind, lehrt der große, flugtechnische Erfolg meines *ersten verspannungslosen Metallflugzeuges aus dem Jahr 1915 …*

Während im ersten Stadium der Entwicklung des Flugzeuges" (gemeint ist: der Flugzeugentwicklung überhaupt, d. Verf.) „alle Teile, sowohl die Konstruktionselemente des Flugzeuges selbst als auch die mitgeführten Personen, Motoren, Behälter usw. dem freien Luftstrom ausgesetzt waren, hatte man damals bereits schüchtern begonnen, einzelne Teile mit einer besonderen Windhaube zu versehen, um damit den Widerstand zu verringern.

In dem Patent wird mehr verlangt, nämlich daß man nicht nur möglichst alle Teile mit einer Stromlinienform umkleiden, sondern daß man diese Umhüllungen zu Hohlräumen ausbilden soll, welche bei möglichst geringem Widerstand zugleich ein Maximum an Auftrieb erzeugen. Mit anderen Worten: Man soll sowohl die Konstruktionselemente des Flugzeuges, zum Beispiel Holme, Stiele, Spannseile usw. als auch die mitzuführenden Motoren, Personen und Lasten, Behälter usw. möglichst in den Tragflügeln unterbringen.

In der Patentbeschreibung und -zeichnung ist das neue System nur soweit erklärt und angedeutet, wie es für die Zwecke der Patentierung notwendig war ohne konstruktive Durcharbeitung." (Hervorhebungen im Originaltext; d. Verf.)[11]

An dieser Stelle seines Vortrages erläuterte Professor Junkers am Beispiel seines Entwurfes eines Riesen-Eindeckers aus dem Jahre 1917, wie er sich die praktische Verwirklichung seiner Großraumflügelidee vorstellte. Es war ein zweimotoriges Flugzeug mit schmalem Rumpf und dem üblichen Schwanzleitwerk. Es unterschied sich von anderen bekannten Flugzeugen allein dadurch, daß die Motoren, die Benzintanks, der Maschinenstand und der Kommandantenstand vollständig in dem freitragenden profildicken Flügel eingebracht waren.

Aber es gibt noch einen weiteren Beleg, der die Ansichten widerlegt, daß der Junkers-Entwurf der Gedanke eines Nurflügelflugzeuges gewesen sei. Dieser Beleg ist in ausländischen Patentunterlagen aufgefunden worden. Am 26. November 1911 hatte Junkers das gleiche Patent in den USA angemeldet. Am 20. Oktober 1914 wurde das

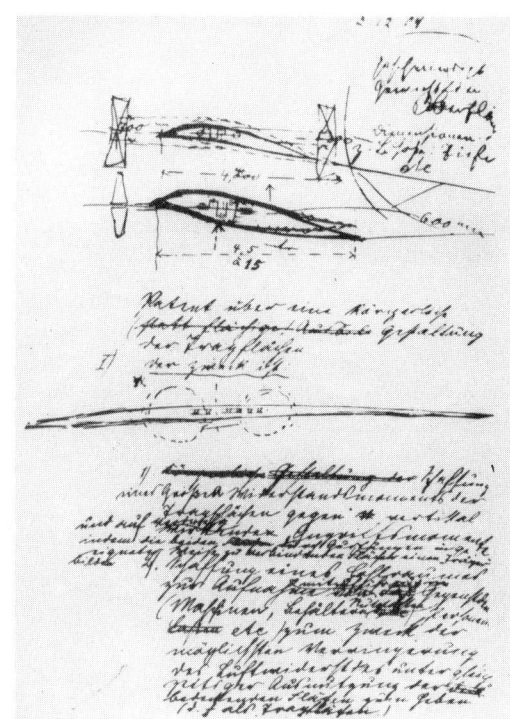

Handschriftliche Aufzeichnungen von Junkers zum Patent „über eine körperliche Gestaltung der Tragflächen" (1909)

Patent unter der Nummer 1.114.364 für seine „Flying Machine" erteilt. Wahrscheinlich hatte das zuständige Patentamt seinerzeit Junkers aufgefordert, den Grundgedanken seiner Erfindung mittels zusätzlicher Zeichnungen klarer zu offenbaren, als es den eingereichten Unterlagen zu entnehmen war. In diesen zusätzlichen Zeichnungen findet sich die Anordnung seines Großraumflügels in der Darstellung zweier Varianten eines damals üblichen Doppeldeckers, und zwar mit Leitwerksträgern und Leitwerken.[12] Die dargestellte Möglichkeit, den Großraumflügel in einem Doppeldeckerflugzeug zu verwenden, war offenbar ein Zugeständnis an die zum Zeitpunkt des Patentantrages noch vorherrschende Abneigung gegen Eindeckerflugzeuge. An späterer Stelle wird zu sehen sein, daß er seine Großraumflügelidee sowohl projektiert als auch praktisch verwirklicht hat, und zwar mit Eindeckern.

Zuerst aber, noch während der Zeit seiner Zusammenarbeit mit Reißner in Aachen, ging Junkers zu aerodynamischen Studien über. Nach dem Vorbild von Ludwig Prandtl, Professor für angewandte Mathematik an der Universität Göttingen, der sich mit der Strömungsforschung beschäftigte, und des französischen Ingenieurs Gustave Eiffel, der vor allem durch den Bau des nach ihm benannten Pariser Eiffelturms (1889) bekannt geworden war und sich inzwischen ebenfalls aerodynamischen Messungen zugewandt hatte, entstand im Jahre 1911 ein hochschuleigener Windkanal, der Junkers jedoch nicht zufriedenstellte. Im Jahre 1913, nach der Beendigung seiner Hochschullehrtätigkeit, ließ er sich einen eigenen Windkanal auf der Frankenburg bei Aachen bauen. Bald darauf entstand ein weiterer in Dessau. In Serienversuchen an verschieden geformten

Modellen wurde intensiv das Verhältnis von Auftrieb und Widerstand unter dem Einfluß verschiedener Tragflügelprofile und Flügelformen untersucht. Im Zeitraum von 1914 bis 1919 sind in beiden Windkanälen, in Aachen und Dessau, unabhängig voneinander etwa 4000 Versuche mit ca. 400 Modellen unternommen worden. Die Ergebnisse wurden fortwährend miteinander verglichen — und Junkers fand die Hypothese von den Vorteilen dicker Flügelprofile bestätigt. Später sagte er darüber: „Bei allen bis dahin gebauten Flugzeugen zeigte sich das Bestreben, einen möglichst dünnen Querschnitt anzuwenden, und das

entsprach auch meiner natürlichen Anschauung. Auch ich hatte die Idee, daß man mit einem dünnen Flügel die besten Wirkungen bezüglich Auftrieb und Widerstand erziele, und ich hätte wohl kaum den Mut gehabt, an solche dicken Flügel mit einiger Aussicht auf Erfolg heranzugehen, wenn nicht schon damals hochinteressante Ergebnisse von Göttinger" (gemeint sind die Versuchsergebnisse von Prandtl in Göttingen; d. Verf.) „und Eiffelschen Versuchen vorgelegen hätten, die zeigten, daß der Widerstand des Körpers in der Luft durchaus nicht in erster Linie von dem Querschnitt senkrecht zur Luftströmung abhängt … Es wurde nun an die Untersuchung von Modellen herangegangen. Dabei habe ich vorzugsweise einen Grundsatz angewendet, an dem ich im allgemeinen bei meinen Arbeiten festhalte: Ich stelle mich möglichst auf eine freie Basis und gehe nicht davon aus, was existiert und sich bewährt hat, um nicht von vornherein in ein eingefahrenes Gleis zu geraten …

Ich darf das Resultat meiner wichtigsten damaligen Untersuchungen im Windkanal noch einmal kurz wie folgt zusammenfassen:
1. Das Breitenverhältnis soll möglichst groß sein,
2. die Wölbung der Mittellinie ist maßgebend für die aerodynamischen Eigenschaften des Profils,
3. das dicke Profil auch mit der sonst vermiedenen konvexen Unterseite ergibt durchaus günstige Resultate,
4. der Mehrdecker ist dem Eindecker unterlegen.

Nachdem ich die Erkenntnis gewonnen hatte, daß der verspannungslose Flügel mit einem verhältnismäßig dicken Profil in aerodynamischer Beziehung außergewöhnlich günstige Ergebnisse liefern würde, trat die Aufgabe an mich heran, ihn baulich zu verwirklichen."[13]

Nach den ersten Grundaussagen, die aus den Strömungsversuchen im Windkanal gewonnen worden waren, ging Junkers dazu über, ein Ganzmetallflugzeug mit verspannungslosem dickem Flügel zu bauen. Die ersten praktischen Schritte wurden im Frühjahr 1914 eingeleitet.

Junkers-Windkanal für aerodynamische Versuche auf der Frankenburg in Aachen

Eines der Junkers-Windkanalmodelle (etwa Herbst 1914)

Flugzeugbau
im ersten Weltkrieg

Bereits im ersten Jahr der systematischen aerodynamischen Versuche im Windkanal gewann Professor Junkers die Überzeugung, daß sein Patent aus dem Jahre 1910 schrittweise verwirklicht werden könnte. Der erste Schritt sollte ein verspannungsloser Eindecker mit dickem Flügelprofil sein, und zwar – den Erfahrungen Junkers' in der Metallverarbeitung entsprechend – ein Ganzmetalleindecker.

So ganz neu war die Verwirklichung dieser Idee mit dem dicken Flügelprofil im Flugzeugbau zu diesem Zeitpunkt nicht mehr. Im Jahre 1910, nachdem die Junkerssche Anwendungsidee des dicken Profils im Flugzeugbau in Deutschland und Frankreich bereits patentiert war (in Frankreich beantragt am 29. Januar, erteilt am 3. April und veröffentlicht am 1. Juli 1910), hatte der französische Konstrukteur Léon Levavasseur der Flugzeugbaufirma „Antoinette-Aéroplan-Ateliers" einen Eindecker entworfen und im Jahre 1911 fertiggestellt. Er sollte an dem vom französischen Kriegsministerium ausgeschriebenen „Concours militaire de 1911" teilnehmen und fiel durch seine völlig neuartige Bauweise auf.

Es gab keinerlei Spanndrähte. Die Verwindungskabel waren in das Tragflächeninnere verlegt worden. Es war ein vollständig verkleideter freitragender Eindecker, dessen Flügel an der Wurzel (am Rumpf) etwa vier Meter breit und siebzig Zentimeter hoch waren. Motor und Benzintanks waren in die umkleideten Räume hineinverlegt worden. Dieses Flugzeug, als „Monobloc" bezeichnet, war, wie eine Analyse zeitgenössischer flugtechnischer Literatur zu erkennen gibt, der erste freitragende Eindecker, der je gebaut wurde. Aber – er konnte trotz mehrfacher Veränderungen verschiedener Details nicht zum Fliegen gebracht werden.

Junkers hatte sich daher eine doppelt schwierige Aufgabe gestellt, denn sein freitragender Eindecker sollte der erste werden, der flog. Und er sollte vollständig aus Metall gefertigt sein, einem für das damals verbreitete flugtechnische Verständnis viel zu schweren, daher nur für einzelne Bauteile einsetzbaren Werkstoff.

Darin verbarg sich auch das Hauptproblem, wie Junkers später schilderte:
„Wir schreiben das Jahr 1914. Ein Flugzeug ganz aus Metall zu machen, war ein Problem, dessen Lösung für unmöglich galt. Meine Freunde fragten sich: Wie kommt Junkers dazu, sich mit solch phantastischen Problemen zu beschäftigen? Eisen kann doch nicht fliegen, ein Flugzeug muß doch leicht sein! Man hielt mir vor, daß ich mit größter Wahrscheinlichkeit den bisher mit Erfolg betriebenen aussichtsreichen Motoren- und Apparatenbau ruinieren würde, wenn ich ihm Arbeitskräfte und Geldmittel entzöge.

Aber alles, was mir die Freunde entgegenhielten – sie entzogen mir tatsächlich ihr Vertrauen –, folgerten sie aus dem, wie sie gewohnt waren zu rechnen. Ihre Geschäfte waren in ihrem Ablauf, da sie sich immer wiederholten, bekannt. Unbekannte

Faktoren traten dabei kaum auf. Was ich aber hier wie sonst bei meinen Arbeiten wollte, war ein Vorstoß in unbekanntes Land, eine Pionieraufgabe ...

Eine solche Aufgabe war, wie gesagt, das Ganzmetallflugzeug mit verspannungslosem Flügel. Wenn das Flugzeug nicht so schwer sein soll, darf der Flügel einen gewissen Anteil am Gesamtgewicht nicht überschreiten. Es stand damals aber nur schweres Eisenblech zur Verfügung. Die Rechnung ergab, daß der Eisenflügel nicht dicker als 2 mm sein dürfte. Man stelle sich vor: Ein Stück Blech, 2 mm stark, 1½ m breit und 8 m lang, einseitig eingespannt, sich selbst überlassen, das hängt doch herunter wie ein Lappen. Hier sollte es einen Träger bilden, der pro m² einen Mann trägt. Das ist doch ein Ding der Unmöglichkeit!

Nun, einen leisen Schimmer von Hoffnung gab uns die Überlegung, daß die Festigkeit eines Trägers um so größer ist, je weiter das Material auseinandergezogen wird. Denkt man sich das 2 mm starke Blech in zwei Tafeln von 1 mm aufgeteilt und so geformt, daß das Ganze aus einer Fläche zu einem Hohlkörper wird, dann bekommen wir den sogenannten dicken Flügel, in dessen Innerem gleichzeitig noch Holme und Verstrebungen untergebracht werden können, die sonst außerhalb der Haut dem Fahrtwind großen schädlichen Widerstand entgegensetzen ...

Aber damit war das Problem nicht gelöst. Die obere Decke des Flügels wird durch die im Fluge auftretenden Kräfte auf Druck beansprucht und muß infolgedessen knickfest sein. Erfahrungen oder Vorbilder gab es hierfür nicht. Da konnte nur das Experiment, der Bau eines Versuchsflügels, entscheiden ... Nach vielen Mühen gelang es, eine knickfeste Konstruktion zu entwickeln und auf ein zulässiges Gewicht zu bringen ... Selbstverständlich war der Metallflügel schwerer als der übliche Holz-

Typ	Baujahr	Konstrukteure
J 1	1915	Mader, Otto; Reuter, Otto
J 2	1916	Mader, Otto
J 4	1917	Mader, Otto; Brandenburg, Fritz
J 7	1917	Mader, Otto
J 8	1918	Mader, Otto
J 9	1918	Mader, Otto
J 10	1918	Mader, Otto
J 11	1918	Mader, Otto

Konstrukteure der Junkers-Flugzeuge im ersten Weltkrieg

Stoff-Flügel. Aber durch die Form des dikken Flügels wurde ja der Luftwiderstand vermindert und damit die Geschwindigkeit des Flugzeuges erhöht, ein Vorteil, der den Nachteil des großen Gewichts reichlich aufwog ...

Auch wenn man dann schließlich ein ganzes Flugzeug zusammengedoktert hat, und selbst wenn es gute Flugeigenschaften zeigt, dann ist noch lange nicht gesagt, daß die Aufgabe, nämlich ein praktisch reifes Metallflugzeug mit verspannungslosen Tragflächen zu schaffen, damit gelöst ist. Da kann beispielsweise ein Produkt als Einzelstück in bezug auf die Verwendbarkeit hervorragende Ergebnisse liefern und dennoch für die Praxis ungeeignet sein. So kann ein im Versuchsbau angewendetes Schweißverfahren für den Massenbau eine bedenkliche Konstruktion bedeuten, wenn Schweißnähte nicht auf ihre Zuverlässigkeit kontrollierbar sind."[14]

Mitten in diese problemreichen und umfangreichen Entwicklungsarbeiten hinein, die im Mai 1914 begannen, fiel der Beginn des ersten Weltkrieges. Mehrere Wochen nach dem Kriegsbeginn, im Spätherbst 1914, wurden die Werkstätten der „Junkers & Co." von einer Kommission der Heeresverwaltung inspiziert, die sich über die Junkers-Pläne zum Bau eines Ganzmetallflugzeuges informierte. Obgleich dafür zu diesem Zeitpunkt noch keinerlei technologische und fertigungstechnische Voraussetzungen in Dessau vorhanden waren, erhielt Junkers den Auftrag zum Bau eines Versuchsmusters — einen „Probeauftrag", denn auch die Heereskommission war bereits mit erheblichen Bedenken wieder aus Dessau fortgefahren.

Dieser Sachverhalt macht eine Behauptung korrekturbedürftig, die später mitunter in der Literatur zu finden war, derzufolge der erste Weltkrieg zur Junkers-Metallflugzeugidee geführt habe. Richtig daran ist lediglich, daß nach jahrelangen Voruntersuchungen die Arbeiten zur Verwirklichung der Idee bereits in Friedenszeiten begonnen hatten, aber ihre Realisierung in die Zeit des ersten Weltkrieges hineinfällt. Auch dann also, wenn es diesen Krieg nicht gegeben hätte, wäre der Ganzmetalleindecker entstanden. Wenngleich ohne „Probeauftrag" militärischer Stellen.

Schwierigkeiten des Anfangs:
Versuchsflügelbau
für den ersten freitragenden
Junkers-Eindecker J 1 (1915)

Versuchsbau des Rumpfendes
für den Eindecker J 1 (1915)

Deshalb ist der Feststellung zuzustimmen: „Bei der stets neue Wege suchenden Einstellung von Hugo Junkers bedurfte es nicht des Krieges, um auf diesen Gedanken zu kommen."[15] Im Gegenteil: Unter Verzicht auf seine Ganzmetallflugzeugidee und durch die Übernahme der üblichen Stahlrohr-Holz-Spannstoff-Bauweise hätte er mit weitaus geringeren Schwierigkeiten sehr rasch zum Serienbau von Flugzeugen übergehen und sich damit in die erste Reihe der Luftrüstungsfabrikanten stellen können, wie es Rumpler, Müller und Huth in Johannisthal sowie Fokker in Schwerin-Görries vom ersten Kriegstage an taten.

Junkers aber blieb hartnäckig bei seiner Eisenflugzeugidee. Veranlaßt durch den militärischen Auftrag für ein Versuchsmuster wurden bei „Junkers & Co." in Dessau, wo seit Kriegsbeginn kaum noch wärmetechnische Geräte für den zivilen Bedarf, sondern vor allem Feldküchen und Feldbadewannen, später auch Granaten und Zünder hergestellt wurden, unter der technischen Leitung von Otto Mader und Hans Steudel die Vorversuche für den Bau des Flugzeuges forciert. Zum Jahresbeginn 1915 verlegte Junkers, der bis dahin beständig hin- und hergereist war, sein Tätigkeitsgebiet von Aachen wieder nach Dessau und gründete dort die „Forschungsanstalt Professor Junkers", deren Zweck er in einer Niederschrift vom 22. Mai 1918 als „Typen-Bauanstalt" und „wissenschaftliches Institut" näher bezeichnete.

In der Werkstischlerei entstanden aus dem Werkstoff Holz die Formen für die einzelnen Metallteile der Versuchsflügel. Auch hier war Handarbeit noch weitgehend vorherrschend.

Probebelastung der J 1-Tragflächen mit Sandsäcken in Dessau (1915)

J 1

erstes flugfähiges verspannungsloses Ganzmetallflugzeug

Für den Bau eines freitragenden und flugfähigen Ganzmetallflugzeuges gab es noch nirgendwo ein praktisches Vorbild, dessen Konstruktions- oder Bauerfahrungen wenigstens teilweise hätten übernommen werden können. Einen Eindruck von den unmittelbaren Fertigungsschwierigkeiten vermittelt ein Bericht des Klempnermeisters Otto Seifert, der seit dem Jahre 1898 im Kalorimeter- und Badeofenbau tätig war und demzufolge, wie alle anderen Beteiligten auch, im Flugzeugbau noch keinerlei Erfahrungen besaß:

„Eigentlich war jede neu angefangene Arbeit auch eine neue, grundlegende Erfindung. Von dem damals tastenden Experimentieren und Ausprobieren kann man sich heute keinen Begriff mehr machen. Werkstattzeichnungen gab es kaum, wir bauten oft an einem Ende des Versuchsstückes, ohne zu wissen, wie das andere Ende aussehen würde. Zunächst wurden versuchsweise Flügelstücke, dann ganze Flügel verschiedener Länge und Tiefe und unterschiedlicher Profile gebaut. Unser Arbeitsmaterial war Eisenblech ... Die noch reichlich unvollkommene Schweißtechnik machte diese Arbeiten, bei denen es besonders galt, schwaches und stärkeres Eisenblech zusammenzuschweißen, außerordentlich schwierig ... Und im September 1915 gingen wir mit 15 Arbeitern an den Bau des ersten Flugzeuges. Man stand ihm allgemein ziemlich skeptisch gegenüber. Bedeutete es doch den Bruch mit allem bisher Dagewesenen, kannte man doch nur Zwei- und Mehrdecker-Flugzeuge mit unzähligen Verspannungsdrähten ... Noch galt es, eine Reihe von schwierigen Versuchen in der eigenen Werkstatt zu machen, dann aber kam die Generalprobe. In einem durch Bretterverschläge von der Feldküchen- und Badeofenfabrikation abgeschlossenen Raum hing unsere J1 an einem Kran auf dem Rücken. Unzählige Sandsäcke auf den Tragflächen gaben den Beweis für genügende Festigkeit ... Endlich – Anfang Dezember – wurde unser J1, der Blechesel, wie sie später getauft wurde, nach Döberitz verladen." [16]

Der provisorisch mit Brettern abgeteilte Raum für den Versuchsbau galt übrigens bei den Arbeitern als „Geheimecke" und wurde angelegt, um den Vorschriften der Militärbehörden, die für die Geheimhaltung des Flugzeugbaus erlassen worden waren, wenigstens einigermaßen zu entsprechen.

Einen Monat vor dem Bahntransport nach Döberitz hatte das „Allgemeine Kriegsdepartement" des Kriegsministeriums in Berlin in einem Schreiben an Professor Junkers „auf die möglichst baldige Fertigstellung und Erprobung" des Metallflugzeuges gedrängt. Nun war es zwar fertig, Belastungsversuche mit provisorischen Vorrichtungen hatten stattgefunden, aber es war noch nicht im Fluge erprobt worden. Weder verfügte das Junkers-Werk über einen eigenen Flugplatz, noch war ein Flugzeugführer eingestellt oder nach Dessau kommandiert, der das Einfliegen hätte übernehmen können. Der Erstflug sollte also auf dem Militärflugplatz Döberitz stattfinden. Der Flieger Friedrich von Mallinkrodt hat diesen Erstflug ausgeführt und in späteren Jahren wiederholt darüber berichtet. In einem dieser Berichte schilderte er die damalige Situation folgendermaßen: „Wir waren so von ehrfürchtigem Staunen über das absolut Neue dieser Konstruktion erfüllt, daß zunächst keiner ein lautes Wort wagte. Aber dann kam die sachverständige Kritik. Schließlich wollte es niemand für möglich halten, daß der ‚Blechesel' fliegen könne. Mir allerdings imponierte diese J1, die da ohne jede Verspannung und ohne Drähte stand. Und mir flößte auch Ingenieur Otto Mader, der unter uns jemanden suchte, der den ersten Flug wagen wollte, Vertrauen ein.

Ich meldete mich freiwillig, die J1 zu erproben. ‚Sie sind wohl des Lebens überdrüssig, in einem Flugzeug ohne Drahtverspannung zu fliegen?' So und ähnlich lauteten alsbald die nicht gerade ermunternden Fragen meiner Kameraden. Die Warnungen konnten aber meine Überzeugung nicht wankend machen ...

Der Kommandeur der Flieger-Ersatzabteilung, Hauptmann Grade (ein Bruder des bekannten Flugpioniers), gab mir strengsten Befehl, nicht ohne seine ausdrückliche Genehmigung zu fliegen. Das Wetter war nicht günstig, und Tag um Tag verrann ... Endlich beruhigte sich die Wetterlage, und am Morgen des 12. Dezember 1915 erhielt ich die Starterlaubnis." [17]

An der Längsseite des Platzes hatten sich mehrere Beobachtergruppen aufgestellt: Die Offiziere aus Döberitz, die Vertreter der Heeresverwaltung, Professor Junkers und einige Ingenieure seines Werkes. Der Testflieger beschrieb den weiteren Verlauf wie folgt:
„Beim Rollen über das Flugfeld spürte ich ein starkes Schwanken der Flügel, aber schon nach 40 Metern löste sich die Maschine von der Erde. Ich hatte mindestens mit einer Startstrecke von 250 Metern gerechnet. Die wunderbare Ausgeglichenheit, mit der ich, allerdings nur in ganz geringer Höhe, dahinflog, wurde aber schnell durch Schaukelbewegungen abgelöst, die mich unsicher machten. Nach dem alten Pilotengrundsatz: ‚Wird's dir oben ungeheuer, nimm Gas weg und gib Tiefen-

Junkers J 1 „Blechesel" (1915),
der erste flugfähige freitragende
Ganzmetalleindecker
in der Motorfluggeschichte,
nur in einem Exemplar gebaut
und erprobt

steuer', setzte ich zur Landung an, kam dabei aber leider mit dem linken Rad zuerst auf den Boden. Durch die eintretende einseitige Beanspruchung wurde der Rumpf etwas eingedrückt. Mir selbst war nichts passiert ... Der Beweis, daß der ‚Blechesel' fliegen kann, war erbracht."[17]

In einem späteren Bericht sprach der Flieger allerdings nicht mehr davon, daß allein „der Rumpf etwas eingedrückt" war, sondern er schrieb: „Während der Rumpf in der Normallage stand, hatte der durchgehende Flügel seine Normallage aufgegeben. Er schleifte rechts fast am Boden und starrte links schräg in die Luft."[18]

Das Flugzeug mußte nach der Landung schon ziemlich merkwürdig ausgesehen haben. Das macht auch verständlich, warum sich Junkers, wie aus mehreren Berichten hervorgeht, über die allgemeinen Glückwünsche zum Erstflug seines Eindeckers nicht recht freuen konnte. Doch war der Anfang gemacht. Nach der Reparatur, die sogleich in Döberitz vorgenommen wurde, ging die Erprobung im Januar 1916 weiter. Der Gesamtverlauf der Flugerprobung des welterersten freitragenden Ganzmetalleindeckers ist im „Bericht über die Flugversuche mit dem Junkers Stahlversuchsflugzeug", gegeben von der Fliegerersatzabteilung 1 in Döberitz an die Inspektion der Fliegertruppen (Idflieg) in Berlin, festgehalten worden. Diesem Bericht entnehmen wir folgende Auszüge:

„Am 12. Dezember 1915 vormittags gegen 11 Uhr fanden die ersten Vorversuche mit dem Junkersschen Stahlflugzeug statt. Führer des Flugzeuges war Herr Leutnant Mallinkrodt ... Bereits nach einem Anlauf von ca. 40 m hob sich die Maschine vom Erdboden ab und erreichte sofort eine Höhe von etwa 3 m ...

Der nächste Flugversuch fand am 18. Januar 1916 morgens 9.25 bis 9.45 statt. Führer des Flugzeuges war der Gefreite Arnold von der Fliegerschule. Die Maschine erhob sich nach ca. 200 m langem Anlauf vom Boden ab und umkreise den Platz in ca. 80 m Höhe. Auch die Landung vollzog sich glatt ...

Der weitere Flugversuch fand am selben Tag mittags gegen $\frac{1}{2}$ 4 Uhr statt. Führer war Herr Leutnant Mallinkrodt ... Gleich nach Beginn des Fluges erhob sich die Maschine nach kurzem Anlauf vom Boden und stieg rasch auf ca. 900 m Höhe. Nach 14 $\frac{1}{2}$ Minuten Dauer des Fluges landete das Flugzeug, wobei die Maschine in eine Mulde des Flugplatzes geriet und die Laufachse stark verbogen wurde ...

Am 19.1.1916 gegen 10 $\frac{1}{2}$ Uhr vormittags fand der vierte Flugversuch mit gleichzeitiger Geschwindigkeitsmessung statt. Führer war Herr Leutnant Mallinkrodt. Als Meßstrecke war dem Führer angegeben, die gerade Linie zwischen der Werft F. E. A. 1" (Flieger-Ersatzabteilung 1; d. Verf.) „und der Kirche im Dorfe Fahrland zu überfliegen, da der Wind gerade in dieser Richtung stand. Es herrschte eine Windgeschwindigkeit von etwa 3 m pro Sekunde. Die Maschine erhob sich auch bei diesem Versuche rasch und ohne Schwierigkeiten vom Boden ... Während der Geschwindigkeitsprüfung stieg die Maschine auf einer Strecke von 7,0 km um nicht ganz 300 m. Die der Stoppuhr entnommene Zeit betrug 2 Minuten 40 Sekunden, der Barograph ergab 2,8 Minuten ... Für den Rückflug derselben Strecke benötigt die Maschine mit Rückwind die abgestoppte Zeit von 2 Minuten 5 Sekunden, das Barogramm ergab 2 Minuten. Die Landung erfolgte aus 550 m Höhe glatt.

Um einen Vergleich der Geschwindigkeit zu haben ..., wurde dieselbe Strecke mittags mit einem Albatros LDD" (Land-Doppeldecker; d. Verf.) „mit 120 PS Benz überflogen. Die mit Rückwind von 4 m pro Sekunde durchflogene Zeit betrug von Fahrland bis Werftflugplatz etwas über 4 Minuten. Die Umrechnung ergibt für den Eindecker somit eine Geschwindigkeit von ... rund 170 km, gemessen mit und gegen Wind. Das Gewicht der Maschine während des Fluges incl. Wasser, Benzin und Öl betrug 1 010 kg."[19]

Die Flugerprobungen erbrachten nicht nur den Nachweis der Flugtauglichkeit des Junkers-Erstlings, sondern auch die Gewißheit, daß die J 1 zwar ein relativ schnellfliegenes, aber nur sehr langsam steigendes Flugzeug war. Die Ursache war das hohe Eigengewicht des Eindeckers. Das stellte Junkers fünf Jahre später selbst in einer Rückbetrachtung fest, als er sagte: „Wir hatten zu schwer gebaut, teils weil wir zu sicher bauen wollten, teils weil die Ausnutzung der Materialfestigkeit nicht hoch genug war."[20]

Die J 1 war ein einsitziger Mitteldecker. Nur dieses eine Exemplar der J 1 ist gebaut worden. Es wurde im Jahre 1926 im „Deutschen Museum" in München aufgestellt und im Jahre 1944 bei einem Luftangriff durch Bomben zerstört.

Schwerpunktermittlung der J 2

J 2
unerfüllte Leistungserwartungen

Zu der Feststellung, daß die J 1 zu schwer geraten war, gelangte auch die Inspektion der Fliegertruppen. Daher erteilte die Militärverwaltung keinen Bauauftrag, sondern zurückhaltend einen erneuten „Probeauftrag", und zwar für sechs Flugzeuge einer verbesserten Ausführung. Dafür wurden ganz bestimmte Leistungserwartungen vorgegeben, vor allem im Hinblick auf Steigleistung und Wendigkeit. Dieses neue Flugzeug sollte nach dem Willen des Auftraggebers ein Jagdeinsitzer werden.

Mit dem Baumuster J 2 wurde versucht, die bislang mühsam erarbeiteten Fertigungserfahrungen, die aus dem Versuchsbau der J 1 hervorgegangen waren, auf den Bau eines einsatzfähigen Flugzeuges zu übertragen.

Das neue Muster erhielt eine damals ungewöhnlich elegante Form. Die erste fertige J 2 wurde zuerst auf verschiedenen Heeresflugplätzen, danach auf Wiesenflächen in der Nähe von Dessau erprobt. Dabei kam es infolge Geländeunebenheiten mehrmals zu Fahrgestellbrüchen. Außerdem stellte sich bei der Erprobung heraus, daß der verwendete Mercedes-D II-Motor mit seiner 88,2-kW(120 PS)-Leistung nicht den Erwartungen der Dessauer Konstrukteure entsprach. Stärkere Flugmotoren zu beschaffen, bereitete aber im zweiten Kriegsjahr bereits erhebliche Schwierigkeiten. Darüber schrieb der führende deutsche Jagdflugzeugfabrikant des ersten Weltkrieges, der Holländer A. H. G. Fokker, in seinen Erinnerungen aus der Sicht seiner eigenen Fabrikationserfahrungen:

„Wir brauchten einen Motor, der nicht nur in der normalen Lage einwandfrei lief, sondern auch auf der Seite, auf dem Rücken, beim Steigen und beim Sturzflug. Die Konstrukteure arbeiteten Tag und Nacht, aber erst Anfang 1916 wurde in Deutschland ein Motor herausgebracht, der sich wirklich für Kampfflugzeuge eignete. Das war der wassergekühlte 160 PS Mercedes-Motor … Ohne einen guten Motor konnte selbst das beste Flugzeug seine wahren Fähigkeiten nicht entfalten, und so verursachte die Entwicklung des Mercedes einen Krieg zwischen den deutschen Flugzeugfabrikanten, der — in entsprechend kleinerem Maßstab — an Intrigen, Drahtzieherei und Hintertreppenpolitik dem großen Krieg in nichts nachstand."[21]

Nachdem die erste J2 noch mit dem 88,2-kW(120 PS)-Motor ausgerüstet werden mußte, der bereits für die J1 verwendet worden war, konnten für die restlichen fünf Exemplare des J2-Probeauftrages etwa zur Jahresmitte 1916 die 117,6-kW(160 PS)-Motoren Mercedes D III beschafft werden. Dann kam es zum ersten Todessturz mit einem Junkers-Flugzeug. Am 23. September 1916 stürzte der Flieger Max Schade ab. In einer Höhe von 300 Metern war er bei einem Langsamflugversuch ins Trudeln geraten und hatte das Flugzeug nicht mehr unter seine Kontrolle bringen können. Er stürzte in die Stadt Dessau. Es war die J2 mit der militärischen Bezeichnung E 252/16 (E = Eindecker-Jagdeinsitzer/252 = militärische Auftragsnummer/16 = Baujahr 1916); eines der Flugzeuge mit dem 117,6-kW(160 PS)-Motor.

Das war ein schwerer Rückschlag für weitere Versuche. Hinzu kam die aus weiteren Erprobungen gewonnene Erkenntnis, daß die J2 zwar ein schnelles Flugzeug geworden war, denn es wurden 185 km/h er-

reicht, aber es stieg zu langsam und die Wendigkeit im Fluge war entsprechend gering. Auch dieses Baumuster war zu schwer geraten, denn mit 1 165 kg übertraf es noch erheblich das Fluggewicht des Versuchsmusters J1. Die von der Heeresverwaltung geforderten Leistungen wurden nicht erreicht. Als dies feststand, entschied Junkers, die weiteren J2-Versuche einzustellen.

Die J2 war ein ein einsiziger Tiefdecker und ist in zwei Varianten gebaut worden. Das erste Flugzeug dieses Typs (E 250/16) hatte eine Spannweite von 11,00 m, die fünf weiteren Exemplare (E 251/16 bis 255/16) hatten eine Spannweite von 11,70 m.

J 3
erstes Leichtmetallflugzeug
(Projekt 1)

Während der J2-Erprobungen hatten in der Dessauer „Forschungsanstalt Professor Junkers" bereits die Versuche zur Bearbeitung und Verwendung von Duraluminium begonnen. Junkers' Entscheidung, an der J2 nicht weiterzuarbeiten, war zugleich die Abkehr vom Eisenflugzeug, denn ohne einen erneuten militärischen Probeauftrag begannen die Konstrukteure mit dem Bau der J3 in Leichtmetallbauweise. Mader, damals der leitende Ingenieur, schrieb später darüber:

Eine J 2 im Bau

Seitenansicht der J 2 —
zweite Variante mit Mercedes-Motor D III

„Wieder wurde mit Versuchsstücken begonnen. Die für später grundlegende Bauart, das dünne Blech stets in gewölbten Formen zu verwenden (Wellblech) und nach Möglichkeit die ungestützten freien Kanten zu vermeiden (geschlossene Profile, möglichst Rohre), wurde gefunden. Das Hochleistungsflugzeug — damals in Form des Jagdeinsitzers gewünscht — sollte ein auf eigene Initiative begonnener Versuchsbau (J 3) verwirklichen. Aber die Mittel begannen auszugehen."[22]

Dieser Bau wurde zwar angefangen, aber nicht zu Ende geführt, obwohl sich mit dem Übergang zur Leichtmetallbauweise unter Beibehaltung des Ganzmetallflugzeugkonzepts der entscheidende Durchbruch in der Junkers-Flugzeugbauweise anzubahnen begann. Der Abbruch der Arbeiten an der J 3 hatte zwei wesentliche Ursachen. Auf die erste hat Mader hingewiesen: Die Aufwendungen für die bisherigen technischen Forschungen, Versuchsbauten und Erprobungen an Flugzeugen, die seit Jahren in Anspruch genommen worden waren, hatten zu keinem einzigen Bauauftrag geführt, denn die vorgestellten Muster, die auf der Grundlage von Probeaufträgen entstanden waren, hatte der Auftraggeber nicht akzeptiert. Auftragsloses Weiterbauen nach einer neuen Werkstoffkonzeption und demgemäßen umfangreichen neuen Versuchen war kaum noch zu finanzieren. Jedenfalls nicht kurzzeitig. Die zweite Ursache war, daß nunmehr ein neuer Probeauftrag an Junkers vergeben wurde, und zwar unter Berücksichtigung dessen, was seine Flugzeugbauwerkstatt bis zu diesem Zeitpunkt hervorgebracht hatte: Ein schweres Flugzeug wurde jetzt mit Dringlichkeit gewünscht. Da Probeaufträge bereits mit finanziellen Zuwendungen verbunden waren und der hinreichende Nachweis erbracht war, daß man in Dessau schwere Flugzeuge bauen konnte, wurde die J 3 aufgegeben und der neue Auftrag übernommen, der zum Bau der J 4 führte.

Die J 3 sollte ein einsitziger Tiefdecker werden, und zwar mit folgenden technischen Daten: Spannweite 11,45 m; Flügelfläche 21,00 m²; Länge 6,67 m; Höhe 3,10 m. Als Triebwerk war ein 14-Zylinder-Oberursel-U III-Umlaufmotor mit einer Leistung von 113,9 kW (155 PS) vorgesehen.

Spantenbau in Dessau

J 4

gepanzerter Anderthalbdecker

Der Probeauftrag für drei doppelsitzige Flugzeuge wurde am 18. November 1916 erteilt. Inzwischen waren zwei Kriegsjahre vergangen, das Junkers-Werk hatte noch nicht ein einziges verwendbares Kampfflugzeug beigesteuert. Etwa zu dieser Zeit (im Jahre 1917) wurden aber von Heer und Marine monatlich (!) 1 000 neue Flugzeuge gebraucht (diese Forderungen an die Flugzeugindustrie erhöhten sich bis Januar 1918 auf monatlich 2 000 Flugzeuge). Als sich Junkers mit der Realisierung des neuen Probeauftrages zu beschäftigen begann, lief die Serienproduktion in anderen Flugzeugfabriken bereits seit langem auf vollen Touren. Das neue Flugzeug, an dem sich Junkers versuchen sollte, wurde als niedrigfliegendes gepanzertes Infanterieflugzeug gewünscht, von dem über Stellungen und Gräben kleine Handbomben und Handgranaten abgeworfen werden sollten, das selbst aber durch Panzerung den Motor und die Besatzung vor den Geschossen aus Karabinern und Maschinengewehren schützte. Außerdem erschien diese der Junkers-Bauweise angepaßte Verwendungskonzeption auch deshalb besonders geeignet, weil ein Ganzmetallflugzeug kaum oder gar nicht von gegnerischen Schußwaffen in Brand geschossen werden konnte. Steigfähigkeit wurde für diesen Einsatzzweck kaum gebraucht.

Obgleich ein derartiges Flugzeug — jedenfalls aus der Sicht des Auftraggebers — der Junkers-Bauweise entgegenkam, verzögerten sich die Arbeiten, weil Junkers an seiner Eindecker-Konzeption festhalten wollte, während die Idflieg einen Doppeldecker kategorisch verlangte.

Der Konstrukteur Fritz Brandenburg, der an der Entwicklung der J 4 beteiligt war, schrieb später dazu: „Die Notwendigkeit wirksamen Schutzes für Besatzung, Triebwerk und Tank erforderte eine kahnförmige Wannenkonstruktion mit einem Gewicht von ca. 500 kg. Da auch Abwehrwaffen im Flugzeug und Betriebsstoff für 2 Stunden sowie Nachrichtenmittel und 2 Mann Besatzung befördert werden mußten, ergab sich hiernach für damalige Zeiten eine außergewöhnliche Tragflächengröße. Mit der von Professor Junkers strikt geforderten Eindecker-Bauart war nicht durchzukommen, weil sich eine Spannweite ergab, die jegliche Unterbringung in Hallen und Zelten unmöglich machte. So kam es schließlich nach langwierigen Kämpfen und Überlegungen zu der ... Anderthalbdecker-Form, die die Spannweite auf ein erträgliches Maß herabsetzte. Immerhin mußte mit einem Fluggewicht von ca. 1 800 bis 2 000 kg gerechnet werden, wenn man bei der erleichterten Flügelkonstruktion in Duraluminium bleiben wollte, die in Dessau unter Abkehr von der ersten Bauart — Eisenblech geschweißt — inzwischen von Prof. Junkers angegeben und entwickelt worden war."[23]

Junkers hatte damals bereits den Hinweis, ein Flugzeug großer Spannweite sei in vorhandenen Hallen oder Zelten nicht unterzubringen, als Zweckargument erkannt, hinter dem sich die Abneigung der Idflieg und der meisten Flieger gegen die Eindeckerbauweise verbarg. Seine Ganzmetallflugzeuge – im Unterschied zur Gemischtbauweise – brauchten überhaupt keine Hallen oder Zelte zum Schutz vor Regen oder Schnee. Lediglich die Motorhaube und die seinerzeit noch offenen Sitze mußten mit einer Plane abgedeckt werden. Der Einsicht, daß er sein Eindeckerprinzip nicht gegen die Idflieg durchsetzen konnte, beugte sich Junkers mit der J 4 zum ersten und zum einzigen Male.

Von der Idflieg wurde schließlich der damalige Oberleutnant Madelung in das Dessauer Junkers-Werk kommandiert, und zwar mit dem Auftrag, an Ort und Stelle dafür zu sorgen, daß bei der Konstruktion des Flugzeuges die Wünsche der Heeresleitung beachtet wurden.

Als Kompromiß zwischen Junkers und der Idflieg begannen nun die Arbeiten an dem Doppeldecker (Anderthalbdecker), aber dafür lagen wiederum keine Erfahrungen vor, weil die Dessauer Entwicklungskonzeption bislang vollständig auf freitragende Eindecker orientiert war. Und nutz-

bare Erfahrungen anderer Flugzeugfabriken, vorausgesetzt, diese hätten sie preisgegeben, gab es ebenfalls nicht, denn keine Fabrik baute Ganzmetalldoppeldecker. Alle fertigten in Gemischtbauweise.

Schließlich gelang es in etwa vier Monaten, das erste flugfähige Erprobungsmuster fertigzustellen. Es war mit einem 147-kW(200 PS)-Benz-Motor ausgerüstet und startete am 28. Januar 1917 auf dem Heeresflugplatz Döberitz zum ersten Probeflug, gesteuert von dem Flugzeugführer Arved von Schmidt, der für Testflüge zu Junkers abkommandiert worden war. Darüber schrieb Brandenburg: „Es war kein einfaches Experiment; die Maschine war sehr schwanzlastig, und es gelang dem Flieger nur mit völlig ausgelegtem Knüppel, sie in der Luft zu halten. Diesem Fehler war mit verhältnismäßig einfachen Mitteln abzuhelfen. Nun begann aber, wie bei jeder neuen Type, die sich an die Erstausführung anschließende langwierige und zähe Periode des Ausrüstens, Einfliegens und Frontreifmachens. Junkers wurde zu diesem Zweck der benachbarte Militärflugplatz Halle zugewiesen, welcher über Hallen ausreichender Größe und eine entsprechende Platzausdehnung verfügte, denn für die langen Anlaufstrecken genügte das kleine Flugterrain an der Straße Alten-Mosigkau in der Nähe der Fabrik in keiner Weise. Ein Unzahl von Teilerprobungen für die einzelnen Bauelemente mußten … durchgeführt werden. Schwierigkeiten machte die Herstellung der Panzerwannen, die Hand in Hand mit den Beschußproben bei den Blechwerken gehen mußte."[24] (Eine andere Quelle teilt mit, daß schon am 17. Januar 1917 die ersten „Sprünge" mit der J 4 stattfanden.)[25]

Im Juli/August 1917, neun Monate nach Auftragserteilung, wurden die ersten J 4 geliefert. Sie wurden von der Idflieg dem Armee-Flugpark 4 in Gent (Belgien) zugeteilt.

Der Rumpf des Flugzeuges bestand im Vorderteil aus der 4 bis 5 mm starken Panzerwanne, die den Motor, den Piloten- und Beobachtersitz umgab. Das Rumpfende war aus einem Duralrohr-Fachwerk gefertigt und aus Gewichtsgründen stoffbespannt (in diesem Detail wich Junkers vom Ganzmetallkonzept ab). Der Kühler war un-

Montage des Versuchsmusters J 4 (Aufnahme vom 5. Januar 1917)

Versuchsausführung der J 4 (Mai 1917)

Serienausführung der J 4
mit einem Benz-Motor Bz IV

ter dem Oberflügel installiert. Am Oberflügel befanden sich auch die Querruder. Zwar war die Sicht der Besatzung nach oben stark behindert und das Flugzeug brauchte bis zum Abheben eine lange Startstrecke, aber es war bald beliebt, weil Flieger und Beobachter, wie aus Berichten hervorging, „praktisch in der Wanne 100prozentig geschützt" waren. Viele der Flugzeuge wiesen nach einem Einsatz teilweise erhebliche Beschädigungen der Tragflächen und anderer Metallteile auf, aber zu einem Zusammenbruch der Konstruktion ist es nirgendwo gekommen.

Es verdient an dieser Stelle festgehalten zu werden, daß erst drei Jahre nach dem Beginn des ersten Weltkrieges die ersten einsatzfähigen Flugzeuge das Junkers-Werk in Dessau verließen. (Das war offenbar auch der Grund dafür, daß die J 4 die Heeresbezeichnung J 1 erhielt und am Rumpf die Bezeichnung „Junk. J. I." trug, was in späteren Publikationen nicht selten zu Verwechslungen bei der Verwendung der Junkers-Typenbezeichnungen J 1 und J 4 geführt hat.) Diese Feststellung ist angebracht, weil die Wirkung und der Anteil des militärischen Junkers-Flugzeugbaus in den Jahren von 1914 bis 1918 in mancher späteren publizistischen Darstellung übertrieben worden ist. Bis zum Kriegsende wurden 189 Flugzeuge des Typs J 4 geliefert, von denen eine nicht mehr festzustellende Anzahl wegen des Zusammenbruchs der deutschen Fronten die Lieferorte nicht erreichten und daher nicht mehr zum Einsatz kam. 38 weitere Exemplare, die sich bei Kriegsende im Bau befanden, wurden noch fertiggestellt und unterlagen gemäß den Versailler Friedensbestimmungen der Auslieferung an die Siegerstaaten.

Die J 4 war ein zweisitziger, verstrebter, unverspannter Anderthalbdecker. Als Triebwerk wurde der Benz-Motor Bz IV mit 147 kW (200 PS) verwendet, im Jahre 1918 wurde auch der 191-kW(260 PS)-Motor Benz eingebaut.

Insgesamt wurden 227 Flugzeuge dieses Typs gefertigt.

J 5
entworfen, aber nicht gebaut
(Projekt 2)

Während der Serienfertigung der J 4, für die auch, dem Drängen der Idflieg folgend, betriebsfremde Werkstätten zur Fertigteilproduktion in Anspruch genommen werden mußten, beschäftigte sich die Dessauer Forschung ab Jahresbeginn 1917 bereits wieder mit neuen Projekten. Gegenstand der Studien war ein kleiner freitragender, leichter Tiefdecker. Es entstanden Entwürfe von drei Varianten, die sich sichtbar in der Form der Flächen und der Ruder, sonst vor allem in der Wahl und Anordnung der Triebwerke unterschieden.

Für die Variante I (vom 3. Januar 1917) war ein Umlaufmotor Oberursel-UR II mit einer Leistung von 81 kW (110 PS) oder ein Umlaufmotor Siemens Sh II mit 88,2 kW (120 PS) in Erwägung gezogen worden. Das Triebwerk sollte im Rumpfe vor dem Fliegersitz eingebaut werden, eine Fernwelle die Triebwerksleistung auf die Luftschraube übertragen. Die Tragflächen sollten gerade Konturen aufweisen.

Die Variante II (vom 15. Januar 1917) sah hingegen vor, den Umlaufmotor mit verlängerter Propellerwelle hinter dem Fliegersitz im Rumpf unterzubringen, und zwar ebenfalls den Siemens-88,2-kW(120 PS)-Motor. Die Tragflächenkonturen waren gerundet gedacht.

Die Variante III sah statt der Verwendung eines Umlaufmotors einen wassergekühlten Motor Mercedes D IIIa mit einer Leistung von 117,6 kW (160 PS) vor, der ebenfalls hinter dem Fliegersitz eingebaut und dessen Propellerwelle nach vorn verlängert werden sollte.

Die J 5 war als Jagdeinsitzer konzipiert worden. Der Variante I lagen folgende technische Daten zugrunde: Spannweite 11,80 m; Flügelfläche 20,00 m²; Länge 8,00 m; Höhe 2,80 m. Die Variante II sah vor: Spannweite 8,60 m; Flügelfläche 12,00 m²; Länge 6,75 m; Höhe 2,70 m. Zur Variante III konnten keine Daten aufgefunden werden. Vermutlich haben beim damaligen Entwicklungsstand voraussehbare Probleme der Motorkühlung dazu geführt, daß die J 5 über das Entwurfsstadium nicht hinausgelangte.

J 6

**unvollendeter Hochdecker
(Projekt 3)**

Im August 1917 ist in Dessau ein Ganzmetall-Hochdecker entworfen und im Jahre 1918 gebaut, aber nicht fertiggestellt worden. Dieser Hochdecker (in Anlehnung an die französische Bezeichnungsweise auch „Parasol"-Eindecker genannt) war ein extrem kleines Flugzeug. Ebenso wie beim J 5-Projekt lag hier offenbar das Bestreben zugrunde, die an den bisherigen Junkers-Flugzeugen bekannten Schwierigkeiten im Hinblick auf Wendigkeit während des Fluges zu beseitigen, denn hinter dem wuchtigen Umlaufmotor sah der kurze und schmale Rumpf fast zierlich aus. Auch das große Höhen- und Seitenruder weist auf das Bemühen hin, die Manövrierfähigkeit

zu erhöhen. Das hochbeinige Fahrwerk ermöglichte die Verwendung einer Luftschraube mit einem Durchmesser von 2,80 m. Der Kraftstofftank war außerhalb des Rumpfes angebracht, er war stromlinienförmig und abwerfbar zwischen den Rädern des Fahrwerkes aufgehängt.

Der Junkers-Hochdecker J 6 stand bei Kriegsende halbfertig in der Dessauer Werkstatt (Ico). Technische Daten waren: Spannweite 8,00 m; Flügelfläche 12,00 m²; Länge 5,60 m; Höhe 2,62 m. Als Motor war der Siemens Sh III mit einer Leistung von 117,6 kW (160 PS) vorgesehen. Damit sollte eine Höchstgeschwindigkeit von 190 km/h erreicht werden.

*Die J 7 mit Mercedes-Motor D IIIa
auf dem Flugfeld Dessau–Mosigkau
(Bauzustand: 12. Oktober 1917)*

J 7

**von Fokker
in einen Graben gerollt**

Gebaut wurde hingegen der freitragende Tiefdecker aus leichtem Duraluminium J 7, und zwar im Jahre 1917. Das Flugzeug war eine direkte Weiterentwicklung der nicht fertiggestellten J 3 und erbrachte nach wiederholten Erprobungen und Änderungen die bis dahin besten Flugleistungen unter den Junkers-Mustern.

Als der Auftrag zum Bau des gepanzerten Infanterieflugzeuges J 4 erfüllt und die Serienfertigung im Gange war, kehrte die Junkers-Gruppe zu dem Leichtmetall-Eindecker-Vorhaben J 3 zurück, denn die J 4-Lieferungen hatten nun wieder ausreichende Finanzmittel für eigenständige Entwicklungsarbeiten in die Dessauer Kassen gebracht. Ohne Auftrag, damit auch auf eigenes Risiko, wurden die Arbeiten wieder aufgenommen, die der Idee folgten, ein Flugzeug zu schaffen, dessen Teile, ausgenommen natürlich der Motor, ausschließlich aus dem leichten Duraluminium bestehen sollten. „Leicht bauen, leicht und nochmals leicht!" lautete das Konzept für dieses Muster, an dem die Möglichkeiten und Grenzen der Leichtmetallbauweise technisch und technologisch erkundet werden sollten. So entstand ein Versuchsflugzeug, dessen Rumpf und Tragflügel aus einem Gerüst von Duraluminiumrohren bestanden, das mit Duraluminiumwellblech beplankt war. An ein durchlaufendes Flugzeugmittelstück wurden die Außenflügel angeschlossen. Den Erstflug unternahm der Junkers-Flugzeugführer Arved von Schmidt im September 1917. Mit seinem interessanten Bericht ist die sorgfältige Systematik seiner Flugerprobung erhalten geblieben:

„Am 17. September 1917 morgens war die J 7 zum Einfliegen in der Halle fertig montiert. Am Vormittag desselben Tages erhielt ich die Erlaubnis, das Flugzeug zu fliegen. Als erstes versuchte ich, die Lage der J 7 in der Längsrichtung festzustellen. Zu diesem Zweck markierte ich mir die Stellung des Knüppels, in der das Höhenruder die Fortsetzung der Dämpfungsfläche bildete, und rollte hierauf mit hochgenommenem Schwanz und so viel Gas, daß das Flugzeug horizontal lag und gerade noch auf den Rädern den Boden berührte. Aus der Stellung des Knüppels ergab sich nun, daß zum Halten des Flugzeuges in der Horizontalen ein geringer Tiefensteueraus-

*J 7 mit endgültiger Quersteuerung
und Flügelform
(Bauzustand: 2. Februar 1918)*

schlag notwendig war, der – am äußersten Ende des Knüppels gemessen – etwa 4 cm betrug. Diese Schwanzlastigkeit war so gering, daß ich mit den Versuchen fortfahren konnte, ohne etwas zu ändern.

Als zweites untersuchte ich das Seitenruder. Mit hochgenommenem Schwanz und halbem Gas versuchte ich, während des Rollens mit Hilfe des Seitenruders scharfe Wendungen zu machen. Das Flugzeug reagierte gut; das Seitenruder genügte und war nicht überbalanciert. Inzwischen war es Abend und so dunkel geworden, daß ich die Versuche abbrechen mußte.

Am Morgen des 18. September 1917 ging ich ans Ausprobieren der Querruder und überprüfte das Verhalten des Flugzeuges im Gleitflug. Ich machte mit Halb-, dann mit Vollgas Sprünge, wobei ich rasch die Querruder betätigte und den Übergang des Flugzeuges in den Gleitflug beobachtete. Die Querruder benötigten bei größeren Ausschlägen einen geringen Kraftaufwand, um in die Normallage zurückgebracht zu werden. Dies erweckte den Eindruck, als seien sie überbalanciert.

In den Gleitflug ging das Flugzeug mit Hilfe eines geringen Tiefensteuerausschlages gut über und hielt sich auch darin, ohne daß man die Maschine halten oder drücken mußte. Als ich den Eindruck gewonnen hatte, daß die J 7 gut in der Luft lag und auf die Steuer kam, machte ich einige größere Sprünge von 30 bis 40 Meter Höhe und einigen hundert Metern Länge. Mittlerweile war es böig geworden, so daß ich erst gegen Abend einen größeren Flug machen konnte, bei dem ich die Lage des Flugzeuges in der Kurve beobachtete.

Meine Eindrücke, die ich von der J 7 gewonnen habe, sind gut. Größere flugtechnische Fehler habe ich nicht beobachten können. In der Längsrichtung ist das Flugzeug im Flug gut und ohne Gas recht empfindlich, in der Querrichtung dagegen stabiler. Im steilen wie im flachen Gleitflug liegt die Maschine gut und braucht mit dem Höhenruder nicht gehalten zu werden. Im Steigen hatte ich, nach dem Morell gemessen" (gemeint ist der Fahrgeschwindigkeitsmesser des Tachometerwerkes Wilhelm Morell, Leipzig; d. Verf.), „160 bis 200 km/h, im Gleiten 140 bis 220 km/h Geschwindigkeit."[26]

An der J 7 wurden in der Folgezeit mehrere Veränderungen vorgenommen. Beispielsweise änderte sich die Querruder-Lösung mehrmals. Anfangs waren die Flügelenden verwindbar. Danach wurden kurze Querruder mit großer Tiefe angeordnet (erstmals erprobt am 12. Dezember 1917). In der dritten Variante wurden Querruder mit Hornausgleich angebracht. Schließlich wurden ab 2. Februar 1918 die Querruder in die Flügelkrümmung einbezogen und erhielten damit ihre endgültige Form. Weitere Veränderungen betrafen den Fahrwerkbau, die Anbringung des Motorkühlers sowie die Erprobung verschiedener Flügelformen und -profile.

Zu dieser Zeit wurde auf der Adlershofer Seite des Flugplatzes Berlin-Johannisthal mit vergleichenden Flugwettbewerben der Jagdflugzeugprototypen begonnen. Die in der Adlershofer Flugplatzecke ansässige und im April 1912 gegründete „Deutsche Versuchsanstalt für Luftfahrt" (DVL) war während des ersten Weltkrieges in die „Prüfanstalt und Werft der Fliegertruppe" umgewandelt und damit direkt der militärischen Leitung und Aufsicht unterstellt worden. Eine erneute Umbenennung dieses militärischen Versuchs- und Baugeländes in „Flugmeisterei Adlershof" erfolgte im Jahre 1917.

Gegen Ende des Jahres 1917 war die deutsche Oberste Heeresleitung gezwungen, ein Sofortprogramm für den Bau leistungsfähiger Jagdflugzeuge einzuleiten. Zu diesem Zeitpunkt zeigten sich die gegnerischen Jäger an der Westfront immer klarer überlegen und die gegnerischen Bomberverbände konnten bei ihren konzentrierten Angriffen auf deutsche Nachschubverbindungen von den deutschen Jagdflugzeugen kaum noch gestört wer-

den. Deshalb wurden neue Leistungsanforderungen an die Flugzeugindustrie gerichtet und in der Ostecke des Johannisthaler Flugplatzes in aller Eile sogenannte D-Flugzeugwettbewerbe (D = Jagdeinsitzer) vorbereitet. In diesen Wettbewerben sollten die Flugzeugfabriken ihre Neuentwicklungen vorstellen und die besten Flugzeuge dann beschleunigt in die Serienproduktion geben. Zwei dieser Vergleichswettbewerbe fanden im ersten Halbjahr 1918 statt (Januar/Februar sowie Mai bis Juli 1918). Sämtliche Teilnehmerflugzeuge wurden mit gleichem Kraftstoffinhalt der Tanks und mit gleicher Zuladung geflogen. Zunächst wurden die Muster von dem jeweiligen Werkpiloten vorgeflogen, danach von erfahrenen Frontfliegern nachgeflogen, die eigens mit diesem Auftrag zum Flugplatz Johannisthal kommandiert worden waren. Deren Beurteilung und die bei den Flügen festgestellten Leistungsdaten bildeten die Grundlage für die Entscheidung über Serienbauaufträge an Flugzeugfabriken, die mit der bevorzugten Bereitstellung von Flugmotoren verbunden waren. Von besonderem Interesse bei der Leistungsprüfung der Flugzeugmuster waren die Steigfähigkeit in Bodennähe und die Steigleistung bis auf die Höhe von 5000 Metern.

Da zu dieser Zeit die J 7 aus Dessau ihre Flugerprobungen bereits absolviert hatte, wurde sie zum Vergleichsfliegen angemeldet und nach Johannisthal gebracht. Ob es das erste oder das zweite Vergleichsfliegen war, an dem das Junkers-Flugzeug teilnahm, darüber finden sich in späteren Publikationen widersprüchliche Angaben. Inzwischen kann aber als belegt angesehen werden, daß einen der J 7-Flüge in Johannisthal der damalige Jagdflieger Manfred von Richthofen ausgeführt hat. Wenn diese in der Literatur aufgefundene Feststellung richtig ist, dann muß eine frühere Darstellung dahingehend korrigiert werden, daß die J 7 (militärische Bezeichnung: D I) am ersten Vergleichsfliegen im Januar und Februar 1918 teilnahm, denn als das zweite Vergleichsfliegen begann (Mai bis Juli 1918), lebte von Richthofen nicht mehr. Er war am 21. April 1918 abgeschossen worden.

Jedenfalls aber, und darin stimmen alle aufgefundenen Berichte überein, erregte der Junkers-Eindecker nicht nur Aufsehen, sondern flößte den herbeikommandierten Frontfliegern auch beträchtliches Unbehagen ein. Sie meinten, das Flugzug „fällt in der Luft um", um korrigierten diese Ansicht erst, als der Junkers-Werkpilot – von Krohn – die J 7 vorgeflogen und einwandfrei wieder zu Boden gebracht hatte. Trotzdem stiegen die Militärflieger lieber in die ihnen vertrauten Doppeldecker als in das Junkers-Flugzeug. Schließlich kamen wenigstens zwei Flüge zustande, ausgeführt von Osterkamp und von Richthofen. Doch dann war Schluß. Mehr Flieger fanden sich nicht. Da mischte sich der Rüstungsindustrielle A. H. G. Fokker ein, ein begabter Flieger, der sich in Schwerin-Görries auf den Bau von Jagdflugzeugen spezialisiert hatte, selbst mit einem neuen Muster an dem Vergleichswettbewerb beteiligt war und selbstverständlich einen möglichst großen Serienauftrag für seine Fabrik erlangen wollte. Er bot sich als „unparteiischer Pilot" an, und da seine fliegerischen Fähigkeiten hinreichend bekannt waren, erhoben auch die Junkers-Leute keine Einwände. Sie erhofften wohl, daß es Fokker am ehesten gelingen würde zu zeigen, was in der J 7 steckt. Also startet Fokker, probiert in ein paar Kurven die Ruderwirkung aus, vollführt schließlich ein brillantes Flugprogramm – und weiß schließlich, daß er in der fortschrittlichsten Konstruktion dieses Wettbewerbs sitzt. Er landet und rollt die Maschine in hoher Fahrt derart „unglücklich" in einen Graben, daß sie erheblich beschädigt wird und aus dem Wettbewerb ausscheiden muß.

Das Vergleichsfliegen aber gewann – das Flugzeug von Fokker. Er erhielt einen Auftrag für 400 Flugzeuge zum Preis von 25 000 Mark pro Stück, „zehn Millionen im ganzen", wie er in seinen Erinnerungen schrieb.[27] Darin hat er auch die Flugzeuge seiner am Wettbewerb beteiligten Konkurrenten beurteilt, aber bemerkenswerterweise den von ihm demolierten Junkers-Eindecker mit keinem Wort erwähnt.

Die Flüge, die vor dem „Grabenunfall" ausgeführt wurden, hatten bereits gezeigt, daß die J 7 in Bodennähe eine Steigleistung von 7,2 m/s erreichte und in 23,7 min auf die Höhe von 5 000 m gelangte. Damit war sie allen anderen Wettbewerbsflugzeugen, die wie die J 7 mit einem Mercedes-Motor ausgerüstet waren, deutlich überlegen (Fokker, Rumpler, Albatros, LFG „Roland"). Unterlegen aber war sie hinsichtlich der Steigleistung jenen Flugzeugen, die mit dem leichten Siemens-Umlaufmotor flogen (Pfalz, Siemens). Die beschädigte J 7 wurde repariert und verändert. Die letzte Verbesserung an dem Flugzeug betraf die Quersteuerung, damit erhielt es seine letzte und endgültige Ausführung. Aber das allgemeine Vorurteil gegen den Eindecker mit Flügeln ohne jegliche Verspannung sowie gegen die Metallbauweise, das völlige Abweichen also von allem, woran die Flieger bisher gewöhnt waren, führten dazu, daß dieses Exemplar das einzige blieb und nicht weitergebaut wurde. Nach langen und hartnäckigen Verhandlungen erreichte Junkers, daß das für die Entwicklung des Flugzeuges verauslagte Geld von der Idflieg erstattet wurde.

Junkers-Riesenflugzeugprojekte des Jahres 1918

Bereits während des ersten Weltkrieges hat sich Junkers mit mehrmotorigen Flugzeugprojekten beschäftigt, denen seine Entwicklungsingenieure, aktuellen Anforderungen folgend, zwar eine mögliche militärische Verwendung beigemessen hatten, die aber als Studien und Vorarbeiten für spätere Typen von Junkers-Verkehrsflugzeugen anzusehen sind.

R 1 – viermotoriger Rieseneindecker (Projekt 4): Als Tiefdecker in zwei Varianten entworfen. Entwurfsdaten der ersten Variante waren – Spannweite 35,00 m; Flügelfläche 200 m²; Länge 22,30 m. Die zweite Variante sah vor – Spannweite 38,50 m; Flügelfläche 220 m²; Länge 24,00 m. Als Motoren sollten vier Daimler D IVa mit je 191 kW/260 PS verwendet werden. Die Gesamtmasse des Flugzeuges sollte 10 000 kg betragen (Leermasse: 6 000 kg; Zuladung: 4 000 kg). Den angestellten Berechnungen zufolge sollte dieses Großflugzeug eine Höchstgeschwindigkeit von 180 km/h in 2 000 m Höhe und 160 km/h in 4 000 m Höhe erreichen. Die Flügeldicke in der Umgebung der Motoren sollte etwa 1,60 m betragen, damit während des Fluges an ihnen gearbeitet werden konnte. In die Flügel sollten die beiden Hauptkraftstofftanks mit einem Fassungsvermögen von je etwa 1 000 Litern eingebaut werden. Die Ruder am Leitwerk sollten über einen kraftverstärkenden Hilfsmotor bewegt werden, wodurch der Flugzeugführer nur den üblichen und ihm von anderen Flugzeugen vertrauten Kraftaufwand zur Überwindung der Steuerwiderstände aufzubringen brauchte. Mit dem Versuchsbau einzelner Teile beider Varianten dieses Projekts ist im Jahre 1918 begonnen worden. Diese Arbeiten wurden bei Kriegsende eingestellt.

R 2 – zweimotoriges Riesenflugzeug (Projekt 5): Das Projekt dieses Tiefdeckers wurde in der Patentschrift 31 36 92 „Eindeckerflugzeug mit selbsttragenden Flügeln" (angemeldet am 23. April 1918) zu Papier gebracht. Der auffälligste Unterschied gegenüber dem R 1-Projekt bestand – neben der Motorenanzahl – in einem doppelten Seitenleitwerk und in vergrößerten Querrudern. Einer Rekonstruktion zufolge war dieses Flugzeug für eine Spannweite von etwa 24,00 m bei einer Länge von zirka 13,00 m konzipiert. Die Geschwindigkeit, die dieses Flugzeug mit zwei Motoren Mercedes D IVa mit je 191 kW/260 PS sowie auf Grund seiner Formgebung und der damaligen Junkers-Bauweise hätte erreichen können, wird in aufgefundener Literatur mit 170 bis 175 km/h geschätzt. Damit wäre dieser Eindecker den zu jener Zeit üblichen Doppeldecker-Großflugzeugen deutlich überlegen gewesen.

R 3 – viermotoriges Riesenflugboot (Projekt 6): Abweichend vom Eindeckerkonzept mit Datum vom 26. Juni 1918 als Anderthalbdecker-Riesenflugboot entworfen. Vier 753 kW (1 000 PS)-Junkers-Diesel-Motoren (von deren Existenz die Flugzeugkonstrukteure damals vorerst nur träumen konnten) sollten den Ganzmetallriesen durch die Luft bringen, der eine Spannweite von 80,00 m; Länge von 38,00 m; Bootsrumpf von 10,00 bis 12,00 m Breite aufweisen sollte. Die Dicke des oberen Flügels sollte in seinem etwa 45-m-Mittelstück 2,40 m bei einer Flügeltiefe von 12,00 m betragen. Darin sollten die Triebwerke während des Fluges von Maschinisten, die sich im Flügelinneren aufrecht bewegen konnten, bequem gewartet werden können. Die Gesamtmasse des Flugbootes war mit 48 000 kg veranschlagt worden.

J 9

Streitobjekt zwischen Theoretiker und Praktiker

Oft entsprach in den frühen Jahren des Flugzeugbaus die Typenbezeichnung nicht der Typenfolge. Das trat nun auch bei Junkers auf, denn der J 7 folgte die J 9, von der danach die J 8 abgeleitet worden ist.

Inzwischen hatte sich bei der Idflieg die Erkenntnis gebildet, daß Junkers zwar ein ernstzunehmender Wissenschaftler sei, seine Erfolge sich aber deshalb in engen Grenzen hielten, weil er erst seit relativ kurzer Zeit im Flugzeugbau tätig war und außerdem selbst keinerlei fliegerische Erfahrung besaß. Ganz im Gegensatz zu dem bereits erwähnten Erfolgskonstrukteur von Jagdflugzeugen Anthony H. G. Fokker, der Erfinder, Konstrukteur und Versuchsflieger in einer Person war, weshalb er sich auch den jeweils aktuellen Anforderungen des Luftkrieges rascher als jeder andere deutsche Flugzeugfabrikant anpassen konnte.

Um die Produktionsmenge des Dessauer Flugzeugbaus für den stetig wachsenden militärischen Bedarf zu steigern, wurde es als zweckmäßig angesehen, den Theoretiker Junkers und den Praktiker Fokker zu einer produktiven Partnerschaft zu vereinen. Dabei mochte auch die Überlegung Pate gestanden haben, daß Fokker den „starrköpfigen" Junkers zu Kompromissen im Hinblick auf die schneller zu bewerkstelligende Gemischtbauweise wenigstens einzelner Flugzeugteile bewegen könnte, denn zu jener Zeit war die Idflieg besonders an hohem Produktionstempo beim Bau leistungsfähiger Flugzeuge interessiert.

Am 20. Oktober 1917 kam es in Dessau zur Gründung der „Junkers-Fokker A. G." (Ifa). Doch der Erfolg, der daraus erwachsen sollte, blieb aus. Fokker schrieb später darüber, daß er von der Heeresleitung aufgefordert worden sei, „mit Hugo Junkers, dem Vater des dicken Flügels und des Ganzmetallflugzeuges, zusammenzuarbeiten, um einen einsitzigen Ganzmetall-Eindecker zu entwickeln. Professor Junkers ist einer der Pioniere des Flugzeugbaus. Seine Theorien sind häufig seiner Zeit weit vorausgeeilt, aber er ist nicht immer imstande gewesen, seine Laboratoriumsexperimente den praktischen Bedürfnissen des Augenblicks anzupassen ... Junkers war meine Mitarbeit und die Summe von 3½ Millionen Mark, mit der ich eine Beteiligung von 50 Prozent an seiner Fabrik erwarb, zunächst sehr willkommen. Auf meinen Rat

Eine J 9 im Bau (18. April 1918) und (17. Juni 1918)

fing er an, viele Teile seiner Maschinen aus Stahlrohr herzustellen, aber vergeblich drängte ich ihn zu gestatten, daß Seiten- und Höhensteuer und Verbindungsklappen im Interesse rascher Fabrikation mit Stoff bespannt würden. Er wollte der im Krieg nun einmal vorliegenden Notwendigkeit möglichst rascher Herstellung nicht seine Ganzmetallkonstruktion opfern." Deshalb, so schrieb Fokker weiter, „hatte ich mich genötigt gesehen, mich von einer Teilha-

berschaft, die mich 1½ Millionen Mark und viele fruchtlose Diskussionen gekostet hatte, zurückzuziehen. Junkers war meiner Ansicht nach zu theoretisch in einer Zeit, da die Praxis so viel wichtiger war als die Theorie." [28]

Es war auch eine eigenartige „Fabrikantenehe" gewesen. Fokker kam als gleichberechtigter Direktor neben Junkers mit einer Schar seiner Ingenieure und Arbeiter nach Dessau, um die dortige Produktion zu beeinflussen. Am Ende trennten sich beide verärgert.

Junkers hatte offenbar nach anfänglicher Kooperationsbereitschaft recht klar

J 9 mit Benz-Motor in der Seitenansicht

*J 9 flugfertig mit Motor BMW IIIa
(8. Juli 1918);
das Flugzeug soll im November 1918
bei einem Vergleichsfliegen 240 km/h
erreicht haben*

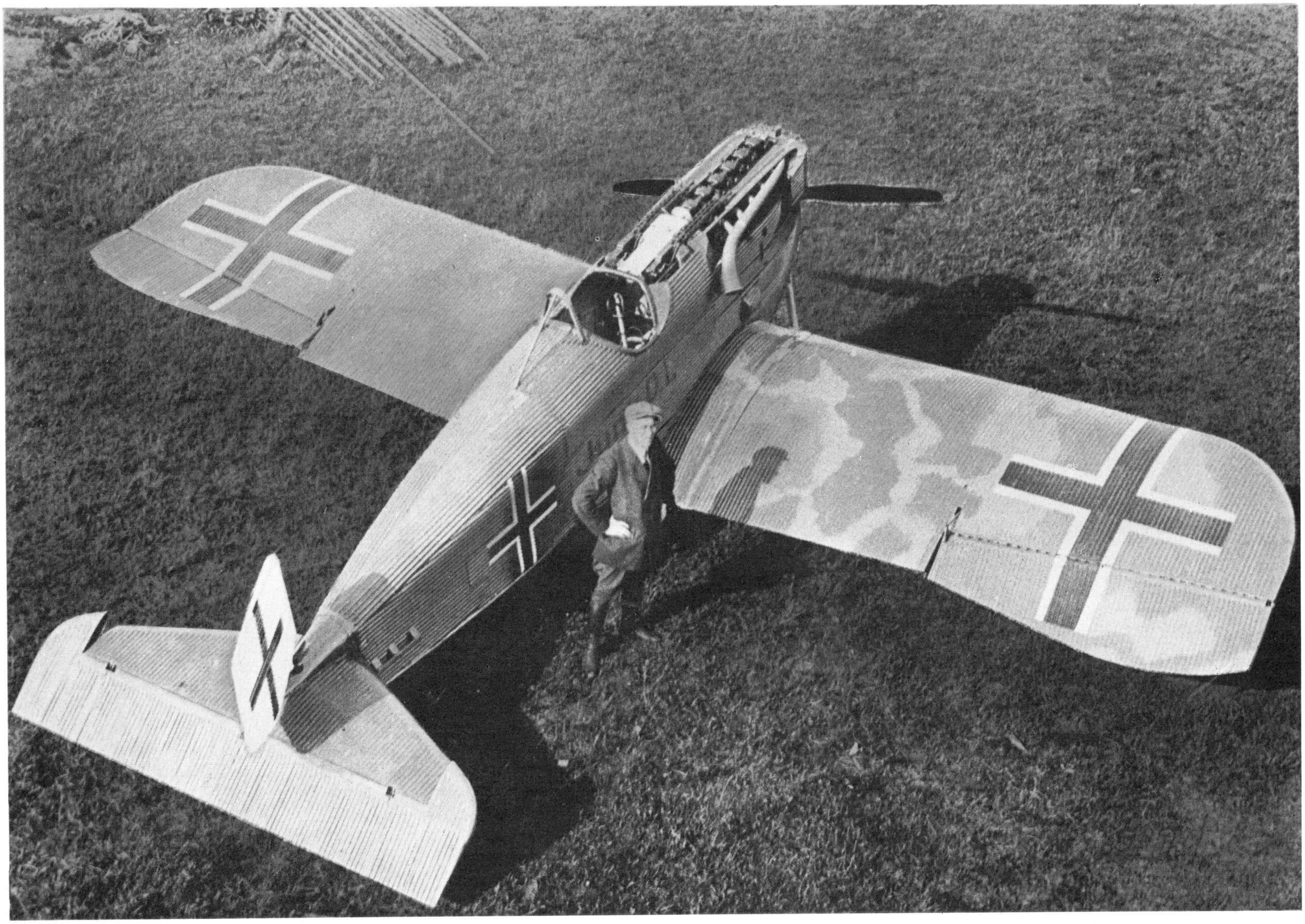

erkannt, daß es sich um eine von der Idflieg gesteuerte Einmischung in seine Entscheidungsbefugnisse und seine Konstruktionsabsichten handelte. Und als er es so verstanden hatte, sträubte er sich. Seine Abwendung ging gar so weit, daß er sich, einer Publikation über den Junkers-Flugzeugbau im ersten Weltkrieg zufolge, zeitweilig demonstrativ wieder mit Gasbadeöfen statt mit Flugzeugen beschäftigte. Diese Haltung der strikten Abweisung von Eingriffen in sein Werk und seine Entscheidungsbefugnisse hat er in späteren Jahren beibehalten. Sie hat auch im Jahre 1933 seine Reaktionen bestimmt, als ihn das Reichsluftfahrtministerium unter Druck setzte. Davon wird an späterer Stelle die Rede sein. Hier aber verdient es zunächst einmal festgehalten zu werden, daß Professor Junkers, im Unterschied zu allen anderen Flugzeugfabrikanten jener Jahre, die ihre Produktion in sämtlichen Belangen auf den aktuellen und steigenden Kriegsbedarf einstellten und in dem gleichen steigenden Maße ihre Rüstungsgewinne einstrichen, nach dem Zeugnis seines Konkurrenten Fokker eine andere Grundidee verfolgte: Die Ganzmetallbauweise von Flugzeugen und ihre schrittweise Vervollkommnung. Dieses Streben hat er nicht den militärischen Forderungen geopfert, sondern er hat solche Forderungen insoweit und unter der Voraussetzung erfüllt, daß sie seinen Flugzeugentwicklungszielen entsprachen.

In mancher späteren publizistischen Meinungsäußerung war in derartigen Zusammenhängen über die Starrköpfigkeit von Junkers zu lesen. Doch zeigte die Entwicklung unmittelbar nach dem ersten Weltkrieg, als Junkers keinen militärischen Produktionszwängen mehr unterlag, daß er in Wirklichkeit während der Kriegsjahre und im Rahmen der damit verbundenen Möglichkeiten seine Konstruktionsidee zielstrebig-konsequent verfolgt hatte.

Einstweilen aber wurde in Dessau, anknüpfend an die J 7, der Jagdeinsitzer J 9 entwickelt. Der Erstflug fand im April 1918 statt. Entweder hatten die Flugleistungen des neuen Musters überzeugt und die Idflieg gab deshalb den Widerstand gegen die Ganzmetallflugzeuge aus Dessau auf, oder sie war inzwischen in derartige Lieferschwierigkeiten an die Frontdienststellen geraten, daß sie nunmehr alles ankaufte, das flog. Jedenfalls wurde schon einen Monat nach dem ersten Flug, im Mai 1918, zunächst mündlich ein Auftrag über 20 Flugzeuge des Typs J 9 an die damals noch existierende „Junkers-Fokker A. G."

Das Einzelexemplar des Typs J 8, Vorläufer der J 10

erteilt, der mit einem schriftlichen Auftrag vom Oktober 1918 bestätigt wurde. In mehreren Variationen, die durch unentwegte Änderungswünsche der Idflieg veranlaßt wurden, ist der Bau von insgesamt 40 Flugzeugen dieses Musters begonnen worden, von denen aber bis zum Kriegsende nur etwa ein Dutzend zur Auslieferung gelangten. Bis dahin war jedoch, auch unter dem Eindruck der gescheiterten Zusammenarbeit zwischen Junkers und Fokker, die Unzufriedenheit der Idflieg über die Haltung des Dessauer Fabrikanten so erheblich gewachsen, daß man dort unverblümt von einem „Metallflugzeug-Rummel als Modekrankheit" sprach.

Die J 9 war ein Ganzmetall-Tiefdecker. Mit einem 117,6-kW (160 PS)-Motor Mercedes D IIIaü erreichte das Flugzeug eine Höchstgeschwindigkeit von 220 km/h. Es wurden auch andere Motoren verwendet. Mit einem BMW IIIa, Leistung 136 kW (185 PS), soll das Flugzeug bei einem Vergleichsfliegen auf dem Flugplatz Johannisthal im November 1918 die Geschwindigkeit von 240 km/h erreicht haben.

J 8
zweisitzige J 9-Version

Mit dem Muster J 8 entstand noch im Jahre 1918, als vergrößerte Version der J 9, ein zweisitziges Schlachtflugzeug, womit Junkers offenbar den Nachweis erbringen wollte, daß der Eindecker als Infanterieflugzeug verwendungstüchtig ist und die hartnäckige Forderung der Idflieg, die zum Anderthalbdecker J 4 geführt hatte, unbegründet war.

Infolge des Umbaus zum Zweisitzer erhielt die J 8 gegenüber der J 9 einen längeren Rumpf, eine größere Spannweite der Tragflächen und eine größere Flügelfläche. Von dem Ganzmetall-Tiefdecker J 8 ist nur ein Versuchsmuster gebaut worden.

J 10
erster Ganzmetall-Eindecker in Serie

Die erste J 10 kann wegen ihrer geringen äußerlichen Veränderungen gegenüber dem Vorgängerflugzeug eigentlich als eine weiterentwickelte Variante der J 8 bezeichnet werden. Die auf den ersten Blick erkennbare Änderung betraf die bis zum Tragflügelende eingekürzten Querruder (bei der J 8 ragten sie über die Flügelenden hinaus) und die Strebenanordnung des Fahrwerkes. Die J 10 startete zum Erstflug am 4. Mai 1918. Bis zum Kriegsende sind sechs Flugzeuge dieses Typs gebaut worden, danach weitere 37 Exemplare.

Für die militärische Verwendung wurde von Fliegern hervorgehoben, daß Schußeinwirkungen wohl zu Löchern und Beulen in der Metallbeplankung, niemals jedoch zum Ausfall oder zur Außerdienststellung eines Flugzeuges geführt hatten. Besonders geschätzt wurde die relative Witterungsunempfindlichkeit, die es ermöglichte, das Flugzeug wochenlang auf freiem Felde in Regen, Schnee und Eis abzustellen, wobei lediglich der Motor und der Propeller mit einer Schutzplane abgedeckt werden mußten. Flugzeuge in Gemischtbauweise waren nach derartigen Witterungseinflüssen nicht mehr sofort einsetzbar.

Einige der Flugzeuge dieses Typs sind nach dem Kriegsende als Passagier- und Postflugzeuge verwendet worden. Junkers erklärte dazu: „Nach Abschluß des Waffenstillstandes wurde diese Maschine zum zweisitzigen Kurierflugzeug, durch Hinzufügen eines Verdecks für den Passagiersitz umgebaut. Es war interessant, daß dabei infolge Wegfalls des offenen Maschinengewehrringes die Flugeigenschaften des Flugzeuges sich verbesserten."[29]

Für den zweisitzigen Eindecker J 10 (militärische Bezeichnung: CL I; CL = Infanterieflugzeug, Aufklärer, Artilleriebeobachter) sind verschiedene Motoren verwendet worden, und es wurden zumindest zwei Varianten gebaut, die an geringen Unterschieden in den Abmessungen und am verwendeten Motormuster erkennbar waren.

Die erste J 10 vor ihrem Erstflug am 4. Mai 1918

Eine der sechs J 10 (Juni 1918), die bis zum Kriegsende gebaut wurden

J 11

erstes Junkers-Flugzeug auf Schwimmern

Als letztes Flugzeugmuster während des ersten Weltkrieges entstand in Dessau die J 11 als Wasserflugzeug für die Marine. Zu diesem Verwendungszweck haben die besonderen Unempfindlichkeiten des Ganzmetallflugzeuges gegen Witterungseinflüsse und daher auch, wie sich vor allem in späteren Jahren erweisen sollte, gegen Seewasser angeregt. Für die Erprobung wurden zwei Flugzeuge J 10 auf Schwimmer gesetzt und an die Marine übergeben. Die Flugerprobungen führten zu einzelnen Veränderungen, darunter des Seitenruders und des Kühlers für den in der J 11 verwendeten Benz-Motor, erbrachten aber gute Leistungen. Insgesamt wurden drei Maschinen gebaut.

Der damalige Marineflieger Richard Thiedemann (später Werkpilot, danach Kontrolleiter und Technischer Direktor bei Junkers) hat das Flugzeug im Oktober 1918 erprobt und schrieb darüber: „Die Leistungen des Flugzeuges sind bei einer Zuladung von 510 kg hervorragend zu nennen. Noch kein Wasserflugzeug mit 185-PS-Motor hat bei einer solchen Zuladung eine Geschwindigkeit von 180 km/h erzielt. Auch sind die Steigleistungen bisher noch nicht übertroffen worden. Die Lage des Flugzeuges auf dem Wasser ist gut. Die Schwimmerform ermöglicht ein glattes und stoßfreies Starten und Landen. Das Schwimmergestell ist stark genug, um eine Landung bei einem Seegang mit Windgeschwindigkeit von 8 m/s auszuhalten. Infolge Fehlens jeglicher Verspannung ist die Montage äußerst leicht und kann in kurzer Zeit ausgeführt werden. Durch die besondere Konstruktion der Flächen ist ein Verziehen unmöglich und die Flugeigenschaften können sich deshalb nie verändern."[30]

Der erste Abschnitt des praktischen Flugzeugbaus unter der Regie von Professor Hugo Junkers begann und endete im Verlaufe des ersten Weltkrieges. Im Jahre 1915 hatte die Flugzeugherstellung in Dessau mit 15 Arbeitern begonnen, bei Kriegsende zählte der Junkers-Flugzeugbau 1 250 Beschäftigte, davon 1060 Arbeiter und 190 Angestellte. Rechnet man die weiteren Junkers-Herstellungsbereiche hinzu, erscheint eine Schätzung von 2 000 Beschäftigten begründet. In dieser Höhe wird die Beschäftigtenanzahl gegen Jahresende

*Das Wasserflugzeug J 11 (1918),
in nur drei Exemplaren gebaut*

J 11 vor der Dessauer Werkhalle (1918)

1918 auch in einigen späteren Junkers-Publikationen angegeben. Die Produktionsfläche für den Flugzeugbau begann mit einem behelfsmäßig abgeteilten Raum der „Junkers & Co." von etwa 200 m² und hatte sich bis zum November 1918 auf Fabrikanlagen mit einer Gesamtfläche von 20 400 m² ausgedehnt. Im Flugzeugbau wurden weibliche Arbeitskräfte „in ausgedehntem Umfange verwendet".[31] Während des Krieges entstand ein Werkflugplatz in Dessau-Mosigkau. Der Junkers-Flugzeugbau wurde durch eine militärische Bauaufsicht der Inspektion der Fliegertruppen (Idflieg) kontrolliert.

Zwar blieb Hugo Junkers ein drängender Forscher des Flugzeugbaus — und nach dem ersten Weltkrieg wurde er es zum Nutzen der Zivilluftfahrt mehr als je zuvor —, aber im Kriegsverlauf war er auch ein bedeutender Industrieller geworden.

Von seinen elf Flugzeugprojekten und -entwicklungen der Kriegsjahre, an denen in Dessau mehr oder weniger intensiv gearbeitet wurde, fand nur ein Typ, die J 4, eine nennenswerte militärische Verwendung. Die meisten Vorhaben gelangten über das Entwurfsstadium oder über den Prototyp nicht hinaus. Insgesamt hat Junkers bis zum Ende des Krieges 210 Flugzeuge an das Heer und an die Marine geliefert. Das waren 0,44 Prozent der deutschen Flugzeugrüstung, deren Gesamtumfang 47 931 Flugzeuge betrug.[32] Das berechtigt zu der Feststellung, daß Hugo Junkers in den Kriegsjahren als Industrieller aufstieg, jedoch als Rüstungsindustrieller unbedeutend blieb.

Die „Junkers-Fokker A. G." (Ifa), die im Oktober 1917 gegründet worden war und aus der sich Fokker nach erfolglosen Einflußversuchen wieder zurückzog, wurde nach dem ersten Weltkrieg, am 24. April 1919, in die „Junkers Flugzeugwerk A. G." umbenannt.[33] Die Abkürzung „Ifa" wurde beibehalten.

**Aus einer stenografischen Notiz von Prof. Junkers
zu den Ereignissen der Novemberrevolution 1918**

[stenografische Notiz, handschriftlich] D. 16.11.18.   (1)

„Die Entwicklung der politischen Verhältnisse hat uns alle wie ein Blitzschlag getroffen. Aber nachdem der betäubende Donner vorüber, scheint mir, daß von dem Gewitter, welches über uns hingebraust ist, nur eine reinigende, erfrischende und **belebende**, nicht tötende Wirkung zu erwarten ist."
(Hervorhebung im stenografischen Original.)   (Archiv: Deutsches Museum München)

Konzentration auf den Zivilflugverkehr

Mit der Unterzeichnung des Waffenstillstandes durch die deutsche Delegation am 11. November 1918 wurde die militärische Niederlage des imperialistischen Deutschlands besiegelt und der erste Weltkrieg beendet. An diesem selben Tag des Übergangs vom Krieg zum Frieden rief Junkers in Dessau seine Ingenieure und Konstrukteure zusammen. Er wies sie an, die Arbeit an militärischen Projekten sofort einzustellen und sich auf den Bau von Verkehrsflugzeugen für die zivile Luftfahrt zu konzentrieren.[34] Dazu verwies Junkers auf zwei prinzipielle Wege, die beschritten werden sollten: die eventuelle Umrüstung vorhandener Flugzeuge für den Zivilflugverkehr als Sofortlösung — und die Weiterentwicklung bereits projektierter Ideen zur Schaffung neuer Verkehrsflugzeuge als weitreichende Lösung. Als erstes wurde die Absicht fixiert, den künftigen Flugzeugbau in drei Richtungen zu versuchen:

ein Klein-Verkehrsflugzeug mit einem Motor von ca. 52 kW (70 PS),

ein mittleres Verkehrsflugzeug mit Motoren von 118 kW (160 PS) bzw. 136 kW (185 PS);

ein Groß-Verkehrsflugzeug.

Mit der Lösung dieser Aufgaben, vor allem im Hinblick auf ein mittleres und großes Verkehrsflugzeug, wurde in den Dessauer Entwicklungsbüros unverzüglich begonnen. Zunächst aber, infolge des plötzlichen Fehlens von Flugzeugbauaufträgen, sank die Anzahl der Beschäftigten von ca. 2000 auf 200. Bis auf das Stammpersonal der Entwicklungsbereiche, die Arbeiter in der schnell wieder in Gang gesetzten Wärmegeräteproduktion sowie das Verwaltungspersonal wurden alle Mitarbeiter entlassen, sofern sie an Erzeugnissen gearbeitet hatten, die nach dem Kriegsende nicht mehr gefragt waren. Die Junkers-Werke hatten erstmals Hunderte von Arbeitslosen hervorgebracht.

Junkers-Passagierflugzeug-Projekte des Jahres 1919

Zwei Realisierungsvarianten eines Passagierflugzeuges — die Versuchslösung J 10 und der Welterfolg F 13 — waren von zwei Projekten begleitet worden.

J 12 — ein Reise-Viersitzer (Projekt 7): Dieses Projekt entsprach dem Versuch, die J 10 zu einem Reiseflugzeug mit vier Sitzen (ein Flugzeugführer, drei Fluggäste) umzubauen. Teile der J 10 sollten verwendet, aber der Rumpf höher und breiter ausgeformt werden. Der Entwurf war am 9. Januar 1919 fertig. Es wurde eine Kabinenattrappe gebaut, die aber im Flugzeugrumpf nicht untergebracht werden konnte. Daraufhin sind die Arbeiten an diesem Projekt eingestellt worden. Projektierte Daten: Spannweite 12,25 m; Flügelfläche 25,00 m²; Länge 8,25 m; Höhe 3,00 m. Mit einem 118 kW (160 PS)-Motor Mercedes D IIIaü sollten eine Höchstge-

schwindigkeit von 170 km/h und eine Dienstgipfelhöhe von 6000 m erreicht werden.

J 14 — zehnsitziges Verkehrsflugboot (Projekt 8): Mit dem 10. Juli 1919 für acht Passagiere und zwei Besatzungsmitglieder projektiert. Hierbei handelte es sich um einen abgestrebten Schulterdecker. Es war ein doppeltes Seitenleitwerk vorgesehen, zwei Motorgondeln sollten auf die Tragflächen gesetzt werden. Die Fluggäste sollten in dem 3,80 m breiten Bootsrumpf in vier Doppelreihen hintereinander sitzen. Als technische Entwurfsdaten wurden aufgefunden: Spannweite 24,30 m; Länge 12,90 m; Höhe ab Konstruktionswasserlinie bis Tragflächenoberkante 2,20 m; Gesamthöhe 3,50 m. Als Triebwerke waren zwei Daimler D IIIa (118 kW/160 PS) oder zwei BMW IIIa (136 kW/185 PS) vorgesehen.

Bild Seite 40:
Umgerüstete J 10 – für den Passagier- und Postflugverkehr auf der Strecke Dessau–Weimar eingesetzt (1919)

Umgerüstete J 10 mit offenem Fliegersitz und geschlossener Kabine für einen Fluggast (1919)

Umgerüstete J 10 mit der provisorischen Kennung D-77: Ankunft des damaligen Dessauer Oberbürgermeisters Hesse in Weimar (17. Juni 1919)

Start zum Zivilflugzeugbau in Dessau (Auszug aus einem Schreiben)

„Dessau, den 31. Januar 1919

Herrn Direktor Dr. Mader, Dessau.
Unter Bezugnahme auf die soeben gehabte telefonische Besprechung wiederhole ich zwecks Anlegung einer besonderen Aufgabe nachstehend, worum es sich handelt:
Wir müssen uns unbedingt und möglichst schnell von der im Kriegsflugzeugbau eingeschlagenen Bahn freimachen und mit aller Macht darangehen, ein billiges, wirtschaftliches, leichtes, einfaches, betriebssicheres und dauerhaftes Flugzeug herauszubringen. Ich hoffe, daß es gelingen wird, ein Flugzeug mit Motor für nicht mehr wie 20 bis 30 000 Mk. herauszubringen …
Junkers"

J 10/J 12
Versuchslösung einer Zivilflugzeugvariante

In dem Bemühen um eine brauchbare Sofortlösung wurde zumindest eine J 10 aus der Kriegszeit mit einer Kabinenüberdachung des hinteren Sitzes versehen und im März 1919 für den Passagier- und Postflugverkehr von Dessau nach Weimar, dem Ort der Nationalversammlung, eingesetzt. Für diesen Flugdienst war vom Reichsluftamt, dessen Leiter seinerzeit August Euler war, die „Zulassungs-Bescheinigung zum Luftverkehr Nr. 5" erteilt worden. Entweder dieselbe J 10 oder ein zweites Exemplar trug im Juni 1919 das Kennzeichen D-77, wurde noch im Jahre 1925 von der „Lloyd Luftverkehr Sablatnig" geflogen und hatte zu dieser Zeit einen Motor Daimler IIIa.[35] Falls nur eine J 10 für zivile Einsatzzwecke umgerüstet worden ist, wurde eine spätere Motorauswechslung vorgenommen, denn die J 10 aus dem Jahre 1919 flog mit einem Mercedes-Motor.

Die J 10 war das welterste Ganzmetallflugzeug, das für den Zivilflugverkehr eingesetzt worden war. Der J 10-Umbau zum Passagier- und Postflugzeug muß als eine überbrückende Lösung angesehen werden. Außerdem hatte diese Flugzeugvariante keinerlei Verkaufsaussichten, weil sämtliche deutschen Flugzeugfabriken nach dem Ende des ersten Weltkrieges über eine mehr oder weniger große Anzahl von fertigen und halbfertigen Militärflugzeugen verfügten, die sie mit nur provisorischen Veränderungen, oft lediglich nach dem Überpinseln militärischer Kennzeichnungen, im Passagier- und Frachtgutverkehr zu verwerten suchten. Zeitweilig war in Dessau daran gearbeitet worden, die J 10 mit einer geräumigeren Passagierkabine auszustatten (Projekt J 12).

Neuer Höhen-Weltrekord

des Metall-Flugzeuges Junkers, Dessau, welches mit 8 Personen 6750 m Höhe erreichte.

F 13
**das erste mehrsitzige
Ganzmetall-Verkehrsflugzeug der Welt**

Die Absicht, ein neuartiges Passagierflugzeug zu bauen, ist von Junkers weiterverfolgt und mit einem Baumuster verwirklicht worden, das in kurzer Zeit zu einem Weltschlager werden sollte. Der Leitende Konstrukteur der Arbeiten an dem neuen Flugzeug war Otto Reuter. Hugo Junkers nahm nach dem ersten Weltkrieg nicht mehr in der unmittelbaren Konstruktionsarbeit, wohl aber durch die Teilnahme daran sowie durch die Leitung der Entwicklungsarbeiten auf die Entstehung neuer flugzeugtechnischer Lösungen Einfluß.

Vorausgegangen waren dem F 13-Bau gewisse Befürchtungen von Junkers, die Herumbasteleien an den Möglichkeiten einer J 10-Weiterentwicklung könnten dazu führen, daß der qualitative Vorsprung, der durch den Metallflugzeugbau in Dessau gegenüber anderen Flugzeugfabrikanten entstanden war, bald aufgezehrt sein würde, denn er drängte noch im Januar 1919 auf vorausschauende Lösungen, als er die künftigen Aufgaben seiner Forschungsanstalt wie folgt formulierte:

„Die systematische Forschung nach wichtigen Vermessungen und Lösungen neuer Probleme ist der Grundpfeiler der gesamten Junkersschen Unternehmungen. Sie ist es vor allem, die einen dauernden Vorsprung und Überlegenheit gegenüber der Konkurrenz gewährleistet und die in dem Verhältnis zu den Lizenznehmern die Möglichkeit gibt, das Heft in der Hand zu behalten. Wenn die Forschung dieser Aufgabe nützen will, so muß sie rechtzeitig aus sich heraus oder auch auf Anregung

*Die F 13 (Werknummer 531),
Dessauer Fertigungsbezeichnung J 13/1)
mit dem provisorischen
Kennzeichen D-183,
Fotodatum laut Junkers-Archiv: 9. 8. 1919*

*Die F 13 „Annelise" (Werknummer 533,
Dessauer Fertigungsbezeichnung J 13/3),
das erste flugfertige mehrsitzige
freitragende Ganzmetall-Passagierflugzeug in der Motorfluggeschichte:
Erstflug am 25. Juni 1919*

*Junkers-Werkfoto nach
dem Höhenflug-Weltrekord der F 13
„Annelise" am 13. September 1919*

von außen an die Lösung neuer Probleme von größerer Tragweite herangehen und darf dabei nicht etwa warten, bis andere mit wichtigen Vermessungen und Neuerungen herauskommen. Sie muß hierzu nicht allein die nötigen Mittel, sondern auch die Arbeitskräfte und Zeit verfügbar haben. Dazu ist erforderlich, daß sie in dem gehörigen Umfange von anderen Aufgaben entlastet wird, insbesondere von der Beschäftigung mit dem Serienbau und dem Vertrieb." [36]

Die Dessauer Ingenieure gingen nunmehr daran, ein Grundmuster für ein Verkehrsflugzeug auszuarbeiten, das den Ansprüchen des beginnenden Passagierfluges entsprechen konnte, möglichst für längere Zeit gültig, zugleich aber weiterentwickelbar war. Für das neue Konzept wurden die Erkenntnisse und Erfahrungen der zurückliegenden Jahre analysiert sowie erneut systematische Meßreihen an Tragflügeln gleicher Spannweiten und Umrisse, aber unterschiedlicher Profildicke und -wölbung vorgenommen. Einigkeit herrschte von vornherein darüber, daß dieses neue Flugzeugmuster ein freitragender Eindecker der bewährten Bauweise werden sollte: Tragflächen, die innen mit Metallholmen ausgesteift und außen metallbeplankt waren und daher auf Außenverspannungen gänzlich verzichten konnten. Klarheit bestand auch über den zu verwen-

denden Werkstoff: Duraluminium, fast so leicht wie Aluminium und bedeutend fester als Stahl. Nach zahlreichen erneuten Messungen im Windkanal, Berechnungen und Vergleichen erarbeiteten acht Ingenieure unter der Leitung von Otto Reuter den Flugzeugentwurf. Die Konstruktionszeichnungen entstanden in rund 9000 Arbeitsstunden. Im Juni 1919 wurde der welterste freitragende Ganzmetall-Verkehrsflug-Eindecker fertigmontiert. Dieser Tiefdecker für vier Passagiere (in geschlossener Kabine) und zwei Mann Besatzung (im offenen Flugzeugführerraum) erhielt die werkinterne Bezeichnung J 13, wurde aber vom Junkers-Vertrieb als F 13 angeboten, weil, den weiterreichenden konzeptionellen Erwägungen folgend, bestimmte Buchstaben in die Dessauer Typenbezeichnung eingeführt wurden, die auf den Verwendungszweck hinweisen sollten (beispielsweise: F = einmotoriges Verkehrsflugzeug; G = Großflugzeug).

Am 25. Juni 1919 startete der Versuchspilot Monz in Dessau zum erfolgreichen Erstflug mit der F 13 „Annelise". Es folgten noch am selben Tage vier weitere Flugerprobungen mit verschiedenen Lasten und Trimmungen.

Einen knappen Monat später, am 18. Juli 1919, stellte sich eine F 13 mit dem Merknamen „Herta" der ersten deutschen Musterprüfung für ein Verkehrsflugzeug und

Er verhalf Prof. Junkers zum bahnbrechenden Erfolg: Der leitende Konstrukteur der F 13, Otto Reuter (er verstarb am 12. Januar 1922 im Alter von 35 Jahren)

wurde – sogleich oder später – mit dem Kennzeichen D-1 in die Luftfahrzeugrolle eingetragen. (Gleich am Anfang gab es eine zeitweilige Doppelbelegung, denn einige Zeit danach erhielt auch eine Heinkel HE 5e vorübergehend das Kennzeichen D-1.) Bald nach ihrer Zulassung wurde die „Herta" in „Nachtigall" umbenannt.

Und nach zwei weiteren Monaten bewies Junkers mit seinen Ingenieuren und Meistern die Richtigkeit des Konstruktions- und Bauprinzips, das sich während der vorausgegangenen Jahre bei der Idflieg unbeliebt gemacht hatte. Am 13. September 1919, wiederum mit dem Versuchspiloten Monz am Steuer, wurde über Dessau mit acht Personen an Bord (ein Pilot, sieben Passagiere) ein neuer Höhenweltrekord aufgestellt. Das Flugzeug erreichte eine Höhe von 6750 m in einer Steigzeit von 86 Minuten. Dieser Rekord wurde allerdings nur für den Flug mit sechs Passagieren anerkannt, weil einer der Fluggäste weniger als 65 kg wog. Das verwendete Flugzeug war die F 13 „Annelise".

Das war der endliche Sieg einer neuen Idee. Er kam, entgegen der noch am Jahresbeginn von Junkers geäußerten Befürchtung, rechtzeitig. Während die ande-

---

Musterbezeichnung der F 13: „Eptaba"

In ihrer Ausgabe vom 4. März 1920 veröffentlichte die Zeitschrift „Der Luftweg" die folgende Meldung:
„Die Deutsche Luftsport-Kommission hat … folgende Höhenflüge mit Fluginsassen, jeder zu 65 kg gerechnet, als Rekorde anerkannt:
…
2. Junkers-Flugzeugwerke, Dessau, mit 6 Fluggästen am 13. September 1919 in Dessau, Führer Karl Monz. Auf verspannungslosem Metalleindecker, Werkbezeichnung J 13, mit geschlossenem Gastraum (Reiselimousine), mit BMW IIIa-Motor der Bayerischen Motorenwerke A.-G., München, von 180 PS Nennleistung. Das Flugzeug war durch diesen überbemessenen Motor besonders zu Höhenflügen geeignet. Musterbezeichnung des Flugzeugs:
Eptaba 0 16 09 48 Nr. 1 19 …
Am Fluge nahmen 7 Fluggäste teil, davon einer unter 65 kg. Da die Verrechnung des

vorhandenen Mehrgewichtes der anderen Teilnehmer nach den Bestimmungen der Sport-Kommission unstatthaft ist, wurde der Rekord nur für 6 Fluggäste anerkannt."
Kurze Zeit später, am 21. Juli 1920, tauchte die Musterbezeichnung in der Zeitschrift „Flugsport" auf, die u. a. meldete: „Die ,J. L. Aircraft Corporation' in New York hat die Lizenz und die Patente für den Bau von Junkers-Flugzeugen erworben. Es handelt sich um das bekannte Muster ,Eptaba'. Die amerikanische Fachpresse ist des Lobes über diese deutsche Maschine voll."
Zahlreiche Hypothesen, Vergleiche und Überprüfungen haben zu der Überzeugung geführt, daß die Wortbildung „Eptaba" als Musterbezeichnung für die erste F 13, die sich in die Luft erhob, eine Kombination aus den Anfangsbuchstaben der Wortgruppe war: **E**inmotoriges **P**assagierflugzeug, **T**iefdecker-**A**nordnung, **B**austoff **A**luminium.

F 13 mit kombiniertem Fahrwerk
(Radfahrwerk und Schwimmer);
dreieckige Kraftstofftanks
im Tragflächenmittelstück

Die F 13 „Nachtigall" bei der Erprobung
auf Schneekufen (1920)

Startvorbereitungen an der F 13
„Bussard"
(Werknummer 581, Kennung D-203,
Baujahr 1920)

*F 13 „Flamingo" auf Schwimmern
(Werknummer 633, Kennung D-217)
im brasilianischen Hafen Vitôria (1924)*

ren Flugzeugunternehmen, die sich nach dem Kriege im heftigen Konkurrenzkampf den Lufttransport von Personen, Post und Frachten streitig machten, noch immer notdürftig überlackierte und umgebaute Militärflugzeuge mit offenen Sitzen verwendeten, verfügte das Junkers-Werk über ein modernes, variierbares und nahezu unverwüstliches Passagierflugzeug, das erstmals wegen seines Reisekomforts tatsächlich als „Luftlimousine" bezeichnet werden konnte. Die geschlossene Passagierkabine war beheiz- und belüftbar (wenngleich noch nicht von Anbeginn als Serienausstattung). Die vier bequemen Fluggastsessel wurden schon nach kurzer Verwendungszeit im Luftverkehr mit Anschnallgurten versehen. Im Verlaufe der mehr als zehnjährigen Produktion dieses Flugzeugtyps entstanden nahezu 300 Verbesserungen. Eine der ersten Veränderungen bestand darin, daß der Holzpropeller durch den neuentwickelten Junkers-Metallpropeller ersetzt wurde.

Berechtigt wird die F 13 von Luftverkehrsexperten als das „Urmuster" des modernen Verkehrsflugzeugbaus angesehen. Der weltweit bekannte sowjetische Flugzeugkonstrukteur O. K. Antonow schrieb im Jahre 1958 in einer Rückbetrachtung in der Moskauer Fachzeitschrift „Awiazija Grashdenskaja": „Seitdem Prof. Junkers die J 13 schuf, beherrschte der Tiefdecker den Verkehrsflugzeugbau." [37]

Die F 13 wurde in relativ kurzer Zeit ein international gefragtes Verkehrsflugzeug. Es wurde nicht nur in viele europäische Staaten, sondern auch nach Nord- und Südamerika sowie nach Asien und Afrika verkauft und kam in mindestens 24 Ländern zum Einsatz. Bis zum Jahre 1932 wurde dieser Flugzeugtyp gebaut. In dieser Zeit entstanden in Dessau etwa 370 Exemplare, die mit Fahrwerk (F 13L), Schwimmern (F 13W) oder Schneekufen (F 13S) versehen wurden. Für die Verwendung in der „Deutsch-Russischen Luftverkehrsgesellschaft" (DERULUFT) wurde ein spezielles F 13-Fahrwerk entwickelt, das aus einer Kombination von Schneekufen und Rädern bestand. Die Räder – zwischen den Schneekufen – konnten vom Pilotensitz nach Bedarf ein- oder ausgefahren werden. Unter Hinzuziehung des Produktionsumfangs ausländischer Lizenznehmer sol-

len insgesamt etwa 1 000 Flugzeuge des Typs F 13 hergestellt worden sein.[38] Dabei handelt es sich aber lediglich um eine sehr großzügige Schätzung, die nach unseren Untersuchungen in dieser Größenordnung nicht bestätigt werden kann. Einer der bedeutendsten Lizenznehmer, der Junkers-Flugzeugbaupatente erwarb, war das japanische Flugzeugwerk „Mitsubishi Nainenki Kabushiki Kaisha" in Tokio.

Stand Junkers bis zum Ausgang des ersten Weltkrieges noch im Ruf, ein zwar hervorragender und kühn vorausschauender Theoretiker, aber wenig erfolgreicher Praktiker im Flugzeugbau zu sein, so änderte sich die Meinung über ihn schlagartig, seit er die F 13 hervorgebracht hatte. Im Jahre 1923 war die F 13 auf der Internationalen Luftfahrtausstellung in Göteborg (Schweden) zu sehen und fand dort das rege Interesse der fachkundigen Besucher aus vielen Ländern. Einer der führenden englischen Flugzeugindustriellen, Frederick Handley Page, kennzeichnete damals den Fortschritt, den das Verkehrsflugzeug aus Dessau verkörperte, mit den Worten: „Wenn Sie die Besichtigung bei Frankreich beginnen und bei Junkers beenden, dann haben Sie die historische Entwicklung des Flugzeugbaues." [39]

Benz hatte einmal den von ihm hervorgebrachten technischen Fortschritt auf die Kurzformel gebracht: „Ich schuf das erste Auto." Von Junkers läßt sich an dieser Stelle sagen: Er schuf das erste einsatzfähige Ganzmetall-Verkehrsflugzeug.

Was in jenem Zeitraum erst nur wenige Fachleute im Hinblick auf die dauerhafte Zuverlässigkeit der F 13 geahnt haben mochten, bestätigte sich in späteren Jahren und Jahrzehnten auf beeindruckende

Weise. Dabei ist höchst bemerkenswert, daß diesem Flugzeugtyp noch in einer Besprechung, die Professor Junkers am 13. September 1920 mit leitenden Mitarbeitern der „Junkers Flugzeugwerke A. G." (Ifa) führte, keine weiteren Absatzchancen eingeräumt wurden. In dem aufgefundenen Sitzungsbericht heißt es: „Der jetzige Absatz geht ausschließlich nach Amerika. Mit einem dauernden Absatz dorthin darf aber nicht gerechnet werden. Der Ifa ist augenblicklich allein auf den vorliegenden Typ (J 13) angewiesen, dieser Typ ist in Kürze abgewirtschaftet und überholt. Gelingt es nicht, einen neuen Typ zu erfinden, so ist die vorhandene Fabrik mit ihren gesamten Einrichtungen und Fabrikationsvorräten wertlos."

Aber die pessimistische Voraussage bewahrheitete sich nicht. Die F 13 erwarb sich wegen ihrer Qualität bald in vielen Ländern einen guten Ruf. Im Jahre 1920 verließ beispielsweise die F 13 mit dem Merknamen „Magdalena" (Werknummer 602) die Dessauer Werkhallen. Das Flugzeug wurde am 23. Juli 1921 von der kolumbianischen Luftverkehrsgesellschaft „Sociedad Colombo-Alemana des Transportes Aeros" (SCADTA) übernommen und auf Schwimmern als Seeflugzeug eingesetzt. Im Sommer 1929, nach achtjähriger Verwendung, hatte das Flugzeug in 3 200 Flugstunden rund 400 000 Flugkilometer bewältigt und wurde nach Dessau zurückgebracht. Dort wurde es einer Bruchprüfung unterzogen, und dabei stellte sich heraus, daß die „Magdalena" sämtlichen Festigkeitsbeanspruchungen so gut widerstand wie zum Zeitpunkt ihrer Herstellung.

Einer Rekonstruktion der deutschen Luftfahrzeugrolle von 1919 bis 1934 zufolge[40]

sind 110 Flugzeuge des Typs F 13 für den deutschen Luftverkehr zugelassen und mit einem zugewiesenen Kennzeichen versehen worden. Die tatsächlich vergebenen, mitunter auch nur reservierten Kennzeichen bestanden seit dem Jahre 1919 bis zum 6. Juli 1933 aus dem Hoheitszeichen „D" (für: Deutschland) und einer Zahl beziehungsweise Zahlengruppe von 1 (D-1) bis zumindest 3466 (D-3466). Diese numerischen Kennzeichen, seit dem 6. Juli 1933 ergänzt durch angeordnete zusätzliche Symbole, die am Flugzeug zu führen waren, existierten bis zum Erlaß einer neuen Zulassungs-Verordnung vom 20. März 1934. Danach wurden die numerischen Kennzeichen auf Buchstaben-Kennzeichen umgestellt. So erhielt beispielsweise die Junkers F 13ge mit dem Merknamen „Karmingimpel" (Werknummer 2032), zugelassen im März 1929 unter dem Kennzeichen D-1579, nach dem 20. März 1934 die Buchstaben-Kennzeichnung D-OVUM. Flugzeuge, die die Flugplatzzone nicht verließen (zum Beispiel beim Einfliegen, Erprobungsflüge etc.) benötigten keine Kennzeichnung. Andererseits erhielten Baumuster, die zwar flogen, aber den technischen Vorschriften der „Prüfstelle für Luftfahrzeuge" bei der „Deutschen Versuchsanstalt für Luftfahrt" (DVL) in Berlin-Adlershof (auf dem Flugplatz Johannisthal) nicht entsprachen, keine amtliche Zulassung, folglich kein zugewiesenes Kennzeichen und durften demzufolge die Flugplatzzone ihres Standortes nicht verlassen.[41]

Von den 110 in der rekonstruierten Luftfahrzeugrolle aufgefundenen F 13-Flugzeugen wurden einzelne später ins Ausland verkauft. Flugzeuge, die von vornherein für ausländische Auftraggeber gebaut wurden, bedurften nicht zwingend der technischen Abnahme der „Prüfstelle für Luftfahrzeuge" und auch nicht der Zulassung durch deutsche Institutionen. Daher wurden sie in der deutschen Luftfahrzeugrolle nicht geführt.

Die ausgelieferten F 13 wurden vom Dessauer Werk, jedenfalls soweit sie für den deutschen Flugbetrieb vorgesehen waren, vorwiegend mit Merknamen versehen, die der Vogelwelt entlehnt waren (zum Beispiel D-1 „Nachtigall"; D-1001 „Fliegenente"), in Einzelfällen — und zwar für die Werknummern 651 bis 659 — auch anderen Bereichen der fliegenden Tierwelt (zum Beispiel D-256 „Bremse"/Werk-Nr. 651; D-271 „Moskito"/Werk-Nr. 659).

Die Bauserienbezeichnungen der F 13 erscheinen auf den ersten Blick verwirrend,

Die ersten F 13 aus dem Jahre 1919 und ihr Verbleib

Laut Inventurbericht der „Junkers Flugzeugwerk A. G." sind bis zum 30. September 1919 zwei J 13 (F 13) hergestellt worden, und zwar die Inventurpositionen J 13/1 und J 13/3. Die Position J 13/2 konnte in den betrieblichen Unterlagen nicht aufgefunden werden. Es erscheint die Annahme berechtigt, daß die F 13 mit der Fertigungsbezeichnung J 13/2 nur als Zelle gebaut und für Belastungsuntersuchungen als Bruchzelle verwendet worden ist.

Den unternommenen Recherchen zufolge waren die im Inventurbericht ausgewiesenen Flugzeuge
— J 13/1: die Werknummer 531 „Herta" (danach: „Nachtigall"),
— J 13/3: die Werknummer 533 „Annelise".
Anscheinend ist die „Annelise", mit der der Erstflug am 25. Juni 1919 erfolgte, zuerst flugfertig gewesen. Das Flugzeug wurde nach der Junkers-Tochter Anneliese benannt. Als der Flugzeugbeschrifter mit seiner Arbeit fertig war, stellte man fest, daß er ein e ausgelassen und „Annelise" statt „Anneliese" aufgemalt hatte. So blieb der Merkname dann aber stehen.

Die F 13 „Annelise" soll noch im Jahre 1919 an das Reichsverkehrsministerium verkauft und an dessen Beauftragten von Heeringen übergeben worden sein. Die nachfolgenden vier Verwendungsjahre können wir momentan nicht lückenlos belegen, vermuten aber, daß das Flugzeug durchweg außerhalb des Landes eingesetzt war, denn zu keinem Zeitpunkt erscheint die F 13 mit der Werknummer 533 in der recherchierten deutschen Luftfahrzeugrolle mit einem Zulassungskennzeichen. Ab dem Jahre 1921/22 war sie aber mit der Kennung Dz-41 bei der „Danziger Luftpost" eingesetzt. Im Oktober 1923 wurde das Flugzeug an Polen abgegeben (Mikulski, M.; Glass, A.: Polski Transport Lotniczy. Warszawa 1980). Dort erhielt es den neuen Merknamen „Gustaw" und nacheinander die Kennzeichen PP-ALG, P-PALG und SP-AAG. Die „Gustaw" flog im Dienste der polnischen Luftverkehrsgesellschaften „Aero Lloyd" (bis 1925) und „Polska Linia Lotnicza Aerolot" (bis 1936). Die „Junkers-Nachrichten" bestätigten im Jahre 1930 (Nr. 2), daß sich die Werknummer 533 im polnischen Liniendienst befindet und bis zum Jahre 1929 dort 3034 Betriebsstunden absolviert hat. Am 17. Juli 1936 ist diese F 13 nach Dessau zurückgegeben und aus dem polnischen Luftfahrtregister freigegeben worden. Danach soll das Flugzeug an

den Leiter der katholischen Mission in Kanada übergeben worden sein. Weitere Auskünfte über den Verbleib der ehemals berühmten F 13 „Annelise" waren nicht auffindbar.

Die zweite F 13 aus dem Jahre 1919, die „Herta", ist zwischen dem 26. Juni und dem 16. Juli 1919 (Datum des Erstfluges nicht bekannt) eingeflogen und zur Musterprüfung in Berlin-Adlershof (Flugplatz Johannisthal) angemeldet worden. Für diesen Überführungsflug, zum Verlassen der Dessauer Flugplatzzone, erhielt das Flugzeug die provisorische Kennung D-183 zugeteilt, die noch nicht gleichbedeutend war mit der Eintragung in die Luftfahrzeugrolle, denn die Zulassungsprüfung stand erst noch bevor. Diese fand am 18. Juli 1919 statt. Das Flugzeug erhielt die erste Eintragung in das Luftfahrtregister als Kennzeichen D-1, die provisorische Kennung D-183 wurde wieder zurückgezogen. An der F 13 ist lediglich die 83 abgewaschen worden, und die Kennung D-1 war fertig. Es kann davon ausgegangen werden, daß mit dieser ersten offiziellen Eintragung der F 13 die deutsche Luftfahrzeugrolle eröffnet wurde. Noch im Jahre 1919 wurde der Merkname „Herta" in Nachtigall geändert. Das Flugzeug gehörte zu jenen F 13, die am 13. April 1922 an den „Bayerischen Luft Lloyd" in München übergeben worden sind, denn im Jahre 1925 befand sich die Werknummer 531 im Besitz dieser Luftverkehrsgesellschaft. Im Jahre 1926 ging sie bei der Gründung der „Deutschen Luft Hansa A. G." in deren Besitz über. Bis zum Jahre 1929 war das Flugzeug regelmäßig auf den Strecken Berlin–Dresden und Berlin–Stettin (heute: Szczecin) eingesetzt und hatte 2618 Betriebsstunden erreicht. Im Jahre 1934 erhielt diese F 13 die Kennung D-OJOP. Erst im Jahre 1939, nach zwanzigjähriger Betriebszeit, wurde das Flugzeug von der DLH ausgemustert. Der Grund für die Stillegung war, daß dieser Veteran aus der „Nullserie" des ersten erfolgreichen Typs der Junkers-Verkehrsflugzeuge nunmehr seinen ständigen Platz im Museum finden sollte. Dazu erhielt die F 13 wieder ihr einstiges Zulassungskennzeichen D-1 und wurde in der „Deutschen Luftfahrtsammlung" in Berlin-Moabit, Alt-Moabit 4–10, am Lehrter Bahnhof ausgestellt. Dort ist das Flugzeug bei einem der anglo-amerikanischen Bombenangriffe der Jahre 1943/44 vollständig zerstört worden.

*Sonderausstattung einer F 13
mit dem Motor Bristol „Jupiter" VI*

*F 13 „Petersvogel" (Werknummer 2068,
Kennung D-2313, Zulassungsjahr 1932)
mit Junkers-Motor L 5*

*Versuchsanordnung von Lamellenkühlern
des Systems Rateau*

folgten aber einer Systematik, mit denen
bestimmte Änderungen, die im Verlaufe
der Zeit erfolgten, sowie die verwendeten
Triebwerke gekennzeichnet wurden. Während
die beiden aus dem Jahre 1919 bekannten
Versionen „Annelise" und
„Herta"/„Nachtigall" als F 13 bezeichnet
worden sind, folgte bis 1922 die Bezeichnung
F 13a bei Verwendung von Kriegsmotoren
BMW IIIa und Mercedes D IIIa. Ab
1923 standen Motorenmuster aus der Friedensproduktion
zur Verfügung und es wurden
zwei Buchstaben für die Bezeichnung
verwendet, wobei der erste Buchstabe auf
bestimmte Baumerkmale, der zweite Buchstabe
auf den eingebauten Motor hinwies.
Letzterem dienten die folgenden Buchstabensymbole:

a — Junkers L 2 mit 195 kW (265 PS),
i — BMW IV mit 235 kW (320 PS),
e — Junkers L 5 mit 228 kW (310 PS),
o — BMW Va mit 265 kW (360 PS),
y — Armstrong Siddeley „Puma"
    mit 169 kW (230 PS),
ä — Armstrong Siddeley „Jaguar"
    mit 323 kW (440 PS),
k — Pratt & Whitney „Wasp"
    mit 331 kW (450 PS).

Neben diesen Serienausstattungen wurden
F 13 mit Sonderausrüstungen gebaut,
wie beispielsweise eine Version mit dem
Sternmotor Bristol „Jupiter VI".

Für das Grundmuster der F 13 finden
sich selbst in Publikationen, die von den
Junkers-Werken in späteren Jahren herausgegeben
worden sind, unterschiedliche
Angaben. Nach Vergleichen können die in
der Typentabelle angegebenen technischen
Daten für die beiden aus dem Jahre
1919 bekannten Flugzeuge als zutreffend
akzeptiert werden. Andere Abmessungen
erhielt die ab 1920 gebaute Serienausführung
der F 13, von denen nur seit 1929 in
einzelnen Ausführungen abgewichen
wurde. Im übrigen war die F 13 ein robustes
Flugzeug, das auf vielerlei Weise variierbar
war und das nahezu jede Änderung
vertrug. Bis zum Jahre 1932 ist es in mehr
als 60 Versionen hergestellt worden.[42]

Versailler Bestimmungen und Nachfolgebeschränkungen

Am 1. August 1914 hatte Deutschland gegenüber Rußland den Krieg erklärt, am 3. August folgte die Kriegserklärung an Frankreich, am 4. August wurde Belgien von deutschen Truppen angegriffen. Daraufhin trat Großbritannien in den Krieg ein.

Die Kriegsziele waren auf deutscher Seite seit langem festgelegt, der damalige Reichskanzler von Bethmann Hollweg formulierte sie noch einmal am 11. Oktober 1914 in einem Brief an den Generaloberst von Kessel: „Das Ziel dieses Krieges ist nicht die Wiederherstellung des europäischen Gleichgewichts, sondern gerade die endgültige Beseitigung dessen, was bisher als europäisches Gleichgewicht bezeichnet wurde, und die Fundierung einer deutschen Vormachtstellung in Europa."[43] Diesem Ziel war die ständige Ausweitung und Beschleunigung der Luftrüstung seit dem Zeitpunkt der „Nationalflugspende" im Jahre 1912 untergeordnet worden.

Bereits einen Monat vor diesem Schreiben hatte Bethmann Hollweg unmißverständliche Richtlinien erlassen, in denen die „Ziele des Krieges" im einzelnen fixiert worden waren. Dazu gehörten:
gegenüber Frankreich:
„die Abtretung von Belfort, des Westabhangs der Vogesen … und die Abtretung des Küstenstrichs von Dünkirchen bis Boulogne"; ferner war an Deutschland „in jedem Falle abzutreten, weil für die Erzgewinnung unserer Industrie nötig, das Erzbecken von Briey", außerdem „eine in Raten zahlbare Kriegsentschädigung, sie muß so hoch sein, daß Frankreich nicht imstande ist, in den nächsten 15—20 Jahren erhebliche Mittel für Rüstungen aufzuwenden" sowie schließlich ein „Handelsvertrag, der Frankreich in wirtschaftliche Abhängigkeit von Deutschland bringt, es zu unserem Exportland macht und es uns ermöglicht, den englischen Handel in Frankreich auszuschalten";

gegenüber Belgien:
„Angliederung von Lüttich und Verviers an Preußen …; jedenfalls muß ganz Belgien … zu einem Vasallenstaat herabsinken, in etwa militärisch wichtigen Hafenplätzen ein Besatzungsrecht zugestehen, seine Küste militärisch zur Verfügung stellen, wirtschaftlich zu einer deutschen Provinz werden."[43]

Diese exemplarischen Beispiele mögen ausreichen, um die Kriegsziele von deutscher Seite gegenüber einer Reihe von anderen Ländern zu veranschaulichen. Als aus diesen Absichten nichts geworden war, weil die deutschen Eroberungspolitiker ihre Möglichkeiten und Kräfte ebenso überschätzt wie sie ihre Gegner unterschätzt hatten, da drehten die Alliierten, allen voran die Ententestaaten Frankreich und Großbritannien, den Spieß einfach um und verfuhren mit Deutschland in ähnlicher Weise, wie sie es im Falle eines deutschen Sieges hätten erdulden müssen. Das Instrument brutaler räuberischer Ziele war der Krieg gewesen. Das Instrument ebensolcher Ziele wurde nun der Friedensvertrag von Versailles. Er bestand aus „Bedingungen, die einem wehrlosen Opfer von Räubern mit dem Messer in der Hand diktiert worden sind".[44]

Die umfangreichen Bedingungen des oktroyierten Vertrages umfaßten unter anderem die Einschränkung von Hoheitsrechten, die Fortnahme von Gebieten (etwa 13,5 Prozent des Territoriums) mit etwa einem Zehntel der Bevölkerung, ungefähr 75 Prozent der Eisenerze, 20 Prozent der Steinkohleförderung und 26 Prozent der Roheisenerzeugung. Die deutschen Kolonien wurden unter den Siegermächten als Mandatsgebiete aufgeteilt, Landesgrenzen wurden verändert, Danzig (heute: Gdansk) war als Freie Stadt anzuerkennen, Auslandsvermögen wurde eingezogen, Schiffe und Luftfahrzeuge waren weitestgehend

abzuliefern, vielfältige und jahrelange Zahlungen sowie Lieferungen wurden als Reparationsverpflichtungen festgelegt. Die imperialistischen Siegerstaaten hielten sich am imperialistischen Verliererstaat schadlos und bereicherten sich. „Das durch den Versailler Vertrag und die Friedensverträge mit Österreich, Ungarn, Bulgarien und der Türkei geschaffene System war in seiner Gesamtheit ein System des imperialistischen Gewaltfriedens … Es bedeutete die nationale Unterdrückung einer ehemaligen Großmacht, die ökonomische Knechtung …" Allein die „Sowjetregierung lehnte den … Raubvertrag von Versailles in seiner Gesamtheit ab".[45] Die westlichen Siegermächte sicherten sich durch die Versailler Friedensbestimmungen gegenüber Deutschland bedeutende ökonomische und territoriale Vorteile, und sie schalteten die deutsche Konkurrenz auf dem Weltmarkt weitestgehend durch die erteilten Reparationsauflagen sowie durch eine Vielzahl von Bestimmungen aus, die auf die Beschränkung der Produktion und des Handels gerichtet waren. Das wurde auch auf dem Gebiete der Luftfahrt im damaligen Deutschland sehr bald spürbar.

Der Friedensvertrag von Versailles umfaßte 440 Artikel, viele davon betrafen die Luftfahrt unmittelbar und wurden später durch weitere Einschränkungsbestimmungen, die besonders den Luftfahrzeugbau betrafen, ergänzt. Gleich nach dem Bekanntwerden setzte in Deutschland eine emsige Geschäftigkeit ein, die Versailler Bestimmungen zu umgehen. In aller Eile wurden Großflugzeuge ins Ausland geflogen und verkauft. Kleinere Flugzeuge wurden als Ganzes oder zerlegt in abgelegenen Scheunen versteckt, Flugmotoren als Bootsmotoren getarnt und umgelagert. Auf geheimnisvolle Weise explodierten Luftschiffe in ihren Hallen, bevor sie ausgeliefert werden konnten. Flugzeugfabrikan-

Rumpfaufbau der F 13
(Rumpf mit Flügelmittelstück)

Serienbau der F 13 in Dessau, v. u. n. o.:
D-454 „Adler"; D-426 „Sprosser";
D-332 „Elster"; D-207 „Falke"

ten suchten nach ersten Möglichkeiten, den Artikel 201 (Verbot der Herstellung von Luftfahrzeugen und Flugmotoren) durch Verlagerung der Produktion ins Ausland zu umgehen, zumal das Bauverbot bald darauf für weitere Jahre verlängert wurde.

Die damit verbundenen wesentlichen Vorgänge sollen hier wenigstens insoweit beschrieben werden, wie sie zum Verständnis von Folgeerscheinungen für den Junkers-Flugzeugbau erforderlich sind. Beispielsweise ist ohne diesen Informationshintergrund nicht ohne weiteres zu verstehen, weshalb Junkers ein schwedisches Montagewerk brauchte, um für Fortschritte im Passagierflugzeugbau die auferlegten Baubeschränkungen zu umgehen (G 23/G 24), Großraumflugzeuge an die sowjetischen Fliegerkräfte zu liefern (K 30) oder bestimmte zivile Flugzeugmuster für militärische Verwendungszwecke auf dem internationalen Flugzeugmarkt anbieten zu können.

Erst am 10. Januar 1920 war der im Juni des Vorjahres in Versailles unterschriebene Friedensvertrag ratifiziert worden, erhielt damit den Charakter eines Staatsver-

trages und trat in Kraft. Daher wurde auch erst zu diesem Zeitpunkt das sechsmonatige Bauverbot (nach Artikel 201) wirksam und die Tätigkeit der Interalliierten Luftfahrt-Überwachungskommission (Ilük) begann. Fortan inspizierten Mitglieder der Kommission nach und nach die Flugzeugfabriken und Flugplätze, im Februar 1920 erstmals auch die Junkers-Werke in Dessau. Die Inspektionen erbrachten die Bestätigung dafür, daß Militärflugzeuge und Bauteile, die der Ablieferung unterlagen, von den deutschen Flugzeugfabrikanten in großen Mengen zurückgehalten wurden. Daraufhin trat am 22. Juni 1920, wenige Wochen vor dem Ablauf der Bauverbotsfrist, in Boulogne (Frankreich) die Botschafterkonferenz der Siegermächte zusammen. Die Konferenz gelangte an Hand der vorliegenden Inspektionsberichte zu der Feststellung, daß die deutsche Luftabrüstung noch nicht vertragsgemäß erfolgt sei und beschloß: Das Bauverbot bleibt weiterhin bestehen, weil Deutschland noch nicht das gesamte Luftfahrtgerät abgeliefert habe. Die im Artikel 202 des Versailler Vertrages fixierte Bestimmung, wonach

die Ablieferung innerhalb von drei Monaten abzuschließen sei, wurde dahingehend modifiziert, daß diese Ablieferungsfrist solange bestehen bleibt, bis tatsächlich alles ablieferungspflichtige Luftfahrtmaterial übergeben worden ist. Erst danach solle — und zwar nunmehr erneut — das sechsmonatige Bauverbot nach Artikel 201 in Kraft treten.

Wer heute, mit dem Abstand mehrerer Jahrzehnte, um die vielfältigen Selbstdarstellungen weiß, die seinerzeit bei Luftfahrtunternehmen und Flugzeugfabrikanten angestellte Flieger in den Jahren vor und während des zweiten Weltkrieges publiziert haben und in denen sie mancherlei Einzelheiten darüber preisgaben, auf welche Weise nach dem ersten Weltkrieg die Auslieferung von militärischem Luftfahrtmaterial verhindert worden ist, der kann rückbetrachtend die Feststellung der Botschafterkonferenz von Boulogne, wonach die vertragliche Auslieferungspflicht noch nicht erfüllt sei, gar nicht bestreiten. Es braucht auch nicht bezweifelt zu werden, daß damals deutsche Regierungsstellen recht genau darüber Bescheid wußten, doch hatten sie bis dahin keinerlei Aktivitäten entwickelt, um den Vertrag zu erfüllen. Erst zwei Tage nach der Konferenz von Boulogne, am 24. Juni 1920, erließ der Reichsschatzminister eine Verordnung zur Ablieferung von Luftfahrtgerät, in der Bestrafung für den Fall der Nichtbefolgung angedroht wurde.

Bereits zweieinhalb Wochen später aber, am 10. Juli 1920, erklärten die deutschen Behörden, daß nach ihrer Meinung das Bauverbot abgelaufen sei und erlaubten der Luftfahrtindustrie die Wiederaufnahme der Produktion ziviler Luftfahrzeuge. Am 29. Juli 1920 überreichte die deutsche Regierung dem belgischen Gesandten ein Schreiben, in dem sie ihre Weigerung, die Verlängerung des Bauverbots anzuerkennen, damit begründete, daß sie zwischen den Artikeln 201 und 202 keinen Zusammenhang in dem Sinne sehe, daß sich die Sperrfrist automatisch um die weitere Dauer der Ablieferung des militärischen Luftfahrtmaterials verlängere.

Nun aber begann ein heftiges Tauziehen. Am 10. November 1920 beschloß die Botschafterkonferenz, daß die Entscheidung von Boulogne maßgebend ist. Außerdem wurde eine weitere Sanktionsmaßnahme beschlossen, wonach die Verwendung von Flugzeugen bei Polizeiformationen fortan untersagt war.

Zwar antwortete die deutsche Regierung am 14. Dezember 1920 auf den Beschluß der Botschafterkonferenz mit einer Note, die besagte, das deutsche Reich weigere sich, die Verlängerung der Sperrfrist anzuerkennen, begann aber nun, fast ein Jahr nach Inkrafttreten des Versailler Vertrages, allmählich aus ihrer passiven Haltung zu erwachen.

Ein Vierteljahr später, am 5. Mai 1921, wurde die deutsche Regierung erneut ermahnt. Aus London ("Londoner Ultimatum") richteten die alliierten Siegerstaaten eine Note nach Berlin, in der die Einhaltung des Bauverbots, die Anerkennung der Begriffsbestimmungen, die Auslieferung von 25 Prozent und die Beschlagnahme von 75 Prozent der nach dem 20. Januar 1920 gebauten Flugzeuge kategorisch gefordert wurde. Darüber hinaus wurde jeglicher Luftverkehr mit den Flugzeugen, die zu beschlagnahmen waren, untersagt.

Am 19. Mai 1921 erkannte die deutsche Regierung das "Londoner Ultimatum" an und erließ am 29. Juni 1921 das "Gesetz über die Beschränkung des Luftfahrzeugbaus". Darin wurden die Herstellung und Einfuhr von Luftfahrzeugen, Luftfahrzeug-

motoren und Teilen davon verboten. Den von diesem Gesetz Betroffenen wurde für daraus entstandene Schäden zugesichert, daß aus der Staatskasse Ersatz geleistet wird. Damit war die am 10. Juli 1920 generell erteilte Erlaubnis zur Wiederaufnahme der Herstellung ziviler Luftfahrzeuge rückgängig gemacht worden.

Erst mit dem Jahresbeginn 1922 schienen aus der Sicht der Alliierten die Voraussetzungen für die allmähliche Aufhebung des Bauverbots für Luftfahrzeuge gegeben zu sein, denn am 1. Februar 1922 beschloß die Botschafterkonferenz, daß die Frist für die Ablieferung militärischen Luftfahrtgeräts nach Artikel 202 vom 5. Februar 1922 an zu laufen beginne, das Bauverbot ab 5. Mai 1922 aufgehoben werde und mit gleichem Datum die Begriffsbestimmungen in Kraft treten werden.

Diese "Begriffsbestimmungen für den deutschen Luftfahrzeugbau" wurden mit der Note der Botschafterkonferenz vom 14. April 1922 übergeben, und es wurde betont: "Um die Anwendung des Artikels 198 des Vertrages, der ihm (Deutschland) den Besitz aller Luftstreitkräfte für Heer und Marine untersagt, sicherzustellen, muß Deutschland diejenigen Begriffsbestimmungen anerkennen, die von den alliierten Regierungen aufgestellt werden, um die zivile Luftfahrt von der durch Artikel 198 verbotenen militärischen Luftfahrt zu unterscheiden. Die alliierten Regierungen werden sich durch ständige Überwachung versichern, daß Deutschland seine Verpflichtung erfüllt."[46] Mit dem Inkrafttreten der Begriffsbestimmungen nahm ein "Garantiekomitee für die Luftfahrt" seine Tätigkeit auf und die deutsche Regierung erließ am 5. Mai 1922 eine "Verordnung über den Luftfahrzeugbau". Die Unterscheidung von zivilen und militärischen Flugzeugen, die mit den alliierten "Bestimmungen für den deutschen Luftfahrzeugbau" ermöglicht werden sollte, wurde in den folgenden neun Regeln dargestellt:

"A. Flugzeuge schwerer als Luft.
REGEL 1: Jeder Einsitzer mit größerer Leistung als 60 Pferdestärken wird als militärisch angesehen und ist Kriegsgerät.
REGEL 2: Jedes Flugzeug, das ohne Führer fliegen kann, wird als militärisch angesehen und ist deshalb Kriegsgerät.
REGEL 3: Jedes Flugzeug mit einer Panzerung oder irgendeinem Schutzmittel, einer Vorrichtung, die gestattet, irgendeine Bewaffnung daran anzubringen: Geschütz, Abwurfbombe, mit Visiervorrichtungen für die vorgenannten Maschinen, wird als mili-

tärisch angesehen und ist deshalb Kriegsgerät.

Die folgenden Begrenzungen sind Höchstzahlen für alle Flugzeuge schwerer als Luft, und alle die, welche diese Grenzen überschreiten, werden als militärisch angesehen und sind deshalb Kriegsgerät.
REGEL 4: Höchste Steigfähigkeit bei voller Belastung 4000 m (ein Motor, der eine Einrichtung besitzt, welche Überkompression gestattet, reiht das Flugzeug, welches mit einem solchen ausgestattet ist, in die militärische Kategorie).
REGEL 5: Geschwindigkeit bei voller Belastung und in einer Höhe von 2000 m: 170 km in der Stunde. (Die Motoren bei voller Anspannung, die folglich ihre Höchstleistung entwickeln.)
REGEL 6: Die mitzuführende Höchstmenge von Öl und Kraftstoff (beste Qualität von Luftfahrtbenzin) darf nicht $\frac{800 \times 170}{V}$ Gramm für jede Pferdekraft überschreiten, wobei V die Schnelligkeit der Maschine bei voller Belastung und höchster Leistung in 2000 m Höhe bedeutet.
REGEL 7: Jedes Flugzeug, welches eine Nutzlast von mehr als 600 kg, Führer, Mechaniker und Instrumente einbegriffen, tragen kann, sofern die Höchstbedingungen der Regeln 4, 5 und 6 erreicht sind, wird als militärisch angesehen und ist deshalb Kriegsgerät.
B. Lenkluftschiffe
Die Lenkluftschiffe, deren Rauminhalt nachfolgende Ziffern überschreitet, werden als militärisch angesehen und sind dehslab Kriegsgerät:
I. Starre Luftschiffe: 30000 cbm
II. Halbstarre Luftschiffe: 25000 cbm
III. Unstarre Luftschiffe: 20000 cbm
REGEL 8: Die Fabriken, welche Luftfahrtgerät herstellen, müssen angemeldet werden. Alle Flugzeuge und Führer oder Flugschüler müssen unter den Bedingungen eingetragen werden, welche in der Konvention vom 13. Oktober 1919 vorgesehen sind." (Diese Forderung bezieht sich auf das am 13. Oktober 1919 abgeschlossene Pariser Luftverkehrsabkommen, auch bezeichnet als "Internationale Luftfahrt-Konvention"; d. Verf.) "Diese Listen werden zur Verfügung des Garantie-Komitees gehalten.
REGEL 9: An Vorräten von Flugmotoren, losen Teilen und Motorzubehör ist nicht mehr zuzulassen, als nötig erachtet wird, um den Bedarf der Zivilluftfahrt zu decken. Diese Mengen werden vom Garantie-Komitee bestimmt."[47]

Viersitzige Passagierkabine der F 13

Flugzeugführerkabine der F 13:
halbhoch umkleidet, aber
vorläufig noch ohne Kabinenscheiben

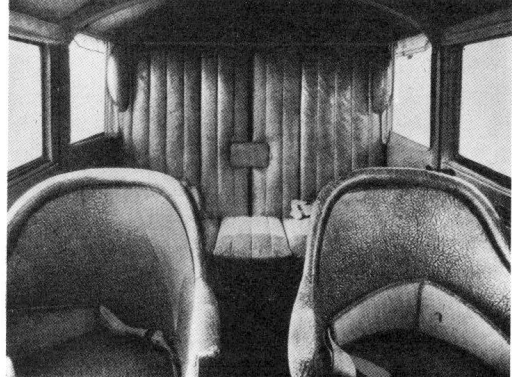 

Flugzeugführerkabine der F 13
ohne Doppelsteuer

Mit diesen Regelungen wurde – offensichtlich auch unter dem Eindruck der in der deutschen bürgerlichen Presse unverhohlen publizierten revanchistischen Haltung unverbesserlicher Kriegsanhänger – die begründete Absicht verfolgt, im eigenen Sicherheitsinteresse eine erneute Luftkriegsrüstung der leistungsstarken deutschen Flugzeugindustrie zu unterbinden. Jedoch reichte es für diesen Zweck auf die Dauer nicht aus, ein derartiges Reglement zu erlassen, weil die Ursache von Kriegen – wie sich später erneut zeigen sollte – nicht in technischen, sondern in gesellschaftlichen Verhältnissen liegt. Außerdem nahmen bereits in dieser Zeit der Baubeschränkungen mehrere Zweigbetriebe deutscher Flugzeugfabrikanten in Italien, in der Schweiz, in Spanien, in Dänemark und anderen Ländern die Produktion von Flugzeugen auf und waren dort an die „Begriffsbestimmungen" in keiner Weise gebunden. Zudem braucht nicht übersehen zu werden, daß sich mit derartigen Regelungen zwar der unmittelbare Bau neuer Militärflugzeuge auf deutschem Boden zumindest erschweren ließ, aber nicht die militärluftfahrtbezogene Forschung, Projektierung und Planung.

Arbeitsräume der „Forschungsanstalt Professor Junkers" auf dem Werkgelände der „Junkers & Co."

Abschleppen einer F 13 (D-230 „Wiedehopf") mit abmontierten Tragflächen

Andererseits ist der in Veröffentlichungen jener Jahre oft zu lesende Einwand gegen die neun Regeln kaum zu entkräften, daß sie zwar den militärischen Flugzeugbau im damaligen Deutschland einschränkten, zugleich jedoch die Herstellung leistungsfähiger Flugzeuge für die Zivilluftfahrt in bedeutendem Maße behinderten. Es wird nicht zu bezweifeln sein, daß dies im Spektrum der Absichten der Ententestaaten lag und dem Charakter der Versailler Bestimmungen wie auch der Nachfolgebeschränkungen entsprach.

Den „Begriffsbestimmungen" zufolge war ab 5. Mai 1922 der Bau von kleinen und leichten Flugzeugen wieder möglich. Ein Jahr später, am 24. Juni 1923, wurden die Baubeschränkungen gelockert. Beispielsweise wurde die zulässige Höchstgeschwindigkeit von 170 km/h (Regel 5) auf 180 km/h heraufgesetzt und die zulässige Nutzlast wurde von 600 kg (Regel 7) auf 900 kg erhöht. Die weitere Zurücknahme

von Baubeschränkungen, „deren Folgen für die Industrie durch die Aufsichtstätigkeit des Garantiekomitees noch erschwert wurden …", gelang aber erst dadurch, daß die deutsche Regierung jahrelang die Begriffsbestimmungen auch auf den Einflug und Überflug ausländischer Verkehrsflugzeuge anwandte" und diesen auf solche Weise fast vollständig unterband. Erst nach langwierigen Verhandlungen wurde, wie es in späteren deutschen Betrachtungen hieß, „in den Pariser Vereinbarungen vom 7./21. Mai 1926 die teilweise Aufhebung der Begriffsbestimmungen" erreicht.[48] In Wahrheit waren im Mai 1926 die Baubeschränkungen für die Zivilluftfahrt gänzlich aufgehoben worden, jedoch der militärische Flugzeugbau und die Militärluftfahrt nach wie vor untersagt. Und daraus, was ein Zivil- oder ein Militärflugzeug sei, ergab sich noch lange Streitstoff.

Den Flugzeugbau der Junkers-Werke hatte der Versailler Vertrag vom ersten

Junkers-Werk in Dessau (1926) v. u. n. o.:
1 Kaloriferwerk (heute: VEB Junkalor);
2 Junkers & Co. (heute: VEB Gas-
und Elektrogeräte);
3 Junkers-Motorenbau (1945 zerstört);
4 Junkers-Flugzeugwerk (1945 zerstört)

Blick in ein Prüflabor der
„Forschungsanstalt Professor Junkers"

Tage an in bedeutende Schwierigkeiten gebracht, denn das mit seinem Inkrafttreten verhängte totale Bauverbot wurde gültig, nachdem Monate zuvor eine F 13 ihren erfolgreichen Erstflug absolviert hatte und der erste aufsehenerregende Weltrekord erflogen worden war (wenngleich dieser offiziell nicht anerkannt wurde, weil Deutschland vorläufig aus der „Fédération Aéronautique Internationale" – FAI – ausgeschlossen blieb). Von dem Widerstreit zwischen befristetem, zeitweilig aufgehobenem, rückwirkend erneut ausgesprochenem und dann verlängertem Bauverbot sowie den nachfolgenden jahrelangen Einschränkungen ist manches Junkers-Vorhaben zur flugzeugtechnischen Weiterentwicklung der Zivilluftfahrt betroffen worden. Darauf wird im Zusammenhang mit den jeweiligen Projekten und Baumustern hingewiesen werden.

Zunächst betraf dieses endlos erscheinende Hin und Her auch die F 13. Am 16. Juni 1920, also während des geltenden Bauverbots, war das Flugzeugmuster F 13 von den Alliierten für den Luftverkehr zugelassen worden, trotz des verwendeten Kriegsmotors, denn andere standen noch nicht zur Verfügung. In ihrer Ausgabe vom 23. Juni 1920 meldete deshalb die „Flugsport"-Zeitschrift: „Die interalliierte Controll-Kommission hat folgende deutsche Verkehrstypen freigegeben: Junkers-Metall-Limousine mit 160-PS-Motor, 38 m² Fläche ..." (außerdem Fokker- und Sablatnig-Eindecker). Trotzdem wurden fünf Monate später, im November 1920, elf F 13, in Kisten verpackt und für die „Junkers-Larsen-Aircraft Corporation" in den USA bestimmt, im Hamburger Hafen festgehalten. Am 24. November 1920 teilte die Zeitschrift „Flugsport" unter der tendenziösen Überschrift „Die Entente beschlagnahmt unsere neuen Friedensflugzeuge" ihren Lesern mit: „Im Hamburger Hafen liegen zurzeit elf neue Junkers-Metallflugzeuge zur Verschickung bereit, die von Amerika bestellt worden sind. Die Interalliierte Luftüberwachungskommission hat nun gegen die Aus-

fuhr dieser Flugzeuge Einspruch erhoben, so daß ihre Verschickung bis zur Stunde noch nicht erfolgt ist." Die Freigabe für den deutschen Luftverkehr war demnach nicht gleichbedeutend mit der Zulassung zum Verkauf ins Ausland. Auch darin lag eine deutliche Einschränkung.

Erst im Dezember 1920 wurden die F 13 zum Exportversand freigegeben. UA-amerikanisches Importinteresse mochte dafür den Ausschlag gegeben haben. Später waren Berichte zu lesen, wonach etliche Flugzeugteile bei den Durchsuchungen der Transportkisten erheblich beschädigt worden waren und deshalb vor der Ausfuhr erst einmal zur Durchsicht und Überholung nach Dessau zurückgeleitet werden mußten.

Ein halbes Jahr danach, am 18. Juli 1921, wurden drei F 13 der „Danziger Luftpost GmbH" (Danzig heute: Gdansk) bei der Landung in Berlin-Johannisthal beschlagnahmt.

Andererseits wird rückblickend zugestanden werden müssen, daß die mit der Einhaltung und Durchsetzung der Versailler Bestimmungen beauftragte Interalliierte Kommission angesichts der permanenten Verwendung von Luftfahrtmaterial im Flugzeugbau, das der Ablieferung unterlag, viel seltener zu rigorosen Maßnahmen griff, als von vornherein erwartet werden konnte. Gemäß Artikel 202 des Versailler Vertrages gehörten zu dem abzuliefernden militärischen Luftfahrzeugmaterial beispielsweise auch die „Luftfahrzeugmotoren". „Binnen drei Monaten" sollte die Auslieferung des gesamten Materials abgeschlossen sein, bezogen auf das „Inkrafttreten des gegenwärtigen Vertrages". Da der Vertrag mit seiner Ratifizierung am 10. Januar 1920 in Kraft trat, galt folglich der 10. April 1920 als letzter Auslieferungstermin. Die deutschen Flugzeugfabrikanten haben aber in jeder erdenklicher Weise den Vertrag ignoriert und damit die alliierten Siegermächte zur mehrmaligen Verlängerung von Bauverboten und -beschränkungen – wie immer man auch heute zu dem Charakter dieses Vertrages stehen mag – provoziert. Junkers machte dabei keine Ausnahme. Die „Kriegsmotoren" Mercedes D IIIa und BMW D IIIa hat er noch jahrelang verwendet.

Einer der französischen Mitarbeiter der Überwachungskommission beschrieb später eine Episode, die sich zutrug, als Kontrolloffiziere das Dessauer Werk besuchten, und zwar, nachdem die deutsche Regierung am 10. Juli 1920 durch einseitige Entscheidung die Wiederaufnahme der Produktion von zivilen Luftfahrzeugen erlaubt hatte: „Junkers in Dessau war der erste, der in Serie produzierte. Zur Zeit unseres Aufenthaltes ... hatte er 74 fast völlig fertiggestellte Flugzeuge in der Reihe zu stehen. Als ihm unsere Offiziere einen offiziellen Verweis erteilen wollten, antwortete er abweisend." Die Reaktion von Junkers zitierte der Beobachter des Vorfalls wie folgt: „Ich weiß nicht, was Sie für Rechte vom Reich bekommen haben. Es war verboten, bis zum vergangenen 10. Juli zu bauen. Während dieser Zeit habe ich Badeöfen in Mengen hergestellt, Deutschland ist gesättigt davon. Ich kann nicht hoffen, daß es als nützlich angesehen wird, zwei davon an den Badewannen anzubringen. Ich sehe keinen Grund mehr, warum ich nicht meine Aufträge erfüllen sollte, um so mehr, als es meine Pflicht als Industrieller ist, Arbeitslosigkeit weiterer Arbeiter zu verhindern."[49]

Trotz aller Unübersichtlichkeiten in dieser Zeit begannen sich die Junkers-Betriebe allmählich zu konsolidieren. Mit dem Stand von 1920 hatte Junkers die alleinige Entscheidungsgewalt in den folgenden Unternehmen:

„Junkers & Co." (Ico), Dessau,
„Kaloriferwerk Hugo Junkers", Dessau,
„Forschungsanstalt Prof. Junkers", Dessau,
„Junkers Flugzeugwerke A. G." (Ifa), Dessau.

Im Dezember 1921 kam bei der „Junkers Flugzeugwerk A. G." die „Abteilung Luftverkehr" hinzu, deren expansive Aufgabe darin bestand, durch die Gründung und Mitwirkung in ausländischen Luftverkehrsgesellschaften den Absatz von Junkers-Flugzeugen zu fördern. An die Stelle dieser Abteilung trat am 13. August 1924 die „Junkers Luftverkehr A. G.", die am 3. September 1924 in das Handelsregister eingetragen wurde. Gegen Ende des Jahres 1921 nahm eine weitere Abteilung des Junkers-Flugzeugwerkes ihre Tätigkeit auf, die „Luftbildzentrale", in Werbeschriften auch als „Junkers Luftbild" bezeichnet. Deren

Sozialdemokratischer Besuch in den Junkers-Werken am 6. Dezember 1922: Reichspräsident Friedrich Ebert sowie der Ministerpräsident des Landes Anhalt, Hermann Deist (rechts)

Das Konferenzzimmer im Hauptbüro
(im Hintergrund:
Arbeitszimmer von Prof. Junkers)

Das Arbeitszimmer von Prof. Junkers

Das „Hauptbüro der Junkers-Werke"
am damaligen Kaiserplatz 21 in Dessau

Aufgaben wurden später von der „Bild-
Flug GmbH" übernommen (Gründung im
Jahre 1932). Zwei weitere Abteilungen des
Dessauer Flugzeugwerkes entstanden im
Jahre 1925: im Januar die „Junkers Flug-
zeugführerschule" und im Jahresverlauf
die „Abteilung Schädlingsbekämpfung".
Das zusammenfassende Leitungs- und
Kontrollorgan der Junkers-Unternehmen
war das „Hauptbüro der Junkers-Werke" in
Dessau.

Im Jahre 1921 hatten die Junkers-Werke
unter dem Einfluß des Bauverbots für Flugzeuge mit der zeitweiligen Ausweichpro-
duktion von Massenartikeln des täglichen
Bedarfs begonnen. Dazu gehörten Eßbe-
stecke, Schlüsselrohlinge und Schlitt-
schuhe. Zu jener Zeit betrug die Belegschaft der Ico 220 und die der Ifa
120 Mitarbeiter. Bis August 1924 stieg der
Personalbestand aller Junkers-Betriebe auf
3 000. Aber die Entwicklung der Werke verlief keineswegs kontinuierlich. Im Herbst
1925 waren die Aufträge zum Bau von Flug-

zeugen und Flugmotoren erstmals größer als die Produktionskapazität, doch schon im Mai 1926 lag bereits wieder ein spürbarer Auftragsmangel vor. In der „Junkers Flugzeugwerk A. G." waren zu jenem Zeitpunkt 1 536 Mitarbeiter beschäftigt, davon wurden im Mai 400 Arbeiter entlassen, weiteren 900 Arbeitern wurde die Entlassung angekündigt. Bei der „Junkers-Motorenbau A. G." war eine ähnliche Situation entstanden. Von 725 Mitarbeitern wurden 100 am 8. Mai 1926 entlassen, weiteren 400 wurde die bevorstehende Entlassung mitgeteilt.

Im Jahre 1927 wurden bei Junkers immerhin noch etwa 100 Flugzeuge gebaut, während es im selben Jahreszeitraum die anderen 17 deutschen Flugzeugwerke gemeinsam nur auf eine Produktionsmenge von etwa 200 Flugzeugen brachten. Junkers war in Deutschland der führende Flugzeugfabrikant und blieb vorerst der erfolgreichste Hersteller von Ganzmetallflugzeugen in der Welt.

Dabei bleibt – auch in der Betrachtung der Junkers-Flugzeugmuster in folgenden Abschnitten – zu berücksichtigen, daß das Dessauer Flugzeugwerk als Fabrikationsstätte für den Entwicklungsbau und für die Kleinserienproduktion konzipiert war. So sollte es nach Junkers Willen vorerst auch bleiben. Gegen die Großserienherstellung von Flugzeugen in Dessau hat er sich lange gesträubt, weil er befürchtete, daß diese zum Selbstzweck seiner Werke werden, sein gesamtes ingenieurtechnisches Personal beanspruchen und seine Forschungen behindern würde. Zudem erfordern Großserien im Flugzeugbau eine völlig andere Produktionsorganisation.

Professor Junkers ist in späteren Schriften oft als Idealist bezeichnet worden, weil er der flugzeugtechnischen Forschung immer die größte Priorität eingeräumt und das Streben nach möglichst hohem Gewinn durch zügige Ausweitung der Dessauer Produktionskapazität vernachlässigt hat. In gleichem Maße, wie er als kreativer Forscher galt, haftete ihm der Ruf nachlässigen, nicht selten sogar großzügigen und vertrauensseligen kaufmännischen Verhaltens an. Alle diese Feststellungen sind kaum zu widerlegen, doch haben sie mit dem Verzicht auf die Großserienfabrikation von Flugzeugen in Dessau wenig zu tun. Zu allen Zeiten, bis zum Jahre 1933, hat sich die Dessauer Kapazität als völlig ausreichend erwiesen, und überwiegend war sie durch Auftragsbestellungen nicht einmal vollständig ausgeschöpft.

**Deutsche Eigentümer von F 13
(1919 bis 1933)**

Badische Luftverkehrs A. G. (Mannheim)
Badisch-Pfälzische Luft Hansa A. G. (Mannheim/Karlsruhe)
Badisch Pfälzische Luftverkehrs A. G. (Mannheim/Karlsruhe)
Baťa-Schuh A. G. (Berlin)
Bayrische Luft Lloyd GmbH (München)
Bodensee Luftverkehrs A. G. (Konstanz)

Deutsche Luftdienst GmbH (Kiel-Holtenau)
Deutsche Luftfahrt GmbH (Hildesheim)
Deutsche Luft Hansa A. G./DLH (Berlin)
Deutsche Luftreederei GmbH/DLR (Berlin)
Deutsche Verkehrsfliegerschule GmbH/DVS (Hauptsitz: Staaken)
Deutsche Versuchsanstalt für Luftfahrt e. V./DVL (Berlin-Adlershof)
Deutscher Luftsportverband e. V./DLV (Berlin – Gotha)

Fliegerhorst Nordmark (Hamburg)
Folkerts, E. (Aachen)

Gräflich Schaffgott'sche Werke (Gleiwitz, heute: Gliwice)

Hamburgische Luftverkehrs GmbH (Hamburg)

Junkers Flugzeugwerk A. G. (Dessau)
Junkers Luftverkehr A. G. (Dessau)

Klutke, E. (Staaken)

Luftdienst GmbH (Kiel-Holtenau)
Luftschiffhafen Gotha e. V. (Gotha)
Luftverkehrsgesellschaft Ruhrgebiet A. G./LURAG (Essen)

Moßbacher, R. (München)

Nordbayerische Verkehrsflug A. G. (Nürnberg – Führt)

Oberschlesische Luftverkehrs A. G. (Gleiwitz, heute: Gliwice)

Preußisches Innenministerium (Berlin)

Reichsverband der Deutschen Luftfahrtindustrie (Staaken/Travemünde)
Reichsverkehrsministerium (Berlin)
Redaktion „Hamburger Fremdenblatt" (Hamburg)
Rumpler Luftverkehrs A. G. (Berlin/Augsburg)

Sächsische Luftverkehrs A. G. (Dresden)
Sächsische Luftverkehrs A. G. (Breslau, heute: Wrocław)
Sevara GmbH (Kiel-Holtenau)
Südflug GmbH (München)
Südwestdeutsche Luftverkehrs A. G. (Frankfurt am Main)

Unterfränkische Sportflug GmbH

Werner, Generaldirektor
Westflug GmbH

Zentralstelle für Flugsicherung (Berlin)

Erste Exporte, Bewährungen und Spezialeinrichtungen der F 13

Der Höhenflugrekord mit der F 13 „Annelise" hatte Aufsehen erregt und sogleich das Kaufinteresse ausländischer Fachleute geweckt. Besonders schnell war John M. Larsen, der Flugsachverständige der US-amerikanischen Regierung. Am 29. Oktober 1919 kaufte er die F 13 mit der Werknummer 535. Außerdem erwarb er von Junkers die Lizenzen zum Bau und Vertrieb der F 13 und gründete in New York die „Junkers-Larsen Aircraft Corporation". Allerdings ist kein Nachweis darüber bekannt geworden, daß sich Larsen mit dem Nachbau des Flugzeuges beschäftigt hätte. Es kann davon ausgegangen werden, daß die F 13 in den USA aus den kistenverpackt auf Überseeschiffen gelieferten Teilen lediglich montiert worden ist. Unter Verwendung der ersten beiden Initialen des von Larsen gegründeten Unternehmens flog die F 13 fortan in den USA unter der Bezeichnung „JL 6".

Die erste F 13, die in den USA eintraf, war von dem Dessauer Flieger und Ingenieur Monz begleitet worden und wurde unter seiner Leitung auf dem Roosevelt-Flugplatz in Mineola bei New York zusammengebaut. Er übernahm auch das Einfliegen des Flugzeuges. Schon beim zweiten Flug kam es allerdings zu einer erheblichen Beschädigung und nachfolgender Notlandung, weil der mitgelieferte Holzpropeller in der Luft plötzlich zersprungen war. Doch beeinträchtigte dieser Vorfall das Interesse des Unternehmers Larsen in keiner Weise. Im nachfolgenden Jahr, 1920, kaufte er in Dessau 23 weitere Exemplare, die er in seiner Gesellschaft wiederum montieren ließ und um deren Weiterverkauf er sich bemühte.

Für Mai/Juni 1920 war in Atlantic City (USA) der dritte „Pan-American Aeronautic Congress" einberufen worden, bei dem Larsen seine Metall-Eindecker der nordamerikanischen Öffentlichkeit präsentieren

Exportierte Frachtflugversion
der F 13 als JL 6 der
„Junkers-Larsen Aircraft Corporation"
in den USA

wollte. Schon zuvor sollte aber die „JL 6" mit einigen Rekordversuchen für die gebührende Aufmerksamkeit sorgen:

Ein neuer Geschwindigkeitsrekord kam auf der Strecke Atlantic City–Philadelphia zustande. Mit Monz am Steuer, sechs Fluggästen an Bord und 360 Litern Kraftstoff im Tank wurde diese Strecke mit fast 210 km/h durchflogen. Diese JL 6 war mit einem deutschen „Kriegsmotor" BMW IIIa ausgerüstet.

Auf derselben Strecke erbrachte der von Monz ausgebildete amerikanische Flieger Bent Acosta den Nachweis der Wirtschaftlichkeit des Flugverkehrs mit der F 13/JL 6. Mit acht Personen an Bord verbrauchte der Motor – ebenfalls ein deutscher Kriegsmotor, und zwar der Mercedes D IIIa – für die

210 km lange Strecke nur 55 Liter Benzin bei einer Flugzeit von knapp anderthalb Stunden.

Am 1. Juni 1920 erreichte Monz mit einer JL 6 und fünf Personen an Bord – einer der Fluggäste war Larsen – sowie zusätzlichem Gepäck (Gesamtzuladung: zirka 500 kg) eine Höhe von 6 200 m und stellte damit einen Höhenrekord auf. Auch dieses Flugzeug hatte einen Motor Mercedes D IIIa.

Ein weiterer Rekord folgte im Juli 1920. Eine JL 6 legte die 1 900 km lange Strecke Omaha–Pinnevalley in 10 Stunden und 58 Minuten ohne Zwischenlandung zurück.

Diese Flugleistungen überzeugten. Noch im Verlaufe desselben Jahres verkaufte Larsen zwei JL 6 mit Schwimmern an die US-Marine und acht Flugzeuge dieses Typs an die Postverwaltung. Von der Post wurden die Flugzeuge mit Nutzlasten bis zu 720 kg auf den Strecken New York–Cleveland und Cleveland–Chicago eingesetzt. Die amerikanische Zeitschrift „Aviation" teilte damals dazu mit: „Eines dieser Flugzeuge flog in der Zeit vom August bis 31. Dezember 12 283 km bei einer Gesamtflugzeit von 94 Stunden und 41 Minuten. Ein weiteres legte 9 854 km zurück und blieb insgesamt 87 Stunden 49 Minuten in der Luft." Allerdings wurde auch darauf hingewiesen, daß „verschiedene Flugzeuge ernstliche Störungen in der Brennstoffzuführung aufzuweisen hatten, ebenso hatten die Motoren in verschiedenen Fällen Versager aufzuweisen."[50] Insgesamt aber wurde der Einsatz dieses Flugzeuges positiv beurteilt, wie aus dem Jahresbericht des Generalpostmeisters der USA, Burleson, hervorgeht: „Die von der Postverwaltung angeschafften Junkers-Flugzeuge stellen einen Fortschritt in der Luftfahrtentwicklung des Landes dar. Ihr Betrieb auf einer zusammen 30 122 Meilen langen Strecke ergibt 5,1 Meilen pro Gallone Brennstoff, gegen durchschnittlich 2,5 Meilen mit anderen im Postdienst verwendeten Flugzeugen und Motoren." (Das sind pro Liter Brennstoff 2,17 km bei der JL 6 gegenüber 1,05 km bei anderen Flugzeugen; d. Verf.). „Die Flugkosten mit diesen Flugzeugen sind etwa 30 Prozent, die Unterhaltung etwa 50 Prozent geringer als die Flug- und Unterhaltungskosten der mit Liberty-Motoren ausgerüsteten de Havilland-Flugzeuge, die von Armee und Marine an die Postverwaltung abgegeben wurden. Andererseits ist der Aktionsradius der Junkers-Flugzeuge mindestens um 150 Prozent

größer und die Nutzlast an Post nahezu 2½mal so groß als diejenige der Kriegsmaschinen, mit denen der Postdienst hauptsächlich betrieben wird."[51]

Es kann an dieser Stelle erst einmal festgehalten werden, daß die anhaltende Einsatzerprobung der F 13 im ersten Jahr der Gültigkeit der Versailler Bestimmungen im Ausland erfolgte, weil im Inland schon allein infolge der Verwendung von Kriegsmotoren, die nach Artikel 202 der Auslieferung unterlagen, dazu keine Möglichkeit bestand. Zudem bestätigt sich, daß Junkers die Pflicht zur Ablieferung der Flugmotoren, die für militärische Zwecke bestimmt gewesen waren, intensiv umging. Sonst aber hätte er die F 13 zu jener Zeit nicht bauen und auch nicht ins Ausland liefern können.

Diese Auslandserprobungen mit ihren unterschiedlichen Bedingungen und Beanspruchungen bestätigten schon nach verhältnismäßig kurzer Zeit die universelle Einsetzbarkeit und immer wieder erstaunliche Zuverlässigkeit des Flugzeuges von Junkers, nachdem einige kleinere Mängel, wie die zuerst öfter auftretenden Störungen der Kraftstoffzufuhr, erkannt und beseitigt worden waren. Ausgewählte Beispiele vermögen diese Feststellung zu bekräftigen. Zum Jahresbeginn 1921 kaufte die kanadische „Imperial Oil Company" in Edmonton zwei JL 6, die als Mittel der Luftverbindung zwischen den Ölfeldern und Niederlassungen eingesetzt werden sollten. Beide Flug-

zeuge wurden am 10. Januar 1921 vom Gelände des Larsen-Junkers-Unternehmens „Larsen Field" auf Long Island bei New York nach Edmonton überführt. Der 3 700 km lange Flugweg verlief in sechs Etappen über die Zwischenlandeplätze in Cleveland, Chicago, Mineapolis, Brandon und Saskatoon. Auf der Flugstrecke waren die Flugzeuge Temperaturunterschieden von +45 °C bis −45 °C ausgesetzt, wodurch beträchtliche Schwierigkeiten durch das Vereisen auftraten. Dennoch trafen die Flugzeuge nach einer Gesamtflugzeug von knapp 30 Stunden wohlbehalten in Edmonton ein.

In dieser Zeit rückte Larsen näher an potentielle Käufer und Nutzer heran. Er errichtete im New Yorker Zentralpark drei Werkstattschuppen und legte ein Flugfeld an. Dort standen die noch nicht verkauften JL 6 und eine JL 12 (eine umgerüstete F 13 mit MG-Bewaffnung und 294-kW (400 PS)-Liberty-Motor). Von diesem Fluggelände aus wurden die Flugzeuge für Vorführungen und Passagierflüge nach Middle West, Chicago, Omaha, San Francisco, Mexiko-Stadt und anderen Orten eingesetzt. Allein im Jahre 1921 beförderten sie bei rund 1 500 Flügen insgesamt etwa 8 000 Fluggäste und legten ungefähr 100 000 Flugmeilen zurück.[52]

Einer der bedeutendsten JL 6-Flüge in den USA war wohl der Dauerflug-Weltrekord am 29./30. Dezember 1921. Dieser Rekord wurde seit dem 3./4. Juni 1920 von dem französischen Flieger Boussotrout gehalten, aufgestellt mit einem zweimotorigen Farman-Doppeldecker „Goliath" bei einer Flugzeit von 24 Stunden, 19 Minuten und 7 Sekunden im Luftraum von Ville Sauvage la Dordogne (Frankreich). Am 29. Dezember 1921 starteten die beiden amerikanischen Flieger Eddi Stinson und Lloyd Bertaud mit einer JL 6 (mit BMW IIIa-Motor) auf dem Fluggelände von Roosevelt-Field und blieben 26 Stunden, 5 Minuten und 32 Sekunden in der Luft. Zeitmessungen und darauf gestützte Berechnungen wurden vom New Yorker „Times-Club" vorgenommen. Dessen Angaben zufolge hatte die JL 6 bei diesem Rekordflug annähernd 2 650 Meilen (eine amerikanische Landmeile: 1 609,3 m), also 4 265 km zurückgelegt. Die Flieger kamen allerdings nicht ohne Schaden davon. Stinson hatte drei

Verladung von Postsäcken der US-amerikanischen Postverwaltung in eine JL 6

Stinson, Bertaud und Larsen (v. l. n. r.)
an einer JL 6 nach dem
Dauerflug-Weltrekord im Dezember 1921

Finger der linken und einen der rechten Hand so stark erfroren, daß er sich nach dem Flug in ärztliche Behandlung begeben mußte. Während des Fluges hatte er nämlich ein Hilfs-Schmiersystem provisorisch reparieren und dazu seine Handschuhe ausziehen müssen. Dazu mußte er nahe dem Boden ein Loch in den Hilfstank schlagen und dort einen Gummischlauch befestigen, der zum Haupttank führte. Trotzdem äußerte er gegenüber einem Journalisten des „Evening Telegram" gleich nach der Landung: „Das ist eine gute, eine hervorragend gute Maschine, und wenn nicht der unglückselige Bruch der kleinen, zum Hilfs-Schmiersystem gehörigen Pumpe eingetreten wäre, so hätten wir volle 35 Stunden in der Luft bleiben können."[53] So ungefähr stimmte Stinsons Schätzung, denn der bei der Landung noch vorhandene Kraftstoffvorrat hätte noch für etwa sieben Flugstunden gereicht.

Nach dieser Flugleistung kaufte die US-Regierung sogleich mehrere JL 6. Von der US-Marine wurden drei JL 6 auf Schwimmern in Dienst gestellt, sie flogen dort mit den Kennzeichen A-5867, A-5868 und A-5869.

Der Dauerweltrekordflug hatte jedoch auch eine international bekannte Persönlichkeit aufmerksam gemacht, den norwegischen Polarforscher Roald Amundsen. Von der Nützlichkeit des Flugzeuges für die Polarforschung überzeugt, hatte er im Jahre 1913 in Frankreich fliegen gelernt. Die Nachricht von dem Nonstop-Flug der JL 6 erreichte ihn bei seinen Vorbereitungen für eine erneute Polarexpedition. Amundsen äußerte: „Sowie ich von dem Flug erfuhr, stand mein Entschluß fest. Solch eine Maschine mußte ich haben, koste es, was es wolle. Mit diesem Apparat wird das Unmögliche möglich."[54]

Dieses „Unmögliche" sollte, wie Umberto Nobile später schilderte, eine Überquerung der arktischen Kalotte vom Kap Barrow an der Alaska-Nordküste bis zum Pol und von dort nach Spitzbergen auf dem Luftwege werden — eine Flugstrecke von mindestens 3 500 km. Für diesen Zweck erwarb Amundsen in New York von Larsen eine JL 6. Die Führung des Flugzeuges übertrug er einem Landsmann, dem norwegischen Marineoffizier Oskar Omdal. Beide wollten erst einmal nach Seattle fliegen,

doch schon über Pennsylvania (im Nordosten der USA) war der Motor heißgelaufen. Bei der Notlandung geriet die JL 6 an einen Baum und zerschellte am Boden. Amundsen und Omdal kamen mit Prellungen davon. Sie fuhren mit der Bahn nach Seattle, bestellten eine neue JL 6 und verluden diese auf das Schiff „Maud". Das Schiff legte am 12. Juni 1922 mit Kurs auf Kap Barrow ab, wo Amundsen mit dem Polarflug beginnen wollte. Auf dem Wege zum Nordpolarmeer wurde die „Maud", nachdem sie die Beringstraße durchquert hatte, von Eisschollen bedrängt, ging einen Monat lang im Golf von Kotzebue vor Anker, fuhr dann weiter und kam bei Kap Hope infolge eines Sturmes erneut in Schwierigkeiten. Amundsen und Omdal stiegen auf einen vorüberkommenden Walfänger um und nahmen die JL 6 sowie ihr gesamtes Expeditionsgepäck mit. Aber auch dieses Schiff kam infolge des Unwetters nicht nach Kap Barrow, weshalb der Kapitän seine Passagiere bei Wainwright an Land setzte. Amundsen war gezwungen, ein Lager zu errichten sowie seine Weiterreise auf dem Luftweg und diese Absicht auf das Frühjahr 1923 zu verschieben. Dabei kamen ihm wohl auch Bedenken, ob sein Expeditionsflugzeug mit den gesamten Lasten, die es nunmehr aufzunehmen hatte (Zelte, Schlitten, Lebensmittelvorräte und anderes Expeditionsgut),

womöglich überfordert werden würde. Jedenfalls setzte er sich von Wainwright aus mit dem ihm bekannten Konsul Haakon H. Hammer in Verbindung und bat ihn, gemeinsam mit den Junkers-Werken eine Hilfsexpedition zu organisieren, die den Polarfliegern von Spitzbergen aus im Notfall entgegenkommen und helfen sollte.

Hammer wandte sich im Frühjahr 1923 mit einem Unterstützungsersuchen an Dessau. Dort wurde sofort eine Expedition zusammengestellt. Vorbereitet wurden zwei F 13 auf Schwimmern, und zwar die D-192 „Meise" (Werknummer 616) und die D-260 „Eisvogel" (Werknummer 650). Beide Flugzeuge hatten einen 235 kW(320 PS)-Motor BMW IV. Für die „Meise" wurden Flugzeugführer Heinrich Pütz und Monteur Lubasch, für den „Eisvogel" Flugzeugführer Arthur Neumann und Monteur Holbein eingesetzt. Außerdem wurden in die Hilfsexpedition aufgenommen: der dänische Junkers-Pilot Fredy Duus als Dolmetscher und der schweizerische Flugzeugführer Walter Mittelholzer als Fotograf.

Am 10. Juni 1923 um 8.42 Uhr startete die „Meise" auf der Elbe bei Hamburg zum Flug nach Schweden, kam bis in die Nähe der Insel Falster, mußte dort auf dem Wasser notgelandet werden, weil die Kupplung zwischen der Nockenwelle und der Magnetwelle gerissen war. Beim erneuten Startversuch stürzte das Flugzeug auf das

Die D-260 „Eisvogel" mit Abdeckplane in Bergen vor der Verladung auf den norwegischen Kohlendampfer „Eidshorn" (Juni 1923)

Die F 13 „Eisvogel" in Green Harbour nach der abgesagten Hilfsexpedition für Amundsen (Juli 1923)

Wasser, der linke Flügel brach, und es trieb bei Hesnaes an Land.

Der „Eisvogel" hingegen traf am 13. Juni 1923 in Bergen ein. Dort gesellten sich einige weitere Expeditionsteilnehmer hinzu. Gemeinsam gelangten sie am 17. Juni mit dem norwegischen Kohlendampfer „Eidshorn" nach Spitzbergen, wo am 21. Juni 1923 die Amundsen-Expedition erwartet wurde.

Omdal hatte inzwischen das Fahrgestell der JL 6 gegen Schneekufen ausgetauscht, das Flugzeug beladen und war am 11. Mai 1923 zu einem Probeflug gestartet. Beim Landen aber war das Schneekufengestell abgebrochen. Damit endete die Amundsen-Epedition, bevor noch ihr vorgesehener Ausgangspunkt, Kap Barrow, erreicht worden war. Die startbereite Hilfsexpedition, für die nun noch der Junkers „Eisvogel" zur Verfügung stand, hatte die ihr zugedachte Funktion verloren.

Nach einer fernnachrichtlichen Konsultation mit Dessau wurde der Entschluß gefaßt, wenigstens die geographischen Forschungsaufgaben mittels Luftaufnahmen zu erfüllen, derentwegen Mittelholzer mitgereist war. Die Gruppe durchquerte daraufhin die Barentssee und errichtete ihren Stützpunkt in Green Harbour. Der „Eisvogel" wurde ausgeladen und flugfertig montiert. Am 5. Juli 1923 startete Neumann mit Mittelholzer als Begleiter zum Probeflug, der erfolgreich verlief. Danach wurden an zwei Tagen Luftaufnahmeflüge unternommen. Am 8. Juli starteten beide zu einem Flug in die Arktis, mit dem Ziel, so weit wie möglich zum Pol vorzudringen. Sie überflogen den 80. Breitengrad in der Höhe der Walfischinseln — aber kurze Zeit später begann der Motor unregelmäßig zu arbeiten und setzte zeitweilig sogar aus. Beide sind noch etwa bis zum 83. Breitengrad gelangt, bevor sie endgültig umkehrten und nach insgesamt sechs Stunden Flugzeit wieder in Green Harbour landeten.

Mittelholzer hatte während dieser Flugtage mit drei Film- und Bildkameras gearbeitet. Seine Filme und Bilder sind von Wissenschaftlern ausgewertet worden und haben geholfen, die Karten von Spitzbergen und Umgebung sowohl zu ergänzen als auch zu berichten. Diese Expedition mit einer F 13, so stellte der weltbekannte Forscher, Flieger und Luftschiffbauer Umberto Nobile später fest, war in der Geschichte der Polarforschung „die erste, die in Polargebieten geographische Erkundungen mittels Luftaufnahmen aus einem Flugzeug anstellte".[55] Und: So weit wie die

F 13 „Eisvogel" war bis dahin noch kein anderes Flugzeug in die Arktis vorgedrungen.

Im Jahre 1970 ist der Arktisflieger Arthur Neumann in seiner Wohnung in Rostock-Warnemünde (er starb dort am 3. März 1974) interviewt worden, und er hat bestätigt, daß der Pol von ihm und Mittelholzer nicht erreicht worden ist. Wegen des defekten Motors kehrten sie an ihrem nördlichsten „Standort etwa 83 Grad nördlicher Breite" um, weil die Gefahr bestand, daß der „tuckernde Motor" infolge seiner Dauerbelastung völlig aussetzen könnte, eine Notlandung im Eis dann unvermeidlich wäre — und das „hätte das sichere Ende bedeutet", da sie dort niemand hätte finden können.[56]

Zu jener Zeit lagen in Dessau bereits erste Erfahrungen bei der Anfertigung und kartographischen Nutzung von Luftaufnahmen vor, denn im Jahre 1921 war die Luftbildzentrale „Junkers Luftbild" als eine Abteilung der „Junkers-Flugzeugwerk A. G." gegründet worden. Die Luftbildzentrale verlegte bald nach ihrer Gründung ihren Hauptsitz nach Leipzig. Zuerst wurde dafür der Typ F 13 eingesetzt, später wurden andere Junkers-Typen für Luftaufnahmeflüge verwendet. Umfangreiche Flüge wurden zunächst im Inland unternommen, später erhielt „Junkers Luftbild" bedeutende Auslandsaufträge zur Luftbildvermessung über schwedischem Territorium, in Afrika sowie im Nahen und Fernen Osten. Dazu gehörte ein Auftrag, vermittelt über den „Service Aérién Junkers en Perse" (Persien), zur Luftbildvermessung für den Bau von Eisenbahnstrecken in Vorderasien. Weitere Vermessungsaufträge erhielt „Junkers Luftbild" für die wirtschaftliche Erschließung von Gebieten auf dem amerikanischen Kontinent.[57]

Ein anderer, von wirtschaftlichen Erfordernissen hervorgebrachter Bereich, war die Schädlingsbekämpfung aus der Luft, der sich die ebenfalls aus der „Junkers Flugzeugwerk A. G." hervorgegangene „Abteilung Schädlingsbekämpfung" seit dem Jahre 1925 zuwandte, die gleichfalls den bewährten Typ F 13 für diese Spezialaufgabe einsetzte.

Seit langem war bekannt, daß die wirksamste Möglichkeit der Schädlingsbekämpfung in befallenen Gebieten, insbesondere Wäldern, nur die Flächenbekämpfung sein konnte. Am 17. Dezember 1912 hatte der Oberförster Zimmermann aus Schleswig ein Patent (DRP-Nr.: 247028) erhalten, und zwar „auf das Verfahren zur Vernichtung der Nonnenraupe und an-

Inserat (etwa 1926)   *„Junkers-Luftbild": Der Kölner Dom*

derer Waldschädlinge durch Bestäubung mit schädlingsvernichtenden Flüssigkeiten oder Trockenstoffen, dadurch gekennzeichnet, daß die nebelartige Bestäubung von einem über den Altbeständen usw. kreuzenden Luftfahrzeug aus erfolgt".[58]

Im Jahre 1914 war deshalb daran gedacht worden, Zeppelin-Luftschiffe für die Bekämpfung von Waldschädlingen einzusetzen, jedoch wurden diesbezügliche Überlegungen bald wieder verworfen, weil es unmöglich schien, die dafür erforderliche Höhe zwischen 4 m bis höchstens 20 m über einem Waldgebiet einzuhalten, ohne das Luftschiff zu gefährden. Hingegen konnte auf erste Erfahrungen zurückgegriffen werden, die seit dem Jahre 1921 in den USA bei der Bekämpfung von Schädlingen in Obst- und Baumwollplantagen mittels Giftverstäubung vom Flugzeug aus der Luft bekannt geworden waren.

Im Jahre 1925 war die preußische Forstverwaltung angesichts der vermehrt auftre-

F 13 mit eingebautem Sackplanebehälter für die Aufnahme von Schädlingsbekämpfungsmitteln sowie mit Verstäubungsvorrichtung unter dem Rumpf

Bei Junkers entwickelte Verstäubungsvorrichtung (unter dem Rumpf montiert)

Einfüllen des Bestäubungspulvers aus Transportkannen (hier in die D-454 „Adler")

Verstäuben des Schädlingsgiftes nach dem Öffnen des Auslaufrohres

Spezialangefertigte F 13:
Belgisches Brieftauben-Transportflugzeug

F 13 als schwedisches Sanitätsflugzeug
auf Schwimmern

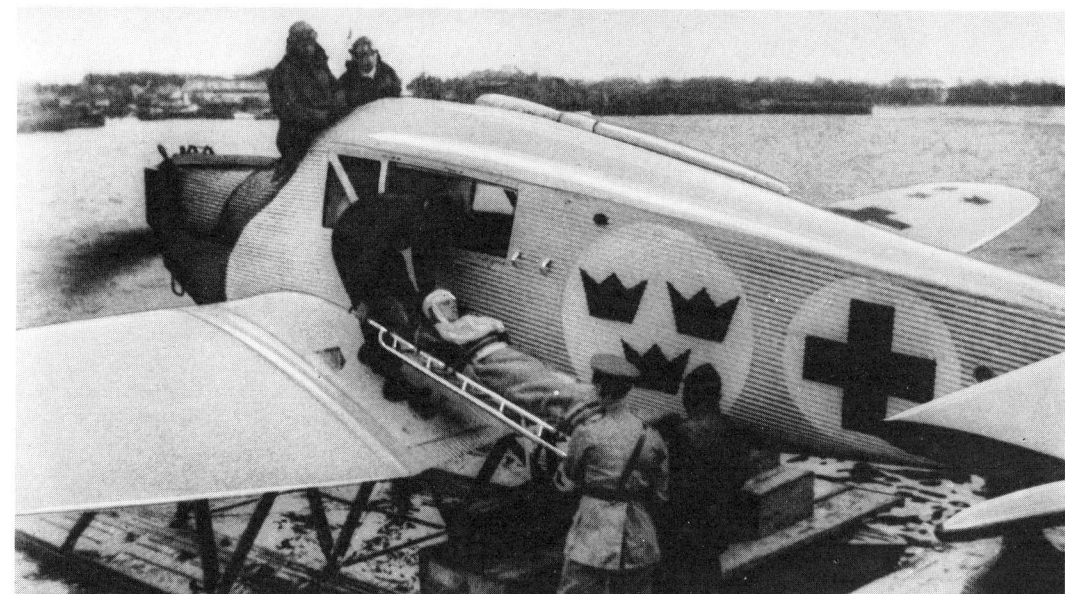

tenden Baumschädlinge gezwungen, energische Maßnahmen einzuleiten und Auftragnehmer für eine erfolgversprechende Bekämpfung aus der Luft zu suchen. In einem Gutachten hatte Professor Wolff aus Eberswalde festgestellt: „Nur wer die unglaublichen Massen gesehen hat, in denen Waldschädlinge aufzutreten pflegen, wird es für möglich halten, daß ganze Forstbezirke von mehreren Quadratkilometern kahlgefressen wurden. Allein an den von unten erreichbaren Zweigen werden Tausende von Räupchen gezählt. In der gewaltigen Ausdehnung der Befallflächen … liegt die Schwierigkeit, ihrer Herr zu werden."[59]

Professor Junkers nahm sich dieser Aufgabe an, gründete die „Abteilung Schädlingsbekämpfung" und stellte die Arbeitsgemeinschaft mit der chemischen Fabrik von E. Merck in Darmstadt her, die über ein geeignetes Fraßgift verfügte und im Verlaufe der weiteren Zusammenarbeit ein wirksames Kontaktgift entwickelte. Für diesen speziellen Einsatzzweck wurden mehrere F 13 mit großen Spezialbehältern zur Aufnahme des Bestäubungsmittels ausgerüstet (darunter die D-63 „Gimpelhäher", D-168 „Schneeente" und D-454 „Adler"). Schwierigkeiten bereitete zunächst die Entwicklung eines geeigneten Verstäubers, als dessen zweckmäßigste Lösung aber bald ein rotierender Verteiler gefunden wurde, der unter dem Auslaufrohr montiert und von der Luftumströmung des Flugzeuges während des Einsatzes angetrieben wurde. Das Auslaufrohr des Behälters ließ sich von der Flugzeugführerkabine aus öffnen und schließen. Streifenweise konnte mit dieser Einrichtung bei einer zweckmäßigen Flughöhe von 20 bis 30 m über den Baumkronen das Bestäubungsmittel über dem Wald verteilt werden.

Die erste praktische Erprobung fand im Juni 1925 im Bereich Stettin (heute: Szczecin) statt. Ein Großversuch zur Bestäubung von 100 Hektar Waldfläche bei einem sechswöchigen Einsatz wurde im Sommer und Herbst 1925 in Bayern im Bereich des Forstamtes Ensdorf unternommen. Diese Versuche verliefen zufriedenstellend, und so folgten rasch weitere Auftragseinsätze in der Umgebung von Schneidemühl

(heute: Piła) für die Bestäubung von 3000 Hektar Waldfläche, in den Bereichen Strelitz in Mecklenburg, der bayrischen Rheinpfalz, bei Pirmasens, Geisenfeld bei Ingolstadt und in anderen Gebieten. Später wurden auch Junkers-Flugzeuge W 33 für diese Aufgabe eingesetzt.

Es soll ein Spezialbau der F 13 nicht unerwähnt bleiben, der als Kuriosum angesehen werden kann: Ein Brieftauben-Transportflugzeug. Diese F 13 wurde als Reparationslieferung im Jahre 1921 an Belgien übergeben und danach für diesen speziellen Verwendungszweck umgerüstet. Das Flugzeug landete am 27. Mai 1923 auf dem belgischen Flugplatz Bierset Awans. Dann öffnete man die Klappen und ließ 300 Brieftauben aufsteigen.

Originell war auch eine schwedische Ausstattungsvariante der F 13, und zwar die der D-343 „Schleiervogel" (Werknummer 715), die im Jahre 1924 an die schwedische Luftverkehrsgesellschaft „A. B. Aerotransport" verkauft wurde und dort unter dem Kennzeichen S-AAAC flog. Der Erstflug zur Eröffnung der Fluglinie Stockholm–Helsingfors (heute: Helsinki), den der Junkers-Pilot Fritz Loose am 1. Juni 1924 ausführte, endete zwar bei der Insel Aland im Nebel, wurde dann aber wiederholt und war erfolgreich. Im Jahre 1928 wurde dieses Flugzeug für den Nachtpostdienst auf der Strecke Stockholm–Malmö–Amsterdam–London verwendet. Dazu war in den Rumpf ein Briefkasten eingebaut worden. Während des Fluges saß

Deutsch - columbianische Luftverkehrsgesellschaft

SCADTA

Barranquilla, Rep. Columbien S. A.

Größtes Flugunternehmen Südamerikas

Regelmäßige Passagier- und Postbeförderung
ins Innere des Landes / Zeitersparnis einschl.
Antwort durch Benutzung d. Luftpost 4 Wochen
Eigene große Vermessungsabteilung / Post-
agenturen in allen Kulturstaaten
Eigene Flugpostmarken

Markenverkauf und Auskünfte:

SCADTA-HAUPTAGENTUR, BERLIN W 35
Schöneberger-Ufer 35 - Tel Kurfürst 7411
COLUMBIANISCHES GENERALKONSULAT, HAMBURG
Steinstraße 14?
DEUTSCHE ANTIOQUIA - BANK, BREMEN
Domshof 17/18

Inserat der kolumbianischen Luftverkehrsgesellschaft SCADTA, die als eine der ersten in der Welt mit F 13 flog

Bild Seite 65
Eine F 13 der kolumbianischen SCADTA

neben dem Flugzeugführer der Postsortierer und ordnete die Sendungen für die sofortige Übergabe auf den jeweiligen Landeplätzen. Im Jahre 1935 wurde der ehemalige „Schleiervogel" außer Dienst gestellt.

Den ersten .Verkäufen der F 13 in die USA, wo sie als JL 6 bekannt wurden, folgten sehr rasch einige weitere nach Übersee. Ingenieur W. Kaemmerer hatte im Dezember 1919 in Barranquilla, der Hauptstadt des kolumbianischen Departements Atlántico am Karibischen Meer, die deutsch-kolumbianische Aktiengesellschaft „Sociedad Colombo-Alemana des Transportes Aéros" (SCADTA) gegründet. Diese Lufttransportgesellschaft brauchte geeignte Flugzeuge auf Schwimmern. Kaemmerer reiste am Anfang des Jahres 1920 nach Europa, sah sich um und entschied sich für die F 13 der Junkers-Werke, weil das Ganzmetallflugzeug für das feuchtwarme Klima des Einsatzgebiets am geeignetsten schien. Er kaufte zwei Flugzeuge in Dessau, die, den kolumbianischen Nationalfarben entsprechend, einen gelb-blau-roten Anstrich erhielten. In der Jahresmitte 1920 wurden die Flugzeuge in Kisten verpackt und per Schiff nach Kolumbien gebracht; begleitet von den Piloten Fritz Hammer, Hellmuth von Krohn sowie dem Techniker Schnurbusch. Am 26. Au-

gust 1920 wurde die erste F 13 der SCADTA in Barranquilla eingeflogen und Anfang September auf den Namen „Columbia" getauft. Der erste Flugeinsatz erfolgte am 9. und 10. September 1920 auf der Strecke Barranquilla—Puerto Berrio.

Das zweite Flugzeug war inzwischen ebenfalls' montiert und eingeflogen worden. Im Oktober 1920 nahmen beide Flugzeuge den Linienverkehr zwischen Barranquilla und Girardot auf. Damit war erstmals in der Welt eine mit Junkers-Flugzeugen regelmäßig betriebene Luftverkehrsstrecke eröffnet. Die zweite F 13 wurde wenig später als Landflugzeug umgerüstet, auf den Namen „Bogotá" getauft (Werknummer 554; Landeskennzeichen A-4) und verkehrte im Dezember 1920 erstmals auf der Strecke Barranquilla—Bogotá. Am 23. Juli 1921 traf eine dritte F 13 bei der SCADTA ein: die bereits an früherer Stelle erwähnte „Magdalena" (Werknummer 602; Landeskennzeichen A-8).

Nachdem im August zwischen der kolumbianischen Regierung und der SCADTA ein Luftverkehrsvertrag zustande gekommen war, in dem sich das Lufttransportunternehmen zur wöchentlichen Postbeförderung verpflichtete und dafür die Genehmigung zur Einrichtung einer eigenen Luftpost sowie zur Herausgabe von Luftpostmarken erhielt, begann der regelmäßige

Flugverkehr auf den Strecken: Barranquilla—Girardot—Neiva (1 150 km) und Barranquilla—Cartagena (120 km).

Bis zum Jahre 1923 kaufte die SCADTA vier weitere F 13. Das Streckennetz wurde um die Fluglinie Barranquilla—Santa Marta erweitert. Die achte F 13 wurde im Jahre 1924 angekauft. Allein in jenem Jahr bewältigten die Junkers-Flugzeuge in Kolumbien 271 250 Flugkilometer in 1 956 Stunden und beförderten 1 084 Fluggäste sowie 10 694 kg Luftpost. Wenn dabei berücksichtigt wird, daß in der F 13 gewöhnlich vier Passagiere befördert werden konnten, so stellte sich heraus, daß allein für den Fluggasttransport im Jahre 1924 nicht weniger als 271 Flüge in Kolumbien stattgefunden haben. In den Jahren 1925 bis 1929 erwarb die SCADTA elf weitere F 13 und bis zum Jahre 1933 außerdem Flugzeuge der Typen W 33, W 34 und Ju 52/3m aus Dessau.

Um den Verkauf von Junkers-Flugzeugen nach Übersee zu fördern, sind in den Jahren 1922/23 und 1924/25 zwei Verkaufsexpeditionen unternommen worden.

Die erste Expedition traf im November 1922 in Havanna auf Kuba ein. Sie führte zwei F 13 mit, die D-213 „Birkhahn" (Werknummer 629) und die D-217 „Flamingo" (Werknummer 633). Mit den Flugzeugen fanden Werbeflüge entlang der Küste rund um Kuba sowie Passagierflüge über mehreren Städten statt. Weitere Vorführungsstationen waren Haiti, Santo Domingo, Venezuela und Brasilien. Im Hafen der damaligen brasilianischen Bundeshauptstadt Rio de Janeiro traf im April 1923 eine weitere F 13 ein, die D-218 „Kauz" (Werknummer 634). Nach mehreren Vorführungsflügen wurde in Rio de Janeiro eine Vertretung der Junkers-Werke gegründet. Diese Verkaufsexpedition war zwar mit hohen finanziellen Aufwendungen verbunden gewesen, hatte aber in keiner Weise den kommerziellen Erwartungen der Junkers-Werke entsprochen.

Am 25. Juni 1923 verlor Hugo Junkers einen seiner Söhne, der an der Werbereise teilgenommen hatte. An diesem Tage brach während des Fluges die Luftschraube, abgesplitterte Teile beschädig-

ten das Motorenlager, über Aracati an der Nordküste Brasiliens stürzte die D-213 „Birkhahn" ab. Der Junkers-Pilot Hermann Müller und sein Begleiter Werner Junkers verunglückten tödlich.

Die F 13 „Birkhahn" ging durch Totalschaden verloren. Über den Verbleib der D-217 „Flamingo", die noch im August 1923 bei Rio de Janeiro vorgeführt wurde, waren keine zuverlässigen Informationen aufzufinden. Die D-218 „Kauz" flog auf mehreren brasilianischen Routen, beispielsweise im September 1923 über Victoria, Nova Almeida und Carvallas nach Bahia. Später gelangte das Flugzeug nach Argentinien und wurde im Luftverkehr auf der Strecke Buenos Aires—Montevideo eingesetzt. Am

24. Mai 1926 kenterte der „Kauz" bei einem schweren Unwetter auf der Reede von Buenos Aires und versank. Zwei Tage danach wurde das Flugzeug wieder gehoben und kurze Zeit später flog es wieder wie eh und je. Von Argentinien wurde der „Kauz" an die bolivianische „Lloyd Aéreo Boliviano" (LAB) verkauft und flog dort noch im Jahre 1935.

Der fehlgeschlagenen ersten Südamerika-Verkaufsexpedition folgte bald eine zweite. Sie begann am 19. Januar 1924 mit mehreren Fliegern und Monteuren im Hamburger Hafen. An Bord des Schiffes befanden sich acht Junkers-Flugzeuge, davon fünf F 13 und drei A 20. Die erste Nachricht von einer Vorführung gelangte aus Argenti-

nien nach Dessau. Am 14. Juni 1924 wurde bei Junin ein Flugplatz eingeweiht. Am Eröffnungsprogramm sind drei F 13 beteiligt gewesen: die D-320 „Kormoran" (Werknummer 709), die D-321 „Edelfalke" (Werknummer 710) und die D-322 „Alk" (Werknummer 711). Im Oktober 1924 nahmen eine F 13 und eine A 20 in San Fernando am Flugfest des Aero-Klubs von Argentinien teil. Mit Junkers-Flugzeugen flogen fortan die im Jahre 1924 gegründete Luftverkehrsgesellschaft „Aerolloyd Cordoba" (Strecken: Corboda — Vila Dolores und Cordoba — Rio Cuarto) sowie die 1925 entstandene bolivianische Gesellschaft „Lloyd Aéro Boliviano" (LAB), die ihren Flugbetrieb mit der Strecke Santa Cruz — Cochabamba eröffnete, bei der ein Höhenunterschied von 3 400 m zu überwinden war. Die 200 km lange Strecke wurde in rund zwei Stunden bewältigt, auf Straßen hingegen waren Reisende auf dieser Strecke zwei Wochen lang unterwegs. Am 29. August 1929 berichtete der „Anhalter Anzeiger" über den Unfall von Arthur Schneider. Der Junkers-Pilot sowie ein Mechaniker und zwei Passagiere wurden getötet, als eine F 13 der LAB über Cochabamba abstürzte, auf eine Straßenbahnleitung fiel und ausbrannte.

Insgesamt lieferte das Dessauer Flugzeugwerk bis zum Jahre 1930 an die LAB acht F 13 und sechs W 34. Mit diesen Flugzeugen steigerte die bolivianische Luftverkehrsgesellschaft im Zeitraum von 1925 bis 1930 ihre jährlichen Leistungen wie folgt: die Flüge von 118 auf 1 116, die Flugstunden von 128 auf 1 517; die Flugkilometer von 19 925 auf 223 634, die Anzahl der beförderten Passagiere von 631 auf 3 715 und die Luftfracht (Post, Gepäck, Güter) von 3 700 kg auf 70 291 kg.

Ohne die vielfältigen Einwirkungen von Junkers-Mitarbeitern und die Verwendung von Junkers-Flugzeugen bei der Gründung sowie im Betrieb von Luftverkehrsgesellschaften in den verschiedenen Ländern einzeln nachvollziehen zu wollen, wird bereits an dieser Stelle deutlich, daß der Dessauer Flugzeugbau in den Jahren nach dem ersten Weltkrieg auf die Entwicklung des internationalen Luftverkehrs einen bedeutenden Einfluß ausgeübt hat.

Dabei braucht keineswegs verschwiegen zu werden, daß nicht von überall, wo eine F 13 flog, auch Nachbestellungen folgten. Nachforschungen in der ČSSR haben beispielsweise ergeben, daß im Jahre 1927 eine F 13 (Werknummer 741) in die tschechoslowakische Luftfahrzeugrolle eingetragen worden ist, gekauft von der 1923 gegründeten „Československé Aerolinie" (ČSA). Sie erhielt das Kennzeichen L-BALH. Bei diesem einen Exemplar blieb es dann vorläufig auch. Das Flugzeug ist schon ein Jahr später, im Jahre 1928, von der ČSA wieder ausgemustert und an die Militärfliegerkräfte des Landes übergeben worden. Von dort gelangte die F 13 im Jahre 1931 in den Besitz des Aeroklubs von Brno; trug dort die Kennung OK-ALH, havarierte 1933 und wurde aus der Luftfahrzeugrolle gelöscht.

Eine zweite F 13 flog zwar in der Tschechoslowakei, trug aber die deutsche Kennung D-1608 (Werknummer 2037) und war seit dem Juli 1931 auf die „Bata-Schuh

A. G." in Berlin eingetragen. Das war eine Aktiengesellschaft des größten tschechoslowakischen Monopolunternehmens der Schuhindustrie, deren Hauptwerke sich in Zlin (heute: Gottwaldov) und in Batjewo befanden. Das Flugzeug gehörte in Wirklichkeit Tomás Baťa, der im Jahre 1894 das Unternehmen gemeinsam mit seinem Bruder Anton gegründet hatte. Am 12. Juli 1932 wurde diese F 13 bei einem mißlungenen Start in Zlin völlig zerstört, wobei ihr Eigentümer tödlich verunglückte.

Recherchierte Verkaufsstatistik der Junkers-Werke: F 13 (Reperationslieferungen [ ])

1919	1920	1921	1922	1923	1924	1925	1926	1927	1928	1929		Gesamt
1			6	8	16	43	8	7	4	1	Deutschland	94
1	23	1			1						USA	26
	2	1	1	1	1	2		3	4	2	Kolumbien	17
	1			2	4			1			Schweden	8
		1	4								Schweiz	5
		5					2	5			Italien	12
		[7]									Frankreich	7
		[3]									Belgien	3
		[5]						1			England	6
		[3]	1	2				1		1	Japan	8
			2	29	6	6			4	2	UdSSR	49
			2					1			Argentinien	3
			3	1	6	4		2			Polen	16
				4				1	1		Ungarn	6
				2	1						Lettland	3
					1		1	2	2	1	Finnland	7
					2	2	1		3		Bolivien	8
					3				3		Persien	6
						2			1		Spanien	3
						3	1	1	2		Österreich	7
						1					Chile	1
						1				1	Tschechoslowakei	2
								3	1		Türkei	4
								1			Bulgarien	1
								1			Jemen	1
								2		2	China	4
									2		Afghanistan	2
									1		Portugal	1
									1		Australien	1
									1		Rumänien	1
			2								(nicht bekannt)	2
2	26	26	21	47	39	68	13	25	29	18	Gesamt	314

Von der „Lloyd Ostflug GmbH" bis zur „Europa-Union"

Professor Junkers hat bei vielen Gelegenheiten für den Gedanken der Verkehrsluftfahrt und seine völkerverbindenden Möglichkeiten geworben. Im Jahre 1923 erklärte er bei einem offiziellen Anlaß: „Wenn Sie sich die ganzen Bedingungen für den Luftverkehr nüchtern, ganz nüchtern ausgemalt haben, dann müssen Sie zu der Überzeugung kommen, der Luftverkehr wird und muß eine Bedeutung annehmen, zumindest so groß, wie die anderen Verkehrsmittel, nämlich Eisenbahn, Dampfschiff und Kraftwagen."[60] Und sieben Jahre später, im Jahre 1930, als sich revanchistisches Kriegsabenteurertum bereits wieder in vielfältigen deutschsprachigen Druckschriften ausbreitete, erklärte er aus Anlaß der ersten erfolgreichen Flüge des Junkers-Großverkehrsflugzeuges G 38 vor der Presse: „Die Luft ist der gegebene Weg für den Verkehr. Das Wasser hört irgendwo auf. Für das Wasser auf dem Lande müssen kostspielige Gräben gezogen werden. Die Luft ist der gegebene Verkehrsweg, aber wir haben von diesem Weg

F 13 der „Danziger Luftpost GmbH"
mit dem Kennzeichen Dz 33
der damaligen Freistadt Danzig
(heute: Gdansk)

noch keinen Gebrauch machen können, weil wir keine Verkehrsmittel hatten. Diese Verkehrsmittel sind jetzt da, aber wir haben jetzt erst einen bescheidenen Anfang. Wir werden noch ganz andere Verkehrsmittel in die Luft bringen als diese Maschine. Man darf nicht die Bedeutung der Luftfahrt nach den heutigen Verkehrsmitteln beurteilen. Die Luftstraße ist wunderbar, deshalb sollen wir uns bemühen, die Verkehrsmittel zu vervollkommnen ... Wir klagen darüber, daß die in der Politik beschrittenen Wege nicht immer sehr schön sind, und es steht fest, daß die politische Betätigung mit einem sehr schlechten Nutzeffekt arbeitet. Es fehlt etwas, was uns alle eint. Früher glaubte man, es müsse der Krieg sein. Gibt es nicht eine andere Aufgabe? Sollte nicht die Luftfahrt der geeignete Weg zur Einigung sein?"[61]

Mit der Kraft des Wortes war aber, wie sich bald zeigte, noch nicht sonderlich viel zu erreichen, zumal, wie bereits im Zusammenhang mit den Auswirkungen des Versailler Vertrages dargestellt, der deutsche Flugzeugbau und die Teilnahme am internationalen Luftverkehr auf vielfältige Weise behindert wurden. Junkers lernte bald, daß er stärkere Argumente ins Feld führen mußte: seine Flugzeuge. Aus diesem Grunde hat er kostspielige Verkaufs-

expeditionen organisiert und die Zusammenarbeit mit ausländischen Fluggesellschaften gesucht. Wenn seine Flugzeuge am internationalen Luftverkehr teilnehmen sollten, mußte er Käufer finden. Das Dessauer Konzept verfolgte daher zwei Wege: Die Förderung von Fluggesellschaftsgründungen sowie die Teilnahme an bereits bestehenden Luftverkehrsgesellschaften, und zwar mit Junkers-Flugzeugen. In einer Rückbetrachtung hat Professor Junkers einmal den Zusammenhang von angestrebter Luftverkehrsentwicklung und dem Dessauer Flugzeugbau folgendermaßen beschrieben: „Wir sahen uns genötigt, die Flugzeuge durch Entwicklung eines Luftverkehrs auf der Grundlage einer eigenen Fabrikation in die Praxis einzuführen; wir mußten also erst selbst Absatzmöglichkeiten schaffen ..."[62]

Die erste Luftverkehrsgesellschaft, die unter maßgeblicher finanzieller Beteiligung von Junkers entstand, war die am 7. November 1920 gegründete „Lloyd Ostflug GmbH", als deren Zweck genannt wurde: Einrichtung und Betrieb des Luftverkehrs, insbesondere nach dem Osten, der Betrieb aller mit der Luftfahrt und seiner Führung zusammenhängenden Geschäfte und Einrichtungen sowie deren Beteiligung an ähnlichen Unternehmen. Die Gründung ging auf eine Initiative der bei Königsberg (heute: Kaliningrad) ansässigen „Ostdeutschen Landwerkstätten" zurück, die eine Luftverkehrskonzession für die Strecke Königsberg (Kaliningrad)–Danzig (Gdansk)–Berlin erworben und sich danach an die Junkers-Werke mit der Anfrage gewandt hatten, „ob sie bereit wären, sich durch Materialeinbringung an einer zur Ausnutzung dieser Konzession zu gründenden Gesellschaft zu beteiligen".[63] Aus den nachfolgenden Verhandlungen ging die „Lloyd Ostflug GmbH" mit einem Gründungskapital von vier Millionen Mark und Sitz in Ber-

lin hervor. „Als Gesellschafter beteiligten sich außer den Junkers-Flugzeugwerken in Dessau und den Ostdeutschen Landwerkstätten – der Norddeutsche Lloyd Bremen (Lloyd-Luftdienst) und die Albatros-Gesellschaft für Flugzeugunternehmungen in Berlin-Johannisthal."[64]

Am 27. Dezember 1920 wurde die Strecke Berlin-Johannisthal–Schneidemühl (Piła)–Danzig (Gdansk)–Königsberg (Kaliningrad) als Luftpostlinie in Betrieb genommen. Erst im Frühjahr 1921 wurden Flugzeuge des Typs F 13 auf dieser Linie eingesetzt, sie eröffneten unterschiedlichen Quellenangaben zufolge am 15. März 1921 oder am 1. April 1921 den Passagierflugverkehr auf der genannten Strecke. Diese Fluglinie wurde in einer Interessengemeinschaft mit der am 26. Februar 1921

F 13 im polnischen Luftverkehr: P-PALC (Dessauer Werknummer 627)

Ermittelte Kennungen von F 13 im polnischen Luftverkehr			
Kennung	**Werknummer**	**Kennung**	**Werknummer**
P-PALA	580	P-PALK	753
P-PALB	589	P-PALL	745
P-PALC	627	P-PALM	754
P-PALD	582	P-PALN	683
P-PALE	585/640	P-PALO	731
P-PALF	547/776	P-PALP	680
P-PALG	533	P-PALR	732
P-PALH	588/775	P-PALS	686

Der Umstand, daß zu verschiedenen Zeiten zwei verschiedene F 13 die gleiche polnische Kennung trugen (P-PALE, P-PALF und P-PALH), ist dadurch erklärbar, daß nach einer schweren Beschädigung eines Flugzeuges, die in der Reparaturwerkstatt in Danzig (Gdansk), ab 1925 in Warschau, nicht zu beheben war, die vorhandene Kennung auf eine andere einsatzfähige F 13 übertragen und das Flugzeug in den polnischen Linienflugverkehr wieder eingereiht wurde. Das Schadensflugzeug wurde zur Reparatur nach Dessau transportiert. Dadurch konnte eine F 13-Werknummer, die ein bestimmtes polnisches Kennzeichen getragen hatte, schon einige Zeit später mit einer ganz anderen Landesregistrierung auftauchen, während die polnische Kennung schon längst an einer anderen F 13-Werknummer weiterflog.

F 13 der „Polska Linia Lotnicza Aerolot" (etwa 1927)

F 13 im Jahre 1939 im Dienste der „Polskie Linie Lotnicze" (LOT)

gegründeten „Danziger Luftpost GmbH" unterhalten. Täglich um 8.00 Uhr starteten gleichzeitig in Berlin-Johannisthal und Königsberg (Kaliningrad) die Post- und Passagierflugzeuge. Fluggäste wurden durch plakatierte Informationen geworben: „Die Personenbeförderung wird durch die modernsten Junkers-Kabinenflugzeuge ausgeführt. Sonderbekleidung wie Pelze, Schutzbrillen usw. überflüssig."[65] Das war wirklich etwas Neues, denn zuvor konnte immer nur ein einzelner Passagier auf der Strecke mitfliegen, und zwar in einem ehemaligen Rumpler-Militärdoppeldecker. Der Fluggast saß dabei im offenen Beobachtersitz und mußte während der mehrstündigen Flugzeit den Postsack festhalten.

Ein weiterer Vorzug, der für die Passagierwerbung genutzt und besonders den Handelsreisenden offeriert wurde, war die beträchtliche Verkürzung der Reisezeit. Während die Eisenbahnfahrt von Königsberg (Kaliningrad) nach Berlin rund 14 Stunden dauerte, durchflog die F 13 diese Strecke in reichlich vier Stunden. Die Flugpreise betrugen für die Gesamtstrecke von Berlin nach Königsberg 975 Mark, auf den Teilstrecken Berlin–Danzig 900 Mark und Danzig–Königsberg 240 Mark. Damit lagen sie etwas über den Eisenbahnfahrpreisen für die Abteile der ersten Klasse. Insgesamt, aber nicht gleichzeitig, waren auf diesen Strecken zumindest neun F 13 im Einsatz, denn es wurden die folgenden Zulassungskennzeichen der Freistadt Danzig recherchiert: Dz 4, Dz 31, Dz 32, Dz 33, Dz 35, Dz 38, Dz 40, Dz 41 und Dz 43; durchweg für F 13-Flugzeuge. Ab 15. Mai 1921 ist die Streckenführung verändert worden. An die Stelle des Zwischenlandeortes Schneidemühl trat Stettin (Szczecin).

Die allmähliche Herausbildung konkurrierender deutscher Luftfahrtunternehmen blieb nicht ohne Einfluß auf die „Lloyd Ostflug GmbH" und ihre Teilhaber. Junkers gründete in Dessau die „Abteilung Luftverkehr" unter Beteiligung der „Ostdeutschen Landwerkstätten", die dafür aus der „Lloyd Ostflug GmbH" austraten. Die anderen beiden Gesellschafter (Lloyd Luftdienst und Albatros-Gesellschaft) schlossen sich der „Deutschen Aero Lloyd A. G." an. Später kam es zur Auflösung des Gesellschaftsvertrages, mit dem die „Lloyd Ostflug GmbH" gegründet worden war.

Aber schon im Juli 1922 kam ein neuer Vertrag zwischen Junkers, der „Danziger Luftpost GmbH" sowie den polnischen Ölkonzernen „Fanto" und „Polnaft" zustande, mit dem die polnische Luftverkehrsgesellschaft „Aero Lloyd" entstand. Junkers brachte die Flugzeuge, Motoren und Ersatzteile in die Gesellschaft ein, die „Danziger Luftpost GmbH" die Werkstatt, den Basisflughafen und das Flugpersonal, die Ölkonzerne den Treibstoff. Die ersten drei F 13 trafen im August 1922 in Danzig ein. Am 5. September 1922 eröffnete die „Aero Lloyd" die Flugstrecke Danzig–Warschau (Warszawa)–Lemberg (Lwow). Die Flug-

Plakat der im Jahre 1922 gegründeten polnischen „Aero Lloyd"

Auf der Hand eine F 13:
Plakat der „Lettländischen
Luftverkehrs A. G." (LATVIJA)

strecke ist am 18. Juni 1923 durch die Linie Warschau–Krakau (Kraków) ergänzt worden.

Die Fluggesellschaft kaufte elf weitere F 13 hinzu und arbeitete ausschließlich mit deutschem Personal, bis die polnische Regierung am 26. März 1925 beschloß, den „Aero Lloyd" in eine vollständig polnische Fluggesellschaft umzuwandeln. Sie wurde auf polnisches Personal umgestellt, der Basisflughafen mit seinen Werkstatteinrichtungen wurde von Danzig nach Warschau verlegt und im Mai 1925 erhielt die Gesellschaft den neuen Namen „Polska Linia Lotnicza Aerolot".Die F 13 sind von der Vorgängerin, der „Aero Lloyd", übernommen und weiterhin eingesetzt worden.

Während dieser Zeit hatte der Junkers-Luftverkehr weitere Aktivitäten zur Erschließung östlicher Luftwege unternommen. In Betriebsgemeinschaft mit der „Danziger Luftpost GmbH" war ab dem 6. Mai 1922 die Strecke Berlin–Stettin (Szczecin)–Danzig (Gdansk)–Königsberg (Kaliningrad)–Kowno (Kaunas)–Riga beflogen worden, die noch im selben Jahr auf die Linie Hamburg–Stettin (Szczecin) ausgeweitet wurde. Allein im September 1922 sind 35 555 Flugkilometer zurückgelegt und 456 Passagiere sowie 7 475 kg Fracht und 1 381 kg Post befördert worden.

Eine weitere Betriebsgemeinschaft kam im Frühjahr 1923 zwischen dem Junkers-Luftverkehr und der „Lettländischen Luftverkehrs-Aktiengesellschaft" zustande. Durch Einschluß der „Danziger Luftpost GmbH" entstand die „Osteuropa-Union". Diese Gesellschaft eröffnete am 7. März 1923 den regelmäßigen Flugverkehr auf den Strecken Berlin–Danzig (Gdansk)–Königsberg (Kaliningrad) sowie Königsberg–Memel (Klaipeda)–Riga–Reval (Tallinn). Noch im selben Jahr schloß sich die estnische Luftverkehrsgesellschaft „Aeronaut" der „Osteuropa-Union" an und brachte die Fluglinie Reval (Tallinn)–Helsingfors (Helsinki) in die Betriebsgemeinschaft ein.

Doch damit war das Zusammenfügen von Luftverkehrslinien noch längst nicht beendet. Am 19. Dezember 1923 kam es mit finanzieller Beteiligung des Junkers-Luftverkehrs in Finnland zur Gründung der „Aero O. Y.", die ihre erste F 13 (finnische Kennung: K-SALA) in Dienst stellte.

Der nächste Schritt, wiederum mit Junkers-Beteiligung, war die Gründung der schwedischen Luftverkehrsgesellschaft „Aktie Bolaget Aerotransport" am 5. Mai 1924 in Stockholm, die schon am folgenden Tage zwei zugesagte F 13 mit Schwim-

*F 13 auf Schwimmern im Dienste
der finnischen „Aero O. Y."*

*Die F 13 der „Ad Astra Aero",
die im Oktober 1921 nach Budapest
„entführt" wurde und dort verblieb
(das Flugzeug hat gleich
zwei Kennungen der Schweiz:
am Rumpf CH 59 und am Flügel CH 66)*

mern übernehmen konnte. Es waren die beiden Flugzeuge D-342 „Kreuzschnabel" und D-343 „Schleiervogel". Sie erhielten die schwedischen Kennzeichen S-AAAB und S-AAAC. Mit der S-AAAB (im Jahre 1939: SE-AAB) ist am 1. Juni 1924 mit vier Passagieren die Strecke Stockholm—Helsingfors (Helsinki) eröffnet worden. (Die einstige D-343, ab 1924: S-AAAC; 1939: SE-AAC steht heute in einem Museum in der Nähe von Stockholm.)

Noch im Jahre 1924 eröffnete die „A. B. Aerotransport" die Luftverkehrsstrecke Malmö—Hamburg und beflog außerdem die Linie Malmö—Kopenhagen.

Inzwischen waren die Verbindungen der „Abteilung Luftverkehr" der Junkers-Werke so vielfältig geworden, daß sie am 13. August 1924 in eine Aktiengesellschaft (Grundkapital: zwei Millionen Mark) umgewandelt wurde, die den Namen „Junkers Luftverkehr A. G." (Ilag) erhielt. Schon eine Woche später, am 20. August, eröffnete die Ilag mit einem Flugzeug des Typs A 20 (D-440 „Orion") den regelmäßigen Nachtluftpostverkehr auf der Strecke Berlin—Stockholm.

Mit dieser neuen Linie war ein großräumiger Luftverkehrsring zusammengefügt worden: Berlin—Danzig—Königsberg—Memel—Riga—Reval—Helsingfors—Karlskrona—Warnemünde—Berlin. Nach dem Beitritt der finnischen „Aero O. Y." wurde die „Osteuropa-Union" nunmehr in „Nordeuropa-Union" umbenannt.

In literarischen Quellen über die Unions-Gründungen jener Jahre finden sich unterschiedliche Angaben darüber, ob das von Junkers beeinflußte Zustandekommen der „A. B. Aerotransport" vor allem dem Zwecke diente, ein schwedisches Fluggelände (Karlskrona) in das Luftverkehrsnetz einzubringen, mit dem die Umbenennung in „Nordeuropa-Union" ermöglicht wurde. Nachweisbar ist aber, daß die „A. B. Aerotransport" (die, wie später zu sehen sein wird, eine von Junkers beherrschte Fluggesellschaft war), gegen Jahresende 1924 die Gründung einer „Skandinavischen Union"

anregte, die dann auch im Januar 1925 erfolgte. Ihr gehörten an: die finnische „Aero O. Y.", die schwedische „A. B. Aerotransport", die norwegische „Aerotransport A. S." und die dänische „Dansk Lufttransport A. B.". Auf den Strecken der „Skandinavischen Union" wurden ausschließlich Junkers-Flugzeuge verwendet.

Der Ausbau des östlichen und nördlichen europäischen Luftverkehrs war von gleichartigen Bemühungen in südlicher Richtung begleitet gewesen. Die ersten Verhandlungen richteten sich auf die Schweiz. Am 20. September 1919 war zunächst die Schweizer Firma „Frick & Co.,

Luftverkehrsgesellschaft Ad Astra" gegründet worden. Sie wurde am 15. Dezember 1919 in die „Ad Astra A. G." übergeleitet. Diese Gesellschaft kaufte im Jahre 1920 die beiden schweizerischen Konkurrenzunternehmen auf: am 24. Februar 1920 die „Aero-Gesellschaft" und am 21. April 1920 die „Avion Tourisme". Das daraus hervorgegangene vergrößerte Unternehmen firmierte fortan unter dem Namen „Schweizerische Luftverkehrs A. G. Ad Astra Aero, Avion Tourisme S. A." sowie der Kurzbezeichnung „Ad Astra Aero" — mit Sitz in Zürich und einer Zweigstelle in Genf.[66]

Mit erheblich zu lang gestreckten Flügeln:
F 13 in einem Plakat der „Ad Astra Aero"

Im Sommer 1921 vermieteten die Junkers-Werke zwei F 13 an die „Ad Astra Aero", ein Flugzeug mit Radfahrwerk und ein weiteres auf Schwimmern. Mit dem Landflugzeug geriet die Gesellschaft schon bald in die Schlagzeilen der internationalen Presse, wie einer Publikation aus der Schweiz zu entnehmen ist: „Sie hatte von den Junkers-Werken auch ein Landflugzeug ‚F 13' mietweise übernommen unter der Bedingung, daß diese Maschine bis zum Ankauf durch die schweizerische Gesellschaft von dem reichsdeutschen Piloten Wilhelm Zimmermann gesteuert werde, der gleichzeitig die Piloten der ‚Ad Astra' einschulen sollte. Der damals im Exil auf Schloß Hertenstein lebende Exkaiser Karl IV. von Österreich und seine ehrgeizige Gemahlin Zita charterten dieses Flugzeug am 20. Oktober 1921, angeblich für einen Flug nach Genf — der jedoch sein Ende nicht in der Völkerbundstadt, sondern an der ungarischen Grenze in Ödenburg fand. Die scheinbare Mithilfe einer schweizerischen Luftfahrtgesellschaft an einem Unternehmen, durch das ein gestürzter Kaiser seinen Thron wiederzugewinnen suchte, wirbelte beträchtlichen Staub auf. Glücklicherweise konnte sich die ‚Ad Astra Aero' von jedem Verdacht einer Beihilfe reinigen, da ja Zimmermann nicht einmal ihr Angestellter war und ohne ihr Wissen gehandelt hatte. Er hatte ihr überdies ein Flugzeug entführt, für dessen Verlust sie sich nur an den in Dübendorf stehengebliebenen beiden Autos des kaiserlichen Paares und seiner Suite schadlos halten konnte."[67]

Sensationeller liest sich eine Meldung der „Schweizer Depeschenagentur", die der „Anhalter Anzeiger" am 25. Oktober 1921 veröffentlichte: „Bei der Ad Astra-Gesellschaft wurden am Mittwoch (19. 10.) vier Billets für einen Flug nach Genf und zurück bestellt. Die Billets wurden bezahlt und für den Flug der Junkers-Apparat ‚CH 59' bestimmt." (Das schweizerische Kennzeichen der F 13, d. Verf.) „Das Flugzeug wurde nicht nur von vier, sondern von fünf Personen bestiegen, die in zwei Automobilen angefahren waren. Die Gesichter der Passagiere waren nicht zu erkennen, da sie stark eingehüllt waren. Der Pilot ist ein Ausländer namens Zimmermann ..."

Der „Chef" dieser Passagiere, Exkaiser und bis zum Jahre 1918 Herrscher der Donaumonarchie, hatte nach der Landung bei Ödenburg (Sopron) versucht, Budapest mit Hilfe eines Gendarmerie-Bataillons zurückzuerobern. Vergeblich natürlich. Der

Habsburger und seine Gattin wurden verhaftet, den Alliierten übergeben und von diesen mitsamt den anderen Familienmitgliedern auf eine Insel verbannt. Für die entführte F 13 war dieses Abenteuer der letzte Flug, denn sie wurde dem Budapester Verkehrsmuseum übergeben und steht dort bis heute. Der Junkers-Pilot Wilhelm Zimmermann mußte die Rückreise per Bahn antreten, wurde aus der Schweiz ausgewiesen und begab sich wieder nach Dessau. Ein Jahr später, im Dezember 1922, führte er von der Elbe bei Dessau zur Donau in Budapest mit einer F 13 auf Schwimmern einen vielbeachteten Flug aus. Er wurde einer der erfolgreichsten Piloten der Junkers-Werke. (Am 29. März 1956 starb er in der Berliner Charité.)

Die nach Budapest „entführte" F 13 hatte das schweizerische Kennzeichen CH 59, trug allerdings am Flügel noch eine zweite Kennung: CH 66. Offenbar war hier ein Ersatzflügel anmontiert worden, der für die zweite an die „Ad Astra Aero" gelieferte F 13 bestimmt gewesen war. Wegen der überstürzten Flucht des Exkaisers und seines Gefolges konnte die CH 66-Kennung nicht mehr übersprizt werden, und so gelangte eine F 13 mit zwei Kennungen nach Budapest.

Die „Ad Astra Aero", zunehmend in finanzielle Schwierigkeiten geraten, schloß im Jahre 1922 mit den Junkers-Werken einen Kapitalbeteiligungs- und Betriebsgemeinschaftsvertrag ab. „Das Kapital der schweizerischen Gesellschaft wurde auf Fr. 400 000 erhöht. Davon lieferten beide Partner je die Hälfte. Die ‚Ad Astra Aero' legte Fr. 140 000 in Sachwerten und 60 000 Fr. in bar ein, die Junkers-Werke brachten vier Ganzmetall-Flugzeuge ‚F 13' mit 185-PS-BMW-Motoren in flugklarem Zustand nebst Reservemotoren und sonstigen Reserveteilen. Jede dieser Maschinen kam also auf Fr. 50 000 zu stehen."[68] Am 1. Juni 1922 steuerte der Flieger Pillichody eine F 13 mit dem schweizerischen Kennzeichen CH 92 erstmals auf der Strecke Genf—Zürich—Nürnberg/Fürth. Damit begann für die Schweiz die Teilnahme am internationalen Linienflugverkehr. Die drei anderen F 13, von Junkers als Kapital in die Betriebsgemeinschaft eingebracht, erhielten die Kennzeichen CH 91, CH 93 und CH 94. Sie flogen ebenfalls auf der genannten Flugstrecke. Im Verlaufe von vier Monaten, bis zum 30. September 1922, wurden aber nur 122 zahlende Passagiere befördert. Die Sitzplatzkapazität war auf den 95 310 Flugkilometern nur zu zehn Prozent ausgenutzt worden. Die „Ad Astra Aero" arbeitete weiter mit finanziellen Verlusten.

Die Junkers-Werke richteten nunmehr ihre Aufmerksamkeit auf Ungarn. Das von den alliierten Siegermächten nach dem ersten Weltkrieg verhängte Flugverbot war dort am 19. November 1922 aufgehoben worden. Schon einen Monat später traf eine F 13 in Budapest ein, gesteuert von dem bereits erwähnten Junkers-Piloten Zimmermann. Erstmals dienten für einen derartigen Fernflug zwei europäische Flüsse (Elbe — Donau) als Start- und Landebahn. Noch vor dem Jahresende 1922 wurde in Budapest unter Beteiligung der Junkers-Werke die „Ungarische Aero Expreß A. G." gegründet. Sie nahm im Januar 1923 mit vier F 13 den Flugbetrieb auf, beschränkte sich jedoch vorerst auf Propaganda- und Rundflüge im Inland, vor allem in Badeorten des Balaton.

Mit dem Ziel, eine durchgehende Flugverbindung zwischen München und Budapest zu ermöglichen, verhandelten die Junkers-Vertreter mit der am 3. Mai 1923 gegründeten „Österreichischen Luftverkehrs A. G." (ÖLAG). Nachdem eine Einigung zustandegekommen war, fand am 9. und 10. Mai 1923 eine Konferenz statt, an der Repräsentanten aller südeuropäischen Fluggesellschaften, die mit dem Junkers-Luftverkehr zusammenarbeiteten, sowie

	Junkers-Flugzeuge in Österreich bis 1935					
Kennung	Typ	Werknr.	Merkname	Halter	Bemerkungen
A-2	F 13	534	Stieglitz	ÖLAG	ehem. D-219
A-3	F 13	575	Taube	ÖLAG	ehem. D-253; verbrannt: 1930
A-22	F 13	698	Hahn	ÖLAG	ehem. D-421; 1935 an DLH
A-27	F 13			ÖLAG	
A-28	G 24	953	Osiris	ÖLAG	1935 an DLH
A-29	F 13	743	Baumläufer	ÖLAG	ehem. D-433
A-32	F 13	699	Eidergans	ÖLAG	ehem. D-422
A-34	F 13	2 000	Neuntöter	ÖLAG	
A-38	F 13	704	Sprosser	ÖLAG	ehem. D-426
A-39	F 13	742	Wildente	ÖLAG	ehem. D-583; zerstört: 1928
A-44	G 24	917	Dyonysos	ÖLAG	ehem. D-949
A-46	G 31	3 003	Österreich	ÖLAG	
A-48	F 13	2 026	Sonnenvogel	ÖLAG	später: D-OLAP
A-53	F 13	687	Kleiber	ÖLAG	ehem. D-565
A-54	F 13				
A-57	F 13	593	Dohle	ÖLAG	ehem. D-188
A-58	F 13	2 041	Austernfischer	ÖLAG	
A-61	A-20	1 050		ÖLAG	ehem. D-908
A-68	F 13	545	Elster	ÖLAG	ehem. D-332
A-75	A 35	1 098			ehem. D-1592
A-95	F 13	688	Brachvogel	ÖLAG	ehem. D-550
A-96	F 13			ÖLAG	abgestürzt: 1930
A-100	G 24		Faunus	ÖLAG	später: D-ALAP
OE-LAK	Ju 52/3m	4 076		ÖLAG	später: D-AJAT
?	Ju 52/3m	5 289		ÖLAG	abgestürzt: 1936
OE-LAM	Ju 52/3m	4 080	Froreich	ÖLAG	später: D-AGDA
OE-LAN	Ju 52/3m	5 590	Rubritus	ÖLAG	später: D-AKEQ
OE-LAP	Ju 52/3m	5 727	Blaschke	ÖLAG	später: D-ATEA
OE-LAR	Ju 52/3m	5 180		ÖLAG	später: D-ALYL
OE-LAS	Ju 52/3m	5 933	Hautzmayer	ÖLAG	später: D-AMFR

Anmerkung: Der Verkauf nach Österreich (bis zur österreichischen Kennung A-100) erfolgte teils durch die Junkers-Werke, teils von der DLH, nach 1934 (Ju 52/3m) ab Dessau.

Aeroexpress A. G.

UNGARISCHE LUFTVERKEHRS - UNTERNEHMUNG

BUDAPEST, Hotel St. Gellért — Telegraf: Aeroexpress Budapest

Telefon: Jozsef 31-06, 89-03/07

Personen-, Post- und Frachttransport mit Junkers Metallflugzeugen
Luxus- und Gelegenheitsflüge während der Badesaison am Balaton (Plattensee)
Flugscheinverkaufsstelle und Luftfrachtannahme für die Linien der Europa-Union

Oesterreichische Luftverkehrs A. G. / Wien I

Tegetthoffstrasse 7 — Telegrammadresse: „Austroflug"

Regelmässiger Luftverkehr mit JUNKERS Ganzmetall Kabinen Flugzeugen

München-Zürich-Genf
München-Nürnberg-Frankfurt-Ruhrgebiet
Linz-Salzkammergut
Wien   Krakau-Warschau-Danzig
Krakau-Lemberg
Budapest
Graz — Klagenfurt

Schnellste Beförderung von Passagieren, Post und Fracht — Auskünfte in allen grösseren Reisebureaus

Von Badegästen umlagert:
F 13 auf Schwimmern
am Ufer des ungarischen Balaton

Inserat der
„Ungarischen Aero Express A. G."

Inserat der ÖLAG (1925)

Vertreter von Ministerien und Ämtern teilnahmen. Im Ergebnis wurde festgelegt, betriebsgemeinschaftlich und probeweise in einer „Transeuropa-Union" zusammenzuarbeiten, aber die offizielle Gründung dieser neuen Union erst dann vorzunehmen, wenn die Betriebsergebnisse nach dem Abschluß der Flugsaison 1923 eine positive Bilanz aufweisen würden.

Vier Tage danach, am 14. Mai 1923, wurden die ersten beiden gemeinsamen Strecken München—Zürich—Genf sowie München—Wien mit Junkers-Flugzeugen eröffnet. Am 22. Mai 1923 wurde mit der Route München—Nürnberg/Fürth—Leipzig—Dessau—Berlin die Verbindungslinie zwischen der „Transeuropa-Union" und der „Osteuropa-Union" (aus der im Jahre 1924 die „Nordeuropa-Union" hervorging) hergestellt. Am 16. Juni wurde mit F 13 die Flugverbindung zwischen Wien und Budapest aufgenommen. Von diesem Tage an waren über zusammenhängende Luftverkehrsstrecken mehrere süd-, nord- und osteuropäische Länder miteinander verbunden. Auf etwa 37 Prozent des gesamten europäischen Flugstreckennetzes flogen jetzt Junkers-Maschinen.

Als die Flugsaison des Jahres 1923 vorüber war und die erste Bilanz gezogen werden konnte, stellte sich heraus, daß die „Zusammenarbeit auf Probe" in einer internationalen Betriebsgemeinschaft verschiedener Fluggesellschaften ökonomisch erfolgreich verlaufen war. Beispielsweise hatte sich für die Luftfahrtgesellschaft der Schweiz die Anzahl der beförderten Passagiere im Vergleich zum Vorjahr versiebenfacht und die Auslastung der Fluggastplätze hatte sich auf 42 Prozent erhöht. Auch die Postbeförderung hatte deutlich zugenommen. Zum ersten Male in ihrer Betriebsgeschichte wies der Jahresbericht der „Ad Astra Aero" ein positives finanzielles Ergebnis aus. Die Flugsicherheit aller an der Union beteiligten Gesellschaften betrug 100 Prozent, die pünktliche Einhaltung der Flugpläne lag zwischen 97 und 100 Prozent. Das war eine im damaligen internationalen Flugverkehr beispielhafte Leistung.

So fand dann auch, bei allseitiger Zufriedenheit, am 22. Oktober 1923 in München die Gründungsversammlung der „Transeuropa-Union" statt. Professor Junkers hielt die Begrüßungsrede, der Geschäftsbericht wurde verlesen, der Gesellschaftsvertrag unterzeichnet und ein internationaler Verwaltungsrat gebildet.

Im Jahre 1924 bildeten die Fluglinien der Ostsee-Anliegerstaaten („Nordeuropa-

Union") und jene, die Süddeutschland mit der Schweiz, Österreich und Ungarn verbanden ("Transeuropa-Union") eine zusammenhängende Luftverbindung. Post von Budapest nach Stockholm konnte beispielsweise innerhalb von 21 Stunden befördert werden. Zu dieser Zeit entstanden, teilweise unter direkter Beteiligung des Junkers-Luftverkehrs, mehrere deutsche Luftverkehrsgesellschaften und traten der "Transeuropa-Union" bei. Durch den Beitritt der "Sächsischen Luftverkehrs A. G."

F 13 im Plakat der im Oktober 1923 gegründeten "Transeuropa-Union"

Inserat der im Mai 1925 mit maßgeblicher Beteiligung des Junkers-Luftverkehrs gegründeten "Europa-Union"

Titelseite der von Junkers finanzierten Werbezeitschrift der "Europa-Union"

(Dresden) und der „Südwestdeutschen Luftverkehrs A. G." (Frankfurt/Main) wurden die Strecken Berlin–Dresden–Nürnberg/Fürth sowie München–Nürnberg/Fürth–Frankfurt/Main an das Liniennetz der Union angeschlossen.

Im Jahre 1925 entstand zusätzlich zur europäischen Nord-Süd-Verbindung eine Flugstrecke von Ost- nach Westeuropa. Vorbereitend dafür wurden in Betriebsgemeinschaft mit der „Junkers Luftverkehr A. G." die „Schlesische Luftverkehrs A. G." (Breslau, heute: Wrocław), die „Oberschlesische Luftverkehrs A. G." (Gleiwitz, heute: Gliwice) und die „Luftverkehrsgesellschaft Ruhrgebiet A. G." (Essen) gegründet. Damit wurden über die Strecke Breslau (Wrocław)–Görlitz–Dresden–Leipzig–Kassel–Essen das schlesische und das westfälische Industriegebiet miteinander verbunden. Im Januar 1925 kam unter Beteiligung der Junkers-Werke in Dänemark die Gründung der bereits erwähnten „Dansk Lufttransport A. B." zustande. In London entstand in Betriebsgemeinschaft mit dem Junkers-Luftverkehr die „Air Express Companie Ltd.". Die „Nederlanske Wereld Verkeer Maatschappij N. V." in Amsterdam ging eine Betriebsgemeinschaft mit der „Transeuropa-Union" ein. Auf diese Weise entstand eine durchgehende Flugverbindung Malmö–Kopenhagen–Amsterdam–London mit Anschluß an die bereits bestehenden Flugstrecken der Unionen.

Damit waren die Voraussetzungen für den nächsten Schritt geschaffen worden. Am 7. Mai 1925 wurden in Berlin die „Nordeuropa-Union", die „Skandinavische Union" (mit Ausnahme der norwegischen „Aerotransport A. S.") und die „Transeuropa-Union" durch die Gründung der Kommandit-Aktien-Gesellschaft (KAG) „Europa-Union" zusammengeschlossen. Eine derartige internationale Betriebsgemeinschaft, an der 16 Luftverkehrsgesellschaften aus neun Staaten (unter Einschluß der damaligen Freistadt Danzig) beteiligt waren und ein umfassendes europäisches Verkehrsliniennetz gemeinsam betrieben, war bis zu diesem Zeitpunkt einmalig in der Geschichte des Luftverkehrs. Welche kommerziellen und möglicherweise auch deutsch-nationalistischen Gründe bei dieser zielgerichteten Emsigkeit mitgespielt haben mochten – Junkers Verdienst, vom völkerverbindenden Luftverkehr nicht nur gesprochen, sondern ihn schrittweise mit dem Modell der „Europa-Union" verwirklicht zu haben, ist in keiner Weise zu bestreiten.

Es ist außerdem sehr bemerkenswert, wie durch das systematische und planvolle Vorgehen der Junkers-Gruppe die Ententemächte, die mit Hilfe des Versailler Vertrages das im ersten Weltkrieg besiegte Deutschland in wirtschaftlicher Bedeutungslosigkeit hatten halten wollen, Schritt für Schritt im internationalen Luftverkehr

eingeengt worden sind. Auf diese Weise hatte Junkers mit friedlichen Mitteln auf dem Gebiete der Zivilluftfahrt eine Korrektur der Versailler Beschränkungen bereits bis zum Jahre 1925 bewirkt, als die Gründung der „Europa-Union" unter führender Beteiligung der Junkers-Werke zustande gekommen war.

Diese Entwicklung ist freilich weder in England noch in Frankreich unbemerkt geblieben. Am 20. Mai, also in den Tagen der Gründung der „Europa-Union", teilte die britische Luftfahrtzeitschrift „The Aeroplane" ihren Lesern mit: „Es besteht ein großer Konzern unter der Leitung der Junkers-Gesellschaften, welcher acht oder neun Länder umfassen soll, einschließlich Deutschland, Ungarn, Österreich, Estland, Lettland, die Schweiz und Rumänien. Wenn dieser endgültig gebildet ist, wird er eine große Gefahr für die englische zivile Luftfahrt sein. Wir werden dadurch eingeschlossen und unser Weg nach dem Osten wird sich nicht entwickeln ..."[69]

Und in der französischen Zeitschrift „Les Ailes" war am 17. Juli 1925 die Mitteilung eines ihrer Mitarbeiter zu lesen: „Obwohl die französischen Zeitungen nichts davon berichtet haben, weiß ich von einer merkwürdigen Konferenz, die im vorigen Monat in Kopenhagen stattfand. Diese Zusammenkunft vereinigte scheinbar die ‚Luftfahrtdelegierten' der drei skandinavischen Länder Schweden, Norwegen und Däne-

Emblem des
„Junkers Luftverkehr Persien"

Die ersten F 13 im Jahre 1923
in Teheran: deutlich erkennbar
der in Fili eingebaute MG-Schützenstand

**Ausländische bzw. internationale Gesellschaften,
von denen die F 13 geflogen wurde (1919 bis 1932)**

A. B. Aerotransport (Schweden)
Ad Astra Aero (Schweiz)
Adria Aero Lloyd (Albanien)
Aero Lloyd (Polen)
Aerolloyd Cordoba (Argentinien)
Aeronaut (Estland, heute: Estnische SSSR)
Aero O. Y. (Finnland)
Aero Targ (Polen)
Aero Traffic (Schweiz)
Air Express Companie Ltd.
    (Großbritannien)
Airland Manufacturing Co. (Kanada)
Asdobrolot (UdSSR/Aserbaidshan)
Awiakultura (UdSSR)
Brooklands Airways Ltd.
    (Großbritannien)
BUNAVAD (Bulgarien)
Československé Aerolinie/ČSA (Tschechos-
    lowakei)
COARICO (Argentinien)
Dansk Lufttransport A. B. (Dänemark)
Danziger Luftpost GmbH (Freistadt Danzig,
    heute: Gdansk)
Deutsch-Russische Luftverkehrsgesellschaft
    mbH/DERULUFT (Deutschland–UdSSR)
Dobroljot (UdSSR/Rußland)
Erste Bulgarische Luftverkehrs A. G.
    (Bulgarien)
ESA (Argentinien)
Europäisch-Asiatische Luftverkehrsgesell-
    schaft mbH/EURASIA (Deutschland–China)
Finnish Coast Guard (Finnland)
Flugjelag Islands H. F. (Island)
Guinea Gold Companie (Australien)
Imperial Oil Company (Kanada)
Impresa de Viacao Aérea Rio Gradense S.A./
    VARIG (Brasilien)
Junkers Corporation of Amerika/JUCORAM
    (Deutschland–USA)
Junkers-Larsen Aircraft Corporation (USA)

Junkers Luftverkehr Persien (Deutschland–
    Persien, heute Iran)
Kita Nipon Koku Kabushiki Kaisha (Japan)
Liniile Aeriene Romane Exploatate cu Statul/
    LARES (Rumänien)
Lettländische Luftverkehrs A. G./LATVIJA
    (Lettland, heute: Lettische SSR)
Lineas Aereas Postales Espanolas (Spanien)
Lloyd Aéreo Boliviano/LAB (Bolivien)
Lloyd Ostflug GmbH (Deutschland–Freistadt
    Danzig, heute: Gdansk)
Mercury Company (USA)
Obschtschestwa Drusjeij Wosduschnowo
    Flota/ODWF (UdSSR)
Österreichische Luftverkehrs A. G./ÖLAG
    (Österreich)
Pacific Airways (Kanada)
Polska Linia Lotnicza Aerolot (Polen)
Polskie Linie Lotnicze /LOT (Polen)
Sakavia (UdSSR/Kaukasien)
Servicos Aereos Portuguesos /SAP
    (Portugal)
Siblet (UdSSR/Sibirien)
Sociedad Colombo-Alemana des Transpor-
    tes Aéros/SCADTA (Kolumbien)
Societa Aerea Mediterranea/SAM (Italien)
Sociéte Anonyme Belge d'Exploitation de la
    Navigation Aérienne/SABENA (Belgien)
South African Airways (Südafrika)
South-West Africa Airways (Südwestafrika)
Syndicato Condor Ltda. (Brasilien)
Svenska Lufttrafic (Schweden)
Transadriatica (Italien)
Ukrwosduchputj (UdSSR/Ukraine)
Ungarische Aero Express A. G. (Ungarn)
Union Aerea Espanola/UAE (Spanien)
Union Airways (Südafrika)
US Aerial Mail Service (USA)
US Post Office Department (USA)
Western Canada Airways (Kanada)

mark, sowie Finnlands, der Schweiz, Holland und Spanien ... Die Konferenz ... faßte dann einstimmig eine Entscheidung, daß die Botschaftskonferenz" (der Alliierten; d.Verf.) „ein für allemal darauf verzichten müsse, sich um den Bau von Luftfahrzeugen in Mitteleuropa zu kümmern ... Alle Welt weiß, daß die Handelsluftfahrt der in der Kopenhagener Konferenz vertretenen Länder restlos unter der Kontrolle der Firma Junkers steht ..."[70]

Das Projekt für die „Europa-Union", das im Mai 1925 zu dem Zusammenschluß geführt hatte, war tatsächlich in Dessau aus-

gearbeitet worden und lag bereits im September 1924 vor. Als Zweck der Union war der Betrieb internationaler Luftverkehrslinien angegeben, und es war beabsichtigt, die bestehenden europäischen Flugstrecken weiter auszubauen. Zu den geplanten Linien gehörten:
London–Angora (heute: Ankara),
Schweiz–Balkanländer,
Stockholm–Berlin
mit Anschluß nach Wien–Triest–Venedig (Ausdehnung der Nord-Süd-Linie),
Harwich–Stockholm–Petrograd (ab 1925: Leningrad),

Berlin–Riga–Helsingfors (Helsinki),
Berlin–Christiana (ab 1925: Oslo).

Aber zu der von Junkers angestrebten Ausweitung der europäischen Union kam es nicht mehr, und auch die im Mai 1925 gegründete „Europa-Union" funktionierte kaum noch, weil „Ende 1925 die Junkers Luftverkehr A. G. mit der deutschen Aero Lloyd A. G. zur Deutschen Luft Hansa A. G. fusioniert wurde, doch sind die Anfänge dieses Planes gemacht worden."[71] Zu dieser Zeit, im Jahre 1925, wurden einer Statistik der Junkers-Werke zufolge bereits etwa 40 Prozent des gesamten Weltluftverkehrs mit Junkers-Flugzeugen beflogen.

Zum Aufbau eines planmäßigen Luftverkehr-Streckennetzes in anderen Ländern und im Zusammenwirken mit der jeweiligen Landesregierung hat auch – das soll aus Vollständigkeitsgründen an dieser Stelle nicht unerwähnt bleiben – der „Junkers Luftverkehr Persien" (ab 1935: Iran) beigetragen. Bereits im April 1923 waren erstmals zwei F 13 in Teheran gelandet. Dort wurden sie mit großem Erfolg bei einer Schauflugveranstaltung vorgeführt. Daraufhin bestellte die persische Regierung zwei Exemplare, sie wurden am 24. Mai 1924 geliefert. Vier weitere F 13 trafen im November 1924 dort ein. Mit diesen Flugzeugen wurde versuchsweise der Luftverkehr auf den Strecken Teheran–Baku und Teheran–Isfahan aufgenommen. Am 21. März 1926 meldete der „Anhalter Anzeiger", daß zwischen der persischen Regierung und den Junkers-Werken ein Abkommen ratifiziert worden sei, welches Junkers ein fünfjähriges Monopol für die Einrichtung und den Betrieb persischer Luftverkehrsstrecken einräume. Im Januar 1927 nahm dann der „Junkers-Luftverkehr Persien" offiziell seine Tätigkeit auf.

Das persische Junkers-Luftverkehrsunternehmen richtete eine Reihe von Flugstrecken im Lande ein und beflog sie regelmäßig mit den Typen F 13 und W 33. Probeweise ist auch eine G 24 eingesetzt worden. Die jährlichen Flugstunden stiegen von 1 397 im Jahre 1927 auf 4 320 im Jahre 1930. Im selben Zeitraum erhöhte sich die jährliche Anzahl der Flüge von 1 047 auf 2 633, der Flugkilometer von 193 039 auf 701 256, der Passagiere von 2 812 auf 4 826, der Fracht, einschließlich Post, von 38 359 kg auf rund 250 000 kg. Im März 1932, auf dem Höhepunkt der Weltwirtschaftskrise und der finanziellen Schwierigkeiten, in die der Junkers-Komplex geraten war, stellte der „Junkers Luftverkehr Persien" seinen Flugbetrieb ein.

Junkers-Inlandflugverkehr bis zur Gründung der Lufthansa

Infolge der vielzähligen Verbesserungen, die an der F 13 im Verlaufe der Jahre vorgenommen worden sind und die vor allem auf die Erhöhung der Betriebssicherheit gerichtet waren, ging der F 13 trotz mehrerer Flugunfälle mit teilweise tödlichem Ausgang überall der Ruf eines „Sicherheitsflugzeuges" voraus. Neben der fortwährenden technischen Vervollkommnung des Flugzeuges gab es dafür einen weiteren wesentlichen Grund: Die sorgfältige Ausbildung der Flugzeugführer.

Als die „Abteilung Luftverkehr" der Junkers-Werke (im Dezember 1921 gegründet) im Jahre 1922 ihre Tätigkeit aufnahm, wurden nur Flugzeugführer eingestellt, die neben einem Ausbildungsabschluß möglichst umfangreiche Flugerfahrungen nachwei-

sen konnten. Also kamen für die Einstellung, den damaligen Umständen entsprechend, fast durchweg nur ehemalige Militärflieger in Betracht. Aber mit der erfolgten Aufnahme in den Personalbestand der Junkers-Werke durften diese Piloten noch längst nicht mit einem Flugzeug aus Dessau fliegen; denn nun begann erst einmal ihre Zusatzausbildung als Junkers-Verkehrsflieger. Diese wurde im Stammwerk Dessau vorgenommen. „Es war bei Junkers üblich, alle Flugzeugführer eine längere Zeit im Flugzeugwerk praktisch arbeiten zu lassen, um die Behandlung und die Eigenschaften des Materials – des Duraluminium –, das damals etwas Neues im Flugzeugbau war, kennenzulernen … Für diese praktische Arbeit war eine Zeit von

etwa vier Monaten vorgesehen und führte den zukünftigen Junkers-Flugzeugführer durch alle Abteilungen des Werkes, wie Rumpf- und Flächenbau, Motorenbau usw., unter Anweisung des jeweiligen Meisters."[72]

Ebenso sorgfältig, wie die Ausbildung erfolgte, wurden die Werkstoffe, Konstruktionsdetails und schließlich der gesamte Zellenbau der Flugzeuge ausgewählt und kontrolliert. Die sowjetische Schriftstellerin Larissa Reisner hat Einblicke in die Junkers-Fertigung und die Prüfung von Gefertigtem anschaulich beschrieben: „Wie der Sünder in der Hölle leidet das Metall in diesen Prüfungsabteilungen. Es wird zerschnitten, zernagt, gestreckt, zerrissen, zerbrochen … Hier werden alle Unglücksfälle provoziert, die einem Flugzeug überhaupt passieren können. Jeder Defekt, jede Katastrophe wird in ihrer Wirkung auf jedes einzelne Teil des Flugapparates festgestellt. Alle Materialien, alle Gegenstände, die hier geprüft und der Einwirkung der Schwere, Kälte, Hitze, der Spannung und Schlägen ausgesetzt werden, bilden zusammengenommen ein in seine kleinsten Teile zerlegtes Flugzeug. Und dieses Flugzeug macht Weltreisen, kämpft mit Stürmen und Flammen, stürzt herab, ertrinkt und brennt, erlebt zahllose gefährliche Abenteuer, ohne seinen Platz, dieses kleine Laboratorium zu verlassen." Und sie faßte ihre Beobachtungen mit den Worten zusammen: „Bei all ihrer Vollkommenheit erinnern die Junkers-Werke eher an eine Universität oder die Werkstatt eines Handwerkers denn an eine Fabrik."[73] In diesem Zusammenhang von Qualifika-

Die „Abteilung Luftverkehr" der Junkers-Werke: im Jahre 1923 die erste Niederlassung in Berlin-Tempelhof

Die einstige D-202 „Condor",
seit 1923 die lettische B-LATA,
nach ihrem Unfall am 10. März 1926
bei Helsingfors (heute: Helsinki)

tion der Mitarbeiter und der Qualität der Technik lag eines der „Erfolgsgeheimnisse" der Junkers-Flugzeuge.

Bei Junkers ist dieses Prinzip, wonach die Vorzüge der Technik nur dann zur vollen Wirkung gelangen können, wenn sie von jenen, die sich ihrer bedienen, vollkommen beherrscht werden, von Anfang an für den Verkehrsflug erkannt und genutzt worden. Das hatte zur Folge, daß die Junkers-Flieger ihrem Flugzeug vollständig vertrauten, bei Havarien selbständig Reparaturen ausführen und danach zumeist wieder weiterfliegen konnten sowie in gefährlichen Situationen angemessen reagierten, jedenfalls nicht kopflos handelten. Dieser Sachverhalt, gestützt auf die Grundkonzeption der Bauweise und der beständigen Einführung neuer Sicherheitseinrichtungen, gab letztendlich den Ausschlag dafür, daß Luftfahrtsachverständige bis in die Gegenwart zu dem Urteil gelangen: „Die F 13 war das erste Ganzmetall-Verkehrsflugzeug der Welt, das dem Luftverkehr in der ganzen Welt neue Wege wies."[74] Eine dieser bemerkenswerten Sicherheitsverbesserungen war eine Sollbruchstelle, die beim Rollen gegen Bodenhindernisse oder bei Landungen (Notlandungen) auf weichem Boden das Fahrwerk vom Rumpf trennte und dadurch verhinderte, daß sich das Flugzeug überschlug. Den praktischen Nutzen dieser Vorrichtung schilderte der Junkers-Pilot Fritz Loose, nachdem er eine F 13 nach Karlsruhe geflogen und dort an die „Badisch-Pfälzische Luft Hansa A. G." übergeben hatte: „Am nächsten Tag machte ich einen Flug mit dem Platzpersonal der Gesellschaft ... Nach dem Abheben vom Boden, in etwa zwanzig Metern Höhe, gab es plötzlich einen fürchterlichen Knall, der Motor und das ganze Flugzeug vibrierten stark, und sofort stand der Motor mit einem Ruck still. Da ich niedrig war, blieb nur übrig, unter Vermeidung jeder Kurve geradeaus durch die Zäune in die Schrebergärten hinein zu landen. Die linke Fläche riß das Dach eines Gartengeräteschuppens ab, das Fahrwerk brach in den weichen Boden ein und knickte an den Sollbruchstellen ab. Der Motorvorbau schob das lockere Erdreich zusammen, bevor die Maschine zum Stillstand kam. Hier hatte sich wieder die geniale Junkers-Kon-

struktion bewährt. Die Insassen und ich stiegen unverletzt aus. Lediglich ein Monteur, der der Anweisung, sich anzuschnallen, nicht gefolgt war, hatte sich am Rücken seines vor ihm sitzenden Kameraden die Nase blutig gestoßen."[75]

Zu einem ähnlichen Zwischenfall kam es am 10. März 1926 mit der F 13 „Condor", Werknummer 579, fertiggestellt im September 1920, zugelassen unter dem Kennzeichen D-202, im Jahre 1923 an die „Lettländische Luftverkehrs A. G." verkauft und dort unter dem Kennzeichen B-LATA geflogen. Das Flugzeug hatte zwei Personen (Pilot und Fluggast) sowie Frachtgut und Postsäcke an Bord, als folgendes geschah: In der Nähe von Helsingfors (Helsinki) geriet der Flugzeugführer plötzlich in dichten Nebel, aus dem er keinen Ausweg fand. Er entschloß sich zu landen und verringerte kurvend seine Höhe. In einer dieser Kurven erkannte er erst in wenigen Metern Höhe den schneebedeckten Boden und schlug kurz danach mit der rechten Tragfläche bei voller Fluggeschwindigkeit auf. Sekundenbruchteile später krachte der Rumpf auf, das Schneekufengestell knickte ein, der Motor riß mitsamt seiner Verkleidung vollständig ab und wurde mehrere Meter weit fortgeschleudert. Die rechte Tragfläche war vollständig zertrümmert, die linke stark beschädigt, das Rumpfende verbogen. Und dann — stiegen die beiden Insassen unbeschadet aus. Im Bericht über diesen Vorfall heißt es: „Die Kabine blieb vollständig intakt, nicht einmal die Fensterscheiben zerbrachen; Fluggast und Führer erlitten nicht die geringste Verletzung."[76] Nach

der Reparatur des Motors, der linken Fläche und der Ruder sowie der Erneuerung zerstörter Teile flog die einstige „Condor" wieder.

Allerdings kam es im Verlaufe der Geschichte der F 13 auch zu folgenschweren Unfällen. Die ersten dieser Art waren die tödlichen Abstürze von Hans Schaefer am 3. Februar 1920 nahe Klein-Kühnau bei Dessau und von Wilhelm Griebsch am 2. Juni 1920 bei Dessau-Mosigkau.

Die „Abteilung Luftverkehr" der Junkers-Werke war neben der „Deutschen Aero Lloyd A. G." die erste Niederlassung auf dem Flugplatz Berlin-Tempelhof und wickelte ihren Flugbetrieb von hier aus schon seit dem Frühjahr 1923 ab, bevor noch der Flugplatz am 8. Oktober 1923 mit einer Konzession der Berliner Stadtverwaltung für den Luftverkehr zugelassen wurde. F 13 beflogen die von hier ausgehenden Fluglinien und wurden auch für verschiedene Bedarfsflüge, unter anderem für den Seebäder-Flugverkehr zu, von und an der Ostseeküste, verwendet. Beispielsweise beschloß die Firmenleitung des Junkers-Luftverkehrs im Jahre 1923, mit Beginn der Badesaison eine F 13 mit Schwimmern in den Ostseebädern einzusetzen. Diese Aufgabe wurde erstmals dem Junkers-Flieger Fritz Loose übertragen, der später darüber schrieb: „Ich übernahm mit Vergnügen diese Aufgabe und stationierte das Flugzeug im Seebad Zinnowitz ... im sogenannten Achterwasser, wo die Maschine ohne Gefahr durch eventuell aufkommenden Seegang abgestellt werden konnte. Bei ruhiger See und Sonnenschein machte ich

Rundflüge, bei denen Passagiere oft im Badeanzug oder Bademantel mitflogen ... Die vielen Seebäder wie Bansin, Heringsdorf, Ahlbeck usw. bis zur Odermündung besuchte ich mit meinem Vogel und machte überall, um mein Flugzeug zu zeigen, einige Rundflüge."[77]

Der Flugzeugführer hatte in solchem Fall für alles selbst zu sorgen, denn er legte den Beginn und das Ende des Flugbetriebes fest, warb Fluggäste, bestimmte die Rundflugrouten und die demgemäßen Flugpreise, kassierte ... Fluggäste wurden

auch in Warnemünde geworben. Dort standen die Piloten gleich mehrerer Fluggesellschaften auf der Ostseefähre, sobald sie aus Schweden kommend angelegt hatte. Wie auf einem Markt überschrien sich die Flieger: „Fliegen Sie mit mir nach Berlin!", „Ich bringe sie sicher nach Berlin!" Fluggäste aus skandinavischen Ländern waren in den Jahren nach dem ersten Weltkrieg gefragt, denn sie bezahlten den Flugpreis, der für die etwas mehr als 200 km lange Strecke nach Berlin um die 450 Mark lag, meist in Valuta.[78]

Eine Flugverbindung zur Leipziger Messe hatte der Junkers-Luftverkehr bereits vom 4. bis 10. März 1923 eingerichtet, und zwar als Passagier- und Postflugdienst zwischen Berlin-Tempelhof und Leipzig. Aber kaum war die erste Nachricht davon bekannt geworden, weitete sich der Messeflugverkehr mit der F 13 aus. Darüber erschien in der damaligen Luftfahrtpresse die folgende Meldung: „Im Laufe der ersten Tage der Messe-Woche trafen auf dem Flugplatz Leipzig-Mockau aus Danzig, Königsberg, Breslau usw. vollbesetzte Junkers-Eindekker ein. Der planmäßige Verkehr Berlin–Leipzig wurde bei andauernd ungünstigstem Flugwetter (Regen und Nebel blieben die ganze Woche hindurch vorherrschend) durchgeführt. Trotzdem wurde mit Ausnahme eines Tages der Flugplan eingehalten. Bei 48 Flügen wurden 212 Fluggäste befördert. Die Gelegenheit zu Rundflügen über Leipzig wurde von weit mehr als 500 Personen wahrgenommen."[79] Der Junkers-Luftverkehr suchte seinen Platz im Inland und behauptete ihn, vorläufig jedenfalls.

Bereits in den Jahren 1923 und 1924 erreichten 13 Junkers-Flieger, die vor allem auf weitreichenden Strecken am Steuer der F 13 gesessen hatten, die 100 000 Flugkilometer. Einige von ihnen gehörten zu den 19 Flugzeugführern, die seit dem Jahre 1923 von Professor Junkers in die UdSSR delegiert worden waren und dort zeitweilig flogen. Demnach verfügte der Junkers-Luftverkehr im Jahre 1924 über einen Stamm besonders erfahrener Flugzeugführer, die mit den Dessauer Flugzeugen bis in alle Einzelheiten vertraut waren und mit ihren Flügen den guten Ruf der Junkers-Flugzeuge festigen halfen. Dazu gehörten eine Reihe von Sonderflügen zur Erprobung von Nachtlandungen in Tempelhof (12. März 1924), Rundflüge über Madrid unter Teilnahme des spanischen Königspaares (April 1924), Probeflüge zur Eröffnung des regelmäßigen Nachtluftpostverkehrs Berlin–Stockholm (ab 21. Juli 1924). Auch Überführungsflüge auf langen Strecken,

Die D-203 „Bussard", beteiligt am Leipziger Junkers-Messeflugverkehr im Frühjahr 1923

Exklusiv für F 13-Passagiere: Radiokonzertempfang über Kopfhörer bei Rundflügen in der D-230 „Wiedehopf" während der Leipziger Messe im März 1924

F 13 der „Sächsischen Luftverkehrs A. G."
vor der Halle des Flugplatzes
Dresden—Kaditz (April 1924)

Andrang zu Rundflügen mit einer F 13
auf dem Flugplatz Naumburg (1925)

F 13 bei der Einweihung
des Flugplatzes Erfurt (1925)

die immer zugleich Erstflüge waren, gehörten dazu. Beispielsweise flog ein Junkers-Pilot am 16. August 1924 in zwölf Stunden (mit Zwischenlandung) die D-336 „Sturmmöve" auf der Strecke Berlin—Dresden—Nürnberg—München—Wien nach Budapest.

Es versteht sich fast von selbst, daß zunehmend Regierungsbeauftragte und Vertreter von Fluggesellschaften nach Dessau kamen, um ihre Interessen anzumelden. Am 4. Februar 1924 schloß das türkische Postministerium mit den Junkers-Werken einen Vertrag ab, dessen Gegenstand die Einrichtung des Luftverkehrs auf der Strecke Konstantinopel—Angora war. Am 27. September 1924 besuchte der Leiter des englischen zivilen Luftverkehrswesens, Sir Sefton Brancker, die Junkers-Werke; im Oktober 1925 der österreichische Minister für Handel und Verkehr, Dr. Schlürff ...

Ein anderes, deutlicheres Spiegelbild der doch ziemlich diskontinuierlichen Kaufinteressen sind die recherchierten Angaben der Junkers-Verkaufsstatistik. Danach ging der Absatz von Flugzeugtypen des Typs F 13 nach dem Jahre 1925 (68 verkaufte Flugzeuge) bereits 1926 auffallend stark zurück (13 verkaufte Flugzeuge). Jedoch stieg andererseits vorübergehend der Verkauf inzwischen neu entwickelter und bewährter Junkers-Flugzeugmuster in den Jahren 1925 (65 Flugzeuge) und 1926 (110 Flugzeuge) ungewöhnlich stark an, fiel danach jedoch ebenfalls rapide zurück.

Immerhin wurden noch im Jahre 1925 insgesamt 133 und im Jahre 1926 noch 123 Junkers-Flugzeuge aller Typen verkauft. Das waren in der gesamten Produktionszeit der „Junkers Flugzeugwerk A. G." die absatzintensivsten Jahre. Bis zu dieser Zeit mochte Professor Junkers noch ohne Sorgen in das Direktionsflugzeug (F 13, Kennzeichen D-282, Merkname „Baumpieper") gestiegen sein, das in Dessau für ihn bereitstand und vorwiegend von seinem persönlichen Piloten Hermann Röder geflogen wurde (der in einem späteren Jahr mit einer Junkers A 50 tödlich abstürzte). Mit diesem Flugzeug unternahm er seine Reisen. „Sehr oft flog er zum Wochenende nach Dresden und suchte dort das Sanatorium Lehmann ‚Weißer Hirsch' auf."[80] In solchen Fällen landete das Direktionsflugzeug auf dem Flugplatz Dresden-Heller.

Bis zum Januar 1926 ist zwar noch der Werkflugplatz in Dessau-Alten modernisiert worden, dafür wurde das Fluggelände auf der Mosigkauer Heide aufgegeben. Und schon ein Vierteljahr später, im Mai 1926, wurden wegen des stark angewachsenen Auftragsmangels — wie schon an früherer Stelle erwähnt — Hunderte von Dessauer Flugzeug- und Motorenbauern entlassen. Sinkende Verkaufszahlen kündigten sich an. Im Jahre 1927 sind in Dessau von etwa 100 gebauten Flugzeugen (rund zwei pro Woche) nur noch 68 verkauft worden. Damit war Junkers zwar zu diesem Zeitpunkt immer noch bei weitem der führende deutsche Flugzeugfabrikant, aber die Anzahl der verkauften Flugzeuge sank bis zum Jahre 1929 weiter auf 48.

Schulden traten an die Stelle der positiven Bilanzen. Sie erfaßten zuerst einzelne Betriebe, dann den ganzen Junkers-Komplex. Dabei sind die Forschungsausgaben, die Junkers verbrauchte und auf dem Wege der Eigenfinanzierung aus den Einnahmen seiner Betriebe schöpfte, nicht geringer, sondern mit der fortschreitenden technischen Entwicklung seiner neu- und weiterentwickelten Flugzeug- und Motorenmuster von Jahr zu Jahr höher geworden.

Im Jahre 1925 waren die Flugzeuge aus Dessau in bedeutendem Maße verbreitet. Auch in Deutschland, wo die Konzentration des Kapitals im Luftverkehr inzwischen so weit vorangeschritten war, daß sich im we-

sentlichen nur noch die „Junkers Luftverkehr A. G." und die „Deutsche Aero-Lloyd A. G." (hinter der vor allem der AEG-Konzern und die „Deutsche Bank" standen) erbitterte Konkurrenzkämpfe um Passagiere, Frachtgut und Fluglinien lieferten. Kleinere Fluggesellschaften waren vor diesen beiden deutschen Luftverkehrsgiganten völlig bedeutungslos geworden und kämpften mühsam um ihre Existenz. Mehrere von ihnen hatten sich an die beiden großen Kontrahenten angelehnt, weil sie die finanziellen Mittel für eigene Verkehrsflugzeuge nicht aufbringen konnten, aber bestimmte Städte und Regionen, die angeflogen werden wollten, in das Streckennetz einzubringen beabsichtigten. So kamen Kooperationen zustande, für die solche Fluggesellschaften die Landerechte und Beteiligungen am Lufttransportumsatz anboten, wenn sie dafür eines oder mehrere Flugzeuge zur Nutzung erhielten. Auf dieser Basis kooperierten beispielsweise mit der „Junkers Luftverkehr A. G.": die „Luftverkehrsgesellschaft Ruhrgebiet AG" (LURAG) in Essen, die „Südwestdeutsche Luftverkehrs A. G." in Frankfurt (Main), die „Oberschlesische Luftverkehrs A. G." in Gleiwitz (Gliwice), die „Schlesische

Luftverkehrs A. G." in Breslau (Wrocław), die „Badisch-Pfälzische Luft Hansa A. G." Mannheim—Karlsruhe, die „Bayrische Luft Lloyd GmbH" in München und die „Sächsische Luftverkehrs A. G." in Dresden. Andere Luftverkehrsgesellschaften arbeiteten auf gleiche Weise mit der „Deutschen Aero Lloyd A. G." zusammen, einige sogar vorsichtigerweise zugleich mit Junkers und der Aero Lloyd. Beide waren zunächst davon ausgegangen, daß sie sich mit derartigen Gesellschaftsverträgen voreinander gewisse Vorteile für die Ausdehnung ihres eigenen Luftstreckennetzes sichern könnten. Doch kam es anders, aus folgenden Gründen.

In den Jahren des Aufschwungs des Luftverkehrs fanden sich in vielen Regionen und Städten finanzielle Förderer aus der Industrie, aus Handels- und Handwerkskammern sowie von Luftfahrtvereinen, die gemeinsam das Geld für das Anlegen eines Flugplatzes aufbrachten und eine eigene Luftverkehrsgesellschaft gründeten oder mit Subventionen eine oder mehrere der bestehenden Gesellschaften anlockten, diesen regionalen Flugplatz in ihr Liniennetz aufzunehmen und regelmäßig anzufliegen. An den Luftverkehr direkt

Bild Seite 82:
Landung einer F 13
in Garmisch-Partenkirchen

Beheben eines Motordefekts
vor den Augen mehrerer Dutzend
von herbeigeeilten Zuschauern
(die D-507 wurde nach Italien verkauft
und flog dort mit der Kennung I-BATC)

F 13 auf Schwimmern: D-217 „Flamingo"
und D-218 „Kauz" (v. r. n. l.)

angeschlossen zu sein war Mode, ebenso, wie es zu früherer Zeit erstrebenswert war, an das Eisenbahnnetz angeschlossen zu sein und am Ort einen eigenen Bahnhof zu haben. So kam es infolge derartiger Verträge und Abkommen mit regionalen Luftverkehrsgesellschaften, Flugplatzverwaltungen oder Städten zu der eigenartigen Situation, daß die Flugzeugeigner zwar Zuschüsse erhielten oder Anteilzusicherungen besaßen, aber dennoch mit finanziellen Verlusten flogen, weil Flugplätze in das Streckennetz aufgenommen wurden, für die es beim Hin- oder Abflug nur selten einen Passagier gab.

F 13 der DLH (D-582 „Dommel")
bei der Aufnahme von Fluggästen

Und selbst dort, wo Passagiere, Frachtgut und Post in größerem Maße zu transportieren waren und eine wirtschaftliche Auslastung der Flugzeuge im Linienverkehr ermöglicht hätten, kamen weder der Junkers-Luftverkehr noch der Aero Lloyd auf ihre Kosten, weil es zwischen ihnen Konkurrenz und deshalb keine Kooperation gab. Im Jahre 1925 wurden etwa 70 Verkehrsflughäfen von beiden angeflogen, weil keiner dem anderen ein Terrain überlassen wollte. Dieses mehrjährige Ringen um Vorherrschaft im deutschen Luftverkehr hatte allmählich die finanziellen Möglichkeiten der beiden führenden Luftverkehrsgesellschaften aufgezehrt. Im Jahre 1925 standen bei Junkers den Einnahmen fast die dreifache Summe an Ausgaben gegenüber, und daran hatte der Betrieb „Junkers Luftverkehr A. G." wohl den größten

Anteil, obgleich die Anzahl ihrer geflogenen Kilometer von 350 000 im Jahre 1921 auf 1 266 769 im Jahre 1923 und auf 1 801 462 im Jahre 1925 gestiegen war. Infolge des Konkurrenzkampfes lagen aber die Ausgaben pro Flugkilometer aus den geschilderten Gründen schließlich immer mehr über den Einnahmen. Mit den geflogenen Kilometern stiegen folglich nicht die Gewinne, sondern die Verluste.

Bei der Aero Lloyd sah es ganz und gar nicht anders aus. Gegen Ende des Jahres 1925 war sie nicht einmal mehr imstande, die notwendigen Abschreibungen an ihrem Flugzeugbestand vorzunehmen und abgenutzte Fluggeräte zu ersetzen. Hier war deshalb sogar die Flugsicherheit gefährdet.

In dieser Situation griff die Reichsregierung ein. Junkers mußte ihr die Aktien sei-

F 13-Fluggast: Der norwegische
Friedensnobelpreisträger (1922)
und Polarforscher Fridtjof Nansen

ner Luftverkehrsgesellschaft übergeben. Am 4. Dezember 1925 fand eine Verhandlung im Reichsverkehrsministerium mit den Vertretern der deutschen Länderregierungen über den Zusammenschluß des Luftverkehrs statt, am 25. Dezember kam es unter staatlichem Druck zur Fusion der „Junkers Luftverkehr A. G." und der „Deutschen Aero Lloyd A. G.". In diese Verschmelzung brachte Junkers eine Personalstärke von 225, Aero Lloyd von 208 Mitarbeitern ein. Am 26. Januar 1926 fand eine Gründungsversammlung der neuen Luftverkehrsmonopolgesellschaft statt. Sie erhielt den Namen „Deutsche Luft Hansa A. G." und wurde ab 1. Januar 1934 in leicht veränderter Schreibweise als „Deutsche Lufthansa A. G.", unter Beibehaltung der abkürzenden Initialen DLH, bezeichnet.

Professor Junkers erhielt keine Aktienanteile an der DLH, denn zur Entschuldung seiner übrigen Unternehmen hatte er die Aktien seiner Luftverkehrsgesellschaft in Höhe von dreißig Millionen Mark dem Staat überschreiben müssen. Damit schied er aus dem deutschen Luftverkehr aus. Mit einem Teil des von Junkers übereigneten Luftverkehrskapitals sicherte sich der Staat einen Anteil von 26 Prozent der DLH-Aktien und wurde damit der Hauptaktionär der „Deutsche Luft Hansa A. G.". Junkers, nunmehr erst einmal wieder von Schulden frei, behielt die alleinige Verfügungs- und Entscheidungsgewalt über seine verbliebenen Betriebe, was zeitweilig in den mit der

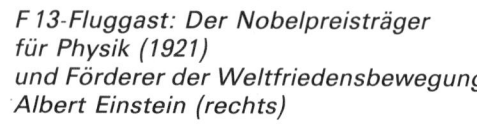

F 13-Fluggast: Der Nobelpreisträger
für Physik (1921)
und Förderer der Weltfriedensbewegung
Albert Einstein (rechts)

F 13-Fluggäste: Zirkusdirektor Krone
mit Gattin und Gepard

F 13-Fluggast: Die Berliner Chansonette
und Kabarettistin Claire Waldorf
(wurde nach 1933 vom Hitlerregime
verfolgt und mit Auftrittsverbot belegt)

Regierung geführten Verhandlungen fraglich gewesen war.

Über den Umweg der Übereignung an den Staat und dessen maßgeblicher Aktienbeteiligung an der DLH gelangten 80 Junkers-Flugzeuge in den Besitz der neuen Einheitsfluggesellschaft und finden sich deshalb in der ersten Inventarliste der „Deutschen Luft Hansa A. G.": 48 Flugzeuge des Typs F 13, 19 Flugzeuge des Typs G 23/G 24, zehn Flugzeuge des Typs A 20 und drei Flugzeuge des Typs K 16. Die Mehrheit der bis dahin bei Junkers angestellten Flugzeugführer ist von der DLH übernommen worden. Sie flogen bevorzugt auf Junkers-Flugzeugen, auch auf jenen Baumustern, die in der Folgezeit in Dessau entstanden und von der DLH angekauft wurden. Junkers Flugzeuge waren vom ersten Tage an auch im Dienste der „Deutschen Luft Hansa A. G." die am zahlreichsten vertretenen und geflogenen Verkehrsmaschinen.

Aufnahme von Passagieren und Zeitungspaketen in die F 13 „Wiedehopf" (Werknummer 641, Kennung D-230, Baujahr 1923)

Flugzeuge im Dienste der „Deutschen Luft Hansa A. G." (1926 bis 1933)

Hersteller	1926*)	1926**)	1927	1928	1929	1930	1931	1932	1933
AEG	5	4	4	1	1	—	—	—	—
Albatros	2	3	3	1	1	3	3	1	—
BFW	—	—	—	—	2	3	5	12	11
Caspar	—	—	—	1	2	1	1	1	—
Dornier	13	17	31	37	36	34	32	30	25
Focke-Wulf	6	6	6	15	14	13	16	16	11
Fokker	34	32	28	26	22	21	19	18	17
Heinkel	—	—	—	—	—	—	—	—	1
Junkers	80	77	82	79	74	67	76	76	82
LFG	—	—	7	6	5	2	1	—	—
LVG	1	1	2	—	—	—	—	—	—
Rohrbach	—	1	6	7	19	19	18	16	11
Rumpler	3	3	3	—	—	—	—	—	—
Sablatnig	10	9	6	5	5	2	2	—	—
Udet	4	3	3	1	—	—	—	—	—
DLH gesamt	162	156	181	179	181	165	173	170	158
Junkers-Anteil	49,4%	49,4%	45,3%	44,1%	40,9%	40,6%	43,9%	44,7%	51,9%

*) Zum Zeitpunkt der DLH-Gründung   **) Fortan: Stand zum jeweiligen Jahresende

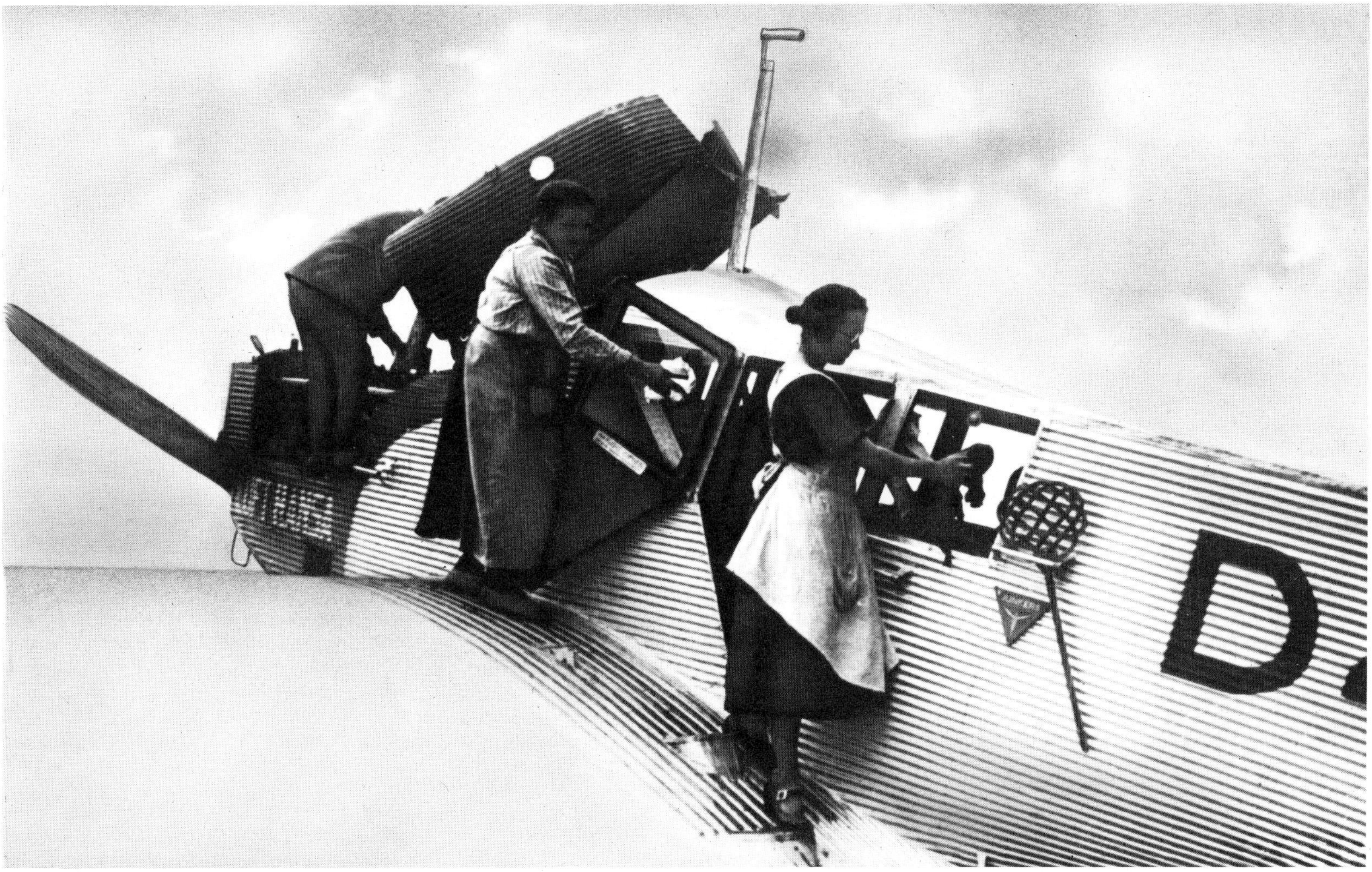

Großreinemachen an einer F 13 der DLH

Die DLH wurde zum Dauerkunden
des Junkers-Flugzeugbaues.
Im Bild: Eine Spezialausstattung
für die Blindflugschulung
(W 33 „Balkan", Werknummer 2543,
Kennung D-1695, Baujahr 1929,
ausgerüstet mit L 5-Motor).
In der Flugrichtung rechts:
Blindflugkabine,
daneben: Fluglehrsitz

Entwicklungen bis zum viermotorigen Großverkehrsflugzeug

Es spricht für die Kühnheit der flugzeugtechnischen Ideen von Hugo Junkers, wenn er – einer Werkspublikation zufolge – schon im August 1914 geäußert hat, daß er für Flugzeuge seiner Bauart ein Fassungsvermögen von 100, ja sogar von 1 000 Fluggästen für wünschenswert und erreichbar halte.[81] Hier soll nicht über das Verhältnis von Realistischem und Illusionärem in der Idee von einem 1 000sitzigen Riesenpassagiertransporter gerichtet werden, denn der Kern des Gedankens äußert sich im Streben nach der Schaffung eines Großverkehrsflugzeuges überhaupt.

Zwar sind im Verlaufe der Jahre nach dem ersten Weltkrieg auch mehrere Kleinflugzeugtypen als Versuchs-, Sport-, Post- und Reiseflugzeuge entstanden und meh-rere der Dessauer Muster sind auch an mi-litärische Verwendungszwecke angepaßt worden, aber für die Entwicklung und Ver-vollkommnung des Verkehrsfluges waren von Junkers eindeutige Prioritäten gesetzt. Die Realisierungsschritte auf diesem Wege verliefen zunächst von der einmoto-rigen Luftverkehrslimousine F 13 über die G 23/G 24 und die G 31 bis zum viermotori-gen Großverkehrsflugzeug G 38. Danach – und das wird in einem späteren Abschnitt näher betrachtet werden – wurde nicht mehr die weitere Vergrößerung, sondern die höhere Fluggeschwindigkeit ange-strebt, deren erstes Ergebnis das Schnell-verkehrsflugzeug Ju 60 war.

Zunächst fällt auf, daß die F 13 haupt-sächlich aus den Ergebnissen aerodynami-scher und werkstoffbezogener Forschun-gen sowie den im ersten Weltkrieg empi-risch gewonnenen Erfahrungen des Metall-flugzeugbaus hervorgegangen war. Da-nach erkannte Professor Junkers offenbar bald, daß die Aerodynamik im Windkanal, Werkstoffkenntnisse und Fertigungserfah-rungen für weitere Fortschritte nicht mehr ausreichten, um die schöpferische Phanta-sie zu fundamentieren und in realisierbare Bahnen zu lenken. Die Junkers-Forschung erreichte deshalb im Jahre 1922 eine neue qualitative Stufe, als in der „Forschungsan-stalt Professor Junkers" in Dessau eine „Junkers-Flugversuchsgruppe" gebildet wurde. Diese Gruppe von Testfliegern mit dem neuen Aufgabenprofil eines Flugver-suchsingenieurs „hatten meist mehrjährige Erfahrung in der Führung von sehr ver-schiedenartigen Flugzeug- und Triebwerks-mustern, kannten die Schwierigkeiten und Risiken des Fluges in großen Höhen sowie Möglichkeiten der Bekämpfung des Sauer-stoffmangels und der Kälte. Sie kannten auch die damalige Fliegersprache mit den Spezialausdrücken, die sie dem Konstruk-teur und Entwurfsingenieur interpretieren konnten." Außerdem besaßen sie infolge ihres Ingenieurstudiums „die physikali-schen Kenntnisse zum Verstehen der strö-mungstechnischen, wärmetechnischen, hydraulischen sowie elektrotechnischen Vorgänge und hatten das Können, Meßin-strumente auf ihre Eignung für Flugmes-sungen zu prüfen, neuartige Instrumente, Prüf- und Meßeinrichtungen und -metho-den zu entwerfen sowie deren Herstellung zu realisieren."[82]

Tragflächenstücke des Großflugzeuges JG 1, das wegen der Versailler Bestimmungen nicht fertiggebaut werden durfte (Aufnahmedatum: 11. April 1921)

Das Großflugboot-Projekt „Junkerissime"
(1921) im Modell

Das Projektmodell
der „Riesenente" J 1000

Die „Junkers-Flugversuchsgruppe" hatte im wesentlichen die folgenden Aufgaben zu lösen und damit zur Effektivierung der betrieblichen Flugzeugforschung beizutragen:

Beobachtung und Messung von Flugvorgängen vorhandener Junkers-Flugzeugmuster, um alle Möglichkeiten für die Steigerung der Flugleistungen und die Verbesserung der Flugeigenschaften zu finden (also: die Leistungsoptimierung bereits existierender Junkers-Flugzeuge);

Einfliegen neuer Flugzeugmuster bei variierter Verwendung von Triebwerken, Zellenteilen und Leitwerken sowie bei Verwendung von Fahrwerken, Schwimmern und Schneekufen;

Ausarbeitung von Richtwerten für Flugleistungen und -eigenschaften als Grundlage für Abnahmeflüge von Serienflugzeugen; vorbereitende Flugversuche für Wettbewerbs-, Rekord- und andere Hochleistungsflüge;

Beratung von Flugzeug-Neuentwürfen im Hinblick auf die Gestaltung, Einrichtung und Instrumentierung der Flugzeugführerkabine sowie der anderen Räume im Flugzeug;

Ausbildung des Flugversuchsingenieur- und Versuchspilotennachwuchses.[83]

Das war ein klares Arbeitsprogramm, auf dessen Basis für die verschiedenen und immer komplexer werdenden Erprobungen vielfältige flugmeßtechnische Einrichtungen und Flugversuchsprogramme entstanden, von Fachleuten erarbeitet, die an den neuen Aufgaben selbst wuchsen. Larissa Reisner, die im Jahre 1924 die Junkers-Werke besucht hatte und zu der Feststellung gelangt war, daß sie eher an eine Universität als an eine Fabrik erinnern, schrieb über die Dessauer Spezialisten, die für Junkers arbeiteten: „Schließlich kann sich dieser Professor nicht ... beklagen. Unter welchen Flaggen seine Luftflotten heute auch segeln mögen, keine Regierung verfügt über einen solchen Stab von glänzend trainierten, erfahrenen und geschulten Fliegern, Ingenieuren und Arbeitern. Jeder seiner Leute hat von der Pike angefangen. Die meisten Leute haben als Freiwillige begonnen, haben monatelang ohne Entgelt gearbeitet, gehungert, Not gelitten. Sie wuchsen mit ihren Maschinen. Jeden Schritt vorwärts, jede neue Erfahrung prüften sie in der Praxis. Die Piloten sind feinfühlige Kontrollapparate, ohne die der Professor nicht hätte arbeiten können."[84]

Aus dieser Sicht wird ohne ausschweifende Erklärungen sofort verständlich, daß

Junkers-Flugzeugprojekte der Jahre 1920 bis 1924

Obgleich die technischen Voraussetzungen zum Bau flugfähiger Großflugzeuge für den Luftverkehr zunächst noch nicht gegeben waren, wurde in Dessau hartnäckig an der Lösung dieses Problems weitergearbeitet. Das zeigt sich weniger an den vorläufigen Ergebnissen des Dessauer Flugzeugbaues als an den Projekten.

R 4 – dreimotoriger Rieseneindecker (Projekt 9): Datum des Entwurfs war der 22. April 1920. Vorgesehen war ein tropfenförmiger Mittelrumpf mit einem in die Rumpfnase eingebauten Mittelmotor, dahinterliegender zweisitziger Besatzungskabine und nach hinten anschließendem Fluggastraum für 24 Passagiere (in sechs Sitzreihen und Mittelgang). In der Höhe der Außenmotoren, die in die hohlräumigen Tragflächen eingebaut waren, schlossen sich schmale, röhrenförmige Leitwerksträger an, die an ihrem hinteren Ende die beiden Seitenruder und ein gemeinsames Höhenruder trugen. Zwei weitere Seitenleitwerksanordnungen waren abklappbar über die Außenmotoren gesetzt. Das Fahrwerk bestand aus zwei Radgruppen unterhalb der Außenmotoren mit je drei Rädern in Tandemanordnung. Die Leitwerksträger sollten am Tragflächenanschluß abnehmbar sein, um das Flugzeug in Hallen unterstellen zu können. Das Flugzeug sollte aufweisen – Spannweite fast 38 m; Flügelfläche etwa 240 m²; Länge ungefähr 24 m; Höhe zirka 5,50 m.

JG 1 – viermotoriger Schulterdecker (Projekt 10): Mit dem Versuchsbau wurde im Jahre 1920 begonnen. Der Schulterdecker sollte mit vier 191 kW (260 PS)-Motoren ausgestattet werden und eine Leermasse von zirka 9 000 kg aufweisen. Beim Ausfall von zwei Motoren sollte der Flug in 1 000 m Höhe noch mit 110 km/h fortgesetzt werden können. Die Spannweite sollte 36,00 m betragen. Fertige Bauteile mußten im Jahre 1921 wegen der Bauverbotsbestimmungen wieder zerstört werden. Ein Flügelstück und zwei Rumpfstücke wurden jedoch verborgen, später in der Junkers-Lehrschau ausgestellt und dort im Jahre 1945 durch Bombeneinwirkung vernichtet.

„Junkerissime" – Land- und See-Großflugzeug (Projekt 11): Das Projekt entstand im Jahre 1921 für ein viermotoriges Doppelrumpfflugzeug, das in den beiden Rümpfen (Bootsrumpflänge 33,20 m) 60 bis 64 Passagiere aufnehmen sollte. Die Flugbootvariante

war für den Atlantik-Flugverkehr geplant, der wegen der projektierten Reichweite des Flugbootes von 1 350 km in Teilstrecken über die Azoren verwirklicht werden sollte. In dem 2 m hohen Tragflächenmittelstück sollten die während des Fluges wartbaren Motoren eingebaut sowie Frachtgut, Post und Passagiergepäck verstaut werden. Die Bootsrümpfe waren zur Steuerung im Schwimmvorgang mit Wasserrudern versehen. Die Landflugzeugvariante hatte unter jedem der beiden Leitwerksträger ein Fahrwerk mit drei Rädern. Als technische Daten waren angegeben: Spannweite 62,80 m; Flügeltiefe 10,00 m; Höhe (des Flugbootes) 10,20 m. Die Gesamt-Leistung der vier Motoren sollte 1 103 bis 1 323 kW (1 500 bis 1 800 PS) betragen, die Fluggeschwindigkeit etwa 200 km/h.

J 1000 – eine „Riesenente" (Projekt 12) Dieses Projekt, das Junkers im Jahre 1924 öffentlich in Hannover vorstellte, und zwar anläßlich der 63. Hauptversammlung des „Vereins Deutscher Ingenieure" (VDI), war die weitgehende gedankliche Verwirklichung seines Großraumflügel-Patents aus dem Jahre 1910. Die J 1000 sollte bei einer Abflugmasse von 36 000 kg aufnehmen: 100 Fluggäste samt Reisegepäck, 10 Besatzungsmitglieder und Kraftstoff für zehn Stunden Flugzeit. Die Leermasse war mit 14 000 kg angegeben worden. In dem dicken Hohlraumflügel (Höhe: 2,30 m) sollten sämtliche Passagierkabinen, die Räume für die Besatzungsmitglieder, die Stauräume für das Gepäck, die Triebwerke und die Kraftstofftanks untergebracht werden.

Das Leitwerksystem bestand aus dem vorgezogenen pendelbaren Höhenruder und doppeltem Seitenleitwerk mit insgesamt vier Seitenrudern – zwei in der Verlängerung der beiden Rümpfe und zwei an den Seitenflossen, die in der Nähe der Tragflächenenden aufgesetzt waren. Die vier Triebwerke sind bei der Vorstellung des Projekts mit einer Gesamtleistung von 2 940 kW (4 000 PS), zu einem späteren Zeitpunkt mit 5 880 kW (8 000 PS) angegeben worden. Als technische Daten fanden sich: Spannweite 80,00 m; Flügelfläche 600 m²; Länge 24,00 m; Höhe 7,50 m. Die Fluggeschwindigkeit sollte bei 190 km/h liegen.

Versuchsflugzeug J 15,
Werknummer 525 (1920)

auf dem Wege der strengen, kritischen Kontrollinstanzen der Junkers-Forschung einige der erdachten Flugzeuge bloße Entwürfe blieben, andere nur in einem Versuchsmuster oder in einzelnen Exemplaren gebaut wurden, andere aber nach den modernsten Forschungserkenntnissen geformt, gebaut und ausgestattet worden sind. Letztere waren es, die den Dessauer Verkehrsflugzeugbau auf allen Kontinenten erfolgreich repräsentierten.

Nachfolgend werden die Flugzeuge, die der F 13 folgten, vorgestellt. Aus Gründen darstellungsmethodischer Ordnung werden sie in der Abfolge ihrer numerischen Reihung betrachtet, obgleich diese nicht in jedem Falle der zeitlichen Fertigstellungsfolge entspricht. Besonders deutlich werden Abweichungen beim Vergleich der Junkers-Typennummern 49 und 50. Die 49 (Ju 49) war ein Höhenforschungsflugzeug, das wegen seines Höhenmotors und der Druckkabine eine mehrjährige Entwicklungszeit beanspruchte und deshalb erst am 2. Oktober 1931 zum Erstflug starten konnte. Hingegen war die Typennummer 50 (A 50 „Junior") ein Sportzweisitzer, der nach kurzer Entwicklungszeit schon im Jahre 1928 flog. Auf solche Weise kam es vor, daß Junkers-Flugzeuge einander mitunter bereits auf dem Reißbrett oder im Erprobungsprogramm „überholten".

J 15

Schulterdecker-Versuchsflugzeug

Im Jahre 1920 fanden in Dessau Vorversuche für den Bau eines kleinen und leichten Flugzeuges statt. Für diesen Zweck wurde als Versuchsflugzeug ein freitragender Schulterdecker mit der Bezeichnung J 15 gebaut. Er ist in der inzwischen bewährten Wellblechbauweise gefertigt worden und soll versuchsweise auch als Tiefdeckervariante ausprobiert worden sein. Dieses Versuchsmuster ist nur in einem Exemplar gebaut worden. Als Motor wurde der Daimler D IIIa oder der Mercedes D IIIa verwendet, beide mit 117,6 kW (160 PS).

K 16

dreisitziger Reiseeindecker

Nach den Vorversuchen mit der J 15 wurde ab Frühjahr 1921 der Reiseeindecker K 16 mit zweisitziger Passagierkabine und davor angeordnetem offenem Flugzeugführersitz gebaut. Die ersten Exemplare entstanden, mehreren Quellen zufolge, während des geltenden totalen Bauverbots nicht in Dessau, sondern in den Niederlanden, wo Junkers im Jahre 1921 Werkstätten erworben hatte und zeitweilig als Ausweichmöglichkeit unterhielt.

Wie das Vorgängerflugzeug war die K 16 ein freitragender Schulterdecker. Als Motor wurde in den ersten Flugzeugen ein Sportflugmotor verwendet, der mit seinen 45,6/40,4 kW (62/55 PS) den Nachkriegsbaubeschränkungen nicht unterlag und deshalb im Jahre 1921 als Neuentwicklung zur Verfügung stand: der Siemens Sh 4 der „Siemens & Halske A. G." in Spandau. Ab 1923 wurde u. a. der Siemens Sh 5 mit 62,5/56,6 kW (85/77 PS) eingebaut, später auch der 73,5-kW(100 PS)-Bristol „Lucifer". Eine K 16 wurde für die Tschechoslowakei mit einem 95,6-kW(130 PS)-Walter Motor ausgestattet und flog dort unter dem Kennzeichen L-BACA. Das Flugzeug war von einem Grafen namens Kinsky gekauft worden. Im Jahre 1930 erhielt das Flugzeug die neue Kennung OK-ACA, havarierte ein

Reiseeindecker K 16 (1921), im Bild:
Werknummer 468, Kennung D-941,
im Jahre 1928 geflogen von der „Missions-
Verkehrs-Arbeitsgemeinschaft e. V."
(MIVA) in Köln

Jahr später und wurde aus der Luftfahrzeugrolle gelöscht.

Die K 16 erreichte mit dem Siemens Sh 5 eine Höchstgeschwindigkeit von 125 km/h, mit dem Bristol „Lucifer" von 135 km/h und mit dem Walter-Motor von 150 km/h.

Ab 1925 erhielt eine andere Ausstattungsvariante den Siemens Sh 12 mit 91,9 kW (125 PS) und wurde mit diesem Motor als K 16bi bezeichnet. Jener Sachbearbeiter, der für die Junkers-Flugzeuge die Merknamen „erfand", hatte augenscheinlich eine sehr eigenwillige Systematik entwickelt. Er fand nicht nur für die seit 1919 gebaute F 13 im Verlaufe der Jahre mehr als hundert Vogelnamen, sondern schaffte es auch, daß sämtliche K 16, die ab 1925 das Werk verließen und in die deutsche Luftfahrzeugrolle eingetragen wurden, als Merknamen eine Ortsbezeichnung erhielten, die mit dem Buchstaben K beginnt: D-500 „Karlshorst", D-654 „Kreuznach", D-983 „Kissingen", D-1208 „Königsberg". Die K 16 mit der Kennung D-654 war zum Zeitpunkt ihrer Gründung von der DLH übernommen worden, wechselte danach ihren Besitzer und wurde Eigentum des „Sturmvogel-Flugverband der Werktätigen e. V.". Damit wechselte sie ihren Merknamen, aus der „Kreuznach" wurde der „Sturmvogel", behielt aber vorerst ihren Standort in Berlin-Tempelhof. Später soll diese K 16 in Norwegen (Kennung LN-BAN) und Schweden (SE-AEI) geflogen worden sein. Zeitweiliges Eigentum des „Sturmvogel"-Flugverbandes waren außerdem die K 16-Flugzeuge „Karlshorst" (Kennung D-500; Werknummer 474); „Kissingen" (Kennung D-983; Werknummer 470) sowie das Exemplar mit der Kennung D-1678 (Werknummer 472).

Die K 16 „Sturmvogel", vormals „Kreuznach"
(Werknummer 475, Kennung D-654)

Die K 16 mit dem Bristol-Motor „Lucifer"
(Werknummer 471, Kennung D-781)

Vorderteil der K 16 mit Pilotenkabine

K 16 mit tschechoslowakischer Kennung:
im Jahre 1924 gebaut
(Werknummer 467),
aber erst im Jahre 1928 motorisiert
(88,2 kW/120 PS-Walter-Motor)
und vom tschechischen Kaufmann
Ulrich Kinsky
für Geschäftsreisen gekauft

T 19

Sportzweisitzer-Versuchsflugzeug

Im Jahre 1922 entstand das Sportflugzeug T 19 mit zwei offenen Sitzen. Es wurde nur in wenigen Exemplaren gebaut und ist vorwiegend mit den Siemens-Motoren Sh 4 oder Sh 5 ausgestattet worden. Mit mäßigem Erfolg beteiligten sich Junkers-Piloten in diesem Flugzeugtyp an Flugwettbewerben.

Die T 19, auch „Trihoch" genannt, erreichte mit dem Motor Sh 5 eine Höchstgeschwindigkeit von 140 km/h. Das Flugzeugmuster ist in Dessau vor allem für praktische Studien über die Flugstabilität, die Steuerwirkungen sowie für Versuche zur aerodynamischen Formgebung benutzt worden.

Hochdecker für Versuchs- und Sportflüge T 19 (1922)

Junkers-Flugzeuge beim Internationalen Flugwettbewerb 1923 in Gotenburg (heute: Göteborg)

A 20

sportliches Mehrzweckflugzeug

Mit dem für den Postflugverkehr bestimmten Flugzeug A 20 kehrte Junkers im Jahre 1923 zwischendurch zur Tiefdeckerbauart zurück. Die A 20 hatte zwei offene Sitze. Das Radfahrwerk war mit einem Schwimmer- oder Schneekufengestell austauschbar. Insgesamt sind 43 Flugzeuge dieses Typs in Dessau gebaut worden. Die A 20 wurden unter anderem mit dem Motor Daimler D IIIa mit 117,6 kW (160 PS) oder BMW IIIa mit 136 kW (185 PS) ausgestattet. Die damit erreichte Höchstgeschwindigkeit betrug 160 km/h.

Die Flugzeuge des Typs A 20 wurden vom Herstellerwerk mit Himmelskörperbezeichnungen als Merknamen versehen, zum Beispiel: D-360 „Venus", D-392 „Erde", D-394 „Mars", D-404 „Saturn", D-439 „Jupiter", D-440 „Orion", D-442 „Mond", D-443 „Merkur". Vom Dessauer Flugzeugvertrieb ist die A 20 in die UdSSR, nach Spanien, Chile, Persien, in die Türkei, nach Finnland, Ungarn, China, Österreich und in den Jemen verkauft worden.

Die A 20 (D-392) wurde im Jahre 1926 von der DLH übernommen und trug ab 1934 die Kennung D-IBUX

Die A 20 „Orion" im Nachtpostflug (Werknummer 461, Kennung D-440)

T 21

zweisitziger Hochdecker

Eine Weiterentwicklung der nur in geringer Stückzahl gebauten T 19 war im Jahre 1923 der Hochdecker T 21 mit zwei offenen Sitzen. Er unterschied sich von der T 19 vor allem durch seinen robusteren Rumpf, die vergrößerte Spannweite, den Motor (Kriegsmotor) BMW IIIa sowie außenbords angebrachte Kraftstofftanks, die abgeworfen werden konnten. Dieser Flugzeugtyp erscheint überhaupt nicht in der deutschen Luftfahrzeugrolle, ist auf keinem der aufgefundenen Bilder mit einem Firmenkennzeichen zu finden und wurde in Dessau nur in Einzelexemplaren gebaut. Vermutlich war die T 21 eine Dessauer Entwicklungsleistung für das Zweigwerk in Fili bei Moskau.

Hochdecker T 21 (1921)

T 22

einsitziger Schulterdecker

Der Schulterdecker T 22, der ebenfalls im Jahre 1923 in Dessau fertiggestellt wurde, unterschied sich von der T 21 im wesentlichen nur durch die auf den Rumpf gesetzte Tragflächenanordnung, wodurch von vornherein auf den vorderen Sitz (der in der T 21 unter der Tragfläche lag) verzichtet wurde. Dadurch hatte der Pilot im Fluge eine erheblich verbesserte Sicht. Auch dieses Muster war, wie die T 21, eine Entwicklungsleistung für Fili.

Schulterdecker T 22 (1923)

Versuchshochdecker T 23 (1923)

In Spannweite und Länge war die T 22 mit der T 21 identisch. Etwas geringer war die Höhe. Infolge des konstruktiven Unterschiedes von Hochdecker und Schulterdecker erreichte die T 22 mit dem gleichen Motor (BMW IIIa) eine deutlich höhere Geschwindigkeit. Sie wurde mit 240 km/h angegeben.

T 23

wandlungsfähiges Versuchsflugzeug

Mit dem Baumuster T 23 versuchten die Dessauer Konstrukteure im Jahre 1923 offenbar eine Versuchsanordnung, die, ausgehend von der Hochdeckerbauweise T 21, verbesserte Flugeigenschaften ermöglichen sollte. Zu diesem Zwecke wurde erstmals in ein Junkers-Flugzeug ein Le Rhône-Umlaufmotor mit 58,8 bis 73,5 kW (80 bis 100 PS) eingebaut. Zugleich wurde mit einem kleinen zusätzlichen Unterflügel experimentiert. So verwandelte sich die T 23E (E = Eindecker) während der Versuche zeitweilig in die T 23D (D = Doppeldecker). Als Bezeichnung für die T 23 mit zusätzlichem Unterflügel ist in der Literatur gelegentlich auch U 23D zu finden. Die bei den Versuchen erreichte Höchstgeschwindigkeit lag bei 145 km/h (T 23E) beziehungsweise 130 km/h (T 23D).

Recherchierte Verkaufsstatistik der Junkers-Werke: A 20/A 35							
1924	**1925**	**1926**	**1927**	**1928**	**1929**		
4	20	17	5			Deutschland	46
1	1					Spanien	2
		1	20			UdSSR	21
		1				Chile	1
	1	1				Persien	2
	20	41	2	1		Türkei	64
		1				Finnland	1
		1	1			Ungarn	2
		1				Yemen	1
			7	8	9	China	24
					1	Österreich	1
5	44	81	16	9	10	Gesamt	165

G 23

eine Zwischenlösung

Die Entwicklung des Junkers-Flugverkehrs hatte im Verlaufe der ersten drei Jahre das Erfordernis erkennen lassen, ein leistungsfähigeres, damit auch größeres Passagierflugzeug für den Linienflugverkehr zu entwickeln, als es die F 13 war. Die im Dezember 1921 gegründete „Abteilung Luftverkehr" der „Junkers Flugwerk A. G." hatte von Jahr zu Jahr eine rasch wachsende Anzahl von Fluggästen befördert. Dieses größere Flugzeug sollte die G 24 werden, die vorerst unter der Bezeichnung G 23 gebaut wurde. Die Doppelbelegung der 23 in der numerischen Typenfolge der Junkers-Flugzeuge für zwei gänzlich andersgeartete Baumuster (T 23 und G 23) nährt die Vermutung, daß es eine Typenbezeichnung G 23 im Junkers-Flugzeugbau ursprünglich überhaupt nicht gab. Das Flugzeug, ein freitragendes, gegenüber der F 13 vergrößertes Verkehrsflugzeug ist in Dessau werksintern als J 24 geführt worden. Im Jahre 1924 wurde der Musterantrag mit dazugehörenden Unterlagen der „Internationalen Luftfahrt-Überwachungskommission" (Ilük) zur Baugenehmigung eingereicht, offenbar in drei Versionen: mit einem, zwei und drei Triebwerken.

Dieser Antrag ist bis heute nicht aufgefunden worden, und es ist möglich, daß er nicht mehr existiert. Daher kann prinzipiell von zwei Möglichkeiten ausgegangen werden. Entweder wurde bei der Ilük eine Motorisierung beantragt, die den Baubeschränkungen entsprach und dann auch

genehmigt worden ist; oder es wurde eine Motorisierung beantragt, deren Leistung über die Festlegungen der Baubeschränkungen hinausging und deshalb nicht genehmigt wurde. Für das, was folgte, ist der Unterschied nur aus dem Grunde von Bedeutung: Im ersteren Falle hatte Junkers schon von vornherein vorgehabt, durch die Ummotorisierung der Flugzeuge in Limhamn (Schweden), wie gleich zu sehen sein wird, die Ilük-Zulassung zu umgehen und faktisch außer Kraft zu setzen. Im zweiten Falle wäre er durch die Ilük-Zulassung schwächerer Motoren, als Junkers sie verwenden wollte, zu dem schwedischen Umwegmanöver verführt worden. Jedenfalls, wie immer der Antrag auch gelautet haben mag, hat die Ilük mit Schreiben vom 8. Februar 1925 den Dessauer Antrag genehmigt, und zwar mit einer Höchstleistung der Motorenausstattung, die im wesentlichen den geltenden Baubeschränkungen entsprach:

einmotorig: 331-kW(450 PS)-Napier;
zweimotorig: zwei 143,3-kW(195 PS)-Junkers L 2;
dreimotorig: ein 143,3-kW(195 PS)-Mittelmotor Junkers L 2 und zwei 117,6-kW(160 PS)-Außenmotoren Mercedes D IIIa.[85]
Gebaut wurde die dreimotorige Ausführung.

Bei der Typenzuordnung dieser Flugzeuge sind in späterer Literatur nicht selten Unsicherheiten entstanden, denn es werden für Flugzeuge dieses Musters oft ganz willkürlich die Typenbezeichnungen G 23 oder G 24 verwendet. Das hat seine Ursache in unübersichtlichen Verfahrens-

weisen der Junkers-Werke in der Zeit der Baubeschränkungen, die zu enträtseln nur durch intensive Studien von Unterlagen möglich war. Zum besseren Verständnis der Zusammenhänge müssen zunächst einmal mehrere Hintergrundinformationen vorausgeschickt werden.

Erstens: Alle Flugzeuge mit der Musterbezeichnung G 23 entstammen der ersten Bauserie mit den Werknummern 831 bis 851. Sofern sie in Dessau flugfertig gebaut wurden, erhielten sie die von der Ilük zugelassene und relativ leistungsschwache Motorenkombination.

Zweitens: Nicht alle Flugzeuge dieser ersten Bauserie entstanden als G 23, denn sofern sie im schwedischen Limhamn flugfertig montiert worden sind, haben sie dort auch sogleich die von vornherein von Junkers konzipierten stärkeren Motoren erhalten und waren dann bereits G 24.

Drittens: Die meisten G 23 aus Dessau sind schon kurze Zeit nach ihrer Fertigstellung nach Limhamn geflogen und dort zu G 24 ummontiert worden. Bis zur Aufhebung der Baubeschränkungen in Deutschland (Mai 1926) flogen diese im deutschen Passagierverkehr unter vorwiegend schwedischen Kennzeichen und waren dadurch dem Zugriff der Ilük entzogen.

Viertens: Daher ist die in der Literatur vorwiegend aufgefundene Unterscheidung

Eine G 23 mit der schweizerischen Kennung Ch 132 im Februar 1925 vor dem Start zum Abnahmeflug (Mittelmotor: Junkers L 2; Außenmotoren: Mercedes D IIIa)

Die D-878 „Haarlem" (Werknummer 844) wurde als G 23 gebaut und verwandelte sich mit drei Junkers-Motoren L 2 in eine G 24

Wie in Eisenbahnabteilen ließen sich die Fenster der G 24 öffnen

Innenflügelkontrolle einer G 23 durch einen Monteur auf einem Liegewagen

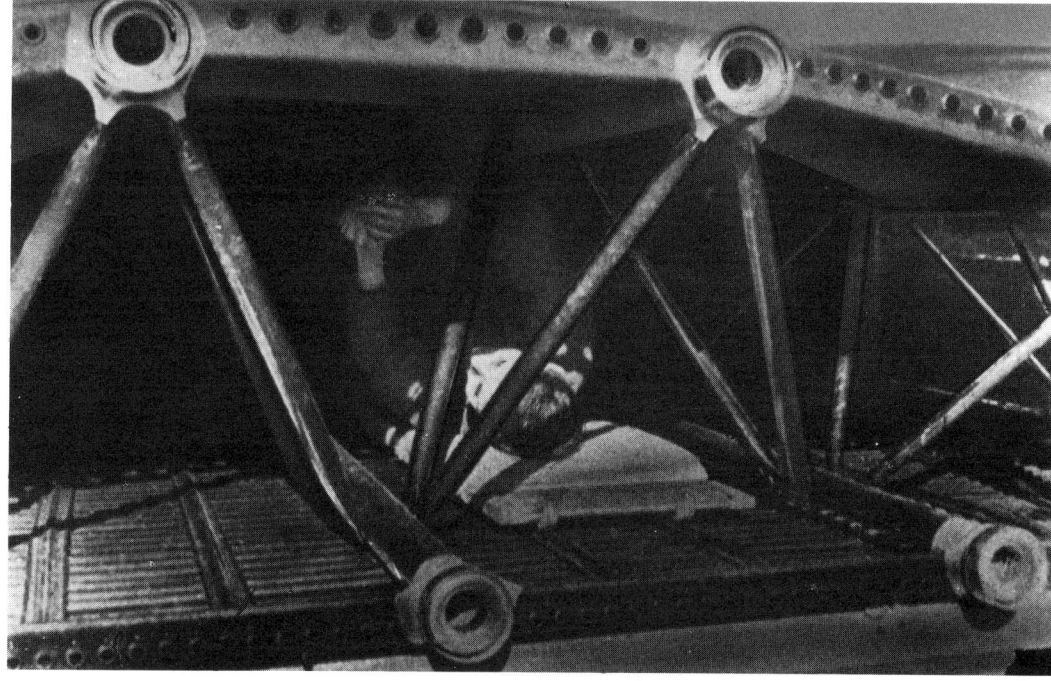

von G 23 und G 24 nach der Bauserie, der sie entstammen, also nach kleineren oder größeren Abmessungen der Flugzeugzelle, unzutreffend. Das zuverlässige Unterscheidungsmerkmal ist die Motorisierung entsprechend oder ungeachtet der Ilük-Zulassung.

Nun muß jedoch zugestanden werden, daß in mehreren Einzelfällen die Zuordnung zur Typenbezeichnung G 23 oder G 24 schwierig bleibt, weil sie je nach dem konkreten Zeitpunkt der Zuordnung unterschiedlich und dann trotzdem korrekt sein kann. Das verdeutlichen die folgenden Beispiele:

Im Jahre 1925 haben die Junkers-Werke mehrere G 23 flugfertig nach Schweden geliefert. Dieser Scheinverkauf hatte vor allem die Funktion eines Manövers zur Täuschung der Ilük, denn mit dem Beginn der Flugzeugmontage in Schweden war vorauszusehen, daß bald mehrere Flugzeuge dieses Musters mit drei Junkers-L 2-Motoren und schwedischen Kennungen auf deutschen Flugplätzen auftauchen und die Aufmerksamkeit der Überwachungskommission auf Dessau richten würden. Die Junkers-Werke wären allein mit den Unterlagen über die Lieferung der G 23 zum Nachweis imstande gewesen, daß sie das Flugzeug zulassungsgerecht bauen und verkaufen, folglich für Ausstattungs- und Umrüstungspraktiken eines schwedischen Werkes, das sich ohnehin dem Zugriff der Ilük entzog, nicht verantwortlich seien. In Wirklichkeit waren aber auch diese ersten G 23 lediglich zum Zweck der sofortigen Ummotorisierung zur „A. B. Flygindustri" nach Limhamn in Schweden gebracht worden, um von dort direkt oder auf Umwegen als G 24 wieder nach Deutschland zurückzukehren, wobei sie dann in Deutschland noch mit ausländischen Kennzeichen flogen, solange die Baubeschränkungen galten.

Das wird sofort durchsichtig, wenn wir den Weg von zwei ausgewählten Flugzeugen in den Jahren 1925 und 1926 verfolgen: Die G 23 mit der Werknummer 840 wurde im Jahre 1925 nach Limhamn überflogen, dort sofort zur G 24 ummotorisiert, mit der schwedischen Kennung S-AAAS versehen, 1926 offiziell nach Deutschland zurückgeliefert und unter D-876 zugelassen.

Die G 23 mit der Werknummer 844 wurde im Jahre 1925 in Limhamn zur G 24 motorisiert, sie erhielt das Kennzeichen S-AAAM, wurde 1926 in die Niederlande geliefert, flog dort kurze Zeit unter dem Kennzeichen H-NADA, gelangte noch im selben Jahr nach Deutschland zurück und

wurde unter der Kennung D-878 in die Luftfahrzeugrolle eingetragen.

Noch unübersichtlicher wird, zumindest auf den ersten Blick, die Typenzuordnung eines Flugzeuges, wenn es sogar dreimal seine Musterbezeichnung geändert hat. Die Werknummer 842 wurde im Jahre 1925 in Dessau gebaut, und zwar als G 23. Noch im selben Jahr wurde das Flugzeug in Limhamn ummotorisiert zur G 24. Mit der schwedischen Kennung S-AAAL wurde es 1926 in die Niederlande geliefert, flog dort vorübergehend unter dem Kennzeichen H-NADC, gelangte im selben Jahr nach

Deutschland zurück, erhielt die Kennung D-877. Bis dahin hatte das Flugzeug seit der Umrüstung in Limhamn drei Junkers-Motoren L 2. Im Jahre 1928 wurden der Mittelmotor durch einen BMW VIu ersetzt und die beiden Außenmotoren entfernt. Fortan war das Flugzeug einmotorig und nunmehr eine F 24 (ab 1934 trug es die Kennung D-UPIT).

Ungeachtet derartiger Verwandlungen läßt sich die Definition des Flugzeuges mit der Musterbezeichnung G 23 wie folgt formulieren: Die G 23 war die schwachmotorige Zwischenlösung des unter der Typenbezeichnung G 24 konzipierten dreimotorigen Passagierflugzeuges, angepaßt den damaligen Beschränkungen für die Verwendung von Triebwerken im Verkehrsflugzeugbau. Sie war ein freitragender, duralwellblechbeplankter Tiefdecker, wurde vom Sommer 1924 bis zum Jahresende 1925 von der „Junkers Flugzeugbau A. G." gebaut und flugfertig ausgeliefert. Das Flugzeug war teilweise mit drei Motoren gleicher Leistung von 117,6 kW (160 PS) Mercedes D IIIa oder Daimler D IIIa, ausgerüstet, teilweise auch mit dem Junkers L 2 als Mittelmotor.

Das Flugzeug hatte neun Passagierplätze als lederbezogene Einzelsitze und in der Vorderkabine zwei Plätze für Besatzungsmitglieder (Flugzeugführer und Flugmaschinist). Die Fluggastkabine war beheizbar und mit Innenbeleuchtung versehen. Hinter der Fluggastkabine befanden sich im Rumpf der Stauraum für das Reisegepäck sowie eine Sanitärzelle (Toilette und Waschraum). Die G 23 war mit Funkausrüstung ausgestattet. Werbezeilen in Dessauer Veröffentlichungen und in der Presse fanden die Aufmerksamkeit und den Zuspruch luftreisender Geschäftsleute: „Junkers-Flugzeuge sind geheizt!" und „Rauchen im Junkers-Flugzeug gestattet!" Die Dessauer sorgten für Reisekomfort.

Die Entwicklungsarbeiten hatten schon im Jahre 1920 begonnen. Im Sommer 1924 war das erste Flugzeug fertiggestellt, aber das Einfliegen des neuen Musters war in Dessau nicht möglich und wurde deshalb nach Fürth bei Nürnberg verlegt. Dort be-

Passagierkabine der G 23/G 24:
im Hintergrund die Tür zu Toilette,
Waschraum und Gepäckraum

Passagierkabine der G 23/G 24 mit Blick
auf den Flugzeugführerraum

gann die Flugerprobung im Oktober 1924. Wenig später wurde die Flugerprobung auf dem Flugplatz Dübendorf in der Schweiz fortgesetzt (woraus verständlich wird, daß die „Ad Astra Aero" unverzüglich eine Bestellung aufgab und im Jahre 1925 auch vier der ersten Exemplare geliefert bekam).

Professor Junkers hatte sich zuvor, am 14. August 1924, mit einer vertraulichen „Denkschrift über die Bedeutung der Junkers-Werke" an das „Anhaltische Staatsministerium Dessau" gewandt und darauf hingewiesen, daß das Fluggelände Dessau-Alten nicht mehr ausreiche. In der Denkschrift hieß es: „Der rasch wachsende Verkehr, der Wunsch, größere Lasten über weitere Strecken als bisher auf dem Luftwege auf die wirtschaftlichste Art schnell befördern zu können, weisen den Weg zum Großflugzeug. Dieser Weg ist auch bereits beschritten … Es ist heute so

Vollbesetzte Passagierkabine einer G 24

Streben nach höherer Sicherheit im Flugbetrieb führte zur G 23/G 24

Bereits am 12. Februar 1920 wies Junkers seine leitenden Mitarbeiter des Forschungs-, Konstruktions- und Flugzeugbaubereiches auf Unsicherheitsfaktoren einmotoriger Passagierflugzeuge beim damaligen Reifegrad von Flugmotoren hin und forderte, sich der Entwicklung eines dreimotorigen Passagierflugzeuges zuzuwenden. Seine Forderung hatte folgenden Wortlaut (Auszug):

„Konstruktive Weiterentwicklung

Es kann keinem Zweifel unterliegen, daß für die weitere Ausbreitung des Flugwesens und ebenso für die Beschäftigung unserer Fabrik in erster Linie der Grad der Sicherheit gegen Unfälle beim Fliegen maßgebend ist. Dieser Umstand muß an erster Stelle stehen, wenn es sich um die Aufstellung von Richtlinien für die weitere Entwicklung unseres Flugzeuges handelt.

Ich habe deshalb schon im vorigen Jahr die Aufgabe gestellt, möglichst erschöpfend und planmäßig nach geeigneten Gesichtspunkten die im Flugbetrieb auftretenden Unfälle, ihre Ursachen und Folgen, sowie die Möglichkeiten und Mittel zu ihrer Beseitigung zusammenzustellen … Ich weiß nicht, was inzwischen in dieser Angelegenheit geschehen ist. Sollte nichts Positives geschehen sein, so ist es dringend geboten, dieser Aufgabe das gebührende Maß von Beachtung zu schenken und ich bitte …, tunlichst schon Material zu sammeln und sich möglichst auf eine demnächst anzuberaumende Besprechung dieser Angelegenheit vorzubereiten.

Um inzwischen einen Anfang zu machen, möchte ich folgendes bemerken: Eine Hauptquelle aller Störungen im Flugbetrieb liegt in der Unvollkommenheit des Motors, dessen Aussetzen beim Starten, Landen und im Flug sehr häufig verhängnisvoll wird. Zu den Mitteln zur Verminderung von Unfällen zählt die Verwendung mehrerer Motore. Konkurrierende Flugzeuge für größere Zahl von Personen sind meistens mit mehreren Motoren ausgerüstet, z. B. hat Curtiss drei Motoren, was er in seiner Reklame herausschlachtet …

Wir sollten … mehrmotorige G-Flugzeuge möglichst bald herausbringen, damit wir nicht auf den jetzigen Sechssitzer" (gemeint ist die F 13; d. Verf.) „als einzigen Stützpunkt für unseren Absatz angewiesen sind …

Da meines Erachtens mit den jetzigen Motoren eine gute Lösung für einen sicheren und dauerhaften Betrieb nicht zu schaffen ist, so sollten wir rechtzeitig, d. h. unverzüglich, darangehen, in gründlicher und systematischer Weise die Hauptquellen der Störungen festzustellen und planmäßig die geeignetsten Mittel und Wege zu ihrer Beseitigung zu erforschen. Zur Erreichung dieses wichtigen Zieles dürfen wir auch tiefergehende, grundsätzliche Änderungen in dem motorischen Teil des Flugzeuges nicht scheuen. Hierher gehört auch, beiläufig bemerkt, die Verwendung hochsiedender Brennstoffe."

weit gekommen, daß in den Werkstätten eine … für den Luftverkehr äußerst bedeutsame Type steht, die nicht eingeflogen werden kann, da das notwendige Gelände nicht zur Verfügung steht … Als Beispiel dafür seien nur die letzten Versuche mit einer einzigen der neuesten Typen erwähnt: Infolge der Unebenheit des Dessau-Altener Flugplatzes traten 8 Bruchlandungen ein. Die endgültige Erprobung dieses Flugzeuges war dadurch immer und immer wieder hinausgeschoben, das Herausbringen also um Monate verzögert mit entsprechender Rückwirkung auf den Absatz des Flugzeuges. Die reinen Reparaturkosten haben inzwischen bereits das Mehrfache des Flugzeugpreises erreicht. Von einer den modernen Anforderungen genügenden Flugzeugfabrik ist daher zu verlangen, daß sie … über ein erstklassiges genügend großes Fluggelände zu Versuchszwecken verfügt, das zur Ersparnis von Zeit und Kosten unmittelbar am Fabrikgelände gelegen sein muß."

An dieser Stelle sei bereits gesagt, daß sich die Verhandlungen um einen der Fabrikation nähergelegenen und größeren Flugplatz längere Zeit hinzogen. Im Jahre 1925 erhielt deshalb der Flugplatz Dessau-Alten eine Asphaltbahn und 1926 eine Betonpiste. Dazu hatte sich Junkers, ebenfalls als Zwischenlösung, entschließen müssen, weil seine Verkehrsflugzeuge auf dem Altener Wiesenboden kaum noch

G 24 im Linienverkehr Berlin—Malmö nach der Ankunft auf dem südschwedischen Flugplatz

gestartet und gelandet werden konnten.

Noch zu dem Zeitpunkt, da sich das neue Flugzeug seiner Fertigstellung näherte, unternahm Junkers vom Mai bis Juli 1924 eine Reise in die USA, um Möglichkeiten zu suchen, sein neues Verkehrsflugzeug mit den geplanten leistungsstarken Motoren ausstatten und unter Umgehung der Baubeschränkungen in den USA bauen zu können. Dort verhandelte er mit Henry Ford, dem Gründer und Besitzer des zweitgrößten Konzerns der amerikanischen und Weltautoindustrie „Ford Motor Company" in Detroit, der nicht nur eine gewaltige Wirtschaftsmacht verkörperte, sondern auch gerade deshalb einen starken Einfluß auf die Politik der USA ausübte. Ihm schlug Junkers die Massenherstellung von Metallflugzeugen seiner Bauart vor, vor allem solcher Typen, deren Bau derzeit in Deutschland eingeschränkt oder unterbunden war. Diese Verhandlungen verliefen erfolglos. Junkers gründete während seines Aufenthaltes als eventuelle Verkaufsbasis und Kontaktgesellschaft in den USA noch

Die in Berlin-Tempelhof gelandeten Fluggäste werden mit einem Lufthansa-Bus zum Flughafengebäude und in die Innenstadt gebracht (im Bild: die D-1019 „Rotterdam" aus der G 23-Bauserie, Werknummer 843, durch Umrüstung mit drei Junkers-L 2-Motoren zur G 24 avanciert)

*Größenverhältnisse:
Der einsitzige freitragende
Sportflugschulterdecker E I
der „Bahnbedarf A. G." aus
Darmstadt (Spannweite 11,00 m;
Länge 5,00 m) auf einem
Tragflügel der Dessauer G 24*

*Versuchsanordnung einer G 24
mit Kastenleitwerk*

*Rückansicht einer G 24
mit schwedischer Kennung*

die „Junkers Corporation of Amerika", als
deren Leiterin er seine Tochter Hertha Junkers einsetzte. Aber er mußte sich eine andere Möglichkeit im Ausland suchen, den
Baubeschränkungen, denen sein neues
Verkehrsflugzeug unterlag, auszuweichen.
Er fand sie in Europa. Im Frühjahr 1925
nahm in Schweden die „Aktie Bolaget Flygindustri" in Limhamn (die in einem späteren Abschnitt näher vorgestellt wird) die
Umrüstung von G 23 in G 24 sowie die Fer-
tigmontage der G 24 mit Junkers-Bauteilen
und Junkers-Motoren aus Dessau auf.
Diese „A. B. Flygindustri" war am 15. Februar 1925 als Tochtergesellschaft des
schwedischen Luftverkehrsunternehmens
„A. B. Aerotransport" gegründet worden.

Zur werbenden Einführung des dreimotorigen Flugzeuges in den internationalen
Passagierflugverkehr veranlaßte Junkers
mehrere Werbeflüge ins Ausland. Im Frühjahr 1925 fanden Vorführungsflüge in Moskau statt. Ein weiterer ausgedehnter Wer-
beflug wurde einem der erfahrensten
Junkers-Piloten, Fritz Horn, übertragen. Er
startete mit einer der ersten in Schweden
flugfertig montierten G 24 (in Junkers-Ver-
lautbarungen in der Presse zu jener Zeit
mit Rücksicht auf die Ilük vorsichtigerweise noch G 23 genannt) am 20. Juni 1925
zu einem als „Siebenstaatenflug" bezeichneten europäischen Rundflug, der eigentlich ein Sechsstaatenflug war. Das verwendete Flugzeug hatte die Dessauer Werknummer 843 und trug die schwedische
Kennung S-AAAK. Der Flug begann in Berlin-Tempelhof, führte über die Freistadt
Danzig (Gdansk), Malmö in Schweden, Kopenhagen in Dänemark, Zürich in der
Schweiz, Wien in Österreich und endete

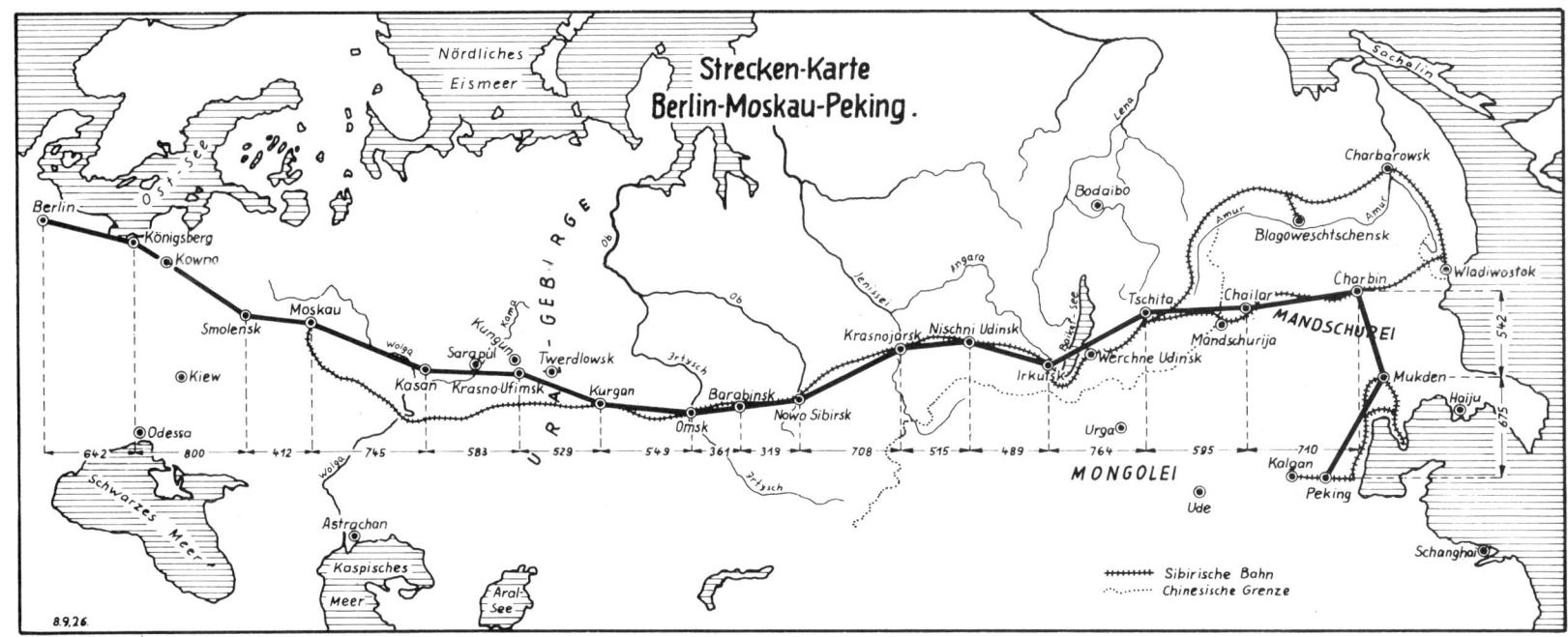

Strecken-Karte
Berlin-Moskau-Peking.

+++++++ Sibirische Bahn
·········· Chinesische Grenze

*Die Route des Berlin—Peking-Fluges
der beiden G 24 (D-901 und D-903)
im Jahre 1926
Nachbildung der Originalkarte: „Flugsport"
Nr. 20/1926)*

*Diese G 24 (Werknummer 909,
Kennung D-901)
war beteiligt an der Flugexpedition
Berlin—Peking—Berlin (1926)*

*Nach der Ankunft der G 24
in Peking (1926)*

am 25. Juni 1925 wieder in Berlin-Tempelhof.

Später wurde die S-AAAK von der DLH
übernommen, mit dem Kennzeichen D-1019
in die deutsche Luftfahrzeugrolle eingetragen und im Mai 1928 als einmotoriges Flugzeug mit einem Motor BMW VIu mit
551 kW (750 PS) zur F 24 umgebaut.

G 24

leistungsstarkes dreimotoriges Verkehrsflugzeug

Das Verkehrsflugzeug G 24 setzte die numerische Typenfolge der Junkers-Flugzeuge fort und hob die zeitweilige Doppelbelegung der Nummer 23 (T 23 und G 23) auf. Unter Berücksichtigung der zum Baumuster G 23 angestellten Betrachtungen kann festgestellt werden: Die G 24 war die von vornherein konzipierte Ausführung des zeitweilig als G 23 gebauten und bezeichneten Übergangsmusters. Sie hatte stärkere Motoren als die G 23.

Die G 24 wurde seit dem Jahre 1925 flugfertig aus Schweden und ab Mai 1926 aus Dessau geliefert. Frühere G 23 sind innerhalb kurzer Zeit fast ausnahmslos durch die Motorenauswechslung zu G 24-Flugzeugen geändert worden. Je nach dem Zeitpunkt der Fertigstellung der Flugzeugzelle hatten die G 24 folgende Daten:
bis etwa zum Jahresende 1925: Spannweite 28,50 m, Flügelfläche 89,00 m², Länge 15,23 m (erste Bauserie);
ab Winter 1925/26 bis etwa gegen Jahresende 1926: Spannweite 29,37 m, Länge 15,15 m (zweite Bauserie ab Werknummer 902);
ab etwa Jahresende 1926 beziehungsweise Jahresbeginn 1927: Spannweite 29,90 m, Flügelfläche 97,80 m², Länge 15,70 m (dritte Bauserie ab Werknummer 927).

Die Serienflugzeuge erhielten im Verlaufe der Jahre immer stärkere Motoren und demgemäße zusätzliche Buchstaben zur Typenbezeichnung. Das waren:
G 24a: drei Motoren Junkers L 2, auch ein Motor Junkers L 5 als Mittelmotor und L 2 als Seitenmotoren; zwei Flugzeuge für Italien im Jahre 1928 mit einem 221-kW (300 PS)-Isotta Fraschini als Mittelmotor gebaut;
G 24ge: drei Motoren Junkers L 5;
G 24gu: ein Motor Junkers L 5G als Mittelmotor, zwei L 5 als Seitenmotoren;
G 24he: Motoren wie G 24ge, aber weiter vergrößerte Abmessungen der Flugzeugzelle (Spannweite 29,90 m, Länge 15,70 m).

Die Höchstgeschwindigkeit der G 24he lag bei 210 km/h. Flugzeuge des Typs G 24 erhielten bevorzugt Merkbezeichnungen aus dem Bereich der Götternamen, beispielsweise D-879 „Pluto", D-881 „Selene", D-915 „Wotan", D-944 „Artemis".

In den Jahren 1925 bis 1929 wurden mindestens 72 dieser Flugzeuge im Inland und ins Ausland verkauft. Die Lufthansa setzte

Die G 24 mit der schwedischen Kennung S-AAAK (im Bild: auf der ‚Rollbahn' in Dessau) wurde für den „Siebenstaatenflug" eingesetzt

Junkers-Pilot Fritz Horn nach seinem Dauer- und Streckenflug-Weltrekord mit einer G 24 im April 1927 (nach dem zweiten Weltkrieg arbeitete er von 1946 bis 1953 in der UdSSR und danach bis zu seinem Tode am 2. Mai 1963 in leitenden Funktionen der Luftverkehrsgesellschaft der DDR)

die G 24 von 1926 bis 1933 beispielsweise auf der Strecke Berlin–Köln–Paris (ab 26. Mai 1926) und auf ihrer ersten Nachtflugstrecke Berlin–Danzig (Gdansk)–Königsberg (Kaliningrad) (ab 1. Mai 1926) ein.

Mit Flugzeugen G 24 sind mehrere Nutzlast-Klassen-Weltrekorde geflogen worden. Der Junkers-Pilot Fritz Horn stellte am 24. April 1927 zugleich einen neuen Dauer- und Streckenflugrekord mit 1 000 kg Nutzlast auf, als er mit einer Flugzeit von 14 Stunden und 23 Minuten eine Flugstrecke von 2 020 km bewältigte. Die durchschnittliche Fluggeschwindigkeit hatte 140 km/h betragen. Nach der Landung befand sich im Kraftstoffbehälter ein Rest, der gerade noch für 22 Flugminuten gereicht hätte. Einen Geschwindigkeitsweltrekord mit 1 000 kg Nutzlast flog der damalige Chefpilot der Junkers-Werke, Wilhelm Zimmermann, als er auf einer 500-km-Meßstrecke eine Fluggeschwindigkeit von 209,115 km/h erreichte.

Zu einem schweren Unfall mit einer G 24 (D-903 „Hera", Werknummer 911) kam es am 6. November 1929, als das Flugzeug nach dem Start in London notgelandet werden mußte und dabei in Brand geriet. Der Pilot Bruno Rodschinka und weitere Flugzeuginsassen fanden dabei den Tod.

Mit dem Typenmuster sind mehrere Versuche unternommen worden. Eine G 24a wurde mit einem Kastenleitwerk erprobt. Experimente mit zwei Flugzeugen auf Schwimmern fanden in der Torpedo-Versuchsanstalt in Eckernförde statt.

Ein weltweit beachtetes Ereignis der Verkehrsluftfahrt war der Flug von zwei G 24 (D-901 „Tyr" und D-903 „Hera") der „Deutschen Luft Hansa A. G." auf der rund 20 000 km langen Gesamtstrecke von Berlin nach Peking und zurück. Für diesen Flug waren im Zusammenwirken mit der sowjetischen Regierung von der DLH umfangreiche bodenorganisatorische Vorbereitungen getroffen worden, denn auf die geplante Flugroute – für die Strecke Berlin–Peking waren zehn Tagesetappen vorgesehen – wurden insgesamt drei Reparaturstützpunkte verteilt, in denen erfahrene Monteure mit Reservemotoren und diversen Ersatzteilen zur raschen Hilfeleistung bei eventuellen Defekten bereitstanden.

Die beiden Flugzeuge starteten am 24. Juli 1926 sogleich nach Tagesbeginn (kurz nach Mitternacht) in Berlin-Tempelhof und erreichten auf der Route über Königsberg (Kaliningrad) die sowjetische Hauptstadt in den Abendstunden. Am 25. Juli wurde der Flug auf der Strecke Moskau–Kasan–Kurgan–Omsk–Nowosibirsk–Krasnojarsk nach Irkutsk fortgesetzt, wo die Flugzeuge am 29. Juli eintrafen. Danach erfolgte der Weiterflug über den Baikalsee und Gebirgszüge hinweg nach Tschita in Ostsibirien. Von dort führte der Flugweg über die Mandschurei im Nordosten Chinas bis Charbin, von dort weiter nach Mukden (heute: Schenjang). Die letzte Hinflugetappe führte am Golf von Peitschili an den Stillen Ozean heran, über das Seebad Peiteiho und Tientsien (heute: Tiändjin) nach Peking. Dort landeten die beiden G 24 am 30. August 1926 um 14.30 Uhr auf dem Exerzierplatz Nanyun, südlich Peking. Eine reichliche Woche später, am 8. September 1926, fand dort der Start zum Rückflug statt. Am 26. September kurz vor 12.00 Uhr landeten die beiden Flugzeuge wieder in Berlin-Tempelhof. Der „Berliner Lokal-Anzeiger" teilte noch am selben Abend seinen Lesern mit: „Während des ganzen Fluges hat es nirgends ein Versagen der Maschinen oder auch nur der Motoren gegeben, sogar nicht einmal eine außergewöhnliche Zwischenlandung."

Die Flugexpedition der DLH war ein Pionierflug mit G 24-Verkehrsflugzeugen zur Erschließung des Luftweges nach Ostasien gewesen. Für den Dessauer Flugzeug- und Motorenbau war es ein Zuverlässigkeitstest, den die Flugzeuge glänzend bestanden hatten. Sie waren mit Junkers-Motoren L 2 geflogen worden. Je zwei Motoren beider Flugzeuge waren in Peking für den Rückflug ausgewechselt worden, aber, so

					Recherchierte Verkaufsstatistik der Junkers-Werke (einschließlich Auslieferung ab Limhamn/Schweden): G 23/G 24	
1925	1926	1927	1928	1929		
17	7	10	1		Deutschland	35
4					Schweiz	4
3		1			Schweden	4
1					Polen	1
1					Türkei	1
	1				Finnland	1
	1				China	1
	3				Niederlande	3
	1	1	3		Spanien	5
			1		Österreich	1
		1	1	1	Brasilien	3
		2			Italien	2
			1		Afghanistan	1
				4	Griechenland	4
	3	3			nicht bekannt	6
26	16	17	8	5	Gesamt	72

Anmerkung: Insgesamt sind 87 Werknummern für G 23/G 24 aufgefunden worden. Nicht für alle Werknummern läßt sich jedoch gegenwärtig belegen, daß sie auch tatsächlich gebaut worden sind. Daher halten wir zweierlei für möglich. Entweder sind 87 Flugzeuge dieses Musters gebaut worden, aber nur für 72 Flugzeuge wurden Verkaufs- bzw. Verwendungsnachweise aufgefunden; oder es wurden nicht beziehungsweise kaum mehr als 72 Flugzeuge gebaut, dann aber sind etliche Werknummern lediglich reserviert geblieben.

schrieb die soeben zitierte Zeitung: „In dem mittleren Motor der D-901 sind noch dieselben Zündkerzen wie beim Abflug von Berlin in Gebrauch."

In einem zusammenfassenden Bericht der Junkers-Werke hieß es, die 10 000 km lange Flugstrecke sei in 72 Flugstunden bewältigt worden, während die Eisenbahn 17 Tage und der Dampfer 6 Wochen dafür benötige.

Des Lobes über das Junkers-Flugzeug voll war auch eine finnische Zeitung, die im Oktober 1926 über den Einsatz einer in Limhamn in Schweden montierten Schwimmer-G 24 in der finnischen Fluggesellschaft „Aero O.Y." berichtet hatte: „In den Dienst der finnischen Aero-Gesellschaft wurde am 4. Juni ein Dreischrauben-Junkers-Wasserflugzeug Type G 24 eingesetzt. Bis zur Beendigung der Sommerflugsaison leistete die Maschine, welche den Namen ihrer Heimat ‚Soumi' erhielt, folgendes: 71 mal die 420 km lange Strecke Helsingfors – Stockholm bei jedem Wetter mit nur minimal abweichenden Zeiten, also insgesamt 29 829 km, hierzu Sonderflüge von 2 700 km. Bei diesen Flügen wurden befördert: 640 Passagiere, 6 072 kg Gepäck-

stücke, 1 430 kg Post und Fracht, endlich rund 90 To. Besatzung, Ausrüstung, Brennstoff in Summa 130 310 kg Last." Die finnische Zeitung schloß den Bericht mit der Feststellung, daß die „Soumi" wegen ihrer Verdienste um den schwedisch-finnischen Verkehr den Nobelpreis der Lüfte verdiene.[86]

Die G 24 wurde im Linienpassagierverkehr unter anderem in Schweden, in der Schweiz, in Finnland, Afghanistan, Griechenland, Österreich, Brasilien, Italien, Spanien und in der Türkei geflogen. Im Jahre 1927 standen 26 Flugzeuge dieses Typs im Dienst der DLH.

F 24

einmotorige Variante
für den Frachtflugeinsatz

Bei der F 24 handelte es sich nicht um eine vorübergehende Doppelbelegung der Typennummer wie im Falle der T 23 und G 23, sondern um die partielle Zweckumwandlung vorhandener dreimotoriger Passagierflugzeuge G 24 in einmotorige Verkehrsflugzeuge, die überwiegend für den Frachtflugverkehr und nur noch in geringem Maße für die Fluggastbeförderung verwendet wurden. Im Jahre 1928 wurden nämlich die ersten überalterten G 24 umgebaut. Die Tragflächenmittelstücke mit den Motorgondeln sind entfernt und die Flügel direkt an den Rumpf montiert worden. Dadurch verringerte sich die Spannweite. Diese Umbauvariante erhielt die Bezeichnung F 24.

Die ersten Umwandlungen in die F 24 entstanden im Frühjahr 1928. Sie erhielten den Motor BMW VIu mit 551 kW (750 PS) und wurden als F 24ko bezeichnet. Diesen Umbauten wurden unterzogen die G 24 mit den Kennzeichen D-1017 (Werknummer 848), die D-877 (Werknummer 842, zeitweilige schwedische Kennung S-AAAL), die D-896 (Werknummer 850, zeitweilig S-AAAT), die D-1019 (Werknummer 843, zeitweilig S-AAAK), die D-1020 (Werknummer 849, zeitweilig S-AAAP) sowie die D-1016 (Werknummer 839) und D-1018 (Werknummer 834).

Die zweite Variante erhielt den Motor BMW VIIau mit 507 kW (690 PS) und wurde bezeichnet als F 24kau. Dieser Umbau war jedoch selten, weil der verwendete Motor in den Münchener „Bayerischen Motoren-Werken" (BMW) nicht die Serienreife erlangte.

Eine dritte Variante war die Ausstattung mit einem Junkers-Rohölmotor Jumo 4 mit 529 kW (720 PS), die als F 24kay bezeichnet wurde. (Zum Jahresbeginn 1929 wurde probeweise die G 24 mit dem Kennzeichen D-1051 einmotorig mit dem Versuchs-Rohölmotor Junkers F0 4 umgerüstet, die Versuchsausstattung erhielt in Dessau die

*Die D-1069 „Baldur" (Werknummer 845)
gehörte zu den Flugzeugen, die ab 1928
von der dreimotorigen G 24
zur einmotorigen F 24 umgebaut wurden*

*F 24-Motorisierungsvariante mit
dem Junkers-Motor Jumo 4 (Jumo 204)*

interne Werkbezeichnung W 41. Das Flugzeug führte am 30. August 1929 einen Flug auf der Strecke Dessau–Köln aus.) Im Dezember 1931 wurde die D-2175 (Werknummer 833) in Dessau mit dem Jumo 4 erprobt. Im selben Monat stellte die DLH ihre erste F 24 mit diesem Motor für den Frachtflugverkehr auf der Strecke Berlin–Amsterdam in Dienst. Es war die ehemalige G 24 mit dem Kennzeichen D-896 (Werknummer 850), die ihre Umwandlung zur F 24 bereits zwei Jahre zuvor erfahren hatte, und zwar in der Variante F 24ko. Weitere Jumo 4-Umrüstungen folgten.

Die mehrmalige Umrüstung war zwar selten, aber einzelne Exemplare wurden geradezu Experimentierflugzeuge zur Erprobung von Motoren im Linienverkehr. Beispielsweise wurde aus der G 24 mit der Kennung D-1069 (Werknummer 845) im August 1928 eine F 24ko, im März 1931 wurde sie zur F 24kau umgerüstet, drei Monate später war sie erneut eine F 24ko und im Januar 1932 wiederum eine F 24kau.

Die F 24 erreichte mit dem Motor BMW VIu die Höchstgeschwindigkeit von 185 km/h, mit dem Jumo 4 von 190 km/h. Nach den aufgefundenen Vergleichsunterlagen sind von dem Umbau in eine einmotorige F 24 ausnahmslos Flugzeuge aus der ersten Bauserie (Werknummer 831 bis 851) des Jahres 1925 betroffen worden.

A 25
eine modernisierte A 20

Der zweisitzige Tiefdecker A 25 war kein eigenständiger, neuer Flugzeugtyp, sondern hier handelte es sich darum, daß im Jahre 1924 der Junkers-Motor L 2 mit 169/107 kW (230/145 PS) und ab 1925 der Motor L 2a mit 195/169 kW (265/230 PS) zur Verfügung stand, der in das Flugzeug eingebaut werden konnte. Während die ersten Flugzeuge dieser Bauart aus dem Jahre 1923 mit einem Motor Daimler D IIIa oder einem BMW IIIa als A 20 bezeichnet worden sind, wurden in der Dessauer numerischen Weiterzählung die ab 1925/26 mit einem L 2-Motor ausgerüsteten Flugzeuge gleicher Bauart als A 25 geführt. Die Umwandlung von einer A 20 in eine A 25 erfolgte vorwiegend durch nachträgliche Umrüstung, ebenso, wie sich auf die gleiche Weise Verkehrsflugzeuge G 23 in G 24 gewandelt hatten.

Während beispielsweise die Flugzeuge A 20 mit den Kennungen D-707 (Werknummer 867) und D-710 (Werknummer 871) ihren Motor Daimler D IIIa behielten, haben die zuvor als A 20 motorisierten Flugzeuge D-403 (Werknummer 458), D-441 (Werknummer 462) und andere nachträglich einen Junkers-L 2-Motor erhalten und sind, den Intentionen der Dessauer Numerierung folgend, als A 25 zu bezeichnen.

Die A 25 war, wie die A 20, mit Radfahrwerk und mit Schwimmern oder mit Schneekufen einsetzbar. Hinweise auf etwaige veränderte Abmessungen der A 25 gegenüber der A 20 haben sich nicht finden lassen.

Ein erwähnenswertes Luftverkehrsereignis war der Erstpostflug auf der Strecke Berlin–Angora (Ankara), den der Junkers-Chefpilot Zimmermann am 5. Juli 1924 mit einer A 25 erfolgreich ausführte. Nach Dessauer Werkangaben ist bei diesem Flug erstmals ein L 2-Serienmotor auf einer Langstrecke getestet worden. Diese A 25 trug die Kennung D-403 (Werknummer 458).

Die Damenmode des Jahres 1925 und die A 25 „Mond" (D-442) vor der Halle der „Junkers Luftverkehr A. G." auf dem Tempelhofer Flugplatz

T 26
weitergeführter T 23-Versuch

Mit dem Versuchs-Sport-Hochdecker T 26 wurde im Jahre 1925 eine Experimentalbaureihe fortgesetzt, die mit der T 19 begonnen hatte und deren Stationen die T 21, T 22 und T 23 waren. Wie das letztgenannte Muster wurde auch die T 26 sowohl mit einem Hochflügel (T 26 E) als auch mit einem zusätzlichen Unterflügel (T 26 D) erprobt. Es sind nur einzelne Exemplare dieses Hochdeckermusters gebaut worden. Es war mit einem 58,8-kW(80 PS)-Junkers-Motor L 1a ausgerüstet. Die Höchstgeschwindigkeit betrug 130 km/h, mit zusätzlichem Unterflügel (T 26 D) 115 km/h. Etwa im Jahre 1931 flog noch eine T 26 E mit einem 69,8/58,8-kW(95/80 PS)-Sportflugmotor Argus As 8.

Das Baumuster T 26 sollte, nachdem es experimentellen Aufgaben gedient hatte, als Schulflugzeug für Fliegerschulen verwendet werden. Es fand aber wenig Zuspruch, weil sich die Dessauer mit dem Flugzeug nicht gegen die Vielzahl der im Angebot befindlichen Sport- und Schulflugzeugtypen durchsetzen konnten, auf die sich sämtliche kleinen und größeren Flugzeugwerke während der Baubeschränkungen auf dem deutschen Binnenmarkt konzentriert hatten. Trotzdem wäre die Verwendung dieses Flugzeuges für viele Fliegerschulen eine ökonomisch zweckmäßige Möglichkeit gewesen. Das hatte vor allem zwei Gründe: Erstens konnte das Flugzeugmuster sowohl für die Anfängerschulung (als Doppeldeckerversion – relativ lange Startstrecke, und geringe Landegeschwindigkeit) als auch für die Fortgeschrittenenausbildung (als Eindeckerversion – relativ kurze Startstrecke, und höhere Landegeschwindigkeit) genutzt werden. Zweitens war das Flugzeug rasch umrüstbar. Drei Personen konnten den Doppeldecker binnen 30 Minuten in einen Eindecker verwandeln oder in 15 Minuten den Eindecker zum Doppeldecker umbauen. Jedenfalls nach Dessauer Angaben.

Zu einem folgenschweren T 26-Flugunfall war es am 13. Juni 1931 in Dessau gekommen. Zu einem Übungsflug war der 21jährige Flugschüler Joachim Glühmann mit seinem 18jährigen Begleiter Bartel aufgestiegen. In etwa 100 m Höhe geriet das Flugzeug im Kurvenflug außer Kontrolle, stürzte in die Kühnauer Kreisstraße und explodierte. Die Ursache des Absturzes soll ein Steuerungsfehler des jungen Piloten gewesen sein. Beide Flugzeuginsassen wurden tödlich verletzt. Die T 26 gehörte dem „Anhaltischen Verein für Luftfahrt" und trug die Kennung D-1763 (Werknummer 449).

T 27

letztes Hochdecker-Experiment

Als T 27 wurde im Jahre 1925 in Dessau der T 26-Hochdecker mit einem französischen Umlaufmotor 95,6-kW(130 PS)-Clerget geführt. Andere wesentliche Unterschiede zur T 26 gab es nicht. Auch dieser Motor kann nicht die Erwartungen erfüllt haben, die von der Dessauer Entwicklungsgruppe an den leichten Hochdecker gerichtet worden sind, denn noch im Jahre 1925 wurden die bis dahin lediglich kostenaufwendigen Experimente mit der Hoch-, Schulter- und wahlweisen Doppeldecker-Versuchsreihe abgebrochen.

Der praktische Flugzeugbau in Dessau konzentrierte sich fortan vollständig auf die variierte und zweckangepaßte Anwendung der Tiefdeckerbauweise.

Versuchshochdecker T 26E (1925)

Das Versuchsflugzeug mit zusätzlichem Unterflügel als T 26D

T 26E im Fluge

T 29

„fliegendes Bügeleisen"

Das Sportflugzeug T 29 war ein einmotoriger freitragender Tiefdecker in der Junkers-Wellblechbauweise. Er wurde als Zweisitzer mit nebeneinander angeordneten Sitzen gebaut, und zwar in mindestens zwei Exemplaren im Jahre 1925.

Das Flugzeug wurde zwar als Sportflugzeug eingesetzt, hatte aber für die Dessauer Forscher die Primärfunktion eines Versuchsflugzeuges, denn erstmals wurde damit der sogenannte Junkers-„Doppelflügel" als Auftriebshilfe erprobt (DRP-Nr.: 396 621 vom 12. Juli 1921). Später wurde dieser Doppelflügel für den Junkers-Verkehrsflugzeugbau übernommen und findet sich beispielsweise an der G 38 und der Ju 52 in getrennten Querruder- und Landeklappensegmenten wieder. Bei der T 29 hingegen wurde noch ein durchgehender Doppelflügel über die ganze Tragflächenlänge verwendet.

Über den Sitzen war ein Schutzbügel angeordnet worden, der den Flieger bei einem etwaigen Überschlag im Start- oder Landevorgang schützen sollte und wie ein vergrößerter Handbügel aussah. Er brachte der T 29 sofort nach ihrem Erscheinen in der Öffentlichkeit den Beinamen „fliegendes Bügeleisen" ein. Das Flugzeugmuster (die D-657 und die D-666) nahm am „Deutschen Rundflug" im Jahre 1925 teil und belegte in der Gruppe C (Flugzeuge mit Motor über 58,8 bis 88,2 kW bzw. 80 bis 120 PS) einen dritten Platz, war aber der Junkers-K 16, die auf den zweiten Wertungsrang gelangte, unterlegen.

T 29 (1925)

Vorderteil der zweisitzigen Kabine

K 30

Vorfertigung für schwedische Endmontage

Das dreimotorige Flugzeug K 30 war eine militärische Adaptionsfertigung des Verkehrsflugzeuges G 24, bestimmt als Bombenflugzeug für die sowjetischen Fliegerkräfte. Es ist in Dessau nur in einem Exemplar fertigmontiert und flugerprobt worden. Der Zusammenbau, das Einfliegen und größtenteils auch die Bewaffnung der weiteren Flugzeuge dieses Musters erfolgte im schwedischen Montagewerk „A. B. Flygindustri" in Limhamn bei Malmö. Von dort sind in den Jahren 1926 und 1927 insgesamt 30 Flugzeuge K 30 an ausländische Käufer geliefert worden, davon 23 Exemplare an die UdSSR.

Die K 30 wird im Zusammenhang mit der schwedischen Produktion von Junkers-Flugzeugen näher vorgestellt.

Das Muster der K 30 (1926) in Dessau, bestimmt für die Montagefertigung in Limhamn (Schweden) zur bevorzugten Lieferung an die sowjetischen Fliegerkräfte (dort als JuG 1 bezeichnet)

G 31

„fliegender Speisewagen"

Das dreimotorige Verkehrsflugzeug G 31 war eine vergrößerte Weiterentwicklung der G 24 und ebenfalls ein freitragender Tiefdecker in Ganzmetallbauweise mit Duralblechbeplankung. Das Flugzeug war für 15 Passagiere in geschlossener Kabine sowie drei Mann Besatzung (zwei Flugzeugführer und ein Flugmaschinist) konzipiert. Die geräumige Passagierkabine einschließlich Waschraum war in drei Abteile mit einem durchgehenden Mittelgang unterteilt. Die G 31 wurde bald als „fliegender Speisewagen" bezeichnet, denn in diesem Flugzeug wurde im Jahre 1928 erstmals ein Steward eingeführt, der in einer weißen Jacke während des Fluges die Passagiere mit Speisen und Getränken versorgte. Er trug die offizielle Bezeichnung „Flugbegleiter" und verfügte über eine kleine Bordküche.

Die Passagierkabine war beheizbar und jedes Abteil wurde gesondert belüftet. Einzelne Fenster ließen sich wie in einem Eisenbahnabteil herunterkurbeln. In die Decke war Innenbeleuchtung eingebaut. Mehrere Sitze konnten wie eine Klappcouch in Liegen verwandelt werden, weitere Liegestätten zusätzlich an der Wand eingehängt werden. Dieses Flugzeug ließ sich folglich auch als „fliegender Schlafwagen" bezeichnen. Für den Brandschutz war eine Feuerlöschanlage installiert.

Der Pilotenraum hatte zwei Sitze und Doppelsteuerung. Diese Kabine war zunächst unverglast, erhielt aber etwa ab 1928 Sichtscheiben und wurde damit ebenfalls geschlossen.

Die erste G 31 wurde ab September 1926 der Flugerprobung unterzogen. Dieser Prototyp trug das Kennzeichen D-1073 (Werknummer 3000) und hatte bei der Erstflugerprobung drei Motoren Junkers L 5, die sich aber für dieses Flugzeug als zu schwach erwiesen. Deshalb wurde der Mittelmotor durch einen BMW VI ersetzt. Der Prototyp war mit einem doppelten Seitenleitwerk ausgerüstet. Abmessungen: Spannweite

*Der Prototyp der G 31
mit der Werknummer 3000 (1926)*

*Von „Junkers-Luftbild" als Foto
verbreitet, aber die Montage
einer Luftaufnahme von Madrid
mit einem G 31-Modell*

Vorder- und Rückansicht einer werkneuen G 31

Motorenwechsel an einer G 31 in der DLH-Werft Staaken (1927)

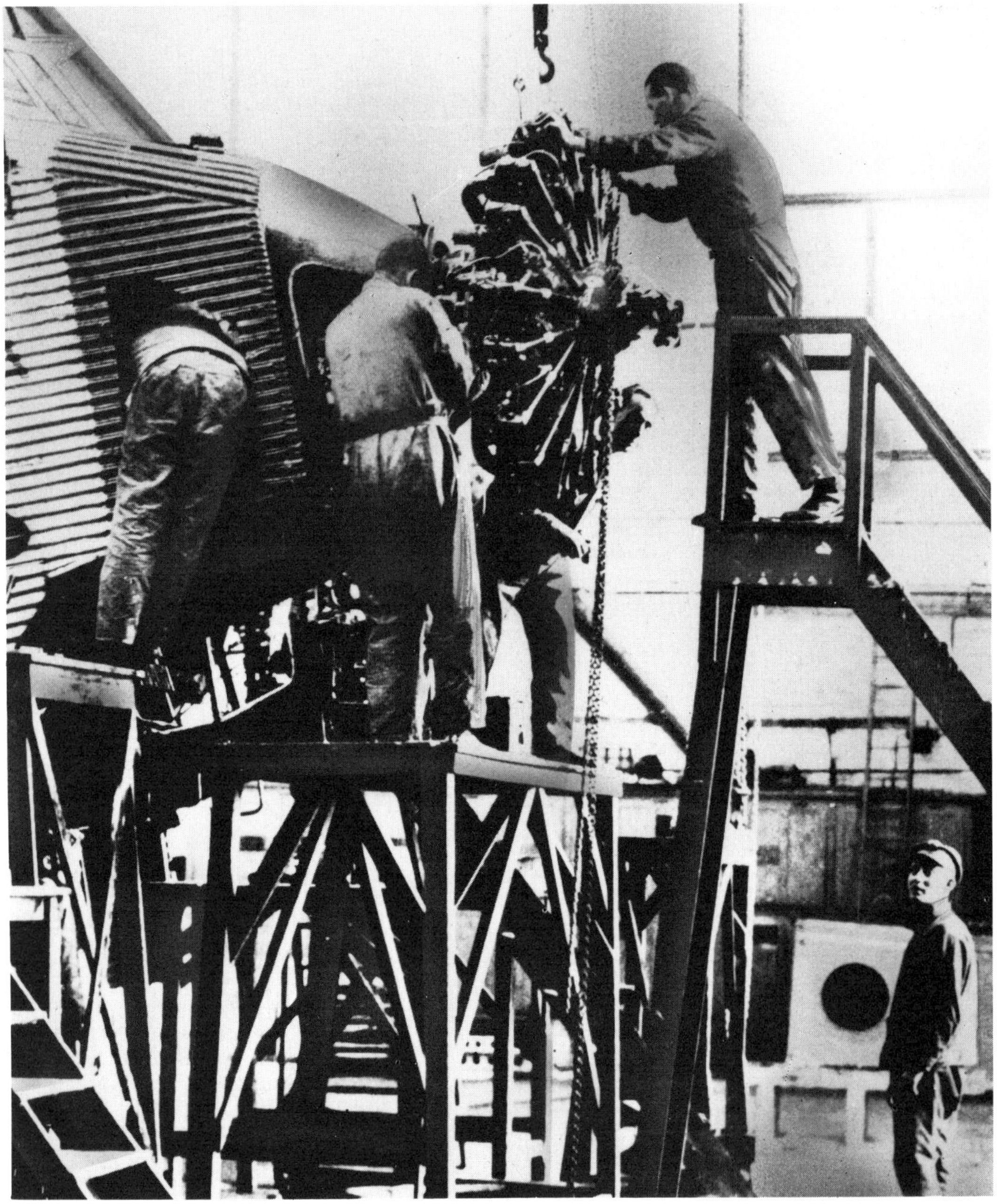

29,66 m, Flügelfläche 94,60 m², Länge 16,50 m, Höhe 6,00 m.

In der Folgezeit enstanden mehrere unterschiedliche Motorausstattungsversionen, die mit verschiedenen Zusatzbuchstaben zur Typenbezeichnung näher gekennzeichnet wurden. Das waren:

G 31de: drei Motoren Gnôme et Rhône „Jupiter VI" mit je 375 kW/510 PS (erstmals geschlossene Pilotenkabine, die Seitenleitwerke waren durch eine Hilfsflosse miteinander verbunden);

G 31fi: drei Motoren Siemens „Jupiter" mit je 375 kW/510 PS (von nun an veränderte Abmessungen der Flugzeugzelle: Spannweite 30,30 m, Flügelfläche 102 m², Länge 17,30 m);

G 31fo: drei Motoren BMW „Hornet" mit je 404 kW/550 PS mit Metallluftschrauben;

G 31ho: ein Mittelmotor Pratt & Whitney sowie zwei BMW „Hornet";

G 31go: drei Motoren BMW „Hornet" (als Frachtflugzeug mit offenem Flugzeugführerraum und großen Ladeluken in der Rumpfoberseite für Neuguinea gebaut).

Insgesamt sind 13 Flugzeuge dieses Typs hergestellt worden. Das zweite Flugzeug nach dem Prototyp war die D-1137 (Werknummer 3001), das dritte war die D-1310 (Werknummer 3003) und wurde am 24. Mai 1928 als das 1 000. Junkers-Flugzeug fertiggestellt. Dieses Jubiläumsflugzeug ist an die „Österreichische Luftverkehrs A. G." (ÖLAG) verkauft worden, erhielt den Namen „Österreich" und flog unter dem Kennzeichen A-46.

Nach Neuguinea sind drei G 31go verkauft worden, und zwar die Dessauer Werknummern 3010, 3011, 3012 (insofern irrt offenbar die an früherer Stelle zitierte Recherche zur deutschen Luftfahrzeugrolle, die als Werknummer 3012 eine Ju 52/3m führt, vergl.[35]). Dazu meldete die Zeitschrift „Luftschau" in der Ausgabe 21/1933: „Die seit Beginn 1928 im

Lufttransportdienst zwischen dem Küsten-
hafen und der Bulolo-Goldgruppe im Inneren der Insel Neuguinea tätigen sechs Junkers-Maschinen der Typen W 34 und G 31
haben … in der Zeit von nicht ganz sechs
Jahren außer 11 000 Passagiere die im Vergleich zu europäischen Luftfrachtergebnis-
sen geradezu phantastische Leistung von
12 481 Tonnen Fracht befördert! Allein die
drei Junkers G 31, dreimotorig, beförderten von April 1931 bis 1. Juli 1933 auf
2 285 Flügen ein Gesamtgewicht von
6 199 Tonnen. Für die beiden Frachtflug-
zeuge der ‚Bulolo Gold Dredging' VH-UOU
‚Paul' (Werk-Nr. 3011) und VH-UOV ‚Peter'
(Werk-Nr. 3012) waren Transportleistungen
von 450 Tonnen pro Monat keine Selten-
heit."

Die G 31 war also nicht allein durch die
Passagierbeförderung „mit Mittagessen an
Bord" international bekannt geworden,
sondern auch als sehr erfolgreiches Transportflugzeug.

Eine bedeutende Leistung vollbrachte
der flugerfahrene Junkers-Pilot Waldemar
Roeder im Jahre 1927. Mit einer G 31 nahm
er in Zürich am „Schweizer Flugmeeting"
teil. Auf der Route Zürich–Lausanne–Mailand–Zürich, die unter anderem über eine
etwa 4 000 m hohe Alpenkette führte, legte
er in 4 Stunden und 41 Minuten genau
632 Kilometer zurück und erhielt dafür neben einer Geldprämie in Höhe von
30 000 Franken auch den Chavez-Bider-Po-
kal. Diese Flugleistung ist damals in der
deutschen Presse als „herausragender
Sieg in der Klasse der schweren Flugzeuge" gefeiert worden. Kaum bekannt geworden ist allerdings, daß Roeder in der

*G 31 als fliegender Bautransporter
in Australien*

Cockpit der G 31

*Der in mehrere Abteile gegliederte
Passagierraum der G 31*

*Die Einführung eines Stewards
(„Flugbegleiters") verhalf der G 31
zu dem Beinamen
„fliegender Speisewagen"*

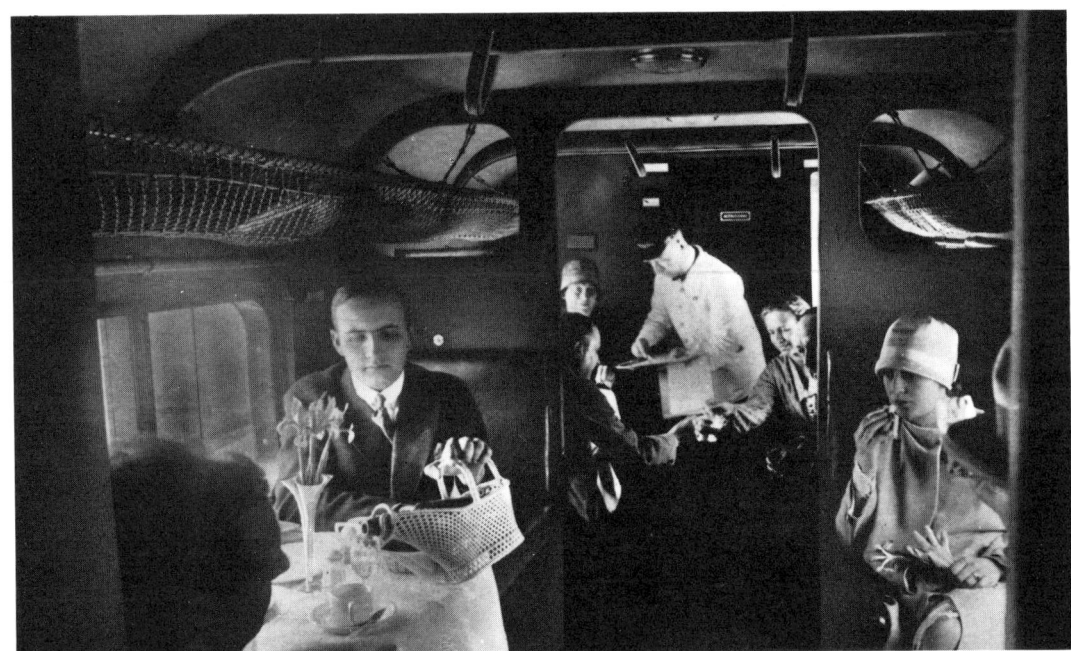

Klasse der mehrmotorigen Flugzeuge den
internationalen Alpenrundflug konkurrenz-
los bestritt, weil eine ebenfalls gestartete
Bréguet XXVI wegen eines Motordefekts
umkehren mußte und andere Bewerber
nicht am Start erschienen waren.

Die DLH setzte die G 31 ab März 1928
auf mehreren internationalen Luftverkehrsstrecken ein, darunter auf den Linien Berlin–Amsterdam–London, Hamburg–Amsterdam–London, Berlin–Danzig (Gdansk)–
Königsberg (Kaliningrad), Berlin–Paris,
Berlin–Wien und Berlin–Kopenhagen–
Malmö.

Zum Absturz einer G 31 kam es im Dezember 1928. Das Flugzeug D-1473 (Werknummer 3005) verunglückte bei hereinbre-
chender Dunkelheit und dichtem Schnee-
treiben. In der Nähe von Gardelegen
schlug die schwere Maschine auf und
brannte aus. Zu den tödlich Verunglückten
gehörte auch der Flugzeugführer Gustav
Doerr.

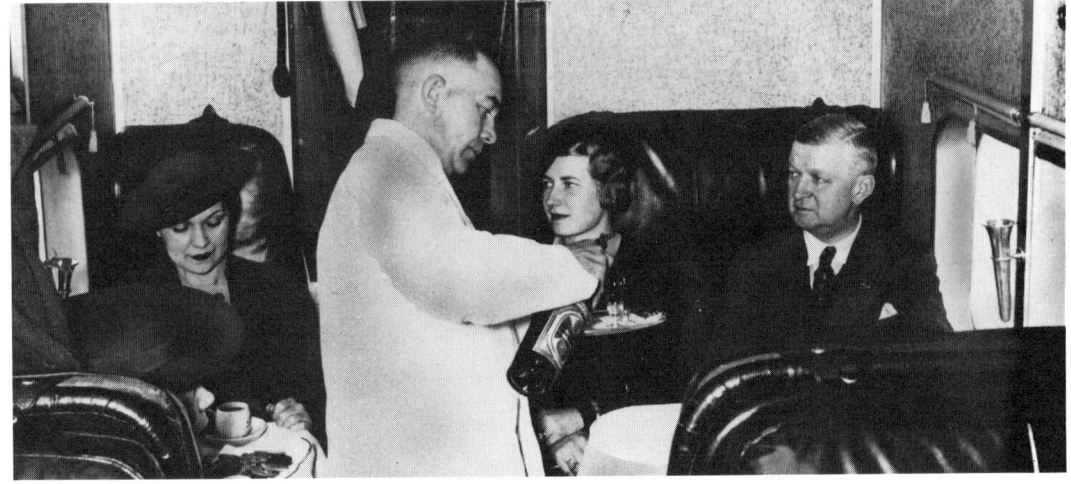

A 32
ein Mehrzwecktiefdecker

Der Ganzmetall-Tiefdecker A 32 mit dem
bereits von der T 29 bekannten Doppelflügel hatte drei im Rumpf hintereinander angeordnete offene Sitze und ist vom Dessauer Herstellerwerk als „Post-, Kurier- und
Luftbildvermessungsflugzeug" bezeichnet
worden. Allerdings kam es für diesen
Zweck nicht zum Einsatz, weil in Dessau
nur zwei Versuchsmuster gebaut worden
sind. Keines der beiden Flugzeuge ist verkauft worden.

Der Mehrzwecktiefdecker A 32 (1926)

W 33

ein „Atlantikbezwinger"

Das einmotorige Flugzeug W 33 ist unter der Leitung von Pohlmann als modifizierte Weiterentwicklung der bewährten F 13 für den Frachtflugverkehr geschaffen worden. Es setzte die Erfolge, die mit der F 13 erreicht worden waren, auch tatsächlich fort. Die W 33 hatte die gleiche Spannweite wie die F 13. Im Werk konnten wegen der Ähnlichkeit beider Flugzeuge viele Bauvorrichtungen für die F 13-Herstellung zum Bau der W 33 genutzt werden. Da die Verwendung ursprünglich für den Frachttransport gedacht gewesen, war der für die F 13 typische Buckel über der Passagierkabine verschwunden, der Rumpf war daher oben flacher und hob sich nur noch wenig über die Oberseite der Motorverkleidung hinaus. Für die Passagiermitnahme war lediglich die unkomplizierte Montage von Notsitzen vorgesehen. Demzufolge fehlten auch die von der F 13 bekannten Ausblickfenster. Einige Flugzeuge, die später bie der DLH für den kombinierten Fracht- und Passagiertransport verwendet wurden, erhielten ein bis zwei Fenster auf jeder Rumpfseite, damit sich die Fluggäste nicht wie in einem geschlossenen Waggon eingesperrt fühlten.

Der Prototyp der W 33 trug das Zulassungskennzeichen D-921 (Werknummer 794) und wurde im Jahre 1926 mit einem Junkers-Motor L 5 erprobt. Noch im selben Jahr ist das Flugzeug als Schwimmerversion für den Seeflugwettbewerb in Warnemünde gemeldet worden und belegte dort auf Anhieb den zweiten Platz.

Auch für die W 33 entstanden verschiedene Motorisierungsvarianten durch die Verwendung der Triebwerke Junkers L 5 mit 227,9 kW (310 PS), Junkers L 5G mit 312,4 kW (425 PS) und Siemens Sh 20 mit 397 kW (540 PS).

Die W 33 zeichnete sich durch die vorteilhafte aerodynamische Durchbildung der Zelle und geringen Kraftstoffverbrauch aus. Das machte diesen Flugzeugtyp, wie sich bald zeigen sollte, für Dauer- und Langstreckenflüge besonders geeignet. Vor allem die Überquerung des Atlantiks in der Ost-West-Richtung schien nun in greifbare Nähe gerückt, denn davon träumten alle europäischen Flugzeugfabrikanten, nachdem es dem amerikanischen Flieger Charles Augustus Lindbergh am 20./21. Mai 1927 gelungen war, im Allein-Nonstop-Flug mit einem Ryan-Nyp-Schulterdecker „Spi-

Vorderteil der W 33
mit ihrem typenkennzeichnenden
abgeflachten Rumpfoberteil (1926)

Die erste W 33 (Werknummer 794,
Merkname „Schildkrähe") vor der
Zulassung mit dem Kennzeichen D-921;
das Flugzeug war mit einem
Junkers-Motor L 5 ausgestattet
und wurde für den Seeflugwettbewerb
in Warnemünde (1926) vorbereitet

rit of St. Louis" die Strecke New York—Paris (5 809 km) zu bewältigen und damit den Atlantik erstmals in der West-Ost-Richtung zu überfliegen. Die Presse sprach damals vom „Ozeanfieber", das sich ausgebreitet habe, und das war sicherlich kaum übertrieben, denn viele wollten nun den Ruhm für sich in Anspruch nehmen, der erste Atlantikbezwinger aus Europa zu sein. Darum wetteiferten viele, ähnlich wie im Jahre 1908, als es um den Wettlauf zur erstmaligen Überquerung des Ärmelkanals mit einem Motorflugzeug ging, den dann schließlich der Franzose Louis Blériot für sich entschieden hatte.

Kurze Zeit nach dem erwähnten Lindbergh-Flug lud die Leitung der Junkers-Werke den erfahrenen Werkpiloten Fritz Loose zu einem Gespräch ein. Er wurde befragt, ob er bereit sei, mit einer W 33 einen Direktflug zum amerikanischen Kontinent zu unternehmen. Loose sagte zu und wurde aufgefordert, diese Angelegenheit vorläufig vertraulich zu behandeln. Die fliegerischen Vorbereitungen verliefen daraufhin in den folgenden zwei Phasen. Die erste Phase bestand im Dauerflugtraining. Es wurde mit dem Ziel vebunden, den Dauerflugweltrekord zu überbieten, der bis zu diesem Zeitpunkt bei 51 Stunden lag und von amerikanischen Fliegern gehalten wurde. Für diesen Zweck hatte der Junkers-Motorenbau die Leistung des bereits bewährten Motors L 5 gesteigert, und zwar durch die Erhöhung des Verdichtungsverhältnisses von 1:5,5 auf 1:7, wodurch die Leistung von 227,9 kW (310 PS) auf 264,6 kW (360 PS) stieg. Als Luftschraube wurde ein Metallpropeller verwendet. Mit einer Treibstoffmenge für fast 60 Stunden Flugzeit, wofür mehrere Zusatztanks installiert werden mußten, startete Loose am 22. Juli 1927 auf dem Werkflugplatz Dessau — gemeinsam mit dem in Budapest geborenen Junkers-Piloten Johann Risztics auf dem Copilotensitz. Es war beabsichtigt, diesen Dauerflug als fortwährenden Pendelflug zwischen Dessau und Leipzig-Mockau zu bewältigen. Doch gelang es diesmal noch nicht, den Dauerflugweltrekord in den Besitz der Junkers-Werke zu bringen. Fritz Loose schrieb über das Ende dieses Versuchs:

„Es war inzwischen kurz vor Mitternacht geworden und wir hatten eben den mit einem Lichterkranz beleuchteten Kontrollpunkt umflogen, als der Motor schlagartig abfiel und stehen blieb. Mit einem kurzen Blick auf den Höhenmesser, der 350 Meter Höhe anzeigte, kurvte ich um den Platz und

Die W 33 „Bremen"
mit der Kennung D-1167 und die
W 33 „Europa" mit der Kennung D-1197 vor
dem Start zum Ozeanflugversuch im Jahre
1927

in die Richtung auf den aufgestellten Leuchtpfand ein, ... als im selben Moment die Lichter verschwanden. Blitzartig erkannte ich, daß ich in einer Senke in Bodennähe bin, obgleich der Höhenmessern kurz vorher noch über 150 Meter angezeigt hatte. Ich riß das Flugzeug mit Querruder und Seitenruder aus der Schräglage, und im gleichen Moment setzte die Maschine hart auf dem Boden auf, das Fahrwerk brach ab ..."[87]

Die Bruchlandung nach dem Motorstillstand hatte in einem Kornfeld stattgefunden, knapp zehn Meter von der Flugplatzgrenze in Leipzig-Mockau entfernt. Die Ursache, wie die spätere Untersuchung des Motors ergab, war der Ausfall der Kraftstoffpumpe gewesen.

Obgleich mißlungen, hatte dieser Versuch eine breite Aufmerksamkeit gefunden und einige Interessenten nach Dessau geführt, die sich, zunächst unabhängig von den Junkers-Plänen, mit den Möglichkeiten für einen Atlantiküberflug beschäftigten. Unverzüglich nach den ersten Pressemeldungen über den Dauerflugversuch traf Ernst Günther von Hünefeld, zu jener Zeit leitend beim „Norddeutschen Lloyd" tätig, in Dessau ein. Als Mitinteressenten brachte er Cornelius H. Edzard mit, damals Direktor und Chefpilot der kleinen „Bremer Luftverkehrs GmbH" sowie gleichzeitig Einflieger und Fluglehrer der „Focke-Wulf Flugzeugbau A. G." in Bremen. Beide trugen ihre Absicht für einen Flug von Europa nach Amerika vor und versuchten, dafür eine W 33 möglichst preisgünstig zu erwerben, weil, wenn der Überflug gelang, dies ja auch eine einzigartige Reklame für die

Bilder Seite 114
Die W 33 „Bosporus"
(Werknummer 2580, Kennung D-2009)
wurde im Frühjahr 1931
fertiggestellt und erhielt im Jahre 1934
das Kennzeichen D-OTAQ

„Tod dem Schädling"
am Rumpf der W 33
mit der Kennung D-1125
(Werknummer 2502),
die für aviochemische Einsätze
verwendet wurde

Junkers-Werke sei. Sie erhielten aber keinen Kaufvertrag, sondern vorerst eine Option (eine Art Vorkaufsrecht) auf eine W 33 – ausgerüstet als Langstreckenflugzeug. Offenbar wollte Professor Junkers die Regie des Atlantiküberfluges nicht aus der Hand geben. Man einigte sich darauf, daß nunmehr ein zweites Flugzeug für die Atlantikstrecke ausgerüstet wird. E. G. von Hünefeld und Edzard, zu denen sich in Dessau noch der nachtflugerfahrene Leiter des Nachtflugbetriebes der „Deutschen Luft Hansa A. G.", Hermann Köhl, gesellte, wurden in die weiteren Vorbereitungen einbezogen.

Daraufhin wurde noch im selben Monat der Rekordversuch wiederholt, diesmal mit zwei Flugzeugen des Typs W 33, wiederum auf der Pendelstrecke zwischen Dessau und Leipzig-Mockau. Eines der beiden Flugzeuge flog Cornelius H. Edzard, Copilot war Johann Risztics. Das zweite Flugzeug wurde von Fritz Loose gesteuert, Copilot war Hermann Köhl.

Loose war zuerst gestartet, flog nach Leipzig, umkurvte den dortigen Kontrollpunkt und war auf der Rückstrecke nach Dessau, als es wieder Schwierigkeiten mit dem Motor gab. Infolge der großen Treibstoffzuladung und des dadurch verursachten hohen Fluggewichts war der Motor mit voller Drehzahl gelaufen. Plötzlich, kurz vor Dessau, schüttelte der Motor, die Drehzahl

fiel sofort ab und das Flugzeug, gerade in einer Höhe von 250 Metern, verlor rasch an Höhe. Loose veranlaßte seinen Copiloten, so schnell wie möglich zwischen die im Laderaum aufgestellten vier großen Zusatztanks nach hinten hindurchzukriechen und den Schnellablaß der Kabinentanks zu öffnen. Eine Notlandung war unvermeidlich, und in dieser Situation glich das Flugzeug einem vollgefüllten Tankwagen vor dem Aufprall auf ein Hindernis. Das Öffnen der Schnellablaßventile sollte das Fluggewicht vermindern und zugleich verhindern, daß die Tanks bei der Notlandung zerplatzen. Gelang das nicht, würde wohl die Explosion der gewaltigen Menge des mitgeführten Treibstoffs die unvermeidliche Folge der Notlandung sein.

Köhl schaffte es, sich zwischen die Zusatztanks hindurchzuzwängen und die Ablaufverschlüsse zu öffnen. In weniger als einer Minute verdampften fast tausend Liter Kraftstoff, die das sinkende Flugzeug als deutlich sichtbare Wolke hinter sich herzog. Köhl aber stand im Laderaum fast knöcheltief in Benzin, bekam in dem Benzindunst keine Atemfrischluft, brach bewußtlos zusammen und kauerte nun, völlig hilflos, in einer Flugzeugecke inmitten einer zentimeterhohen Treibstoffpfütze. Währenddessen sah Loose zu seinem Schrecken, wie „kleine Benzintröpfchen, von hinten kommend, durch den Sog zum

Fenster hinaushuschen". Dieses „Fenster war die frontale Öffnung vor den Pilotensitzen", die zu jener Zeit noch nicht verglast war. Und vor sich hatte Loose den Motor, der noch lief, aber fortwährend krachte und klapperte und aus den seitlich angebrachten Auspuffstutzen unregelmäßig Flammen ausstieß. Weil er befürchtete, daß es in jedem Moment zu einer Brandkatastrophe kommen könnte, vermied es Loose, über die vor ihm liegenden Wohnhäuser und Fabrikgebäude hinweg eventuell noch den Werkflugplatz zu erreichen. Er setzte, in vorsichtigen Kurven seine Höhe verringernd, am Dessauer Stadtrand auf einer Wiese auf. Kurze Zeit später kam ein Sanitätsfahrzeug der Junkers-Werke zu Hilfe. Köhl, noch immer ohne Bewußtsein, wurde ins Krankenhaus gebracht.[88]

Es ist eigentlich unvorstellbar, daß die W 33 unter den von Loose geschilderten

Prof. Junkers bei seiner Ansprache auf dem Dessauer Flugplatz zur Verabschiedung der Besatzungen der „Bremen" und „Europa" am 14. August 1927

Kraftstofftanks und Luftsäcke in der Tragfläche der „Bremen"

Umständen nicht in der Luft explodierte. Als Ursache für die gefahrvolle Situation fand die untersuchende Expertengruppe der Junkers-Motorenwerke später heraus, daß ein Kipphebel gebrochen war und den Ausfall eines Zylinders bewirkt hatte.

Derweil pendelte die zweite W 33 mit Edzard und Risztics weiter auf ihrer Flugstrecke hin und her. Sie landete erst zwei Tage später in Dessau und brachte den neuen Dauerflugweltrekord von reichlich 52 Stunden mit nach Hause, der wenig später von der „Fédération Aéronautique International" (FAI) in Paris bestätigt und anerkannt wurde.

Die zweite Phase der Atlantikflugvorbereitung bestand im Blindflugtraining. Die Berliner Firma „Askania" hatte ein Bordinstrument als Orientierungshilfe für das Fliegen ohne Erd- und Horizontsicht entwickelt und den Junkers-Werken für Erprobungen zur Verfügung gestellt. Im Ergebnis mehrerer Versuchsflüge wurde das Instrument verbessert und in die Flugvorbereitungen einbezogen. Fritz Loose, der sich als erster diesem Blindflugtraining unterzog, schrieb darüber: „Nach etwas Übung konnte ich Geradeausflüge und flache Kurven ohne Horizont- und Erdsicht nach diesem Instrument im Verein mit Höhenmesser, Fahrtmesser und Kompaß ausführen. Nach einigen Flügen, bei denen die linke Hälfte des Führerraumes verkleidet war, so daß ich ohne Erdsicht nur nach Anzeige der angegebenen Instrumente fliegen und steuern konnte, während ein zweiter Pilot rechts freie Sicht hatte und im Notfall eingreifen konnte, eignete ich mir immer mehr Sicherheit im Instrumentenflug an. Einen Flug mit der W 33 von fast einer Stunde machte ich unter der Haube des abgedeckten linken Führersitzes vom

Platz in Dessau mit Kurs nach Magdeburg und zurück … Im Hinblick auf den bevorstehenden Ozeanflug war mein Vertrauen auch für lange Nachtflüge bei Schlechtwetter gestiegen."[89]

Nach diesen Flügen, die auf besondere Weise die Systematik und das folgerichtige flugmethodische Vorgehen bei der Vorbereitung des bevorstehenden Unternehmens verdeutlichen, mit denen unter Junkers' Leitung in Dessau stets gearbeitet wurde, begannen die unmittelbaren Präparationen. Zwei W 33 erhielten ihre Spezialausrüstungen. Eines der beiden Flugzeuge, die D-1197 (Werknummer 2505) erhielt den Namen „Europa". Die Führung des Flugzeuges wurde dem Junkers-Piloten Risztics übertragen. Als zweiter Pilot und Navigator wurde der Bremer Flugzeugführer Edzard eingeteilt. Als Passagier flog der amerikanische Presseberichterstatter Hugo Rengro Knickerbocker mit, der gerade von einer Journalistenreise aus der UdSSR gekommen war. Das zweite Flugzeug, die D-1167 (Werknummer 2504) hatte auf von Hünefelds Wunsch den Namen „Bremen" erhalten und wurde der fliegerischen Leitung des Junkers-Piloten Loose anvertraut. Zweiter Pilot und Navigator wurde Köhl. Als Passagier flog hier von Hünefeld mit.

Die Flugzeuge hatten mit sämtlichen gefüllten Tanks, die im Mittelgerüst, im Rumpf und in den Tragflächen untergebracht worden waren, einen Aktionsradius von mehr als 5 000 km. Unter Berücksichtigung des zu erwartenden Gegenwindes wurde angenommen, daß von Dessau aus die amerikanische Küste in 40 bis 42 Flugstunden erreicht werden könne — sorgfältige Navigation vorausgesetzt.

In die Flugvorbereitungen wurde als Berater auch Dr. Seilkopf von der Hamburger

*Das bei der Bruchlandung abgerissene
Leitwerk mit Rumpfende der „Europa"*

*Ein Brief, als „Erste Luftpost
Dessau – New York" dem Flugzeug
„Bremen" bzw. „Europa" mitgegeben,
dann aber mit dem Stempelaufdruck
„Zurück, Flug nicht durchgeführt"
an den Aufgabeort zurückgekehrt*

Seewetterwarte einbezogen, der als besonders guter Kenner der allgemeinen meteorologischen Verhältnisse über dem Atlantik galt. Schließlich wurde der 14. August 1927 für den Start festgelegt. Die Besatzungen kamen überein, so rechtzeitig zu starten, daß der Atlantische Ozean noch bei Tageslicht erreicht werden konnte, um als wichtige Navigationshilfe eindeutig erkennen zu können, an welcher Stelle die europäische Küste in Richtung Westen überflogen wird.

Doch dann kollidierten die Flugerfordernisse mit dem „Protokoll" des Verabschiedungszeremoniells in Dessau. Das Flugvorhaben war in der Presse reichlich publiziert worden und es hatten sich viele Gäste angemeldet, aber das hatte für die Flugteilnehmer unliebsame Nebenwirkungen. Fritz Loose schrieb dazu: „Natürlich kamen wie üblich alle möglichen Leute, wie Vertreter von Behörden, vor allem die Presse usw., wodurch sich der vorgesehene Startzeitpunkt verzögerte. Dr. Seilkopf drängte ständig, wir sollten abhauen und die Leute stehen lassen, sonst kämen wir in das Tief, das sehr schnell heranzieht."[90]

Die Flugzeugbesatzungen machten zwar besorgte Gesichter, hielten sich aber an die Wünsche der Direktion. Erst als alle Gäste erschienen waren – zumindest alle geladenen – und Professor Hugo Junkers in einer kurzen Rede den bevorstehenden Flug als Beitrag zur Verwirklichung des völkerverbindenden Gedankens der friedlichen Luftfahrt gewürdigt hatte, Dutzende von Fotografen ihre Aufnahmen gemacht und die Rollstrecke endlich wieder frei war, starteten die „Bremen" um 18.21 Uhr und vier Minuten später die „Europa". Dazu war wegen des hohen Zuladungsgewichts der Flugzeuge (der Treibstoffmenge) eine zusätzliche Sicherheitsvorkehrung getroffen worden. Der Junkers-Chefpilot Wilhelm Zimmermann hatte durchgesetzt, daß Fachleute des Elektrizitätswerkes bereitstanden, die mittels einer an die Leitungsmasten montierten Vorrichtung entschlossen die Hochspannungsleitungen kappen

sollten, die sich in der verlängerten Startbahn befanden, falls die schwerbeladenen Flugzeuge bis zu dieser Stelle nicht die ausreichende Überflughöhe erreichen sollten. Aber die Starts verliefen einwandfrei. Das Kappen der Leitungen konnte unterbleiben.

Nicht einwandfrei vollzog sich allerdings der weitere Flugverlauf, denn die Startverzögerung hatte den Flugplan durcheinandergebracht. Nach Einbruch der Dunkelheit wurde erst Hannover erreicht. Danach kam die „Bremen" gerade noch an einer Gewitterfront vorbei, geriet dann in dichten Nebel, doch konnte die Besatzung, als sie aus dem Nebelfeld herauskam, erkennen, daß sie bei Borkum die Nordsee er-

reichte. Wegen der Sichtverhältnisse wichen Loose und Köhl nach Norden aus, überflogen England, gelangten an die irische Küste und stießen dort wiederum auf Nebel. Nunmehr wich die Besatzung der „Bremen" nach Süden aus, kam etwa am Westausgang des Ärmelkanals zum Atlantik, sah aus 400 m Höhe rundherum weite Schaumkämme auf dem Wasser, flog jetzt direkt gegen den starken Wind und stellte fest, daß das Flugzeug kaum vorankam, zeitweise sogar auf der Stelle „in der Luft stand". Der Sturm war stärker als der Junkers-Motor. Nach einer halbstündigen Beratung waren sich Loose, Köhl und von Hünefeld darüber einig, daß der einzige Ausweg im Rückflug bestand. Über England und Holland kehrten sie zum Ausgangspunkte ihrer Reise zurück und landeten nach reichlich 22 Stunden Flugzeit am 15. August 1927 um 16.24 Uhr wieder in Dessau. Dort erfuhren sie, daß die W 33 „Europa" noch am Vorabend bei Bremen mit Bruch, aber ohne Personenschaden gelandet war. Die ersten Presseberichte erschienen dann auch mit Schlagzeilen wie: Die „Bremen" blieb in Europa, die „Europa" kam bis Bremen!

Zwei Monate später wurde erneut der Versuch unternommen, von Europa aus den Atlantik zu überqueren, diesmal mit einer Junkers-K 30 auf Schwimmern aus dem schwedischen Zweigwerk „A. B. Flygindustri" in Limhamn. Außerdem war die Konzeption auf einen Mehretappenflug umgestellt worden. Flugzeugführer war wieder Fritz Loose. Mit drei weiteren Besatzungsmitgliedern und der Wiener Schauspielerin Dillens als Passagier an Bord führte der Flug am 4. Oktober 1927 von Kiel-Holtenau nach Norderney und Amsterdam (Landung auf dem Ijsselmeer). Am 5. und 6. Oktober ging es mit Zwischenlandungen bis zur Bucht von Lissabon. Am 14. Oktober 1927 wurde in neunstündiger Flugzeit die etwa 2000 km lange Atlantikstrecke bis zu den Azoren bewältigt (Landung im Hafen von Horta auf der Azoreninsel Fayal). Dort endete das Unternehmen nach Schwimmer- und Propellerbruch.

Der nächste Versuch fand im Frühjahr 1928 statt. Auf Vorschlag von Köhl, als verantwortlicher Pilot für den neuen Flug ausgewählt, wurden die Spannweite der „Bremen" von 17,75 m auf 18,35 m vergrößert und die Tragflächenenden leicht hochgewinkelt (zu sogenannten „Ohren"). Es

Die erfolgreichen Ozeanflieger: Köhl, Fitzmaurice und von Hühnefeld (v. l. n. r.)

wurde ein neuer Startflugplatz gesucht und dafür ein Gelände an der Westküste Irlands in Aussicht genommen. Im März 1928 traf der Flieger Spindler in Dessau ein und machte sich mit der „Bremen" vertraut, die von Hünefeld mit Unterstützung finanzkräftiger Bremer Förderer für rund 80 000 Mark[91] im Februar 1928 von Junkers gekauft hatte.

Inzwischen hatte sich nicht nur die öffentliche Meinung, sondern auch die Haltung der Behörden gegen weitere Atlantikflugversuche gewendet. Deshalb wurde der Entschluß gefaßt, den nächsten Versuch ohne jegliche Mitteilung an die Presse vorzubereiten und ein Täuschungs-

manöver anzuwenden, um einem etwaigen Startverbot zu entgehen. Die W 33 wurde nach Tempelhof überflogen, um sie der Neugier der in Dessau fast ständig anwesenden Berichterstatter zu entziehen. Auf dem Tempelhofer Flugplatz wurde das Flugzeug erst einmal abgestellt. „Am frühen Morgen des 26. März 1928 meldete Köhl einen Flug der ‚Bremen' nach Dessau an. Die verhältnismäßig kleine Bezinmenge von 800 Liter, die für diesen Flug getankt wurde, konnte bei der Luftpolizei keinen Argwohn aufkommen lassen … Hünefeld selbst hatte sich bereits vorher unbemerkt im Laderaum des Flugzeugs versteckt."[92]

Köhl und Spindler bestiegen das Flugzeug, starteten um 8.30 Uhr und flogen — nicht nach Dessau, sondern über Hannover, Amsterdam, Calais und London nach Irland. Nach neun Stunden landeten sie auf dem irischen Militärflugplatz Baldonnel. Köhl wurde wegen dieses Täuschungsmanövers fristlos von der DLH entlassen. Spindler schied daraufhin aus den weiteren Flugvorbereitungen freiwillig aus. Der Kommandant des irischen Flugplatzes, Major James C. Fitzmaurice, sprang dafür mit Freuden als Copilot ein, denn er hatte bereits am 16. September 1927 versucht, gemeinsam mit dem englischen Flieger R. W. McIntosh in einer Fokker F VII von Baldonnel aus den Atlantik zu überfliegen,

Die modifizierte W 33 „Bremen" mit ihren leicht hochgewinkelten Tragflächenenden, mit der im April 1928 der Ozeanüberflug gelang (im Bild: holzstangengestützt am Landeort im Eise von Greenly Island)

*Die zweite W 33 „Europa"
(Werknummer 2 506, Kennung D-1198)
erhielt ebenfalls hochgewinkelte „Ohren"
an den Tragflächenenden*

*Die zweite „Europa" nach dem gelunge-
nen Ostasienflug in Tokio (1928)*

aber ein Unwetter hatte sie zur Umkehr gezwungen. Fitzmaurice nutzte nach dem
Ausscheiden Spindlers die durch die Wetterlage entstandene Wartezeit, um sich im
Fliegen der W 33 zu üben.

Am 12. April 1928, um 5.38 Uhr (6.38 Uhr
MEZ), erfolgte endlich der Start, nachdem
die Wetterwarte geeignete meteorologi-
sche Bedingungen vorausgesagt hatte.
Das geschah unter Ausschluß der Öffentlichkeit. Lediglich die irischen Soldaten waren zeitig aufgestanden, denn am Vorabend hatte der Offizier vom Dienst den
Befehl erlassen: „50 Mann stehen morgen
früh um 4 Uhr am Schuppen der ‚Bremen'
bereit! Die Deutschen starten zum Ozeanflug von Ost nach West, unser Kommandant, Major Fitzmaurice, fliegt mit!"[93]

Köhl und Fitzmaurice wechseln sich
nach dem gelungenen Start von Zeit zu
Zeit bei der Führung des Flugzeuges ab.
Von der üblichen Mittagszeit an beginnt
Hünefeld die Flieger zu füttern. Stückweise
steckt er dem, der gerade das Steuer hält,
Bananen, Schokolade und hartgekochte
Eier in den Mund. Nach 27 Flugstunden gerät das Flugzeug in Nebel und stürmischen
Wind, der eiskalt ist über dem endlosen
Meer und die Kleidung durchdringt. Die
Männer ermüden allmählich und versuchen, sich mit warmem Tee aus der Ther-
mosflasche munter zu halten. Mitten in der
Nacht stellen sie fest, daß sie Öl verlieren;
aber sie können nicht landen, denn weit
und breit gibt es kein Anzeichen dafür, daß
sie sich in Landnähe befinden. Nach weiteren Stunden sehen sie ein schneebedeck-
tes Landschaftsbild – Wälder, Berge und
Täler, ebenfalls zum Landen ungeeignet.
Nirgendwo erkennen sie mit dem Fernglas
irgendein Anzeichen menschlicher Ansied-
lung, kein Gebäude, kein aufsteigender
Rauch, keine Bahnlinie … Endlich aber entdecken sie einen Leuchtturm, daneben ein
paar kleine Gebäude. Sie kreisen mit dem
Flugzeug, suchen eine Landestelle, setzen
auf einem Schneefeld auf. Fast auf der
Stelle bricht die „Bremen" ein und stellt
sich auf den Kopf.

Das Flugzeug war nach 36 Stunden Flugzeit auf Greenly Island gelandet, einer klei-

nen Insel zwischen Labrador und Neufundland. Darüber, wie weit die drei Männer
den Punkt verfehlt hatten, an dem sie auf
dem amerikanischen Festland landen wollten, gehen die Ansichten bis heute sehr
weit auseinander, vor allem deshalb, weil
es unterschiedliche Angaben darüber gibt,
welchen Landeort sie sich vorgenommen
hatten, bevor sie starteten. Ihr Hauptziel
aber war erreicht. Sie hatten den Nordat-
lantik als erste im Nonstop-Flug von Ost
nach West überquert. Die Luftlinie vom
Start- zum Landeplatz beträgt etwa
3 600 km, der Flug ist aber infolge zahlrei-
cher Umwege sicherlich erheblich länger
gewesen.

Nach der Landung telegrafierten die drei
Männer an Professor Junkers: „Nächst
Gott verdanken wir Erfolg geglückten Ost-
West-Fluges dem glänzenden Flugzeug
und dem restlos zuverlässigen Motor Ihrer
Werke. In Ehrerbietung grüßen wir den ge-
nialen Schöpfer der ‚Bremen'." Und Jun-
kers schickte das folgende Telegramm an
Köhl, von Hünefeld und Fitzmaurice:

„Wir alle in Dessau sind mit stolzer Freude
und dankbarer Bewunderung für Ihre
kühne Tat erfüllt … Der Erfolg des Fluges
hat Ihren Heldenmut gekrönt und die
große Aufgabe, das Flugzeug dem Trans-
ozeanverkehr dienstbar zu machen, einen
Schritt vorwärts gebracht. Besonders
freuen wir uns auch, daß durch die Teilnahme des Kommandanten Fitzmaurice …
die traditionelle Kameradschaft in der Luftfahrt einen neuen Impuls erhalten hat.
Aber weit darüber hinaus erfüllt es uns mit
freudiger Genugtuung, daß das Flugzeug
im Dienste der Wiedererstarkung des Ge-
meinschaftsgefühls der Völker … dieser
wichtigsten und schönsten Aufgaben der
Menschheit gedient hat. Daß Sie Ihr Leben
und Ihren Ruf hierfür mutig eingesetzt haben, dafür gebührt Ihnen unser aller Anerkennung und Dank."[94]

Die W 33 „Bremen", die bei der Landung
an Fahrwerk und Luftschraube beschädigt
worden war, wurde repariert und von Fred
Melchoir, dem Chefpiloten der „Junkers
Corporation of America", von Greenly Is-

land ausgeflogen. Nach mehrmaligen Ausstellungen und wiederholtem Besitzerwechsel wurde das Flugzeug im Jahre 1938 von dem US-amerikanischen Großindustriellen Henry Ford für das „Edison-Institute-Museum" in Dearborn bei Detroit gekauft. Dort steht es heute noch.

Die W 33 „Europa" existierte doppelt. Das erste Exemplar, die D-1197 „Europa" (Werknummer 2505), die am 14. August 1927 bei Bremen notgelandet und dabei erheblich beschädigt worden war, ist repariert und ab 1928 mit dem neuen Merknamen „Bolbol" beim Junkers-Luftverkehr in Persien eingesetzt worden. Ab April 1934

flog die Maschine wieder in Deutschland, und zwar mit der Kennung D-OBAL im Eigentum der „Deutschen Verkehrsfliegerschule GmbH". Diese Zulassung existierte bis zum Mai/Juni 1939 und wurde dann gelöscht. Es konnte nicht zuverlässig festgestellt werden, aus welchem Grunde die Löschung in der Luftfahrzeugrolle erfolgte. Die zweite „Europa" trug die Zulassung D-1198 (Werknummer 2506) und ihren Namen seit dem Jahre 1928, etwa ab dem Zeitpunkt, als die erste W 33 „Europa" in „Bolbol" umbenannt in Persien eingesetzt wurde. Im September 1928 ging das Flugzeug in von Hünefelds Eigentum über und

wurde für einen Ostasienflug umgerüstet. Mit dem schwedischen Flieger Lindner am Steuer startete die D-1198 am 19. Oktober 1928 in Berlin-Tempelhof und erreichte Tokio in einem Mehretappenflug von insgesamt rund 14 250 km und einer Gesamtflugzeit von 90 Stunden. Kurze Zeit danach war das Flugzeug Eigentum des Kaiserlichen Aero Clubs in Tokio und flog fortan unter dem Kennzeichen J-BAWG.[95]

Zu den aufsehenerregenden Flügen mit W 33 gehört auch ein Flug des Piloten Friedrich Johannsen, den er gemeinsam mit seinem Begleiter Wilhelm Rody und dem Portugiesen Veiga unternahm. Mit der D-2072 „Esa", seit dem Frühjahr 1931 Eigentum von Rody aus Bad Ems, startete er am 10. September 1931 um 9.30 Uhr von Lissabon mit 2 450 Litern Kraftstoff an Bord zu einem Atlantikflug, mußte jedoch, nachdem das Benzin vollständig verbraucht war, am 11. September gegen 22 Uhr vor Neufundland notwassern. Das Flugzeug war mit Fahrwerk ausgestattet. Bei der Notwasserung brachen beide Tragflügelenden ab. Die „Esa" schwamm sieben Tage lang (genau: 158 Stunden) auf dem atlantischen Gewässer, bis die Flugzeugbesatzung vom Dampfer „Belmoira" gerettet wurde. Die leeren Kraftstofftanks hatten wie Schwimmtanks gewirkt und das Flugzeug getragen. Die Hebeanlagen des Dampfers „Belmoira" waren aber so beschaffen, daß das Flugzeug nicht aus dem Wasser gehievt werden konnte. Deshalb mußten die Flugteilnehmer mit ihrer eigenen Rettung zufrieden sein und die „Esa" aufgeben. Wie lange sie noch im Atlantik herumtrieb, ist nicht überliefert. Man hat von diesem W 33-Exemplar danach nichts mehr gehört. Offenbar ist es versunken.

Infolge ihrer hohen Belastbarkeit war die W 33 für verschiedenartige Versuche vorzüglich geeignet. Beispielsweise ist mit einem Flugzeug dieses Baumusters in Dessau ein Fernwellen-Antrieb erprobt worden. Die Experimente sind allerdings schon nach kurzer Zeit abgebrochen worden. Nach mehreren Übungsflügen fand am

Notwasserung der mit Fahrwerk ausgestatteten W 33 „Esa" (D-2072) im Atlantik; mit dem beschädigten Flugzeug trieb die Besatzung tagelang im Meer, bevor sie von einem Dampfer entdeckt und aufgenommen wurde

Versuchsanordnung einer W 33 mit Fernwellen-Antrieb

2. November 1930 der erste Lufttankversuch mit einer W 33 statt.

Die W 33 ist in mehrere Länder verkauft worden und hat sich als vielseitig verwendbares Arbeitsflugzeug bewährt. Sie war ein freitragender Ganzmetall-Tiefdecker. Mit dem Motor Junkers L 5 erreichte das Flugzeug eine Höchstgeschwindigkeit von 205 km/h, mit dem Junkers L 5 G bereits 210 km/h. Insgesamt sind 199 Flugzeuge dieses Typs gebaut worden.[96]

W 34
stärker motorisierte W 33

War die W 33 in ihrer Motorisierung und ihren Abmessungen relativ konstant, so wurde die W 34 recht variabel ausgestattet und gebaut. Mit diesem Hinweis läßt sich sagen, saß die W 34 im wesentlichen ein mit leistungsstärkeren Motoren ausgestattetes Flugzeugmuster war, das für Fracht-, Passagier- und Schulflüge verwendet wurde. Die stärkere Motorisierung war allerdings sehr variationsreich, was die folgende Übersicht zeigt (damit verbundene Besonderheiten der Zelle werden jeweils mitgenannt):

W 34a: 331-kW(450 PS)-Motor Gnôme et Rhône; Spannweite 17,75 m; Länge 11,10 m; Höchstgeschwindigkeit 190 km/h,

W 34be: 374,9-kW(510 PS)-Motor Gnôme et Rhône „Jupiter VI"; Spannweite 17,75 m; Länge 10,70 m; Höchstgeschwindigkeit 230 km/h,

W 34be/b3e: 441-kW(600 PS)-Motor Bristol „Jupiter VII"; in den Jahren 1928/29 für Höhenrekordflüge verwendet,

W 34ci: 404,3-kW(550 PS)-Motor Pratt & Whitney; als Passagierflugzeug mit Kabinenfestern gebaut; Höchstgeschwindigkeit 245 km/h,

W 34di: 404,3-kW(550 PS)-Motor BMW „Hornet" (sonst wie die Ausführung W 34ci),

W 34f: 330,8-kW(450 PS)-Motor Gnôme et Rhône; geschlossener Flugzeugführerraum; verlängerte Querruder; Fahrwerk mit Radbremsen; eine Sonderausführung die-

Eine fabrikneue W 34
auf dem Flugplatz Dessau

W 34 auf Schwimmern in Chile

Instrumentierung der W 34
im Jahre 1933

**Leistungseingeordnete Weltrekorde
mit Junkers-Landflugzeugen (Auszug)**

Entfernung ohne Zwischenlandung	Datum	Piloten	Land	Flugzeugtyp	km
auf geschlossenem Kurs	7.–8. 8. 1925	Drouhin/Landry	Frankreich	Farman	4 400,000
ohne Nutzmasse	3.–5. 8. 1927	Edzard/Risztics	Deutschland	**Junkers W 33** (D-1197)	4 660,628
	31. 5.–2. 6. 1928	Ferraria/del Prete	Italien	Savoia-M. S. 64	7 666,616
auf geschlossenem Kurs	24. 6. 1926	Mittelholzer/Zinsmaier	Schweiz	Dornier „Merkur"	2 301,200
mit 500 kg Nutzmasse	21.–22. 3. 1927	Schnäbele/Loose	Deutschland	**Junkers W 33** (D-921)	2 735,586
	17.–18. 1. 1930	Costes/Codos	Frankreich	Breguet 19	4 361,980
auf geschlossenem Kurs	29. 6. 1926	Mittelholzer/Zinsmaier	Schweiz	Dornier „Merkur"	1 400,000
mit 1 000 kg Nutzmasse	4. 4. 1927	Horn	Deutschland	**Junkers G 24**	2 020,000
	10. 7. 1927	Gothe/Risztics	Deutschland	**Junkers G 24**	2 125,000
	31. 7. 1927	Steindorff	Deutschland	Rohrbach „Roland"	2 315,338
auf geschlossenem Kurs	4. 2. 1927	Steindorff	Deutschland	Rohrbach „Roland"	600,000
mit 2 000 kg Nutzmasse	1. 4. 1927	Roeder, W.	Deutschland	**Junkers G 24**	1 013,941
	10. 6. 1927	Steindorff	Deutschland	Rohrbach „Roland"	1 460,538
	29. 6. 1927	Risztics	Deutschland	**Junkers G 24**	1 621,088
	3. 8. 1927	Steindorff	Deutschland	Rohrbach „Roland"	1 750,469
auf geschlossenem Kurs	27. 3. 1930	Zimmermann	Deutschland	**Junkers G 38** (D-2000)	200,636
mit 5 000 kg Nutzmasse	10. 4. 1930	Zimmermann	Deutschland	**Junkers G 38** (D-2000)	501,590

Dauer ohne Zwischenlandung	Datum	Piloten	Land	Flugzeugtyp	h/min/s
auf geschlossenem Kurs	3.–4. 5. 1920	Bossoutrot/Bernard	Frankreich	Farman „Goliath"	24/19/07
ohne Nutzmasse	29.–30. 12. 1921	Stinson/Bertraud	USA	**Junkers JL 6** (F 13)	26/19/35
	15.–16. 10. 1922	Bossoutrot	Frankreich	Farman „Goliath"	34/15/00
	3.–5. 8. 1927	Edzard/Risztics	Deutschland	**Junkers W 33**	52/22/21
	5.–7. 7. 1928	Risztics/Zimmermann	Deutschland	**Junkers W 33** (D-1231)	65/25/00
	30. 5.–2. 6. 1930	Maddalena/?	Italien	Savoia-M. S. 64	67/13/00
auf geschlossenem Kurs	24. 6. 1926	Mittelholzer/Zinsmaier	Schweiz	Dornier „Merkur"	14/43/29
mit 500 kg Nutzmasse	16. 3. 1927	Schnäbele	Deutschland	**Junkers W 33**	15/57/33
	21.–22. 3. 1927	Schnäbele/Loose	Deutschland	**Junkers W 33** (D-921)	22/11/45
	17.–18. 1. 1930	Costes/Codos	Frankreich	Breguet 19	23/22/49
auf geschlossenem Kurs	29. 6. 1926	Mittelholzer/Zinsmaier	Schweiz	Dornier „Merkur"	10/05/08
mit 1 000 kg Nutzmasse	4. 4. 1927	Horn	Deutschland	**Junkers G 24**	14/23/45
	15.–16. 2. 1930	Costes/Codos	Frankreich	Breguet 19	18/01/00
auf geschlossenem Kurs	3. 10. 1924	Harris	USA	Barling-Bomber	01/47/11
mit 2 000 kg Nutzmasse	1. 4. 1927	Roeder, W.	Deutschland	**Junkers G 24**	07/52/00
	10. 6. 1927	Steindorff	Deutschland	Rohrbach „Roland"	10/32/54
	29. 6. 1927	Risztics	Deutschland	**Junkers G 24**	13/01/13
	9.–10. 3. 1931	Lallouette/Reginensi	Frankreich	Farman 302	16/59/00
auf geschlossenem Kurs	22. 2. 1930	Antonini	Italien	Caproni 90	01/31/00
mit 5 000 kg Nutzmasse	10. 4. 1930	Zimmermann	Deutschland	**Junkers G 38** (D-2000)	03/02/00

Fortsetzung auf Seite 123

Fortsetzung von Seite 122

Höhe	Datum	Pilot	Land	Flugzeugtyp	m
ohne Nutzmasse	8. 5. 1929	Soucek	USA	Wright „Apache"	11 930
	26. 5. 1929	Neuenhofen	Deutschland	**Junkers W 34** (D-1119)	12 739
	4. 6. 1930	Soucek	USA	Wright „Apache"	13 157
mit 500 kg Nutzmasse	21. 5. 1924	Harris	USA	TP-1	8 578
	14. 9. 1928	Schinzinger	Deutschland	**Junkers W 34**	9 190
	23. 8. 1929	Burtin	Frankreich	Breguet 19-A2	9 374
mit 1 000 kg Nutzmasse	12. 8. 1927	Steindorff	Deutschland	Rohrbach „Roland"	6 805
	14. 9. 1928	Schinzinger	Deutschland	**Junkers W 34**	7 907
	26. 7. 1929	Burtin	Frankreich	Breguet 19	8 089

Geschwindigkeit	Datum	Pilot	Land	Flugzeugtyp	km/h
auf geschlossenem Kurs von 100 km mit 2 000 kg Nutzmasse	4. 2. 1927	Steindorff	Deutschland	Rohrbach „Roland"	173,90
	10. 4. 1927	Röder, H.	Deutschland	**Junkers G 24**	179,00
	29. 5. 1927	Steindorff	Deutschland	Rohrbach „Roland"	199,53
	1. 6. 1927	Zimmermann	Deutschland	**Junkers G 24**	207,27
	29. 7. 1927	Steindorff	Deutschland	Rohrbach „Roland"	216,11
auf geschlossenem Kurs von 100 km mit 5 000 kg Nutzmasse	27. 3. 1930	Zimmermann	Deutschland	**Junkers G 38** (D-2000)	175,32
	10. 4. 1930	Zimmermann	Deutschland	**Junkers G 38** (D-2000)	184,46
auf geschlossenem Kurs von 500 km mit 2 000 kg Nutzmasse	4. 2. 1927	Steindorff	Deutschland	Rohrbach „Roland"	165,90
	10. 4. 1927	Röder, H.	Deutschland	**Junkers G 24**	175,80
	30. 5. 1927	Steindorff	Deutschland	Rohrbach „Roland"	198,89
	28. 6. 1927	Zimmermann	Deutschland	**Junkers G 24**	209,12
	28. 7. 1927	Steindorff	Deutschland	Rohrbach „Roland"	215,38
auf geschlossenem Kurs von 500 km mit 5 000 kg Nutzmasse	10. 4. 1930	Zimmermann	Deutschland	**Junkers G 38** (D-2000)	172,93
auf geschlossenem Kurs von 1 000 km mit 1 000 kg Nutzmasse	3. 6. 1927	Steindorff	Deutschland	Rohrbach „Roland"	196,62
	28. 6. 1927	Zimmermann	Deutschland	**Junkers G 24**	208,74
	28. 7. 1927	Steindorff	Deutschland	Rohrbach „Roland"	214,85
auf geschlossenem Kurs von 1 000 km mit 2 000 kg Nutzmasse	1. 4. 1927	Roeder, W.	Deutschland	**Junkers G 24**	137,94
	3. 6. 1927	Steindorff	Deutschland	Rohrbach „Roland"	196,62
	28. 6. 1927	Zimmermann	Deutschland	**Junkers G 24**	208,74
	28. 7. 1927	Steindorff	Deutschland	Rohrbach „Roland"	214,85
auf geschlossenem Kurs über 2 000 km mit 1 000 kg Nutzmasse	10. 7. 1927	Gothe/Risztics	Deutschland	**Junkers G 24**	183,28
	31. 7. 1927	Steindorff	Deutschland	Rohrbach „Roland"	205,41

ser Variante für Neuguinea mit Seitenlade-
luke gebaut; Spannweite 18,48 m,
W 34fi: 227,9-kW(310 PS)-Motor Junkers
L 5; Versuchsflugzeug auf Schwimmern,
vermutlich nur in einem Exemplar gebaut,
W 34fa; W 34fä; W 34fo: Exportausführun-
gen mit Motorisierungen, die sich nicht
feststellen ließen,
W 34fy: Armstrong-Siddeley-Motor „Pan-
ther",
W 34fao: 397-kW(540 PS)-Motor Siemens
Sh 20; ein Exemplar vom Siemens-Konzern
für Versuche mit automechanischer Steue-
rung verwendet,
W 34fei: 441-kW(600 PS)-Motor Siemens
Sh 20U; Baujahr 1932/33; nur ein Exemplar
als Versuchsflugzeug gebaut; auf Schwimmer gesetzt als W 34f1ei bezeichnet,
W 34fg: Armstrong-Siddeley-Motor „Ja-
guar-Major"; Versuchsflugzeug,
W 34fue: Pratt & Whitney-Motor „Hornet";
Versuchsflugzeug; auf Schwimmer gesetzt
als W 34f1ue bezeichnet,
W 34fi: 404,3-kW(550 PS)-Motor Pratt &
Whitney bzw. BMW „Hornet"; verbesserte
Serienausführung: geschlossene Flugzeugführerkabine, Kabinenfenster, Fahrgestell
mit Niederdruckreifen; Spannweite
18,48 m; Länge 10,27 m; Höchstgeschwindigkeit 265 km/h,
W 34gi: 404,3-kW(550 PS)-Motor BMW
„Hornet"; nicht näher bekannte Sonderausstattung, die im Jahre 1933 nur als Einzel-
exemplar gebaut wurde,
W 34hi: 485,1-kW(660 PS)-Motor BMW
132A/E; sechssitzige Kabine; Sollbruchstelle am Rumpfende vor dem Leitwerk als
Reparaturerleichterung nach Bruchlandungen; vervollkommnete Instrumentierung;
Funktechnik-Anlagen mit Peilrahmen;
Sprechfunkausrüstung,
W 34hau: 525,5-kW(715 PS)-Motor Bramo
322H mit Vierblatt-Holzluftschraube.

Keines der Junkers-Flugzeuge vorausgegangener Typen ist derartig variationsreich
motorisiert worden. Die W 34 war nicht nur
ein erfolgreiches und robustes Transportflugzeug, sondern auch ein Rekordflug-
zeug, mit dem mehrere Geschwindigkeits-
und Höhenrekorde, zumeist mit Nutzlast,
aufgestellt wurden. Dazu gehört der Höhenflugrekord vom 26. Mai 1929, der von
der FAI mit 12 739 m Höhe anerkannt
wurde, erreicht mit der W 34be/b3e in der
Sonderausstattung mit dem Bristol-Motor
„Jupiter VII". Dieses Flugzeug trug die
Kennung D-1119. Die W 34 wurde nach
Neuguinea, Kanada, Schweden, Südafrika,
Norwegen, Spanien und in andere Länder
exportiert.

Recherchierte Verkaufsstatistik der Junkers-Werke: W 33/W 34

1926	1927	1928	1929		
1	4	11	2	Deutschland	18
	1	1	4	Persien	6
		1		Kolumbien	1
		1		Italien	1
		3	1	UdSSR**)	4
		1		Portugal	1
		2		USA	2
		2		Australien	2
			2	Schweden	2
			1	Bolivien	1
			1	China	1
			1	Abessinien*)	1
			2	Afghanistan	2
			1	Chile	1
			1	Kanada	1
1	5	22	16	Gesamt	44

*) Äthiopien   **) in Folgejahren mehrere Dutzend

A 35
weitergeführte A 20-Entwicklung

Das Flugzeug A 20 in der Tiefdecker-Bau-
weise war zweisitzig und mit einem Motor
von höchstens 136 kW (185 PS) ausgerüstet. In gleicher Bauart, aber mit einem
Motor bis zu 195 kW (265 PS) wurde daraus
im Jahre 1925 der Typ A 25. Wiederum in
gleicher Bauart, jedoch mit drei Tandemsit-
zen und 331-kW (450 PS)-Motor ist daraus
1926 die A 32 geworden. Und noch im selben Jahr, nun wieder als Zweisitzer, ausgestattet beispielsweise mit einem
235,2-kW(320 PS)-Motor BMW IV bzw.
einem 227,9-kW (310 PS)-Motor Junkers
L 5, wurde daraus die A 35. Bis auf die Vergrößerung der Zelle war die Bauart unverändert geblieben.

Erwähnenswert ist, daß die A 35 auch im
Flugzeugschlepp erprobt worden war. Der
damalige Junkers-Pilot Fritz Loose schrieb
darüber in seinen Erinnerungen: „Zur Erprobung von Flugzeug-Schleppmöglichkei-
ten wurde eine einmotorige A 35 an langen
Draht- und Gummiseilen an eine dreimotorige G 24 angehängt und in die Luft gezogen. Ich flog die G 24, ein Flugingenieur …
saß in der A 35 und hielt den Motor im
Leerlauf …".[97]

S 36
Versuch einer zweimotorigen Transportvariante

Die S 36 war das einzige Flugzeugmuster,
das zu Junkers' Lebzeiten in Dessau mit
zwei Motoren gebaut worden ist. Es war
eine Transportmaschine mit zwei Motoren
Gnôme et Rhône von je 374,9 kW (510 PS),
wellblechbeplankt und in der freitragenden
Tiefdeckerbauweise. Sie flog erstmals im
Jahre 1927 und ist versuchsweise auch mit
aufgenietetem Glattblech erprobt worden.
Die S 36 wurde mit der Kennung D-1252 in
die deutsche Luftfahrzeugrolle eingetragen
und hatte die Dessauer Werknummer 3200.
Aus der durchgesehenen Literatur geht
hervor, daß dieses Flugzeug im Jahre 1930
ins Ausland verkauft worden ist. Die Analyse Dessauer Unterlagen weist darauf hin,
daß diese S 36 als Montagemuster für die
Lizenzfertigung nach Limhamn in Schweden geliefert und von dort nach Japan verkauft wurde. Nach 1934 flog eine zweite
S 36 in Deutschland, und zwar mit der Kennung D-AMIX.

G 38
**viermotoriges
Großverkehrsflugzeug**

Für bedeutendes Aufsehen sorgten die Konstrukteure und Facharbeiter um Professor Junkers, als am 6. November 1929 in Dessau ein Flugriese zum Erstflug startete: Das viermotorige Großverkehrsflugzeug G 38. Es war zu diesem Zeitpunkt das größte zivile Landflugzeug, das sich je in die Luft erhoben hatte. Mit diesem Flugzeug hatte Junkers seine Großraumflügel-Patentidee aus dem Jahre 1909/10 weitestgehend verwirklicht.

Insgesamt sind zwei Flugzeuge dieses Musters gebaut worden. Die erste G 38 wurde im Oktober 1929 fertiggestellt. Sie hatte die Dessauer Werknummer 3001. Am 4. November 1929 fanden erste Rollversuche statt, am 6. November startete der Junkers-Chefpilot Zimmermann zum Erstflug, der 20 Minuten dauerte. Am 7. November unternahm er den zweiten Flug mit der G 38. Auch diese Flugerprobung verlief erfolgreich.

Am 10. November 1929 ist das Flugzeug von zahlreichen Vertretern der in- und ausländischen Presse und schon im Dezember 1929 von englischen, italienischen und japanischen Luftfahrtexperten in Augenschein genommen worden. Diese erste G 38 war mit vier Junkers-Motoren ausgerüstet, und zwar mit zwei wassergekühlten 12-Zylindermotoren L 55 mit je 441 kW (600 PS) sowie zwei wassergekühlten 6-Zylindermotoren L 8 mit je 294 kW (400 PS), also Motoren mit einer Gesamtleistung von

*Die A 35 mit der Kennung D-964
(Werknummer 1 058) wurde zuerst mit
einem Junkers-Motor L 5 ausgerüstet
und flog ab 1929
mit einem Junkers-Motor L 8*

*Die zweimotorige Transportvariante S 36,
in Dessau nur in einem Exemplar gebaut*

*Die erste G 38 (noch ohne Kennzeichen)
bei Rollversuchen am 4. November 1929*

1470 kW (2000 PS). Mit dieser Erstmotorisierung stellte sich das Flugzeug – nun bereits mit dem Kennzeichen D-2000 – mit Zimmermann am Steuer am 27. März 1930 zur Zulassungsprüfung auf der schon mit anderen Flugzeugmustern benutzten Strecke zwischen Dessau und Leipzig, wo inzwischen eine Reparaturwerft der Junkers-Werke eingerichtet worden war. Der Zulassungsflug wurde mit Betriebsstoffmessungen verbunden und erbrachte mit einer Nutzlast von 5000 kg an Bord auf Anhieb zwei Weltrekorde für diese Flugzeugklasse: Streckenrekord in geschlossener Bahn mit 200,636 km und Geschwindigkeitsrekord über eine 100-km-Strecke von 175,918 km/h. Am 10. April 1930 startete Zimmermann erneut zu einem Rekordflug auf der Pendelstrecke Leipzig–Dessau und stellte mit 5000 kg Nutzlast sogleich drei neue Weltbestleistungen auf: Streckenrekord in geschlossener Bahn mit 501,590 km; Dauerflugrekord mit drei Stunden, zwei Minuten; Geschwindigkeitsrekord in einer 100-km-Meßstrecke von 184,464 km/h.

Im selben Monat erhielt diese G 38 in der Leipziger Junkers-Werft einen hellgrauen Anstrich. Am 5. Mai 1930 traf die D-2000 wieder in Dessau ein. Nach mehreren Werkstattflügen startete diese G 38 mit Zimmermann als erstem Flugzeugführer und mehreren Fluggästen an Bord, unter ihnen Professor Junkers, zu einem Deutschland-Rundflug: Dessau–Magdeburg–Berlin–Frankfurt (Oder)–Stettin (Szczecin)–Pasewalk–Warnemünde–Travemünde–Lübeck–Hamburg–Berlin. Die reine Flugzeit für diese Luftreise betrug 10,5 Stunden.

Ein weiterer Fernflug fand, einer Einladung des französischen Luftfahrtministers folgend, am 16. Juni 1930 nach Paris mit sieben Besatzungsmitgliedern und 16 Fluggästen statt. Zu dieser Zeit befand sich die D-2000 im Besitz des deutschen Reichsverkehrsministeriums. Die G 38 startete zu Vorführungen auf den Pariser Flughäfen Le Bourget und Villacoublay. Am 21. Juni 1930 kehrte das Flugzeug zurück. Der Flug nach Paris hatte sechs Stunden und 26 Minuten gedauert, der Rückflug vier Stunden und 30 Minuten.

Fortan wurde die G 38 als Sonderflugzeug des Reichsverkehrsministeriums fleißig herumgezeigt: am 23. Juni in Staaken bei Berlin; vom 1. bis 5. September in Haag anläßlich des 5. Internationalen Luftfahrt-Kongresses; vom 4. Oktober bis 18. November 1930 bei einem Europa-Rundflug, der

---

Besatzung der G 38 und ihre Aufgaben bei der Flugvorbereitung

Die Besatzung bestand aus dem Flugzeugführer (der sich auch Flugkapitän nannte), dem Flugmaschinisten (zugleich Copilot), dem Funker (zugleich Navigator), dem Motorenmonteur (leitender Maschinist), zwei Flügelmonteuren (zugleich Hilfsmaschinisten) und einem Steward (Mitropa-Kellner). Der Besatzung der G 38 gehörten folglich sieben Mitglieder an.

Die Vorflugkontrolle verlief in der D-2000 wie folgt:

Der Flugmaschinist (Co-Pilot) beginnt an der Einstiegstür seinen Rundgang um das Flugzeug zur Sichtkontrolle und konzentriert sich bei seinem Weg auf das Spornrad, das dreiteilige Seitenleitwerk, das zweiteilige Höhenleitwerk, das Pendelfahrwerk unter dem rechten Flügel, geht vorbei an der Rumpfnase mit der Peilrahmen-Antenne, kontrolliert das Fahrwerk unter dem linken Flügel und kehrt zur Einstiegstür zurück. Er besteigt das Flugzeug, geht durch den „roten Rauchersalon", steigt „vier Stufen hinauf zum blauen Nichtrauchersalon", durchquert ihn, geht vorbei an der Bordküche, an der Bordtoilette mit Waschraum, an den Bediengängen in den Tragflächen, am zentralen Maschinenstand (der zugleich die Rückseite des Cockpits bildet) und gelangt in den Flugzeugführerraum. Dort endet sein Rundgang. Während des Kontrollganges des Flugmaschinisten hat das Bodenpersonal damit begonnen, Fluggastgepäck, Frachtgut, Luftpost und Verpflegung zu verladen. Zugleich haben die anderen Besatzungsmitglieder ihre Positionen besetzt und entsprechend ihrer Zuständigkeit mit den Flugvorbereitungen begonnen. Deren Anwesenheitskontrolle war in den Rundgang des Flugmaschinisten eingeschlossen.

Der Funker (und Navigator) hat seinen Arbeitsplatz in dem Navigationsraum, der sich vor dem Flugzeugführerraum befindet, und zwar tiefer versetzt, weshalb er nur am Cockpit vorbei über mehrere Stufen, die nach unten führen, erreicht werden kann. Dort überprüft der Funker seine Geräte und bereitet die Kartenunterlagen für die bevorstehende Flugroute vor.

Der Motorenmonteur befindet sich im zentralen Maschinenstand hinter dem Flugzeugführerraum (Cockpit) und beginnt, assistiert von den beiden Flügelmonteuren (Hilfsmaschinisten), mit dem Abbremsen der Triebwerke.

Wenn alle Kontrollen keinerlei Beanstandungen ergeben, werden die Triebwerke auf Leerlauf zurückgeschaltet und abgestellt.

Der Steward übernimmt in der gleichen Zeit vom Bodenpersonal die Verpflegung, überprüft die Bordküche sowie die sanitären Bordeinrichtungen (Waschraum, Toilette).

Der Flugzeugführer überwacht die Einhaltung des Zeitplanes der Vorflugkontrolle, erhält die „Fertigmeldungen" von den einzelnen Kontrollstationen und entscheidet dann, ob beziehungsweise daß das Flugzeug flugklar ist. Danach können die Passagiere zum Flugzeug gebracht werden.

Die Fluggäste werden vom Zubringerbus herangefahren, sie besteigen über eine Treppe das Flugzeug, nehmen in den Salons ihre Plätze ein, die Tür wird geschlossen, die Treppe fortgerollt, die Besatzungsmitglieder befinden sich an ihren Arbeitsplätzen, der Flugzeugführer weist den Motorenmonteur an, die Triebwerke anzulassen.

Danach beginnt das Zeremoniell des Anlassens der Triebwerke wie zuvor beim Abbremsen, allerdings nur bis zur Leerlaufdrehzahl der Motoren. Danach werden die Gasregler vom zentralen Maschinenstand auf das Gasgestänge im Cockpit aufgekuppelt und der Motorenmonteur meldet dem Flugzeugführer die Einsatzbereitschaft.

Der Steward fordert die Passagiere auf, sich anzuschnallen und hilft ihnen dabei. Der Funker holt die Roll- und Starterlaubnis ein, gibt dem Bodenpersonal das Zeichen zum Abziehen der Bremsklötze und dem Flugzeugführer die Meldung, daß das Flugzeug gestartet werden kann. Dieser rollt die Maschine zum Startpunkt, bremst das Hauptfahrwerk, schiebt das Gasgestänge auf Vollast, löst beim Erreichen der Maximaldrehzahl die Fahrwerkbremsen und startet.

Auf der Reiseflughöhe wird mit einer Geschwindigkeit von 185 km/h geflogen. Die Passagiere dürfen sich abschnallen, der Steward beginnt, den Imbiß vorzubereiten, der Flugzeugführer übergibt das Steuer dem Copiloten und geht in die Salons, um die Passagiere zu begrüßen und sich mit ihnen zu unterhalten. Danach beginnen die Fluggäste „spazierenzugehen". Sie suchen die Aussichtsräume in den Tragflächenwurzeln mit den gewölbten Frontfenstern und den Arbeitsraum des Navigators (Funkers) auf, der während des Fluges als Aussichtsraum benutzt werden darf.

*Zwei Luftriesen:
das Großverkehrsflugzeug G 38
„Deutschland" (D-2000)
und das Verkehrsluftschiff LZ 127
"Graf Zeppelin"*

*Detailansicht der ersten G 38 (D-2000) im
Bauzustand vom März 1930*

*Die erste G 38 mit der Kennung D-2000
zum Zeitpunkt der Zulassungsprüfung im
März 1930*

gleichermaßen Propagandazwecken und
weiterführenden technischen Erprobungen
dienen sollte. Dieser europäische Rundflug
über rund 9 000 km, zu dem der Start am
4. Oktober um 7.57 Uhr erfolgte, ging über
die Strecke: Dessau–Prag–Wien–Budapest–Belgrad–Bukarest–Constanza–Konstantinopel–Athen–Rom–Marseille–Bar-
celona–Madrid–Lissabon–Bordeaux–Paris–Köln–Dessau. Bis zum 18. November
1930 hatten in dieser G 38 etwa 1 000 Passagiere an insgesamt mehr als 30 Rundflügen
teilgenommen und ca. 20 000 Besucher auf
verschiedenen europäischen Flugplätzen
die Innenräume des Flugzeuges wie eine
Ausstellung besichtigt. Die Zelle der D-
2000 war inzwischen rundherum mit unzähligen Namenszügen und Textaufschriften
übersät, die von den Besuchern hinterlas-
sen worden waren.

Ab 2. Februar 1931 ist diese G 38 in
der Leipziger Junkers-Werft gründlich
überholt worden. Die Innenausstattung
wurde verbessert. Die beiden Innenmoto-
ren L 55 wurden gegen Motoren L 88a mit
je 588 kW (800 PS) ausgetauscht, wodurch
die Gesamttriebwerksleistung auf 1 764 kW
(2 400 PS) anstieg. Die Zelle erhielt einen
neuen Anstrich (silber mit schwarzer Ver-
brämung), und es wurde die Aufschrift
„Luft Hansa" angebracht, denn am 7. Mai
1931 übernahm die „Deutsche Luft Hansa
A. G." das Flugzeug. Im Dienste der DLH
flog diese G 38 im Juni/Juli 1931 auf der
Strecke nach Amsterdam und London. Am
23. August 1931 wurde mit dem Flugzeug in
Königsberg (Kaliningrad) die erste Nacht-
landung ausgeführt. Binnen zweieinhalb
Monaten hatte diese G 38, einer ersten Bilanz zufolge, im planmäßigen Luftverkehr
der DLH 35 000 km zurückgelegt. Unter anderem war sie zwischen London und Amsterdam für Goldtransporte verwendet
worden und hatte bei jedem dieser Sonderflüge Barren im Gesamtgewicht von
3 400 kg an Bord.

Bilder Seite 128
Blick in den Betriebsgang eines
Maschinenraumes im Flügel der G 38, in
dem die Motoren während des Fluges
gewartet werden konnten

Rumpf und Flügelwurzel der zweiten G 38,
die nach ihrer Fertigstellung das
Kennzeichen D-2500 erhielt

Die zweite G 38 (D-2500) im Herbst 1932
nach der Übernahme durch die DLH

Beide G 38 in einem Bilde: die D-2000 im
Fluge und die D-2500 am Boden

Typ	Baujahr	Konstrukteure
		Konstrukteure der Junkers-Flugzeuge von der F 13 bis zur G 38
F 13	1919	Reuter, Otto
J 15	1920	Reuter, Otto
K 16	1921	Reuter, Otto
T 19	1922	Mader, Otto; Zindel, Ernst
A 20	1923	Mader, Otto; Zindel, Ernst
T 21	1923	Mader, Otto; Zindel, Ernst
T 22	1923	Mader, Otto; Zindel, Ernst
T 23	1923	Zindel, Ernst
G 23	1924	Zindel, Ernst
G 24	1925	Zindel, Ernst
F 24	1928	Zindel, Ernst
A 25	1925/26	Mader, Otto; Zindel, Ernst
T 26	1925	Zindel, Ernst
T 27	1925	Zindel, Ernst
T 29	1925	Zindel, Ernst
G 31	1926	Zindel, Ernst
A 32	1926	Zindel, Ernst
W 33	1926	Pohlmann, Hermann
W 34	1926	Pohlmann, Hermann
A 35	1926	Mader, Otto; Zindel, Ernst
S 36	1927	Zindel, Ernst
G 38	1929	Junkers, Hugo; Zindel, Ernst

Am 3. Oktober 1931 begannen erneut Umbauarbeiten. Der Rumpf wurde erhöht. Dadurch entstand ein Zwischendeck für die Unterbringung zusätzlicher Fracht. Die Anzahl der Passagierplätze wurde von 19 auf 30 erhöht. Erstmals wurde ein geschlossenes Raucherabteil eingerichtet. Im Flügelmittelstück entstanden eine Anrichte für den Steward und zwei Waschräume. Außerdem sind bei dieser Gelegenheit die

beiden äußeren Triebwerke L 8 nunmehr ebenfalls gegen L 88a ausgetauscht worden. Die Gesamttriebwerksleistung betrug jetzt 2 352 kW (3 200 PS). Am Leitwerk wurden Änderungen vorgenommen, Doppelflügel angebracht und dementsprechende Montagearbeiten an den Tragflächen sowie am Steuerungssystem ausgeführt.

Das Flugzeug flog ab Sommer 1932 vorwiegend auf der Strecke Berlin–Hannover–Amsterdam–London wieder für die DLH.

Im Jahre 1934 sind die Motoren erneut ausgewechselt worden. Die G 38 flog nunmehr mit vier Motoren Jumo 4 mit je 551,3 kW (750 PS). Das Zulassungskennzeichen wurde in D-AZUR geändert. Im Jahre 1936 stürzte das Flugzeug kurz nach dem Start in Dessau ab. Die Ursache war, wie die Untersuchung ergab, ein Montagefehler im Steuerungssystem. Die G 38 wurde dabei völlig zerstört und von der DLH abgeschrieben.

Das zweite Flugzeug des Typs G 38, infolge der hohen Nachfrage nach Plätzen in diesem Flugzeug von der DLH in Auftrag gegeben, startete erstmals am 14. Juni 1932 und wurde danach von der DLH übernommen.

Noch während der Umbauten an der ersten G 38 (D-2000) ab Oktober 1931, befand sich das zweite Flugzeugexemplar im Bau. Entsprechend den technischen Verbesserungen, die an der D-2000 vorgenommen wurden, ist der Bauplan für das zweite Flugzeug verändert worden. Während der

Bauplan für die erste G 38 mit der Kennzeichnung G 38a und der für das zweite Flugzeug mit dem Eintrag G 38b versehen worden war, erhielt der kurzfristig veränderte Bauplan für das zweite Flugzeug die neue Kennzeichnung G 38ce.

Diese zweite G 38 hatte von vornherein zwei Rumpfetagen und verfügte über 34 Passagierplätze. Das Flugzeug hatte die Dessauer Werknummer 3302 und erhielt das Zulassungskennzeichen D-2500. Es war mit vier Junkers-Motoren L 88a ausgerüstet. Die DLH kaufte dieses Flugzeug für 1,5 Millionen Reichsmark.

Ab dem 1. Juli 1932 flog die D-2500 im regelmäßigen Linienverkehr beispielsweise auf den Strecken Berlin–Amsterdam–London; Berlin–Kopenhagen–Malmö; Berlin–Halle/Leipzig–Nürnberg–München; Berlin–München–Venedig–Rom. Im September 1932 flog die G 38 über Königsberg (Kaliningrad) zu Vorführungszwecken nach Moskau und landete dort am 26. September. Im Jahre 1934 wurde auch die zweite G 38 auf vier Rohölmotoren Jumo 4 umgerüstet. Das Flugzeug befand sich im Streckendienst der DLH bis zum Jahre 1939, wurde danach für militärische Transportzwecke verwendet und im Mai 1941 in Athen durch Bombeneinwirkung am Boden zerstört.

Bei diesen beiden G 38 war es geblieben. Der Tourismus per Flugzeug, der einen höheren Bedarf an Großverkehrsflugzeugen hervorgebracht und ihre rentable Produktion in größeren Serien ermöglicht hätte, existierte zu Junkers Lebzeiten noch nicht. Insofern war der Passagierflugriese aus Dessau seiner Zeit weit vorausgeeilt.

Von Rapallo
bis Fili bei Moskau

Nach dem ersten Weltkrieg hatten zwei wesentliche Sachverhalte die internationale Politik vor allem in Europa beeinflußt. Erstens waren ausländische Truppen und konterrevolutionäre Kräfte über den jungen Sowjetstaat hergefallen, der im Jahre 1917 aus der Großen Sozialistischen Oktoberrevolution hervorgegangen war. Die Periode der ausländischen militärischen Intervention und des Bürgerkrieges begann, als im März 1918 britische Truppen an der Murmanküste landeten und der konterrevolutionäre Admiral Koltschak in Sibirien die Diktatur seiner bewaffneten Banden errichtete. Die Angriffe setzten sich mit militärischen Überfällen von Truppen aus Polen

*Paul Spalek, ehemaliger Direktor
der „Junkers & Co.",
leitete das Junkers-Werk in Fili*

und Japan sowie auslandsgestützten Feldzügen der konterrevolutionären Gruppierungen unter Denikin und Petljura fort. „Im Jahre 1919 tobten der Bürgerkrieg, die Konterrevolution und die ausländische Intervention. Die Engländer und Amerikaner im Norden, Koltschak im Osten, Denikin und die Franzosen im Süden, Petljura und die polnischen Weißgardisten im Westen bildeten einen Ring um die Sowjetrepublik und bedrängten sie von allen Seiten."[98] Bekanntlich bestand die Sowjetmacht erfolgreich diese schwierigen Kämpfe bis zum Jahre 1920, und sie konnte ab 1921 zum planmäßigen Wiederaufbau der Volkswirtschaft übergehen. Dazu bemühte sie sich, die politischen und wirtschaftlichen Beziehungen mit anderen Ländern zu normalisieren und vor allem die Handelsbeziehungen zu entwickeln.

Zweitens hatten der zwischen den ehemals kriegführenden Staaten im Jahre 1919 in Versailles unterzeichnete Friedensvertrag und seine nachfolgende Ratifizierung zwar den ersten Weltkrieg beendet, aber die Spannungen zwischen Deutschland und den Mächten der „Entente cordiale" England und Frankreich bestanden weiter. In dieser Situation wurde im Januar 1922 in einer Sitzung des Obersten Rates der Alliierten in Cannes der Beschluß gefaßt, nach Genua (Italien) eine internationale Wirtschaftskonferenz einzuberufen. Die Genuakonferenz wurde am 10. April 1922 eröffnet. Auf ihr waren 29 Länder vertreten, mit den Mitgliedsstaaten des „British Commonwealth of Nations" waren es 34.[99]

Auf dieser Konferenz traten die politischen Widersprüche jener Jahre erneut mit deutlicher Offenheit hervor. Einerseits versuchten westliche Alliierte, ihren Zielen gegenüber dem sowjetischen Staat, die sie mit den Mitteln der militärischen Intervention nicht hatten erreichen können, auf dem Wege des wirtschaftlichen Drucks nä-

herzukommen. Dem Bemühen der sowjetischen Delegation nach gleichberechtigter internationaler Zusammenarbeit stellten sie die Absicht entgegen, Sowjetrußland in ihre Abhängigkeit zu bringen. Andererseits traten in Genua starke Gegensätze zwischen europäischen Industrieländern selbst hervor, vor allem zwischen den Siegermächten Großbritannien und Frankreich sowie dem besiegten Deutschland. Die deutschen Vertreter bemühten sich vergeblich um eine Milderung der aufgebürdeten Reparationsleistungen und der im Versailler Vertrag festgeschriebenen wirtschaftlichen Benachteiligungen. Unterstützung fand sie allein bei der sowjetrussischen Delegation, die sich gegen das Vorherrschaftsstreben der westlichen Ententemächte wandte.

So ergab sich während der Konferenz eine Situation, die von ihren Veranstaltern ganz gewiß nicht beabsichtigt worden war: Die Annäherung der außenpolitischen Positionen Deutschlands und Rußlands. Das führte dazu, daß am 16. April 1922 in Rapallo, einer Hafenstadt nahe Genua, ein sowjetisch-deutscher Vertrag unterzeichnet wurde, der die sofortige Wiederaufnahme der diplomatischen Beziehungen zwischen beiden Ländern, den gegenseitigen Verzicht auf Ersatz für ihre Kriegsausgaben und die durch den Krieg erlittenen Schäden vorsah. Beide Vertragspartner sicherten sich in ihren beiderseitigen Wirtschaftsbeziehungen die diskriminierungsfreie Zusammenarbeit zum gegenseitigen Vorteil zu.[100]

Als damaliger deutscher Außenminister hatte Dr. Walther Rathenau den Rapallovertrag unterzeichnet. Dafür, und wegen seines Eintretens für die politische Verständigung, ist er in der Folgezeit heftig angefeindet — und am 24. Juni 1922 in Berlin von Mitgliedern der terroristischen Geheimorganisation „Consul" ermordet worden.[101] Der „Aero-Club von Deutschland" veröffentlichte einen Nachruf, in dem es hieß: „Unser Mitglied, Dr. Walther Rathenau, ist durch Mörderhand gefallen. Der Club verliert in ihm einen seiner Gründer, der, so lange der Club besteht, dem Präsidium, während des Krieges als Geschäftsführender Vizepräsident, angehörte."[102]

Die sowjetische Regierung stand in jenen Jahren vor einer besonders komplizierten Aufgabe. Vom Zarenregime war das Land in ökonomischer Rückständigkeit gehalten worden, der erste Weltkrieg hatte die allgemeinen Lebensbedingungen weiter verschlechtert, die nachfolgende ausländische militärische Intervention und der Bürgerkrieg hatten das Land verwüstet. „Rußland ist aus dem Krieg in einem solchen Zustand hervorgegangen, daß sein Befinden am ehesten dem eines Menschen gleicht, den man halbtot geprügelt hat: sieben Jahre lang wurde auf das Land eingedroschen ... So sieht die Lage aus, in der wir uns befinden! Zu glauben, daß wir uns ohne Krücken heraushelfen können, heißt nichts begreifen."[103] In dieser Situation suchte die Regierung Sowjetrußlands im Interesse der eigenen Wirtschaftsentwicklung die Zusammenarbeit mit ausländischen Industrien, auch durch die Vergabe von Konzessionen. Bereits am 23. November 1920 war als Gesetzesgrundlage ein „Dekret über die Konzessionen" erlassen worden, das unter anderem vorsah: Den Konzessionären wird ein Teil ihrer Produkte als Vergütung überlassen; die Regierung ist bereit, im Falle besonderer technischer Vervollkommnungen bestimmte Handelsvergünstigungen einzuräumen; es wird garantiert, daß die in das Unternehmen gesteckten Vermögenswerte nicht konfisziert und nicht requiriert werden. In innenpolitischen Verlautbarungen wurde erklärt: „Was ist eine Konzession? Ein Vertrag des Staates mit einem Kapitalisten, der es übernimmt, die Produktion ... in Gang zu bringen oder zu vervollkommnen, wofür er einen Teil des gewonnenen Produkts an den Staat abführt, während er den anderen Teil als Profit für sich behält." Und: „Die Konzession ist eine Art Pachtvertrag. Der Kapitalist wird zum Pächter eines Teils des Staatseigentums, auf Grund eines Vertrages, auf eine bestimmte Frist, er wird aber nicht zum Eigentümer. Das Eigentum verbleibt dem Staat. Die Sowjetmacht wacht darüber, daß der kapitalistische Pächter den Vertrag einhält ..."[104]

Ein wesentlicher Aspekt dabei war, daß in die wirtschaftlichen Entwicklungsziele

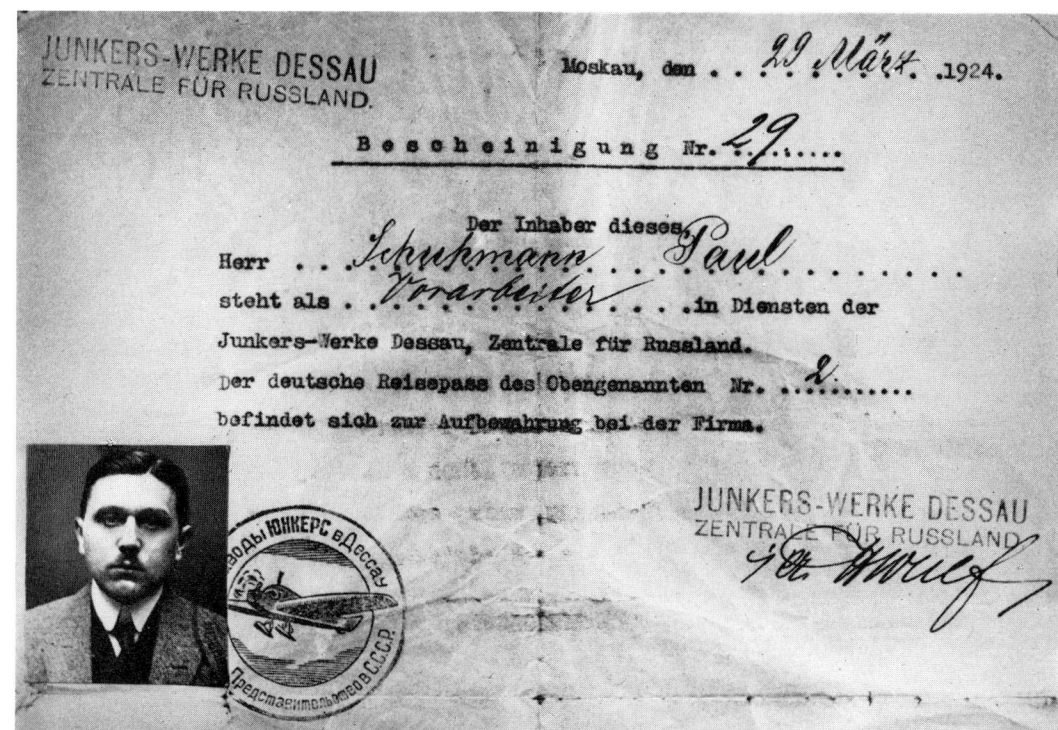

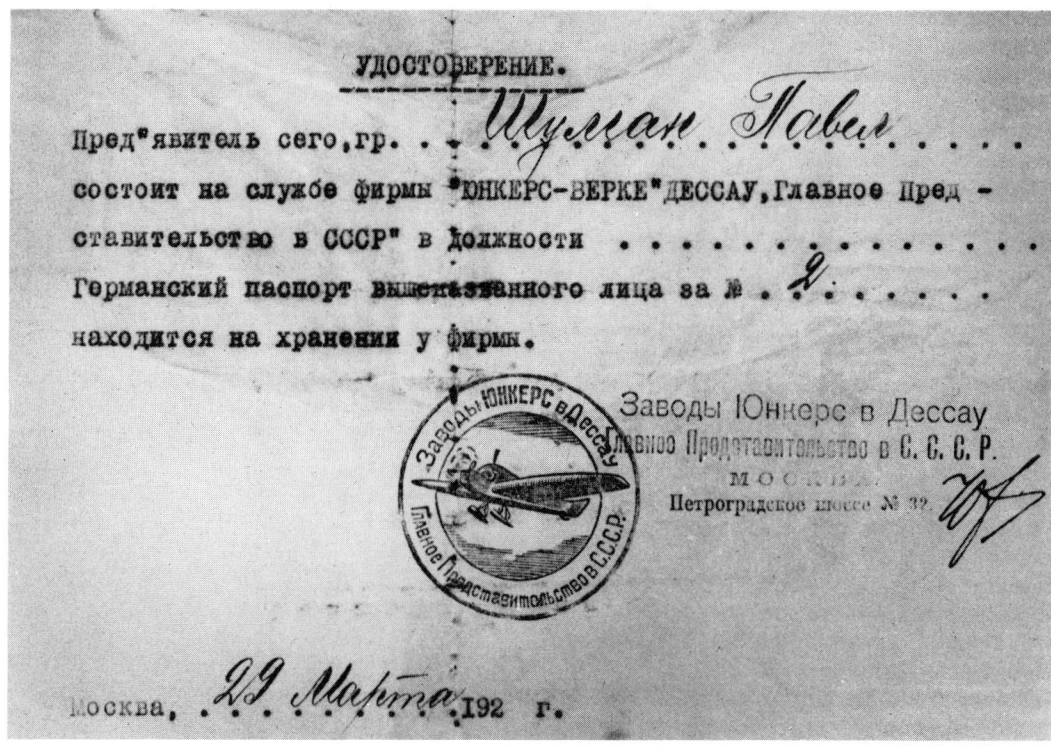

Zweisprachige Aufenthalts- und Arbeitsbescheinigung für den im Junkers-Werk Fili als Vorarbeiter tätigen Schlosser Paul Schuhmann

auch die militärökonomischen Erfordernisse eingeschlossen waren, denn besonders angesichts der Erfahrungen der zurückliegenden Jahre mußte von vornherein auch an die Landesverteidigung und an die Entwicklung einer eigenen, leistungsfähigen Verteidigungsindustrie gedacht werden. „Es galt, die technische Ausstattung der sowjetischen Truppen auf jede Weise zu verbessern. Ihre Waffen, zudem verschiedenen Systems, waren zu einem großen Teil veraltet."[105] Das galt in vollem Maße auch für die vorhandenen Flugzeuge. Mit dem Stand vom 1. Januar 1921 verfügten die sowjetischen Fliegerkräfte über nur 752 Flugzeuge, von denen lediglich noch 291 einsatzbereit waren. Die meisten Flugzeuge waren „nicht nur überaltert, sondern schrottreif".[106] Daher war die sowjetische Regierung auch auf dem Gebiete des Flugzeugbaus an ausländischen Konzessionspartnern interessiert, die bereit und in der Lage waren, den Militär- und Zivilflugzeugbau im Lande zu unterstützen. Am 26. Januar 1921 faßte die Regierung zunächst den Beschluß, trotz der schwierigen wirtschaftlichen Situation drei Millionen Goldrubel der Flugzeugindustrie zum Ankauf von Flugzeugen und Motoren im Ausland zur Verfügung zu stellen. Im weiteren folgten in kurzen Zeitabständen Beschlüsse, die gerichtet waren auf „Maßnahmen wie:

die Beschaffung der erforderlichen Serienflugzeuge aus dem Ausland zur Vervollständigung der Militär- und der gerade entstehenden Zivilluftfahrt,

die Beschaffung einzelner ausländischer Flugzeuge zu Studienzwecken,

das Studium der besten ausländischen Flugzeugmuster und Aufnahme ihrer Serienproduktion bei ständiger Modernisierung,

die Schaffung eines eigenen Ganzmetallflugzeugbaus,

die allseitige Entwicklung eines eigenen Versuchsflugzeugbaus und die Schaffung neuer Versuchsflugzeuge, die für die Serienproduktion geeignet waren,

die Erweiterung der Produktionsbasis der sowjetischen Flugzeugindustrie und die Sicherung ihrer vollständigen Unabhängigkeit vom Ausland."[107]

Es war ein Programm des planmäßigen und stufenweisen Aufbaus der eigenen Flugzeugindustrie, in das sich die vorbereitete Vereinbarung zwischen Junkers und der Regierung in Moskau einordnete, die am 6. Februar 1922 zustande kam, also schon zwei Monate vor dem Abschluß des Rapallovertrages. Diese Vereinbarung sah im wesentlichen vor: Die RSFSR (Russische Sozialistische Föderative Sowjetrepublik) übergibt an die Junkers-Werke die Gesamtanlagen des „Russisch-Baltischen Automobilwerkes" in Fili bei Moskau zur

Nutzung. Die Junkers-Werke verpflichten sich, Ganzmetall-Motorflugzeuge herzustellen. Dazu stellen die Junkers-Werke zur Verfügung: ca. 500 bis 600 Millionen Mark als Betriebskapital und Garantiesumme; das gesamte Fabrikationsmaterial, die Vorrichtungen und Spezialeinrichtungen mit einem Wert bis zu 150 Millionen Mark; die fertigen Konstruktionsunterlagen, Zeichnungen, Pläne, Berechnungen, Versuchsergebnisse u. ä. in einem Wert von etwa 150 Millionen Mark; die Konstruktions-, Fertigungs- und Werkstatterfahrungen im Wert von etwa 100 Millionen Mark; das für den Spezialzweck ausgebildete Personal für die kaufmännische und technische Verwaltung, den praktischen Fertigungsbetrieb und die Gesamtleitung des Werkes, die sich bewerten läßt mit etwa 100 Millionen Mark. Für die Verwirklichung der übernommenen Aufgaben und der damit verbundenen finanziellen Verbindlichkeiten wurde Junkers vom Reichswehrministerium (RWM) sowie der unter der Mitwirkung des RWM gegründeten „Gesellschaft zur Förderung gewerblicher Unternehmen im Ausland" unterstützt, und es wurden aus staatlichen Mitteln mindestens 140 Millionen Mark als rückerstattungsfreie Unterstützung zugesichert, wie aus einem Geheimvertrag hervorgeht, der am 15. März 1922 zwischen dem Reichwehrministerium und den Junkers-Werken abgeschlossen wurde.[108] Mit diesem Vertrag wollte sich offenbar die deutsche Regierung, speziell das Reichswehrministerium, die Möglichkeit der Einflußnahme auf die Zusammenarbeit von Professor Junkers mit der sowjetischen Regierung sichern. Das erwies sich später für Junkers als nachteilig, denn nach den am 1. Dezember 1925 in London unterzeichneten Locarno-Verträgen, die Deutschland in die antisowjetische Politik der Westmächte einbezogen, blieben den Junkers-Werken zugesicherte finanzielle Unterstützungen aus und erschwerten die Erfüllung der Verträge, die Junkers mit der sowjetischen Regierung abgeschlossen hatte.

Zunächst aber soll hier festgehalten werden, daß den Junkers-Werken am 29. Januar 1923 eine Konzession erteilt worden ist, mit der die Vorvereinbarungen vom 6. Februar 1922 zwischen dem Werk in Dessau und der Regierung in Moskau präzi-

Dauerpassierschein
für Paul Schuhmann,
Schlosser aus Dessau,
zum Betreten der Junkers-Werke in Fili

Junkers-Zweigwerk in Fili bei Moskau

siert wurden und auf deren Grundlage in Fili die Fertigung begann. Professor Junkers war der einzige deutsche Flugzeugindustrielle, der eine derartige deutsch-sowjetische Zusammenarbeit einging. Es kann kein Zweifel daran bestehen, denn das war der erklärte Zweck der Konzessionsvergabe, daß die Einrichtung des Junkers-Werkes in Fili bei Moskau in der komplizierten Periode der beschleunigten wirtschaftlichen Entwicklung und der notwendigen Verteidigungsanstrengungen im unmittelbaren Interesse des Sowjetlandes lag. In den vier Jahren bis zum 1. März 1927, als die Konzession wieder aufgehoben wurde, hat Junkers in Fili zur Bewältigung vordringlicher Aufgaben beigetragen und geholfen, qualifizierte Facharbeiter

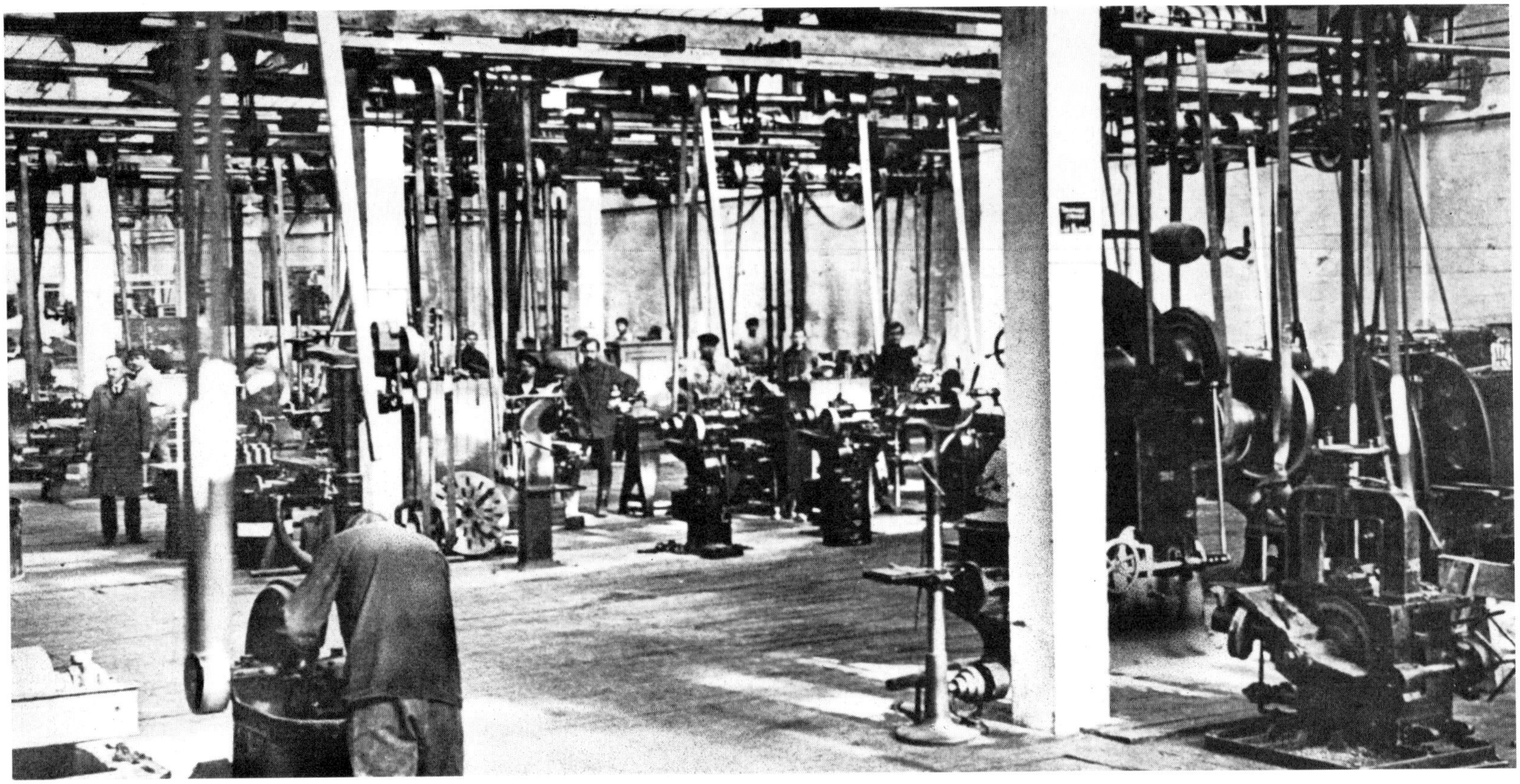

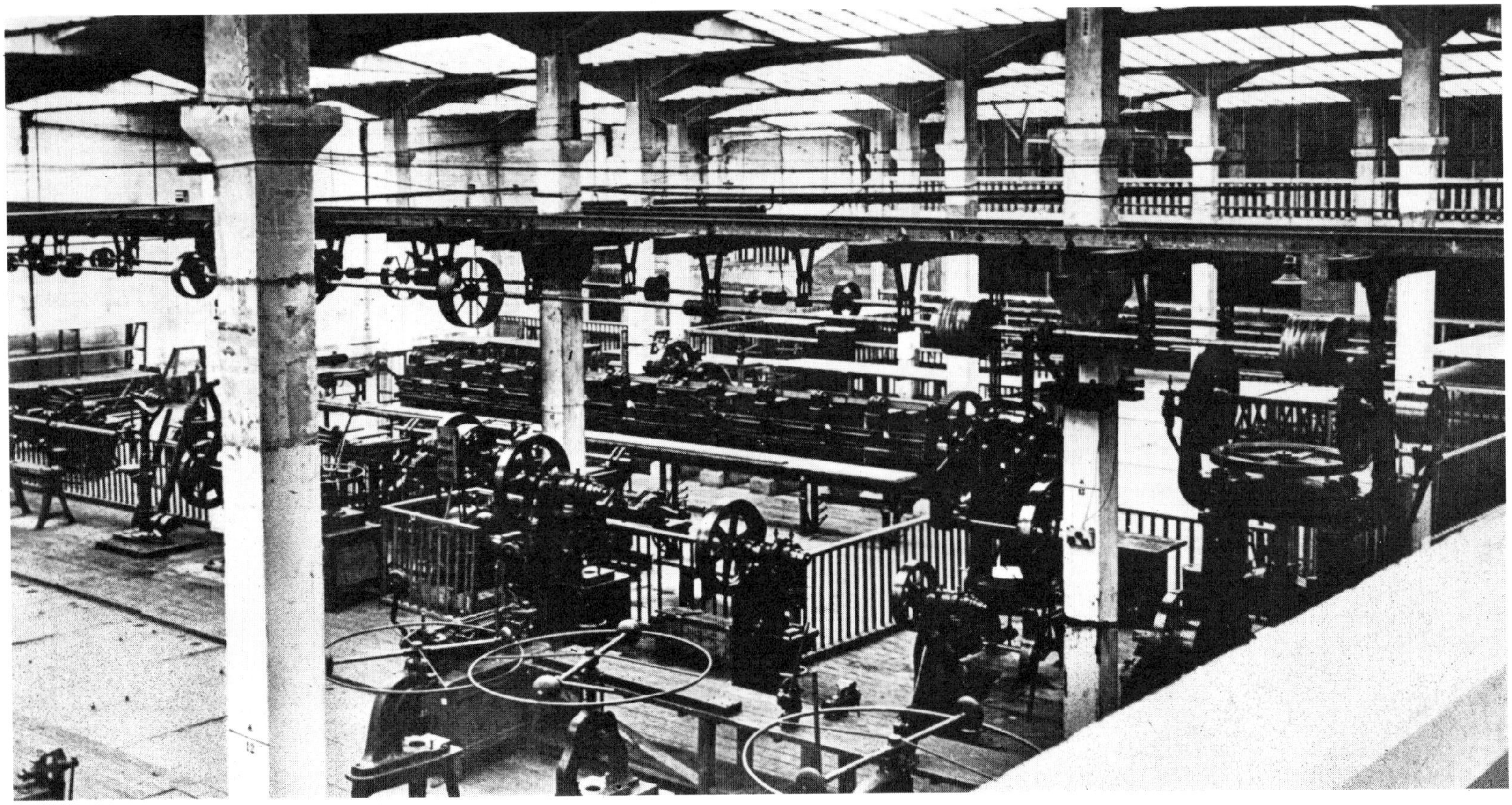

Bilder Seite 134:
Die Dreherei des Werkes in Fili
Blick in die Stanzerei

und Techniker auszubilden, die in der sowjetischen Flugzeugindustrie, die sich zielstrebig entwickelte, wirksam werden konnten. Das erleichterte es der sowjetischen Luftfahrtindustrie, modernen Flugzeugbau zu entwickeln und in verhältnismäßig kurzer Zeit eigene leistungsfähige Flugzeugmuster hervorzubringen.

In diesen Jahren der deutsch-sowjetischen Zusammenarbeit in Fili, die sich mit dem Namen Junkers verbindet, wurden dort in der bewährten Ganzmetallbauweise, die dem fortgeschrittensten Entwicklungsstand des internationalen Flugzeugbaus entsprach, mehrere Flugzeugmuster in insgesamt etwa 170 Exemplaren gebaut beziehungsweise montiert (davon 40 Ju 20 und 122 Ju 21) und weitere Flugzeuge für militärische Zwecke umgerüstet. Die Flugzeuge, die aus dem Junkers-Werk in Fili ausgeliefert wurden, fanden vorwiegend in den sowjetischen Fliegerkräften Verwendung. Außerdem wurde in Fili aus angelieferten Bauteilen eine bestimmte Anzahl von Flugmotoren BMW IIIa montiert. Darüber hinaus kam von der „Junkers Motoren GmbH" die erforderliche Menge an Flugmotoren für die Komplettierung der in Fili gebauten oder montierten Flugzeuge. Die aus deutschen und sowjetischen Arbeitern zusammengesetzte Belegschaft erreichte zeitweilig eine Stärke von 1 350 Mann.[109]

Dennoch sind die von Junkers mit der Übernahme der Konzession eingegangenen Verpflichtungen nicht in vollem Umfang wahrgenommen worden. Zwar wurde die erforderliche Anzahl von Flugmotoren aus Dessau geliefert bzw. deren Montage in Fili sichergestellt, aber ein eigenständiges Flugmotorenwerk, das dem Flugzeugwerk folgen sollte, kam nicht zustande. Außerdem war vereinbart, daß die Junkers-Werke maßgeblich bei der Entwicklung der sowjetischen Duraluminium-Produktion mitwirken. Auch diese Aufgabe blieb unerfüllt.[110]

Verwirklicht wurde aber das Hauptanliegen der Konzession, die Organisation des Baus von Ganzmetall-Motorflugzeugen. In den Hallen des im Jahre 1917 gegründeten Russisch-Baltischen Automobilwerkes in Fili, die durch Um- und Neubauten erweitert worden sind, wurden aus Dessau gelieferte Werkzeugmaschinen und andere Grundausrüstungen aufgestellt. „Alles konzentrierte sich bei Junkers auf das russische Projekt ... In Fili wurden alle guten Leute zum Aufbau des neuen Werkes gebraucht. Diese neuartige und auch lohnende Arbeit reizte viele ... Bei Junkers platzte man zwar stets von unorthodoxen Ideen, das war normal. Diesmal waren jedoch die Dimensionen der in Angriff genommenen Pläne außergewöhnlich ... Jedoch waren alle von den neuen Zielen ganz begeistert, überall herrschte nervöse Betriebsamkeit."[111] Und als die Produktion begonnen hatte, da stellte sich heraus, daß von den sowjetischen Auftraggebern für Flugzeuge aus Fili und deren Motorisierung keineswegs geringere Qualitätsanforderungen gestellt wurden als bei den Abnahmeflügen und auf den Prüfständen in Dessau. Die da als Lehrende kamen, fanden sich nicht selten in der Rolle von Lernenden wieder. Einer der in Fili eingesetzten Junkers-Mitarbeiter berichtete später darüber: „Schon früh übernahm die russische Luftwaffe in Verbindung mit der Fabrikation der Junkersflugzeuge in Fili bei Moskau auch den L 5-Motor. In denkwürdigen, unter schwierigen Bedingungen in Moskau stattfindenden Prüfstandsläufen ... gelang es, die russische Musterprüfung zu erfüllen und damit die Grundlage für die durch viele Jahre hindurch laufenden russischen Aufträge zu schaffen. Mit Unbehagen gedenken noch viele von uns der Prüfzeit, die die Abnahme der ersten an Rußland zu liefernden L 5-Motoren für uns bedeutete. Durch die russischen Abnehmer, an ihrer Spitze der kluge Ingenieur Alexandrow, haben wir — oft mit zusammengebissenen Zähnen — lernen müssen, was kompromißlose Genauigkeit und Qualität bedeutet, und wir müssen zugeben, daß wir diesen ‚Lehrmeistern' viel zu verdanken haben."[112]

Hervorhebenswert daran ist nicht nur die darin ausgedrückte Hochachtung vor der Sachkenntnis und der Arbeitssorgfalt sowjetischen Ingenieurpersonals, sondern auch, daß dieser Bericht im Jahre 1940, also während des Krieges und auf dem Höhepunkt der antisowjetischen Hetze der damals Regierenden in einer Publikation von Dessauer Junkers-Mitarbeitern veröffentlicht worden ist.

Ju 20/Ju 35
für sowjetische Marine- und Polarflieger

Die Fertigung in Fili begann mit der Montage des zweisitzigen Aufklärers auf Schwimmern, ausgestattet mit einem Motor BMW IIIa. Das Flugzeug war eine Weiterentwicklung des Seeaufklärers J 11, erhielt als Land- und Seeversion die Dessauer Typenbezeichnung A 20 und die sowjetische Bezeichnung Ju 20. Davon wurden in Fili „im Jahre 1923 ausgeliefert 20 Flugzeuge, hergestellt aus deutschen Teilen und Werkstücken. Weitere 20 Exemplare der Ju 20 und einige Ju 20-Fahrwerke wurden später gekauft. Dieser Flugzeugtyp wurde bis zum Jahre 1930 als Marineflugzeug der Baltischen Flotte" (Ostseeflotte, d. Verf.) „und der Schwarzmeerflotte, danach bis 1933 in der Polarluftflotte eingesetzt."[113]

Der sowjetische Flieger B. G. Tschuchnowski unternahm im September 1924 mit einer Ju 20 elf Flüge zur Polarstation Nowaja Semlja. Im Jahre 1925 wurde in Leningrad gemeinsam von dem sowjetischen Flugzeugkonstrukteur W. B. Schawrow und dem Ingenieur K. A. Wiegand ein Junkers-Motor L 5 in die Ju 20 eingebaut. Damit war das Flugzeug nunmehr, analog zur A 35 aus Dessau beziehungsweise zur K 53 aus Limhamn, die erste sowjetische Ju 35. Mehrere weitere Umrüstungen zur Ju 35 wurden in Fili vorgenommen. In sowjetischer Literatur werden auch diese Flugzeuge, unabhängig von dem verwendeten Motor, als Ju 20 bezeichnet.

Im Verlaufe der zehn Jahre ihres Einsatzes in den sowjetischen Fliegerkräften, darunter viele Jahre unter den besonders hohen Witterungsbeanspruchungen, die bei Polarflügen auftreten, hat sich dieses Flugzeugmuster sehr gut bewährt. Mehrere der in Fili hergestellten Flugzeuge sind von Junkers an Armeen anderer Länder verkauft worden, darunter nach Spanien und in die Türkei. Zu einem bemerkenswerten Zwischenfall, der die rasche Wiederherstellbarkeit von Junkers-Flugzeugen mit auswechselbaren Fertigbauteilen unter Beweis stellte, war es gekommen, als eine Ju 20 auf Schwimmern beim Ablieferungsflug von Moskau nach Spanien im Mittelmeer bei starkem Seitenwind landete, dabei die Schwimmer schwer beschädigt wurden und das Flugzeug versank. Die Besatzung konnte gerettet werden. Das Flugzeug wurde erst nach mehrtägiger Liege-

*Serienmontage der Ju 20 (Dessauer
Grundmuster: A 20) in Fili,
die ab 1923 an die sowjetischen
Marinefliegerkräfte geliefert wurde*

*Bild Seite 137
Flugfertige Ju 20 auf Schneekufen in Fili*

zeit unter Wasser gehoben, und zwar mit Ketten, die sonst nur zum Verladen schwerer Stückgüter verwendet wurden. Bei dieser Bergungsaktion wurde das Flugzeug so schwer beschädigt, daß seine Wiederverwendung ausgeschlossen schien. Dann aber ist das Flugzeug nach Tablada, dem Flugplatz von Sevilla (Südspanien), gebracht und mit Fertigteilen, die aus Dessau kamen, von drei Junkers-Monteuren in kurzer Zeit wiederhergestellt worden. Danach hat man das Flugzeug auf ein Radfahrgestell gesetzt, der Pilot flog die Maschine in einem mehrstündigen Flug zum Militärflugplatz von Madrid, führte es den Vertretern der spanischen Behörden vor — und hatte damit seinen Ablieferungsauftrag erfüllt.

Ju 21
**bewaffneter Aufklärer
in Großserie**

Der Vorgänger des bewaffneten Aufklärerflugzeuges Ju 21 war der Dessauer Versuchshochdecker T 21. Eine konstruktive Besonderheit waren abwerfbare Kraftstoffaußentanks, als Schutzvorrichtung bei Brandgefahr gedacht. Mit einem Motor

*In den Jahren 1923 bis 1926
in 122 Exemplaren in Fili gebaut und
an die sowjetischen Luftstreitkräfte
geliefert: Ju 21 (Dessau T 21;
Dessauer Lizenzmusterbezeichnung: H 21)*

*Das hundertste Exemplar
des bewaffneten Aufklärers Ju 21
entstand in Fili im Jahre 1925*

BMW IIIa ausgestattet und mit einem MG ausgerüstet ist dieser bewaffnete Aufklärer nur in Fili produziert worden, und zwar in 122 Exemplaren, davon 40 im Jahre 1923, 53 im Jahre 1924, 26 im Jahre 1925 und 3 im Jahre 1926. „Mehrere dieser Flugzeuge wurden hergestellt mit dem leistungsstärkeren und gelieferten Motor BMW IVa mit 240 PS." (176,4 kW, d. Verf.)[113]

Die Fili-Variante der Dessauer T 21 erhielt die sowjetische Bezeichnung Ju 21. Für die militärisch verwendbare Version der T 21 findet sich in der Literatur auch die Dessauer Lizenzmusterbezeichnung H 21.

Sollte in Fili als Jagdeinsitzer für die sowjetischen Luftstreitkräfte gebaut werden, bestand aber die Musterprüfung in der UdSSR nicht: Ju 22 (Dessau: T 22; Dessauer Lizenzmusterbezeichnung: H 22)

Ju 22

als Jagdeinsitzer entwickelt, aber nicht gebaut

Die Vorversuche für einen Jagdeinsitzer hatten in Dessau stattgefunden, und zwar mit dem Versuchsflugzeug T 22. Als militärisch verwendbares Flugzeug erhielt das Muster die Lizenzbezeichnung H 22 und sollte, einem sowjetischen Auftrag folgend, für den die T 22 in Dessau entwickelt worden war, in Fili als Jagdeinsitzer Ju 22 gebaut werden. Es war ein Schulterdecker. Durch den — im Vergleich mit dem Hochdecker Ju 21 — heruntergezogenen Flügel verbesserte sich zwar die Sicht des Fliegers nach oben erheblich, zugleich wurde aber die Sicht im Start- und Landevorgang eingeschränkt. Außerdem ergab sich noch eine weitere Schwierigkeit beim Umgang

mit dieser Maschine: „Bei kräftigem Höhenrudergeben aus dem Vollgashorizontalflug drehte sie von selbst die schönsten überzogenen Rollen, und ehe die Piloten sich versahen, hatten sie sich ein- oder auch zweimal mit dem Flugzeug um die Längsachse gedreht, das heißt, sie war geradezu ein Musterbeispiel für ‚Autorotation' … Durch etwas stärkere Verwindung war diese Schwierigkeit zwar bald behoben, aber das kostete uns immerhin einen neuen Flügel, und wir waren damals ziemlich betrübt über dieses Mißgeschick."[114] So beschrieb es der Dessauer Ingenieur Ernst Zindel, der an der Entwicklung dieses Flugzeuges mitgearbeitet hatte.

Für Betrübnis gab es auch allen Grund, denn weil die Flugeigenschaften nicht befriedigten, wurde das Muster Ju 22 in der UdSSR nicht angenommen, das heißt, es bestand die sowjetische Musterprüfung nicht. Daher blieb es bei diesem Einzelexemplar, eine Serienfertigung erfolgte in Fili nicht. In der sowjetischen luftfahrthistorischen Literatur wird dieses Flugzeug deshalb auch nicht erwähnt.

Die erste Ju 13 (Dessau: F 13)
im Mai 1922 auf dem Moskauer Flugplatz
Chodynka

Das Moskauer Direktionsgebäude des
Junkers-Werkes in der Nikolskaja Nr. 7
(Nikolska Straße), gegenüber
der Moskauer Filiale der ukrainischen
Fluggesellschaft „Ukrwosduchputj"

Vor dem ersten Flug einer Ju 13
im Sommer 1922 von Moskau–
Chodynka
nach Nishni Nowgorod (heute: Gorki)

F 13-Montage in Fili

Ju 13

im Einsatz als Mehrzweckflugzeug

Das in der UdSSR als Ju 13 bezeichnete Flugzeug ist die Dessauer F 13. Einige Exemplare sind aus Bauteilen, die geliefert wurden, in Fili montiert und durch einen MG-Stand hinter dem Führersitz zum Kampfflugzeug (bewaffnetes Transportflugzeug; Behelfsbomber) umgebaut worden. Diese Variante wurde von Fili aus nach Persien geliefert. In den sowjetischen Fliegerkräften gab es für eine derartige militärische Version keinen Bedarf, deshalb findet sie in der sowjetischen Fachliteratur keine Erwähnung.

Stark beachtet hingegen wurde seinerzeit die Ju 13 als verschiedenartig einsetzbares Flugzeug für zivile Zwecke. Die erste F 13/Ju 13 erschien in Moskau im Mai 1922, denn schon vor der Konzession zur Errichtung eines Flugzeugwerkes hatte Junkers seine erste sowjetische Flugkonzession erhalten, und zwar für den planmäßigen Flugverkehr auf der 420 km langen Strecke zwischen Moskau und dem Messegelände von Nishni Nowgorod (heute: Gorki). Diese Strecke wurde beim ersten Messeflug im Sommer 1922 in zwei Stunden und 45 Minuten zurückgelegt. Mit diesem Flug begann der sowjetische Linienluftverkehr. Die Zeitung „Nishegorodskaja Kommuna" schrieb damals: „Eine wirklich grandiose Aufgabe steht vor der zivilen Luftfahrt. Sagen wir kühn, sie steht in ihrer Bedeutung für die Zukunft des Landes wenig hinter der Elektrifizierung zurück. Unsere Republik ist unermeßlich groß. Auf Tausende von Kilometern gibt es keine Eisenbahn- und Telegrafenverbindungen. Ohne Verbindungen ist die Kultivierung des Volkes nicht möglich. Wir können sie leicht erreichen, wenn wir die billigste und schnellste Verbindung schaffen – die Luftfahrt."

Schon wenige Monate später, am 17. März 1923, wurde die russische Fluggesellschaft „Dobroljot" gegründet, die zunächst zehn F 13 kaufte (später 14 weitere) und auf verschiedenen Flugstrecken einsetzte, darunter auf den Linien Moskau–Kasan, Taschkent–Alma-Ata, Taschkent–Buchara, Buchara–Chiwa und Buchara–Djuschambe (heute: Duschanbe). Ebenfalls im Jahre 1923 entstanden die Fluggesellschaften „Siblet" in Sibirien, „Ukrwosduchputj" in der Ukraine und „Sakavia" im Kaukasus. Auch sie kauften F 13 und setzen sie auf ihren Strecken ein.[115] Die „Saka-

Die Ju 13 der russischen Luftverkehrsgesellschaft „Dobroljot"

via" beflog ab April 1924 mit F 13 die Strecke Batumi–Tiflis (Tbilissi)–Baku. Außerdem entstand im Jahre 1923 als weitere Fluggesellschaft in Aserbaidshan die „Asdobroljot", die eine F 13 kaufte und mit einer Junkers-Besatzung in Dienst stellte. Insgesamt sind, einer recherchierten Verkaufsstatistik der Dessauer Junkers-Werke zufolge, bis zum Jahre 1929 in die UdSSR 49 Flugzeuge dieses Typs geliefert worden. Es dürfte unter Einschluß der Flugzeuge der deutsch-russischen Luftverkehrsgesellschaft DERULUFT die Annahme begründbar sein, daß zumindest 55 Flugzeuge des Typs F 13 in der UdSSR eingesetzt waren.

An der Propagierung des Verkehrsflugzeugs sowie bei der Erschließung neuer Flugstrecken hatten sowjetische Flieger und Junkers-Piloten, die im Dienste sowjetischer Fluggesellschaften flogen, in enger Arbeitsgemeinschaft gewirkt. Als Beleg für diese Feststellung mögen die folgenden ausgewählten Beispiele ausreichen.

Am 31. Mai 1923 startete die F 13 „Lerche" (Werknummer 572) auf dem Moskauer Flugplatz Chodynka mit Passagieren und Post zum Erstflug auf der Strecke Moskau–Charkow–Rostow–Noworossisk–

Batumi–Tiflis (Tbilissi). Das „Junkers-Luftverkehr Nachrichtenblatt" berichtete darüber in der Ausgabe 4/1923: „In Rostow am Don wurden nach dem Eintreffen der ersten Maschine zahlreiche Rundflüge unternommen. Unter den Fluggästen befanden sich unter anderen der Kommandeur der Truppen des Militärbezirks, Woroschilow, und der aus dem polnisch-russischen Kriege und dem Feldzug gegen Wrangel bekannte Kommandeur der I. Kavalleriedivision, Budjonny." (Klement Jefremowitsch Woroschilow wurde von 1953 bis 1960 Vorsitzender des Präsidiums des Obersten Sowjets der UdSSR; Semjon Michailowitsch Budjonny wurde 1938 Mitglied des Präsidiums des Obersten Sowjets und befehligte seit Januar 1943 die Kavallerie der Sowjetarmee.)

Mit dem Junkers-Piloten Georg Jüterbock am Steuer und einem sowjetischen Bordmonteur startete die F 13 „Kuckuck" (Werknummer 590), Ju 13 der „Dobroljot" mit der Kennung R-RDAM, am 8. September 1923 zum Erstflug über insgesamt 3400 km auf der Strecke Moskau–Nowgorod–Kasan–Jekaterinburg (Swerdlowsk)–Kurgan–Omsk–Nowonikolajewsk (Nowosibirsk). Nach mehreren Tagesetappen und einer reinen Flugzeit von rund 20 Stunden erreichte das Flugzeug am 15. September 1923 sein Ziel. Damit hatte Jüterbock einen Auftrag der „Dobroljot" erfüllt und den ersten Abschnitt der geplanten Luftverkehrsstrecke Leningrad–Moskau – Kasan – Jekaterinburg (Swerdlowsk)–Omsk–Nowonikolajewsk (Nowosibirsk) – Krasnojarsk – Irkutsk – Tschita – Nertschinsk – Blagowestschensk – Charbarowsk–Wladiwostok erkundet. Die geplante Route von Leningrad nach Wladiwostok hatte eine Länge von 9 213 km.

Im Jahre 1923 eröffnete die „Dobroljot" einen täglichen Rundflugbetrieb mit einer Schwimmer-Ju 13, mit Start und Landung auf der Moskwa. Als Flugzeugführer wurde der Junkers-Pilot Kiessner eingesetzt. Er verunglückte noch im selben Jahr tödlich bei der Ausübung dieser Tätigkeit.

Anfang September 1924 eröffnete der Junkers-Pilot Fritz Morzik mit der F 13 „Wachtel" (Werknummer 643), Ju 13 der „Dobroljot" mit dem russischen Kennzeichen R-RECI, die Luftpostlinie Moskau–Charkow (bis zum Jahre 1934 Hauptstadt der Ukrainischen SSR). Die 690 km lange Strecke wurde in sechs Stunden zurückgelegt. Das Flugzeug wurde in Charkow von dem Junkers-Piloten Kurt Bauerhin in Empfang genommen, zu jener Zeit der dortige Flugleiter der ukrainischen Fluggesellschaft „Ukrwosduchputj". Einen Teil der Post, Gepäck und zwei Passagiere übernahm in Charkow die F 13 „Bremse" (Werknummer 651), Ju 13 der „Asdobroljot". Mit dem Junkers-Piloten Othello Schäfer am

Die Ju 13 der „Dobroljot"
mit der Kennung R-RDAA
und dem Merknamen „Mossowjet"
war bei einer Tierfangexpedition
in westsibirischen Gebieten
eingesetzt (im Bild: nach der Landung
in Pod Kamenno Tunguskoje,
62 Grad nördlicher Breite)

Steuer ging von dort die Postreise nach Baku weiter.

Mitunter wurde aus der Arbeitsgemeinschaft deutscher und sowjetischer Flieger und Mechaniker bei der Erkundung, Inbetriebnahme und Aufrechterhaltung von Fluglinien auch eine Kampfgemeinschaft. Das zeigt der mutige Einsatz des Junkers-Piloten Otto Wieprich bei der Teilnahme an den Kämpfen gegen eine Basmatschen-Bande bei Chiwa in Usbekistan. Zu jener Zeit war Wieprich als Ju 13-Pilot der „Dobroljot" auf der Strecke Taschkent–Alma-Ata eingesetzt. Am 26. Januar 1924 traf ein Telegramm in Moskau ein, in dem mitgeteilt wurde, daß die Junkers-Flugzeuge, die auf dieser Strecke fliegen, zur Unterdrükkung einer nationalistisch-konterrevolutionären Gruppierung den zuständigen sowjetischen Militärdienststellen zur Verfügung gestellt worden seien. Eines der ersten Flugzeuge, die eingesetzt wurden, war die Ju 13 von Otto Wieprich und seinem russischen Mechaniker Kekuschew. Sie starteten am 28. Januar 1924 mit dem Militärbefehlshaber Kutjakow und dem Kommissar der 4. Fliegerabteilung Afanasjew an Bord. Was dann folgte, ist in knapper Form in einem Erlaß des Zentralkomitees Usbekistans zusammengefaßt worden:

„Der Flugzeugführer Wieprich hat den ihm erteilten Auftrag, das bevollmächtigte Mitglied des R. W. S. ..." (des Revolutionären Kriegsrates; d. Verf.) „Kutjakow im Junkers-Flugzeug von Taschkent nach der von einheimischen Räuberbanden umstellten Stadt Chiwa zu bringen, bei widrigem Flugwetter unter Lebensgefahr ausgeführt. Im Sandgebiet von einem dichten Nebel überrascht, mußte Wieprich im Rayon, in dem die Räuberbanden lagerten, landen und erfüllte nach einigen Stunden, als sich der Nebel etwas zerstreut hatte, seine Aufgabe

**Deutsche Flugzeugführer
in der UdSSR**

Junkers-Flugzeugführer, die auf der Grundlage von Vereinbarungen zwischen Prof. Junkers und der sowjetischen Regierung als Einflieger in Fili und als Piloten für sowjetische Fluggesellschaften tätig waren:

Name	Einsatzzeit
Bauerhin, Kurt	1923/24
Eger	1923/24
Franke, Rudolf	1923/24
Gothe, Alfred	1922 bis 1925
Jeske	1925
Jüterbock, Georg	1923/24
Kiessner	1923*)
Kneer, Franz	1923/24
Krause, Rudolf	1923 bis 1926
Moosbacher, Robert	1923/24
Morzik, Fritz	1923/24
Poss, Reinhold	1923/24
Rodschinka, Bruno	1923/24
Schäfer, Othello	1923/24
Schuster, Günther	1923
Spiel, Joseph	1923 bis 1925*)
Tödheide, Fritz	1923/24
Wasserthal	1924
Wieprich, Otto	1923/24**)

*) tödlicher Unfall in der UdSSR
**) ausgezeichnet für Teilnahme an Kämpfen gegen Konterrevolutionäre in Chiwa/Usbekistan

Die Ju 13 der „Dobroljot"
mit der Kennung R-RDAU (Dessauer
Werknummer 2 035) vor dem Start
mit Passagieren

Die Ju 13 der „Dobroljot"
mit der Kennung R-RDAO und
dem Merknamen „Krasnij Kamwoltschik"
vor dem Start zum Fernflug
Moskau—Peking am 10. Juni 1925

Mit Blumen und Fahnen geschmückt:
die Ju 13 (R-RDAO) nach der
erfolgreichen Teilnahme
am Fernflug Moskau—Peking
vom 10. Juni bis 17. Juli 1925

heldenmütig, nachdem er noch die Besatzung des zweiten hierher geflogenen Apparates, der Bruch gemacht hatte, in sein Flugzeug aufnahm. Bei dem Flug über das vom Feinde besetzte Territorium wurde das Flugzeug angeschossen und erhielt einige Schußlöcher. Von der Stadt Chiwa aus hat Wieprich bei schwierigstem Wetter und strömendem Regen einen wichtigen Flug durchgeführt. Wieprich hat als deutscher Staatsangehöriger bei seiner Arbeit aufrichtig im Interesse Rußlands gearbeitet und aktiv an der Befreiung der werktätigen Bauern von der Gewalttätigkeit der Basmatschen teilgenommen. Es wurde beschlossen, Wieprich durch eine goldene Uhr mit der Inschrift ,Dem tapferen Piloten' zu belohnen."[116]

Wahrlich — Junkers hatte mit seinen Flugzeugen tüchtige Piloten in die UdSSR geschickt. Sie erwiesen sich damals als einsatzfreudig und wichen auch komplizierten Aufgaben nicht aus. Daran änderte sich auch dadurch nichts, daß die Nazipresse nach 1933 einstige Leistungen von Junkers-Fliegern in der UdSSR zu bagatellisieren versuchte. Durch Mut und Sachkenntnis erwarben sie sich die Wertschätzung ihrer sowjetischen Arbeitskameraden. Das wird aus einem Nachruf des Jahres 1925 deutlich, in dem das „Junkers-Luftverkehr-Nachrichtenblatt" ein Anerkennungsschreiben der Fluggesellschaft „Sakavia" zitierte:

„Einer unserer wackersten Kameraden, unserer besten Flugzeugführer ist am Sonntag, dem 22. März, von einem erschütternden Geschick ereilt worden. Joseph Spiel startete um 12 Uhr mittags mit drei hohen politischen Persönlichkeiten Transkaukasiens und einem russischen Begleiter in Tiflis in der Richtung nach Suchumi. Kaum hatte das Flugzeug die Umgebung von Tiflis verlassen, da erfolgte in der Luft eine Explosion, welcher alle Insassen zum Opfer fielen ...

Die Trauer und die Bestürzung, welche dieses Unglück in Rußland hervorrief, galt nicht nur den Söhnen der Heimat, sondern auch dem unerschrockenen Piloten, welcher jahrelang auf Junkers-Flugzeugen im Dienste der Verkehrsgesellschaft ,Sakavia' Flüge über die Gebirge des Kaukasus und vorher in der fernen Mugan-Steppe unternommen hatte ... Vor einem Jahr hatte er 100 000 km zurückgelegt, aus welchem Anlaß ihm die kaukasische Verkehrsgesellschaft ein goldenes Ehrenzeichen mit folgendem Brief übergab."

Der erwähnte Brief hatte diesen Wortlaut: „Am 9. Mai 1924 hat der Flieger Spiel seinen Jubiläumsflug vollbracht, in dem er seinen 100 000. Kilometer auf dem Passagierflugzeug erflogen hat. Diesen Tag hält die Gesellschaft für einen bedeutungsvollen, sowohl für den Flieger Spiel als auch für die Gesellschaft Sakavia, die stolz darauf ist, zwischen ihren Mitarbeitern solch einen tapferen und erfahrenen Flieger, wie Herr Spiel einer ist, zu haben. Während seiner Dienstzeit bei der Gesellschaft Sakavia hat der Flieger Spiel sich als ein gewissenhafter und unermüdlicher Arbeiter erwiesen, indem er eine mächtige Fliegerarbeit unter sehr schweren Bedingungen in Transkaukasien und in einer schlechten Jahreszeit geleistet hat. Durch seine aufopfernde Arbeit hat der Flieger Spiel zur Stärkung und Entwicklung der Zivil-Aviation in Transkaukasien beigetragen. Die Verwaltung der Gesellschaft Sakavia hat dem Flieger Spiel anläßlich seines Jubiläums ein Dankschreiben und ein Geschenk überreicht und hält es für ihre Pflicht, dies der Verwaltung der Gesellschaft Junkers mitzuteilen, die stolz auf solch einen Flieger sein kann, wie Herr Spiel."[117]

Die Flugzeuge Ju 13 wurden in der UdSSR nicht nur für den Passagierflug, sondern auch für den Sanitätsflugdienst, als Landwirtschaftsflugzeuge sowie für Ausbildungszwecke an Fliegerschulen verwendet. Im Zentraldepot der „Dobroljot", wo die Flugzeuge repariert und regelmäßig überholt wurden, sind fünf Ju 13 aus sowjetischem Aluminium-Hartblech nachgebaut worden.

Eine Reihe von aufsehenerregenden Flügen unternahmen sowjetische Piloten mit der Ju 13. Beispielsweise bewältigte der Flieger Kopylow im Jahre 1925 mit diesem Junkers-Typ die ca. 10 000 km lange Rundflugstrecke Moskau–Kasan–Ufa–Perm–Wjatka–Ustjug–Wologda–Moskau. Bereits im Vorjahr, am 8. Oktober 1924, hatte die „Iswestija" begeistert darüber berichtet, daß sowjetische Flieger mit einer Ju 13 der „Dobroljot" erstmals bei einem Erkundungsflug nach Afghanistan den Hindukusch überflogen haben. Noch im selben Monat hat das „Junkers-Luftverkehr-Nachrichtenblatt" dieses Ereignis wie folgt kommentiert: „Die Begeisterung der russischen Freunde der Luftfahrt über den erfolgreichen Flug ist in der Tat vollauf berechtigt. Die Entfernung von Taschkent, der Hauptstadt Turkistans, nach Kabul, der Residenz von Afghanistan, beträgt rund 1 000 km. Zweimal mußten Hochgebirge überflogen werden, und zwar zwischen den Flüssen Syrdarja und Amudarja, die Höhenketten

Die PS-4 (Dessau: W 33) wurde in der UdSSR als vielseitig verwendbares Transportflugzeug geschätzt

Technische Daten der K 30/R 42/JuG-1

Auf eine Anfrage antwortend, hatte die „A. B. Flygindustri" Limhamn mit Schreiben vom 11. Juni 1927 die technischen Daten des Bombenflugzeuges K 30 wie folgt mitgeteilt:

	Land	Wasser
Motor, Typ Junkers L 5	3 × 310 PS	3 × 310 PS
Brennstoffvorrat	1 250 Ltr.	1 250 Ltr.
Spannweite	29,9 m	29,9 m
Länge über alles	15,23 m	15,5 m
Höhe aufgebockt	5,5 m	6,0 m
Tragfläche gesamt	94,6 m²	94,6 m²
Leergewicht	3 860 kg	4 390 kg
Gesamtzuladung	2 640 kg	2 110 kg
Gesamtfluggewicht	6 500 kg	6 500 kg
Brennstoffverbrauch (im Sparflug)	105 kg/Std.	105 kg/Std.
Maximal-Geschwindigkeit	190 km/Std.	185 km/Std.
Geschwindigkeit (im Sparflug)	155 km/Std.	155 km/Std.
Landegeschwindigkeit	110 km/Std.	110 km/Std.
Gipfelhöhe	4 500 m	4 000 m

des Hissargebirges und zwischen letzterem Strom und der afghanischen Hochebene die gewaltige Mauer des Hindukusch. Dieser zählt zu den höchsten Gebirgen der Welt: Gipfelhöhe: 6 000 bis 7 000 m und Paßhöhe 3 000 bis 5 000 m. Kabul selbst hat eine Höhe von 1 700 m und der Gebirgsteil zwischen den Orten Scharika und Chindschan, wo der Überflug erfolgte, 6 200 m."

Als im sowjetischen Zivilflugverkehr eine wachsende Anzahl von Flugzeugen eigener Produktion zum Einsatz kam, sind mehrere Ju 13 ausgemustert und nach Deutschland zurückgeführt als F 13 in die deutsche Luftfahrzeugrolle eingetragen worden. Dazu gehören die hier erwähnten Flugzeuge

„Lerche" (D-252), „Kuckuck" (D-194), „Wachtel" (D-231) und „Bremse" (D-265). Etliche Ju 13 waren seit dem Jahre 1926 mit dem Junkers-L 5-Motor ausgerüstet. Eines der Flugzeuge war seit der Inbetriebnahme des Werkes Fili im Jahre 1923 in der ständigen Moskauer Landwirtschaftsausstellung zu besichtigen.

PS-4
ein echtes Arbeitsflugzeug

Unter der Bezeichnung PS-4 flog in der UdSSR die W 33. Mit fensterlosem Rumpf ist das Flugzeug ausschließlich für Transportaufgaben eingesetzt worden. Es „wurde erworben in einigen Dutzend Exemplaren seit dem Jahre 1928 und bis zum Jahre 1941 für Postflüge eingesetzt, vor allem in Sibirien und in der Arktis. Die hohe Wirtschaftlichkeit, Leistungsfähigkeit und Qualität der PS-4 ermöglichten ihren langwährenden Einsatz. Es war ein echtes Arbeitsflugzeug", schrieb später der sowjetische Flugzeugkonstrukteur Schawrow anerkennend.[118] Etliche der angekauften Flugzeuge sind, da im Jahre 1927 das Junkers-Werk in Fili aufgelöst worden war, im Irkutsker Reparaturwerk sowie in der Zentralen Flugzeugreparaturbasis der „Dobroljot" ZARB (ZARB/Zentralnaja aviaremontnaja basa) in Moskau flugfertig montiert und dort auch den regelmäßigen Überholungsarbeiten unterzogen worden.

G 23

nur für Werbeflüge in Moskau

Nach den Erfolgen der F 13/Ju 13 bei der Erschließung und Aufrechterhaltung des sowjetischen Streckenflugverkehrs haben die Junkers-Werke im Frühjahr 1925 ein (laut Schawrow) mit BMW-Motoren ausgerüstetes dreimotoriges Verkehrsflugzeug, also eine G 23, nach Moskau geschickt, um vor allem die „Dobroljot" für dieses neue Verkehrsflugzeug zu interessieren. Zu diesem Zweck startete es wiederholt zu Vorführungs- und Werbeflügen in der Umgebung von Moskau.

Kaufinteressen, und zwar für eine militärisch verwendbare Version des Flugzeuges, äußerten Vertreter der sowjetischen Luftstreitkräfte, für deren Ausstattung zu diesem Zeitpunkt in Fili bevorzugt der zweisitzige bewaffnete Hochdecker Ju 21 gebaut wurde. Deshalb wurde von der sowjetischen Regierung eine als Bombenflugzeug einsetzbare Variante des in Moskau vorgeführten Flugzeuges bestellt.

JuG-1

schwerer Bomber für die UdSSR

Angeregt von dem in Moskau bekundeten Interesse und motiviert durch die inzwischen schon zweijährige Zusammenarbeit mit Vertretern der sowjetischen Luftstreitkräfte ging man in Dessau daran, das dreimotorige Verkehrsflugzeug an die militärische Verwendung anzupassen. Aber es ging dabei nicht allein um zweckmäßige konstruktive Lösungen, weil auch eine Möglichkeit gefunden werden mußte, innerhalb einer angemessenen Frist rund zwei Dutzend dieser Flugzeuge zu bauen und zu liefern. Nach Fili konnten zu diesem Zeitpunkt weder der Bau noch die Montage des verhältnismäßig großen Flugzeuges verlagert werden, ohne das dort laufende Produktionsprogramm zu stören oder erst einmal neue Montagemöglichkeiten zu installieren, für die noch nicht vorausgesehen werden konnte, ob zu ihrer fortlaufenden Kapazitätsauslastung weiterreichende Aufträge folgen würden. Dazu wären von den Junkers-Werken weitere Investitionen in Fili notwendig gewesen, die im Jahre 1925 nicht gewährleistet werden konnten, da Junkers gerade wieder in einer tiefen Finanzkrise steckte. Durch die Gründung der „Deutschen Luft Hansa A. G."

Eine JuG-1 (Dessauer Lizenzmuster-K 30; im schwedischen Junkers-Zweigwerk in Limhamn bevorzugt für die sowjetischen Fliegerkräfte gebaut und geliefert

Eine JuG-1 in der Werkhalle von Fili

hatte er den Einfluß auf den Inlandflugverkehr verloren. Zur Wahrnehmung seiner Verbindlichkeiten im ausländischen Luftverkehr war er zu mehreren Umdispositionen gezwungen, und letztlich hatte man sich gerade mit beträchtlichem finanziellen Aufwand bei der Gründung und Ausstattung der „A. B. Flygindustri" in Limhamn in Schweden engagiert. Dessau konnte als Fertigungsstätte für dieses Bombenflugzeug ebenfalls nicht in Erwägung gezogen werden, weil von vornherein klar war, daß die sowjetische Bombervariante des dreimotorigen Passagierflugzeuges nicht mit der relativ leistungsschwachen Motorisierung der G 23 versehen, sondern wie eine G 24 motorisiert werden mußte. Das war jedoch im Jahre 1925 nach den Ilük-Bestimmungen noch nicht erlaubt. Außerdem war nicht vorausehbar, welche Komplikationen entstehen würden, wenn man in Dessau die Produktion einer Bomberserie begann, wenngleich ohne Bewaffnung, denn der militärische Flugzeugbau in Deutschland war prinzipiell verboten, und da war wohl von vornherein nicht mit der Nachsicht der Ilük zu rechnen. Schon ganz und gar nicht für einen UdSSR-Auftrag. Die Lösung wurde schließlich gefunden, indem das schwedische Werk in Limhamn in den Bau dieses Flugzeuges einbezogen wurde. Zunächst wurde in Dessau noch im Jahre 1925 ein Prototyp des dreimotorigen Bombers gebaut und flugerprobt. Danach begann nach diesem Urmuster unverzüglich die Serienfertigung der Bauteile, die sogleich nach Limhamn geliefert wurden.

In Schweden wurden die Flugzeuge montiert, motorisiert, eingeflogen – und bereits im Jahre 1926 konnten die ersten dieser Flugzeuge, teils vollständig bewaffnet, in die UdSSR geliefert werden. Sofern die Bewaffnung nicht bereits von der „A. B. Flygindustri" vorgenommen worden war, erfolgte die Nachrüstung in Fili bei Moskau mit sowjetischen Waffen.

Dieses Flugzeug erhielt in Dessau die Lizenzmusterbezeichnung K 30, wurde in Schweden montiert und ausgeliefert mit der Typenbezeichnung R 42 – und in der UdSSR geflogen als JuG-1. Im Jahre 1926 sind vom Werk in Schweden 15 dieser

Flugzeuge an die UdSSR und sechs nach Chile, im Jahre 1927 weitere acht an die UdSSR und ein Exemplar nach Spanien geliefert worden.

Als die JuG-1 im Jahre 1926 in die sowjetische Bewaffnung aufgenommen wurde, war sie bereits mit drei 228 kW(310-PS)-Junkers-Motoren L 5 ausgerüstet.[119] Sie wurde sowohl mit Radfahrwerk als auch mit Schwimmern verwendet. (Die Bewaffnung des Flugzeuges wird im Zusammenhang mit der Fertigung der R 42 in Limhamn näher beschrieben.)

Im Zeitraum 1930/31, als leistungsfähige Bombenflugzeuge sowjetischer Konstruk-

tion zur Verfügung standen, wurden die JuG-1 wieder aus der sowjetischen Bewaffnung herausgenommen und im Jahre 1931 an die Hauptverwaltung der Zivilen Luftflotte (die ab 25. März 1932 die Kurzbezeichnung „Aeroflot" führte) zur weiteren Verwendung übergeben. Dort wurden die Flugzeuge für den zivilen Lufttransport umgerüstet und bis zu ihrer Außerdienststellung in der Schwimmerversion auf der Lena und auf anderen ostsibirischen Flüssen im Linienfrachtdienst eingesetzt.

Eines dieser Flugzeuge JuG-1 ohne Bewaffnung spielte im Jahre 1928 bei der Rettung der Besatzung des italienischen Expeditionsluftschiffs „Italia" eine gewichtige Rolle. Das Luftschiff war am 25. Mai 1928 mit der von dem italienischen Polarforscher Umberto Nobile geleiteten Expedition etwa 170 Meilen von Kingsbai entfernt im Packeis havariert. An der internationalen Rettungsaktion beteiligte sich auch die UdSSR. Am 12. Juni 1928 verließ der Eisbrecher „Malygin" Archangelsk und am 16. Juni lief der Eisbrecher „Krassin" aus Leningrad aus. Die „Krassin" hatte eine JuG-1 mit dem Merknamen „Krasnij Medwed" (Roter Bär) an Bord, deren Besatzung aus dem Flugzeugführer Boris G. Tschuchnowski, dem Copiloten Georg Straube, dem Beobachter Anatoli Alexejew sowie den Mechanikern Alexander Schelagin und Bereskin bestand.

Die „Malygin" wurde am 20. Juli 1928 unweit der Hoffnungsinsel vom Eis eingeschlossen, etwa 400 km von der Nobile-Expedition entfernt, die in der Nähe der Foyninsel ein rotes Zelt errichtet hatte.

Die „Krassin" hingegen erreichte am 1. Juli 1928 eine Position zwischen dem Nordkap und Kap Platen, wurde am 3. Juli nördlich der Sieben Inseln von einem Schraubenblattbruch betroffen und ging vor Anker. Am 6. Juli um 17.15 Uhr steht die schwere JuG-1 startbereit auf dem Eis, aber erst am 10. Juli gegen 16.00 Uhr lich-

Die JuG-1 mit dem Merknamen „Krasnij Medwed" wurde zur Rettung der mit dem Luftschiff „Italia" verunglückten Nobile-Expedition eingesetzt (im Bild: am 6. Juli 1928 startfertig montiert auf dem Polareis vor dem sowjetischen Eisbrecher „Krassin")

JuG-1 auf Schwimmern im Jahre 1931/32 im Dienste der Zivilluftfahrt der UdSSR als Transportflugzeug auf der Lena in Sibirien

tet sich der dichte Nebel. Tschuchnowski und Straube steigen mit Lebensmitteln und Bekleidungsstücken an Bord auf. Sie entdecken gegen 18.00 Uhr eine Teilgruppe der Expedition, wollen mit der Standortmeldung zur „Krassin" zurückkehren, können sich ihr aber wegen des inzwischen wieder dichter gewordenen Nebels nicht nähern, suchen eine nahegelegene Landemöglichkeit — und beim Aufsetzen zerbricht das Schneekufengestell. So übermitteln sie den Standort der gesichteten Männer per Funk zur „Krassin". Die Seeleute nehmen trotz der erlittenen Schäden am Schiff sofort wieder den Kampf gegen das Eis auf und erreichen die von den beiden Piloten entdeckten Männer am 12. Juli um 5.20 Uhr. Um 8.00 Uhr setzt das Schiff seine Fahrt wieder fort, findet zwei weitere Expeditionsteilnehmer gegen 11.00 Uhr. Um 20.30 Uhr desselben Tages stoppt der von Kapitän Samoilowitsch geführte Eisbrecher etwa 100 Meter vom roten Zelt entfernt — und nimmt weitere Männer an Bord. Die „Krassin" hatte die Besatzung der „Italia" gerettet. Die zielstrebige Endphase dieser Rettungsaktion war infolge der Entdeckung einer Teilgruppe der Expedition durch die Flieger möglich geworden. Am 16. Juli 1928 befand sich auch die Besatzung der JuG-1 wieder an Bord des Eisbrechers.

Die K 30/R 42/JuG-1 unterschied sich in ihren Abmessungen geringfügig von der G 24 durch: Spannweite 29,90 m, Flügelfläche 94,60 m², Länge (Landvariante) 15,23 m (Schwimmvariante) 15,50 m, Höhe (Land) 5,50 m (Schwimmer) 6,00 m. Die Höchstgeschwindigkeit des Landflugzeuges betrug 190 km/h, die des Wasserflugzeuges 185 km/h.

K-47

Jagdflugzeug ohne Serienauftrag

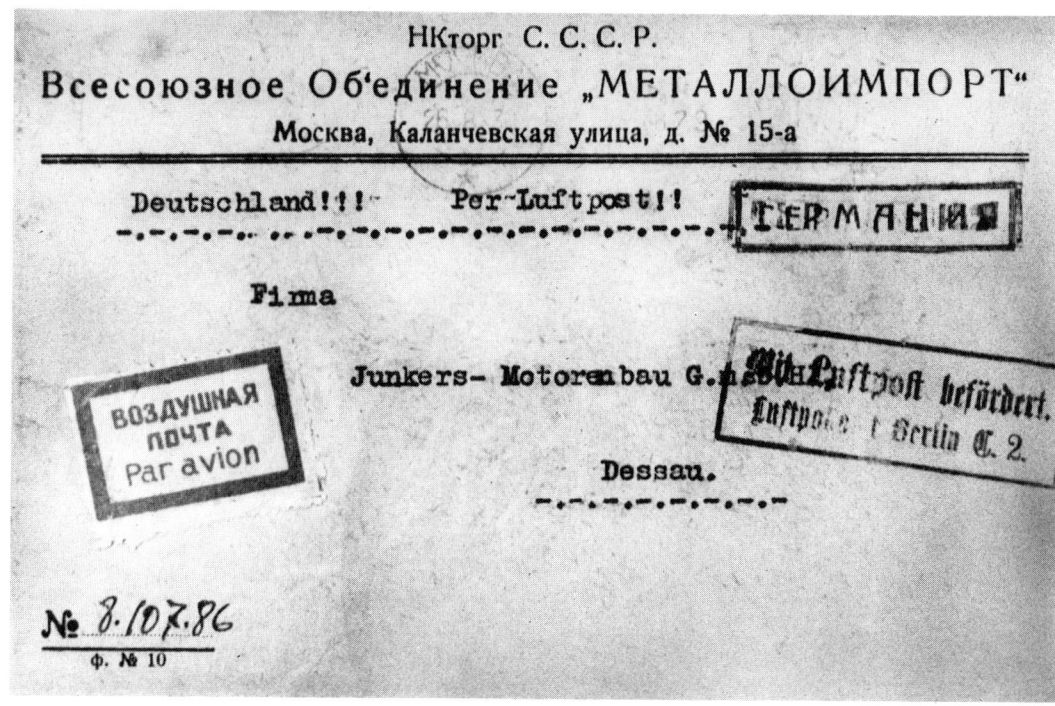

Die militärische Version K 47 entstand im Jahre 1927 als Rohbau in Dessau (parallel dazu die Zivilvariante A 48, die in Dessau im Oktober 1928 erprobt wurde). Im Jahre 1928 wurde die K 47 in Limhamn als Jagdzweisitzer ausgerüstet. Das Flugzeug ist in mehreren Ländern für die Verkaufswerbung vorgeführt worden. Beispielsweise wurde im Oktober 1930 auf dem Bukarester Flugplatz „die K 47, ein Erzeugnis der schwedischen A. B. Flygindustri, Limhamn, welche nach Junkers-Lizenzen baut, von den besten rumänischen Piloten unter

Anwesenheit großer Zuschauermengen erfolgreich ausprobiert".[120] Aber der Absatz hielt sich in engen Grenzen. Die UdSSR kaufte lediglich für Untersuchungszwecke zwei Exemplare. Sie „wurden im Jahre 1930 im Forschungsinstitut der Luftstreitkräfte getestet"[121] und trugen dort in leicht veränderter Schreibweise die Bezeichnung K-47 (mit Bindestrich). Diese beiden Flugzeuge waren offenbar die letzten, die von der UdSSR zu Junkers' Lebzeiten aus einem seiner Werke angekauft worden sind.

Eine K-47 (Dessau: A 48; Dessauer Lizenzmusterbezeichnung: K 47): im Jahre 1930 in zwei Exemplaren von der UdSSR gekauft und von den sowjetischen Luftstreitkräften getestet

Post von der sowjetischen Handelsgesellschaft „Metallimport" an den Junkers-Motorenbau

Umrüstung von Junkers-Flugzeugen in Schweden und Lizenzbau in Japan

Die Versailler Bestimmungen und ihre Nachfolgebeschränkungen hatten deutsche Flugzeugindustrielle, auch Junkers, veranlaßt, nach Wegen zu suchen, diese Bestimmungen zu umgehen. Professor Junkers hatte, wie bereits im Zusammenhang mit dem dreimotorigen Passagierflugzeug G 23/G 24 näher beschrieben, zunächst den Versuch unternommen, den amerikanischen Automobil-Großindustriellen Henry Ford für den Lizenzbau seiner Flugzeuge zu interessieren, mußte sich jedoch, als dieses Bemühen erfolglos blieb, nach einem anderen Interessenten umsehen. Er fand einen Partner in der Luftverkehrsgesellschaft „Aktie Bolaget Aerotransport", die am 27. März 1924 in Stockholm von den schwedischen Brüdern Adrian und Carl Florman gegründet worden war. Am 6. und 7. Mai 1924 flogen die Junkers-Werkpiloten Arthur Neumann und Fritz Loose die ersten beiden F 13 für die „A. B. Aerotransport" von Dessau nach Stockholm, und zwar die D-342 „Kreuzschnabel" (Werknummer 714) und die D-343 „Schleiervogel" (Werknummer 715). Am 2. Juni 1924 hat Loose dann für die „A. B. Aerotransport" und deren finnischen Betriebsgemeinschaftspartner „Aero O. Y." mit der D-343, die nunmehr die schwedische Kennung S-AAAB trug, die Luftverkehrslinie Stockholm—Helsingfors (heute: Helsinki) eröffnet.

Die Brüder Florman wurden, nachdem sich die Junkers-Flugzeuge in ihrem Luftverkehrsunternehmen und im finnischen Nachbarland vorzüglich bewährt hatten, die Mitwirkenden, die Junkers außerhalb des Geltungsbereiches der Versailler Bestimmungen für den Bau von Flugzeugen seines Systems gesucht hatte. Mit Zustimmung des schwedischen Reichstages, der es „als sehr wünschenswert bezeichnet" hatte, „wenn das schwedische Luftfahrzeuggerät nach Möglichkeit im Lande be-

schafft werden könnte"[122], mieteten die Brüder Florman in Limhamn bei Malmö das Fabrikgelände von „Limhamns Skeppsvarv" vorerst für die Dauer von fünf Jahren und gründeten dort im Januar 1925 die „Aktie Bolaget Flygindustri" mit einem Aktienkapital von 450 000 Kronen als Tochtergesellschaft der „A. B. Aerotransport". Direktor der „A. B. Flygindustri" in Limhamn wurde Adrian Florman, wohingegen sein Bruder Carl als Direktor des Luftverkehrsunternehmens fungierte.

Das Werk im Limhamn wirkte in zwei Richtungen: Erstens übernahm es als Montagewerk zunächst die Ummotorisierung von G 23 auf G 24, bald darauf die Montage von Flugzeugen des Typs G 24, also in der von Dessau ursprünglich konzipierten Ausstattung mit drei Junkers-Motoren L 2. Die

Bauteile und die Motoren wurden aus Dessau geliefert, in Limhamn fand der Zusammenbau statt. Zweitens begann, sobald die einschränkenden Baubestimmungen für Deutschland so weit gelockert worden waren, daß die G 24-Motorisierung ab Mai 1926 auch in Dessau ausgeführt werden durfte, in Limhamn die Montage, später der eigenständige Lizenzbau von Junkers-Militärflugzeugen, denn der militärische Flugzeugbau blieb der deutschen Flugzeugindustrie auch weiterhin verboten.

Über die Frage, welche konkreten Beziehungen zwischen Junkers und den Brüdern Florman bestanden haben, hat es in der Folgezeit bemerkenswert viel Verwirrendes und Widersprüchliches gegeben. So war seit dem Jahre 1926 in einer wissenschaftlichen Untersuchung an der Universität Göt-

---

Bemühungen, den Beschränkungen für den Flugzeugbau auszuweichen

Bevor sich Junkers zur Einrichtung eines Montagewerkes in Limhamn/Schweden entschloß, hatte er bereits in einigen anderen europäischen Ländern nach einer Möglichkeit gesucht, die Versailler Bestimmungen zumindest teilweise zu umgehen. Dazu hatte er auch in den Niederlanden entsprechende Verhandlungen führen lassen. Überlegungen über die Funktionen eines derartigen Auslandsbetriebes hat er in einer stenografischen Notiz festgehalten:

„Dessau, Dezember 1920

Welche Vorteile und Nachteile sind von einer Niederlassung in Holland zu erwarten? Die Niederlassung kann sein:
1) Fabrikation
  I.   von Fabrikaten in Holland
  II. von Fabrikaten in Deutschland
  III. von in Holland fertig gemachten, aus Deutschland bezogenen Einzelteilen
2) Vertrieb von Holland aus
  a) nach Holland und Kolonien
  b) unter holländischer Flagge nach allen Ländern"

(Archiv: Deutsches Museum München)

Diese Notiz ist besonders deshalb interessant, weil sie die Zielsetzungen fixiert, die Junkers wenig später mit dem schwedischen Zweigwerk durchgesetzt hat.

*Flugplatz Malmö, Hauptstandort
der schwedischen „A. B. Aerotransport",
die am 5. Mai 1924
mit maßgeblicher Junkers-Beteiligung
gegründet wurde*

tingen zu lesen, das Aktienkapital der von den Gebrüdern Florman gegründeten „A. B. Aerotransport" sei „rein schwedisch" und Junkers wäre lediglich mit Flugzeugen sowie mit technischen und kaufmännischen Erfahrungen beteiligt. „Finanzielle Beteiligungen von Junkers an der Aero-Transport sind nicht vorhanden."[123] Demnach war die von Carl Florman geleitete schwedische Luftverkehrsgesellschaft ein rein schwedisches Unternehmen.

Und zu dem Werk in Limhamn meldete sich fast 50 Jahre später ein Augenzeuge zu Wort, seit 1918 bei Junkers angestellt und nach erfolgreichem Studium an der Leipziger Handelshochschule seit dem Jahre 1923 als Spezialist für Betriebskostenrechnung in der Rechnungsabteilung der „Junkers Flugzeugwerk A. G." tätig. Dieser schrieb über die Beziehungen zwi-

schen Dessau und Limhamn in seinen Erinnerungen: „Junkers unterstützte die Errichtung eines Flugzeugwerkes in der Nähe von Malmö. Es war die A. B. Flygindustri in Limhamn. Die Flygindustri besaß Junkers-Lizenzen und wollte in erster Linie Kampfflugzeuge bauen. Finanziell hat sich Junkers in Limhamn nicht engagiert. Ich sollte den Betrieb in wirtschaftlichen Fragen, insbesondere der Betriebsabrechnung, beraten. Deshalb hatte ich Ende 1924 und 1925 häufiger in Limhamn zu tun."[124] Demzufolge war auch die von Adrian Florman geleitete „A. B. Flygindustri" ein rein schwedisches Unternehmen.

Doch „rein schwedisch" waren diese beiden Unternehmungen nur nach außen hin. Alle Bekundungen, die eine finanzielle Nichtbeteiligung von Hugo Junkers bezeugen wollen, sind offenbar auf die damals von Junkers erstaunlich perfekte Verschleierung seiner finanziellen Transaktionen und die Täuschung hereingefallen, die inszeniert worden war, um die alliierten Kontrollorgane auszuschalten, die in den deutschen Flugzeugwerken die Einhaltung der Baubeschränkungen zu überwachen

hatten. Das wird mit einer Untersuchung nachgewiesen, die im Jahre 1980 in einer militärhistorischen Publikation der Königlichen Kriegswissenschaftlichen Akademie in Schweden veröffentlicht wurde und in der die Aussagen aus 127 Quellen analysiert worden sind, darunter vielfältige Archivmaterialien der „A. B. Aerotransport" sowie publizistische Erinnerungen des damaligen Chefs der „A. B. Flygindustri", Adrian Florman. Das Resultat dieser Untersuchungen lautet: „Im März 1924 wurde A. B. Aerotransport, im Januar 1925 A. B. Flygindustri gegründet. In der Verkehrsgesellschaft zeichnete Junkers über 80 %, in der Flugzeugfabrik das gesamte Aktienkapital. Da ein derart großer Aktienbesitz Ausländern gesetzlich verboten war, wurden die Aktienbriefe ... größtenteils auf Strohmänner ausgestellt. Aus psychologischen Gründen wollte man vor allem Junkers Beteiligung an der Fluggesellschaft vor der Öffentlichkeit verheimlichen, was auch bis in unsere Tage gelang. Mit der Gründung der A. B. Flygindustri in Limhamn bei Malmö umging Junkers den Versailler Vertrag ..."[125]

AERODROM
MALMÖ STADS FLYGSTATION
S-AAAE
S-AAAF

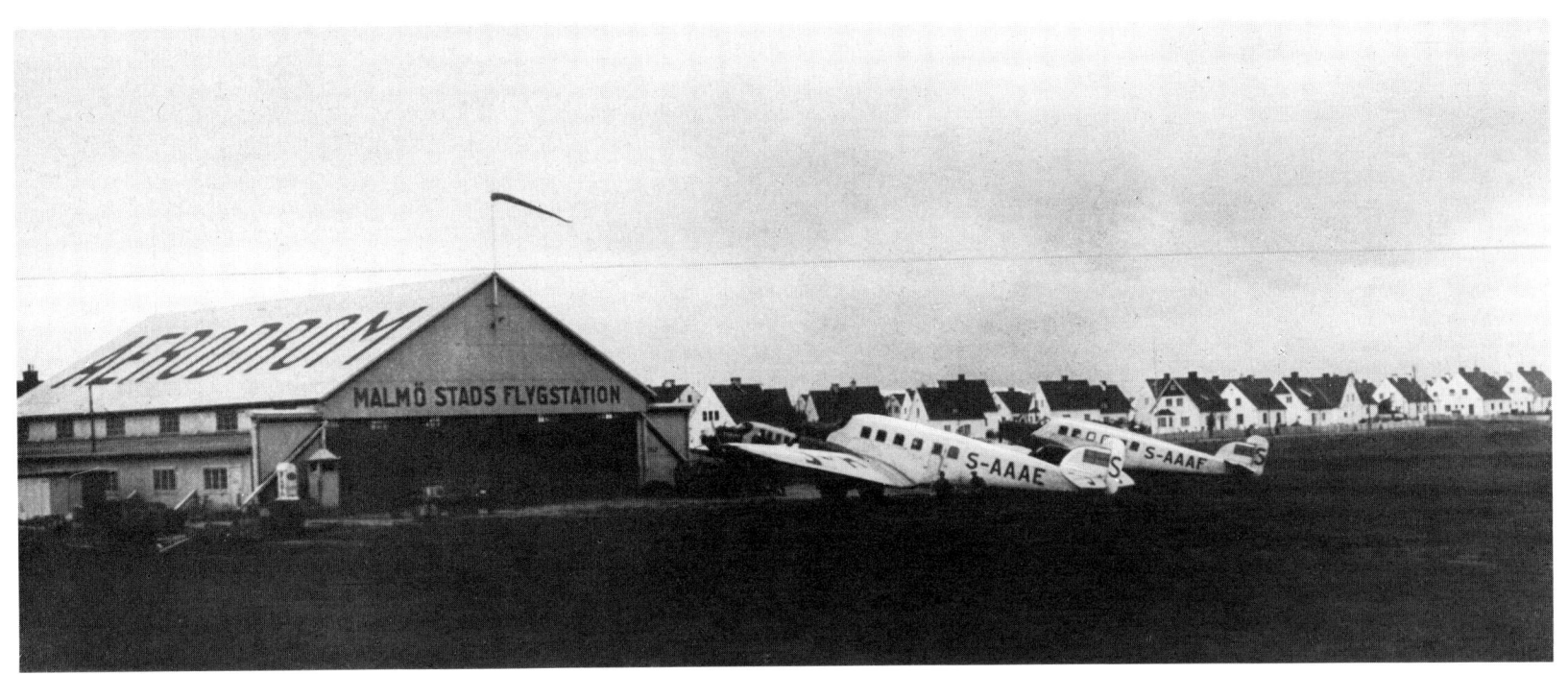

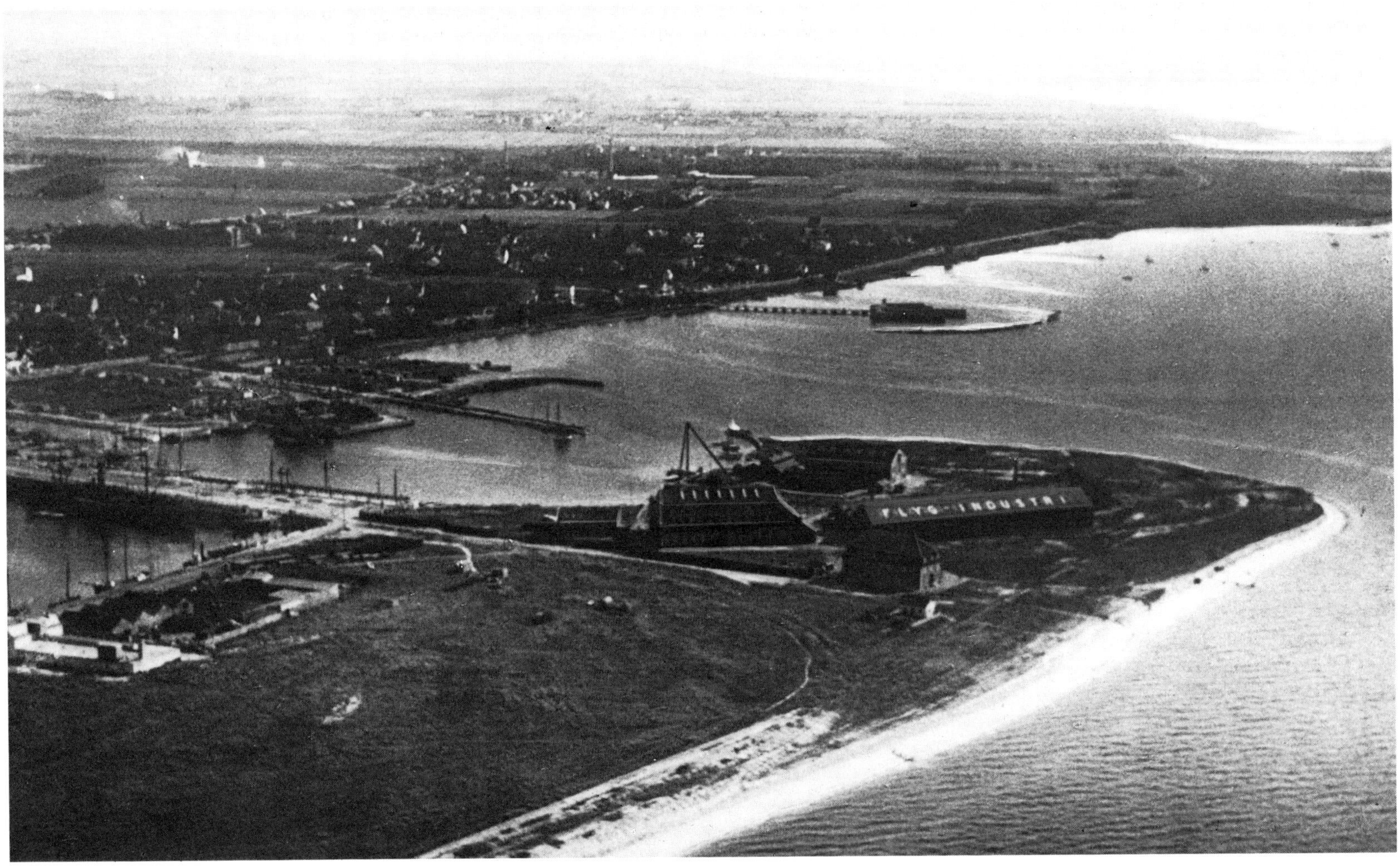
FLYG-INDUSTRI

Auf dem Flugplatz Malmö:
zwei ehemalige G 23,
in Limhamn umgerüstet zur G 24

Abseits gelegen von Autostraßen
und neugierigen Besuchern:
Das Montagewerk für
Junkers-Flugzeuge „A.B. Flygindustri"
in Limhamn bei Malmö

In Dessau als G 23 gebaut, danach
in Limhamn zur G 24 ummotorisiert
und mit schwedischer Kennung
im deutschen Luftverkehr eingesetzt:
die S-AAAW vor dem Nachtflug

In Dessau als G 23 gebaut
und in die Schweiz verkauft:
Eines der vier im Februar 1925
an die „Ad Astra Aero"
gelieferten Flugzeuge, die dort mit
den Kennungen CH 132, CH 133, CH 134
und CH 135 flogen

Daher ist die Feststellung berechtigt, daß das Werk im Limhamn, das uns hier besonders interessiert, kein schwedischer Betrieb, sondern als Dessauer Zweigwerk ein Junkers-Unternehmen war. Und so gesehen waren die Brüder Florman gleichsam Angestellte wie die Direktoren seiner deutschen Werke auch. Für die Geschäftsabwicklung mit der „A. B. Flygindustri" existierte in Dessau ein spezielles Kontor.

Die Fertigung in Limhamn begann, wie schon erwähnt, zuerst mit der Ummotorisierung von dreimotorigen Junkers-Passagierflugzeugen G 23 in G 24. Während die G 24 als deutsche Fertigung noch verboten war, flog sie als „schwedisches Flugzeug" überall in Deutschland vor den Augen der alliierten Kontrollkommission herum. Sicherlich gab es bereits damals nicht wenige Fachleute, die dieses Junkers-Manöver durchschaut hatten. Sie werden gelacht oder zumindest geschmunzelt haben.

Als die „A. B. Flygindustri" ihre Tätigkeit begann, zählte die Belegschaft in Limhamn noch 30 Arbeiter. Bereits im Dezember 1925 waren dort 450 Arbeiter beschäftigt.

Die Montage der G 24 wurde in Limhamn nach dem Mai 1926 eingestellt. Dies war der Zeitpunkt, zu dem die Motorisierungsbeschränkungen für Zivilflugzeuge in Deutschland aufgehoben wurden und die schwedische Ausweichfertigung zumindest dafür nicht mehr gebraucht wurde.

Taufe einer Schwimmer-G 24
mit der finnischen Kennung
K-SALC auf den Namen „Suomi"
(Limhamn, 1926)

Die Schwimmer-G 24 „Suomi"
im Dienste der finnischen
Luftverkehrsgesellschaft „Aero O. Y."
bei der Aufnahme von Fluggästen

Die ehemalige G 24 aus Dessau
mit der deutschen Kennung D-1005
(Werknummer 950, Baujahr 1926)
wurde im Jahre 1927
nach Schweden geliefert und flog
bei der „A. B. Aerotransport"
als S-AABG „Uppland"

Bau und Einsatz der G 23/G 24 aus Dessau und Limhamn
1. Bauserie

Bau-muster	Liefer-werk	Werk-Nr.	Merkname	Erst-zulassung	Baujahr und Kennung				Anmerkungen
					1925	1926	1927	1928	
G 23	Dessau	831						D-1335	Verbleib bis 1927 nicht bekannt; 1930 demontiert
G 23	Dessau	832		Schweiz	Ch 132	Ch 132	D-1057	D-1051	1929 Flugerprobung mit Jumo 4; Okt. 1931 Absturz bei Dessau
G 23	Dessau	833	Götaland	Schweden	S-AAAD			M-CABB	1926/27 unklar; 1931: D-2175 und Flugerprobung mit Jumo 4
G 23	Dessau	834	Odin (1924) Helvetia (1925)	Schweiz	CH-133	D-1018	D-1018	D-1018	ab 1926/27 als G 24; 1929 als F 24; 1934: D-ULET
G 23	Dessau	835	Baden	Deutschland	D-543	D-543	D-543	D-543	ab 1926 drei L 2-Motoren; 1928 drei L 5-Motoren; 1930 nach Spanien M-CADA
G 23	Dessau	836	Svealand	Schweden	S-AAAE	S-AAAE	S-AAAE	S-AAAE	1925 in Limhamn zur G 24, danach schwed. Luftverkehr
G 23	Dessau	837	Skane	Schweden	S-AAAF	S-AAAF	S-AAAF	S-AAAF	1925 in Limhamn zur G 24, danach schwed. Luftverkehr
G 23	Dessau	838	Norrland	Schweden	S-AAAG	S-AAAG	S-AAAG	S-AAAG	1925 in Limhamn zur G 24, danach schwed. Luftverkehr
G 23	Dessau	839	Thor (1924) Österreich (1925)	Schweiz	Ch 134	D-1016	D-1016	D-1016	ab 1926 als G 24; 1929 als F 24 1934: D-UMUR
G 23	Dessau	840	Diana	Schweden	S-AAAS	D-876	D-876	D-876	1925 in Limhamn zur G 24; 1926 zurück nach Deutschland; später: D-USAH
G 23	Dessau	841	Wotan	Schweden	S-AAAR P-PAWA	D-915	D-915	D-915	1925 in Limhamn zur G 24; dann Polen; 1926 in Deutschland
G 23	Dessau	842	Ares (1924) Amsterdam (1925)	Schweden	S-AAAL	H-NADC D-877	D-877	D-877	1925 in Limhamn zur G 24; dann über Holland nach Deutschland; später: D-UPIT
G 23	Dessau	843	Helios (1924) Rotterdam (1925)	Schweden	S-AAAK	H-NADE D-1019	D-1019	D-1019	1925 in Limhamn zur G 24, danach »Siebenstaatenflug«; 1934 Totalschaden
G 23	Dessau	844	Haarlem	Schweden	S-AAAM	H-NADA D-878	D-878	D-878	1925 in Limhamn zur G 24; 1926 über Holland nach Deutschland; 1931 zerlegt
G 23	Dessau	845	Baldur	Schweiz	Ch 135	Ch 135	D-1069	D-1069	ab 1926/27 als G 24; ab 1928 als F 24; 1934: D-UQAN
G 24	Limhamn	846		Schweden	S-AABE	S-AABE	D-1091	D-1091	erste vollständige Montage der G 24 in Limhamn
G 24	Limhamn	847		Schweden	S-AAAN				Verbleib ab 1926 nicht bekannt
G 23	Dessau	848	Hera (1926) Bayern (1928)		×	D-1017	D-1017	D-1017	1925 in Limhamn zur G 24; danach bis 1926 unklar; ab 1928 F 24; später: D-UDOP
G 23	Dessau	849	Hephaestos Essen	Schweden	S-AAAP	D-1020	D-1020	D-1020	1925 in Limhamn zur G 24; 1926 Deutschland; 1934: D-URIS
G 23	Dessau	850	Nesthus Düsseldorf	Schweden	S-AAAT	D-896	D-896	D-896	1925 in Limhamn zur G 24; 1926 nach Deutschland; 1929 F 24; 1934: D-ULIS
G 24	Limhamn	851		Schweden	S-AAAO				1925 in die Türkei geliefert

Die Werknummern 852 bis 901 sind freigelassen worden und blieben für andere Junkersmuster reserviert.
Die Werknummern 831, 832 und 834 wurden bereits 1924 gebaut; ihre Kennungen sind nicht bekannt.
× = ohne Kennung bzw. Kennung nicht bekannt

Bau und Einsatz der G 24
2. Bauserie

Baumuster	Lieferwerk	Werk-Nr.	Merkname	Erstzulassung	Baujahr und Kennung				Anmerkungen
					1925	1926	1927	1928	
G 24	Limhamn	902	Pluto	Schweden	S-AAAU	D-879	D-879	D-879	ab 1934: D-ABIP
G 24	Limhamn	903							keine Angaben aufgefunden
G 24	Limhamn	904	Juno	Schweden	S-AAAX	D-899	D-899	D-899	Februar 1929 Totalschaden infolge Notlandung
G 24	Limhamn	905	Sevilla (1931)	Schweden	S-AAAY	D-1596	D-1596	D-1596	1931 nach Spanien geliefert
G 24	Limhamn	906		Schweden	S-AAAV				ab 1926 keine Angaben aufgefunden
G 24	Limhamn	907	Artemis	Schweden	×	D-944	D-944	D-944	
G 24	Limhamn	908	Hermes	Schweden	S-AAAW	D-880	D-880	D-880	ab 1934: D-ADIL
G 24	Limhamn	909	Tyr Ostmark	Schweden	×	D-901	D-901	D-901	1926 Flug Berlin–Peking; 1933 Totalschaden
G 24	Limhamn	910		Schweden	S-AAAZ				ab 1926 keine Angaben aufgefunden
G 24	Limhamn	911	Hera Oberschlesien	Schweden	×	D-903	D-903	D-903	1926 Flug Berlin–Peking; 1929 Totalschaden durch Brand bei London
G 24	Dessau	(912)	Loki	Deutschland	✳	✳	D-1092	D-1092	erstes Exemplar der 3. Bauserie (vergrößert)
		913							keine Angaben aufgefunden
G 24	Dessau	(914)		Deutschland	✳	✳	D-1150	M-CAAF	1928 nach Spanien geliefert
G 24	Dessau	(915)	Aurora	Deutschland	✳	✳	D-1090	D-1090	1932 nach Spanien geliefert: M-CAFF
G 24	Dessau	916	Prometheus	Schweden	×	D-946	D-946		1928 zerstört
G 24	Limhamn	917	Dyonysos	Schweden	×	D-949	D-949	A-44	1928 nach Österreich verkauft; später zurück nach Deutschland; 1934: D-ANIK
G 24		918							keine Angaben aufgefunden
G 24	Limhamn	919	Suomi	Finnland	✳	K-SALC	K-SALC	K-SALC	spätere Kennung: OH-ALC
		920							keine Angaben aufgefunden
G 24	Limhamn	921	Persephone	Schweden	×	D-950	D-950	D-950	im Mai 1928 von Lufthansa ins Ausland verkauft
G 24	Limhamn	922	Donau	Schweden	×	D-954	D-954	D-954	
G 24	Dessau	(923)		Deutschland	✳	✳	D-1230	D-1230	
G 24	Limhamn	924		Schweden	✳	S-AABC	D-1072	I-BAUS	1928 nach Italien verkauft
G 24	Limhamn	925		Schweden	✳	S-AABD			ab 1927 keine Angaben aufgefunden
		926							keine Angaben aufgefunden

Die Werknummern 912, 914, 915 und 923 sind bereits die ersten Dessauer Fertigungen der 3. Bauserie.
× = ohne Kennung bzw. Kennung nicht bekannt   ✳ = noch nicht fertiggestellt

Bau und Einsatz der G 24
3. Bauserie

Bau-muster	Liefer-werk	Werk-Nr.	Merkname	Erst-zulassung	Baujahr und Kennung 1926	1927	1928	Anmerkungen
G 24	Dessau	927	Hestia	Deutschland		D-1089	D-1089	ab 1934: D-ADOX
G 24	Dessau	929	Flora	Deutschland		D-1059	D-1059	März 1932 nach Spanien verkauft
G 24	Limhamn	(931)		Schweden	S-AABA D-1000	D-1000	D-1000	auslaufende Fertigung der 2. Bauserie in Limhamn
G 24	Limhamn	(932)		Schweden				keine zuverlässigen Angaben; auslaufende Fertigung der 2. Bauserie in Limhamn
G 24	Dessau	933	Silvanus	Deutschland		D-1062	D-1062	ab 1934: D-AJIF
G 24	Dessau	(937)	Selene	Deutschland	D-881	D-881	D-881	vermutlich noch ein Exemplar der 2. Bauserie
G 24	Dessau	939		Deutschland	D-1063	D-1063	D-1063	
G 24	Dessau	941	Cupido	Deutschland		D-1088	D-1088	
G 24	Dessau	944	Ypiranga (1928)	Deutschland	D-1287	D-1287	P-BABA	1928 nach Brasilien verkauft; spätere Kennung: PP-CAB
G 24	Dessau	(947)	Isis	Deutschland	D-963			ab 1927 keine zuverlässigen Angaben, vermutlich 2. Bauserie
G 24	Dessau	950	Uppland	Deutschland	D-1005	S-AABG	S-AABG	1927 nach Schweden geliefert; spätere Kennung: SE-ABG
K 30	Dessau	951		Schweden		S-AACA	S-AACA	1927 nach Schweden geliefert; spätere Kennung: SE-ACA
G 24	Dessau	953	Osiris	Deutschland		A-28	A-28	1927 nach Österreich geliefert; 1935 an DLH
G 24	Dessau	961	Richauèlo	Deutschland				1929: D-1768; später nach Brasilien verkauft (P-BAQA/PP-CAS)

Folgende Maschinen wurden an Griechenland verkauft (Werk-Nr., Merkname, Kennung):
962, Athinai, SX-ACA; 963, Thessaloniki, SX-ACB; 964, Jannina, SX-ACD; 965, Patrai, SX-ACE
Über die Werknummern 928, 930, 934, 935, 936, 938, 940, 942, 943, 945, 946, 948, 949, 952, 954, 955, 956, 957, 958, 959, 960, 967 und 968 wurden keine Angaben aufgefunden.

R 02

die A 20 als Aufklärer und türkischer Leichtbomber

Im Jahre 1925 ist in Limhamn versuchs- weise ein Exemplar des leichten Dessauer Tiefdeckers A 20 für die militärische Ver- wendung als Aufklärer umgerüstet wor- den. Es war die A 20 „Sirius" mit der Werk- nummer 456 aus dem Baujahr 1923, ausgestattet mit einem Motor Daim- ler D IIIa, in Deutschland zugelassen unter der Kennung D-361, seit der Überführung nach Limhamn mit dem schwedischen Kennzeichen S-AAAJ versehen. Der Um- bau war relativ unkompliziert, denn ledig- lich der hintere Sitz, für den Beobachter

Die Dessauer A 20 „Sirius"

bestimmt, erhielt einen MG-Stand für ein Zwillings-MG. Durch die Umkehrung der Dessauer Typennummer 20 (A 20) entstand in Limhamn die Musterbezeichnung R 02 (allerdings findet sich in späterer Literatur gelegentlich auch die Bezeichnung R 20, die aber, den aufgefundenen Vergleichsunterlagen zufolge, unzutreffend ist). Es ist das gleiche Muster, das in Fili mit Bewaffnung ausgestattet in den sowjetischen Fliegerkräften unter der Bezeichnung Ju 20 geflogen wurde.

Diese militärische Version aus Limhamn ist zum Kauf angeboten worden, fand aber keine Interessenten. Daher blieb es bei diesem einen schwedischen R 02-Exemplar.

Einen wesentlich größeren Erfolg hatte die Dessauer A 20 hingegen bei interessierten türkischen Militärs. Einer der damaligen Junkers-Piloten schrieb später darüber, daß etwa um 1925 „ein größerer Auftrag von Junkers A 20-Landflugzeugen für die türkische Luftwaffe" geliefert worden sei. Die Lieferung erfolgte per Schiff, die Montage in der Türkei. Auf der Grundlage von Zeichnungen wurden dort von einem Ingenieur und einem Meister, die aus Dessau angereist waren, dänische Maschinengewehre eingebaut und Bombenschächte eingerichtet.[126] Diese Lieferungen in die Türkei werden durch die recherchierte Verkaufsstatistik der Junkers-Werke bestätigt. Derzufolge sind im Zeitraum 1925/26 genau 64 Flugzeuge des Grundmusters A 20 (auch motorisiert als A 25 oder A 35) aus Dessau in die Türkei verkauft worden.

R 41

militärische Version
der A 25

Im Jahre 1926 wurde die ehemalige A 20 „Sirius" auf einen Junkers-Motor L 2 umgerüstet. Das entsprach der Motorisierung der Dessauer A 25 mit der Lizenzbezeichnung für die militärische Verwendung K 45. In Limhamn erhielt diese Version die Bezeichnung R 41.

Mit dem leistungsstärkeren Motor verbesserten sich die Flugeigenschaften des leichten Aufklärers. Es sind in der Folgezeit mehrere Exemplare der A 20 zur A 25 ummotorisiert, mit einem MG-Stand versehen und als R 41 verkauft worden.

R 42

bevorzugt für sowjetische
Fliegerkräfte gebaut

Hier handelt es sich um eine von drei verschiedenen Bezeichnungen für ein und dasselbe Flugzeugmuster.

K 30: in Dessau unter Verwendung wesentlicher Bauteile des dreimotorigen Passagierflugzeuges G 23/G 24 entwickelter und flugerprobter Rohbau eines Bombenflugzeuges für die sowjetischen Fliegerkräfte;

R 42: in Limhamn aus den von Dessau gelieferten Bauteilen der K 30 und Junkers-Motoren montiertes, teilweise bereits mit militärischer Bewaffnung ausgestattetes und vorzugsweise an die UdSSR ausgeliefertes Bombenflugzeug;

JuG-1: in den sowjetischen Fliegerkräften verwendetes, aus Limhamn geliefertes, teilweise in Fili nachgerüstetes Bombenflugzeug.

Genau genommen war also K 30 die Dessauer Bezeichnung für den flugerprobten unbewaffneten Bomber-Rohbau, weil der militärische Flugzeugbau in Deutschland verboten war; R 42 die Bezeichnung für das einsatzfertige Bombenflugzeug mit vollständiger Ausrüstung im Auslieferungszustand ab Limhamn; JuG-1 die

Auf der Basis der G 24 in Dessau entwickeltes Militärflugzeug (K 30), in Limhamn montiert und bewaffnet (R 42) und vorzugsweise in die UdSSR geliefert (JuG 1)

sowjetische Einsatzbezeichnung für den K 30/R 42-Bomber.

Eine besondere Finesse für das Zustandekommen der Musterbezeichnung im schwedischen Junkers-Werk bestand darin, daß die Dessauer Bezeichnung K 30 nicht übernommen wurde (so weit und unverblümt wollte Junkers damals wohl die Konfrontation mit den Versailler Nachfolgebestimmungen nicht treiben), sondern einfach die Typennummer des Passagierflugzeuges G 24 umgekehrt wurde, aus dem die K 30 hervorgegangen war. So entstand aus der Dessauer Zivilflugzeugbezeichnung G 24 die Limhamn-Militärflugzeugbezeichnung R 42. Schon bis zum Jahresende 1926 wurden die ersten 15 Exemplare aus Limhamn an die Sowjetunion geliefert, sechs weitere nach Chile (dort wurde die erste R 42 im Herbst 1926 vorgeflogen, abgenommen und in Dienst gestellt).

Die R 42 wurde mit zwei MG-Ständen auf dem Rumpf sowie in einem ausfahrbaren Schützenstand unter dem Rumpf mit einem weiteren Maschinengewehr ausge-

*Infolge der Ganzmetallbauweise
konnten die Junkers-Flugzeuge
im Freien montiert werden (im Bild:
fünf Phasen der Montage
einer R 42 in Limhamn; 1926)*

rüstet. Bombenaufhängungen waren unter
dem Rumpfboden, teils auch unter den
Tragflächen montiert. Eine Anzahl der in
die UdSSR gelieferten R 42 wurden in Fili
bewaffnet.

Die R 42 (K 30) unterschied sich außer
durch ihren speziellen Verwendungszweck
und die demgemäße Ausstattung vom
Ausgangsmuster G 24 durch technische
Daten. Die Bomberversion war etwas größer als das Passagierflugzeug.

*Kontrolle der Bombenaufhängungs-
vorrichtungen an der R 42*

*Der ausfahrbare Beobachter- und
MG-Stand unter dem Rumpfboden der R 42*

MG-Stand auf dem Rumpfrücken der R 42

K 39
**erfolglos umgerüstete
A 32**

Ein weiterer Versuch der Anpassung an militärische Verwendungszwecke ist in Limhamn mit einem der beiden dreisitzigen
Tiefdecker unternommen worden, die im
Jahre 1926 in Dessau unter der Bezeichnung A 32 gebaut worden waren. Eines dieser beiden Flugzeuge, versehen mit der
Dessauer Militärflugzeug-Lizenzbezeich-
nung K 39, ist noch im selben Jahr zur
„A. B. Flygindustri" überflogen und dort im
Jahre 1927 als bewaffneter Aufklärer mit
der möglichen Einsatzverwendung als
leichter Bomber umgerüstet worden.

Das Flugzeug hatte drei MG-Stände: ein
starres MG für den Flugzeugführer, ein
Zwillings-MG am hinteren Sitz sowie ein
MG für den Beobachter im Rumpfboden.
Die Mitnahme von leichten Bomben war le-
diglich bis zu einer Gesamtlast von 100 kg
möglich. Für die K 39 fanden sich keine
Käuferunterlagen.

*Eine K 39, in Limhamn militärisch
umgerüstete A 32 mit drei MG-Ständen
(starres Flugzeugführer-MG;
Zwillings-MG am hinteren Sitz;
Beobachter-MG in der Bodenwanne)*

*Lieferfertig ausgerüstete K 53
mit Radfahrwerk*

R 53

Militärvariante der A 35

Der vierte und letzte Versuch des Jahres 1926, aus der Dessauer Entwicklungsreihe A 20 – A 25 – A 32 – A 35 eine militärisch brauchbare Version zu schaffen und abzusetzen, war der bewaffnete Aufklärer R 53, dessen Zivilvorbild die A 35 war, der Tiefdecker mit dem Junkers-Motor L 5. Wie schon im Falle der A 20 (R 02) und der G 24 (R 42) kam die Musterbezeichnung durch die Umkehrung der Typennummern der A 35 zustande; so entstanden sowohl die Dessauer Lizenzbezeichnung K 53 als auch die schwedische Verkaufsmusterbezeichnung R 53. Das Flugzeug war, wie schon die R 02 (A 20) und die R 41 (A 25) mit einem MG-Stand am hinteren Sitz des Beobachters ausgerüstet.

Die R 53 ist von der „A. B. Flygindustri" in mehrere Länder geliefert worden. Zuerst wurden einige A 20 nach Limhamn gebracht, dort zur A 35 ummotorisiert, mit MG-Stand versehen und als R 53 verkauft. Danach sind mehrere A 35 aus Dessau geliefert und in Limhamn vor dem Verkauf lediglich noch bewaffnet worden. Einer der Junkers-Piloten, die Flugzeuge zur Umrüstung nach Schweden zu fliegen hatte, war Fritz Loose. Er schrieb später dazu: „Ich überführte mehrmals A 20- und A 35-Typen von Dessau nach Malmö."

K 43

die W 34 als leichter Bomber

Erstmals 1926/27 und danach bis zum Jahre 1933 ist in Limhamn das Dessauer Frachtflugzeug W 34 für die militärische Verwendung umgerüstet worden. Die Bezeichnung des militärischen Musters (K 43) war wiederum durch die Umkehrung der Typennummer (W 34) entstanden.

Die K 43 ist unter anderem nach Finnland (sechs), Argentinien (fünf) und Portugal (fünf) sowie nach Bolivien verkauft worden. Die sechs Flugzeuge für die finnischen Fliegerkräfte hatten einen Motor Pratt & Whitney „Hornet" B-1 mit einer Leistung von 422,6 kW (575 PS) und flogen mit den Kennzeichen Ju-123 bis Ju-128. Die fünf nach Argentinien gelieferten K 43 wa-

---

Bezeichnungsweisen von Junkers-Flugzeugen, die im Ausland gebaut oder montiert wurden

Flugzeugmodifikationen, die für den Verkauf von Lizenzen oder zur militärischen Ausstattung im Ausland bestimmt waren, erhielten in Dessau ab dem Jahre 1923 eine „H"-Bezeichnung und ab 1926 eine „K"-Bezeichnung. Mit diesen Buchstaben vor der jeweiligen Typennummer wurde das flugerprobte und waffenlose Muster (also die Zivilflugzeugversion) bezeichnet, das in Dessau entwickelt und dort nur in einzelnen „Vorzeigeexemplaren" gebaut worden ist. Das galt auch für die K 30, die in Dessau als Rohausstattung gebaut worden ist und im ausländischen Lizenzbau sowohl als Arbeitsflugzeug wie auch als Militärflugzeug ausgerüstet werden konnte, wenngleich die Dessauer K 30-Version primär eine Entwicklungsleistung für die Endmontage und militärische Ausrüstung in Limhamn war.

Die von Dessau gewählten Buchstabenkennzeichnungen für Flugzeuge, die zum Zwecke der späteren militärischen Ausstattung und Verwendung entwickelt worden waren, sind teilweise übernommen worden (Dessau: K 39; Limhamn: K 39), durch andere ersetzt worden (Dessau: H; Fili: Ju; Limhamn: R; Tokio: Ki).

Ebenso unübersichtlich und auf den ersten Blick verwirrend erscheint die Verwendung von Typennummern. Diese sind teilweise mit den Dessauer Nummern identisch (Dessau: K 53; Limhamn: R 53), mit den Dessauer Nummern nicht identisch (Dessau: K 45; Limhamn: R 41), durch die Umkehrung Dessauer Typennummern entstanden (Dessau: A 20; Limhamn: R 02/Dessau: G 24, Ausgangsmuster der K 30; Limhamn: R 42/Dessauer Zivilflugzeugnummer: W 34; Dessauer Lizenzflugzeugnummer für die militärische Adaption im Ausland: K 43).

Die folgenden Analogbezeichnungen militärischer Versionen konnten festgestellt werden (× als militärische Version gebaut bzw. montiert, aber die verwendete Bezeichnung ließ sich nicht zuverlässig ermitteln):

Dessauer Grundmuster	Dessauer Lizenz-Bezeichnung	Larsen-Bezeichnung (USA)	Fili-Bezeichnung (UdSSR)	Limhamn-Bezeichnung (Schweden)	Tokio-Bezeichnung (Japan)
F 13		JL 12	Ju 13		×
A 20			Ju 20	R 02	
T 21	H 21		Ju 21		
T 22	H 22		Ju 22		
G 24	K 30		JuG-1	R 42	
A 25	K 45			R 41	
A 32	K 39			K 39	
W 34	K 43		PS-4	K 43	
A 35	K 53		Ju 20	R 53	
S 36	K 37			K 37	Ki-1
G 38	K 51				Ki-20
A 48	K 47		K-47	K 47	
Ju 52	K 54*)			K 54*)	

*) vermutete K-Bezeichnung

ren mit einem 456-kW(620 PS)-Motor aus-gerüstet und flogen in den Fliegerkräften des Landes mit den Kennungen 101 sowie 103 bis 106. Unter der Kennung 102 soll eine nach Argentinien verkaufte Original-W 34 geflogen sein.

Bemerkenswert unübersichtlich waren mitunter die Bestellwege, wie ein aufge-fundener Kaufvertrag zu erkennen gibt, der außerdem belegt, daß die Junkers-Vertre-ter im Namen der „A. B. Flygindustri" Ver-träge abschlossen wie für jedes beliebige andere Junkers-Werk auch. Einen derarti-gen Vertrag zwischen der „Armstrong-Sid-deley Motors Ltd." in Coventry und der „A. B. Flygindustri" in Limhamn schloß mit dem Datum vom 10. September 1932 der Vertreter der Junkers-Werke in Lissabon ab. Aus dem Vertrag geht hervor, daß die Armstrong-Siddeley-Motorenwerke für fünf K 43, die die portugiesische „Aeronau-tica Naval" kaufen wollte, die Motoren lie-fert, und zwar nach Dessau. So waren gleich vier Länder beteiligt.

Die K 43 hatte zunächst einen MG-Stand am hinteren Sitz über dem Laderaum, spä-ter zwei MG-Stände.

Eine K 53 (militärische Version der A 35) auf Schwimmern wird in Limhamn zum Einfliegen aufs Wasser gesetzt

Die K 53, noch unbewaffnet, beim Einfliegen

Schwimmerversion der K 43 mit Tarnanstrich

Buggefechtsstand der K 37 (S-AABP)

K 37

**in Schweden ausgerüstet
und in Japan weiterentwickelt**

Im Jahre 1927 ist in Dessau, wie bereits an früherer Stelle dargestellt, ein zweimotoriges Transportflugzeug gebaut worden, das die Musterbezeichnung S 36 erhielt. Dieses Flugzeug mit der deutschen Kennung D-1252 war mit zwei Motoren Gnôme et Rhône von je 356,5 kW (485 PS) ausgerüstet, wurde als militärisch verwendbares Lizenzmuster K 37 angeboten, aber fand keinen Interessenten. Daraufhin ist das Flugzeug in Limhamn auf zwei 367,5 kW (500 PS)-Siemens-Motoren umgerüstet und mit vier MG bewaffnet worden. Für den Bombenabwurf konnte eine Last von 500 kg mitgeführt werden. Dieses Vorführungsmuster erhielt die schwedische Kennung S-AABP. Es wurde mitsamt den Nachbaurechten von dem japanischen Flugzeugbauunternehmen „Mitsubishi Nainenki Kabushiki Kaisha" in Tokio erworben, weiterentwickelt und im Jahre 1931 unter der Typenbezeichnung Ki 1 gebaut.[127]

In Dessau entstand eine zweite Ausführung der S 36, die nach 1934 unter der deutschen Kennung D-AMIX flog, nach 1935 ebenfalls von dem japanischen Flugzeugwerk mit der Nachbaulizenz gekauft wurde und das Ausgangsmuster für das japanische Bombenflugzeug Ki 2 war.[128]

*In Limhamn militärisch ausgerüstete K 37
In Japan im Jahre 1931 gebaute Ki 1*

K 47

Jagdzweisitzerversion der A 48

Das Flugzeug K 47 wurde ab 1928 in Limhamn als militärische Version des in Dessau gebauten Schul- und Versuchsflugzeuges A 48 ausgerüstet. Im Unterschied zum Zivilflugzeug A 48 saßen in der K 47 der Pilot und der Bordschütze (im hinteren Sitz) Rücken an Rücken.

Die K 47 war unterschiedlich motorisiert, beispielsweise mit einem 404,3-kW-(550 PS)-Motor BMW „Hornet" oder mit einem 441 kW(600 PS)-Motor Bristol „Jupiter VII". Mehrere dieser Flugzeuge sind nach China verkauft worden, zwei in die UdSSR.

Eine K 47 im Fluge

K 51

Bombenflugzeugentwurf für Japan

In diesem Abschnitt gehört auch, wenngleich das schwedische Werk an der Ausstattung dieses Flugzeuges nicht beteiligt war, die militärische Version des viermotorigen Großverkehrsflugzeuges G 38. Dieses Flugzeug hatte Junkers offenbar nicht von vornherein für eine militärische Verwendung vorgesehen, denn die Initiative ging dafür nicht von Dessau, sondern von Tokio aus. Nachdem die erste G 38 erfolgreich geflogen war, forderte das japanische Flugzeugwerk Mitsubishi, das bereits die Lizenz für den Nachbau der K 37 (S 36) erworben hatte, von Junkers den Entwurf einer Bomberversion der G 38 an. Diesen Entwurf, der unter der Bezeichnung K 51 nur auf dem Papier entstand und im Unterschied zu allen anderen Dessauer Mustern mit „K"-Bezeichnung in Europa nicht gebaut worden ist, kaufte das japanische Unternehmen mit den Baurechten. Außerdem erwarb das Werk in Tokio die Lizenz zum Nachbau des Junkers-Motors L 88. Vom Mitsubishi-Werk sind insgesamt sechs Bombenflugzeuge nach dem Entwurf K 51 mit Lizenzbau-Motoren L 88 hergestellt worden. Sie waren in den japanischen Fliegerkräften unter der Typenbezeichnung Ki 20 bis zum Jahre 1941 im Einsatz.[129]

K 54

eine Torpedoflugzeugvariante

Im Jahre 1932 ist eine Dessauer Ju 52 in Limhamn für die militärische Verwendung als Torpedoflugzeug umgebaut worden. Es war die Ju 52ce mit einem Motor BMW VIIau und der Werknummer 4004, in Deutschland zugelassen im September 1932 mit dem Kennzeichen D-2317. Das Flugzeug ist von Junkers an die „Deutsche Verkehrsfliegerschule GmbH" (DVS) verkauft worden, wurde vom Radfahrwerk auf Schwimmer umgesetzt und im Dezember 1932 zur „A. B. Flygindustri" zwecks Ausrüstung mit einer Torpedoabwurfvorrichtung gegeben. Aus Limhamn kam das umgerüstete Flugzeug mit der schwedischen Kennung SE-ADM zurück. Getarnt und unter dem schwedischen Kennzeichen fanden vor Travemünde Abwurfversuche mit Torpedos statt. Erst nach dem Abschluß dieser Erprobung wurde das deutsche Kennzeichen (D-2317) wieder auf das Flugzeug gemalt.[130]

Diese militärische Modifikation soll in Limhamn die Bezeichnung K 45 erhalten haben. Eine andere Quelle bezeichnet aber eine Bomberversion der Ju 52 als K 45.[131] Um welche Umrüstungsvariante es sich auch immer gehandelt haben mag – die Bezeichnung K 45 dafür ist anzuzweifeln, denn es gab sie zwar, jedoch war sie die Dessauer Lizenzbezeichnung für die militärische Version des Tiefdeckers A 25.

Es gibt Grund zu der Annahme, daß infolge des in den Beziehungen zwischen Dessau und Limhamn üblichen Verfahrens, einige Musterbezeichnungen durch bloßes Umkehren von Typennummern zu finden, eine irreführende publizistische Vertauschung zustandegekommen ist. (Die K 45 war die A 25, deren Umkehrung führt zur Ju 52.) Wir benutzen hier deshalb die in der Dessauer Nummernfolge nicht belegte 54 (K 54), weil auf die Darstellung des schwedischen Umbaus einer Ju 52 nicht verzichtet, aber eine Verwechslung vermieden werden sollte.

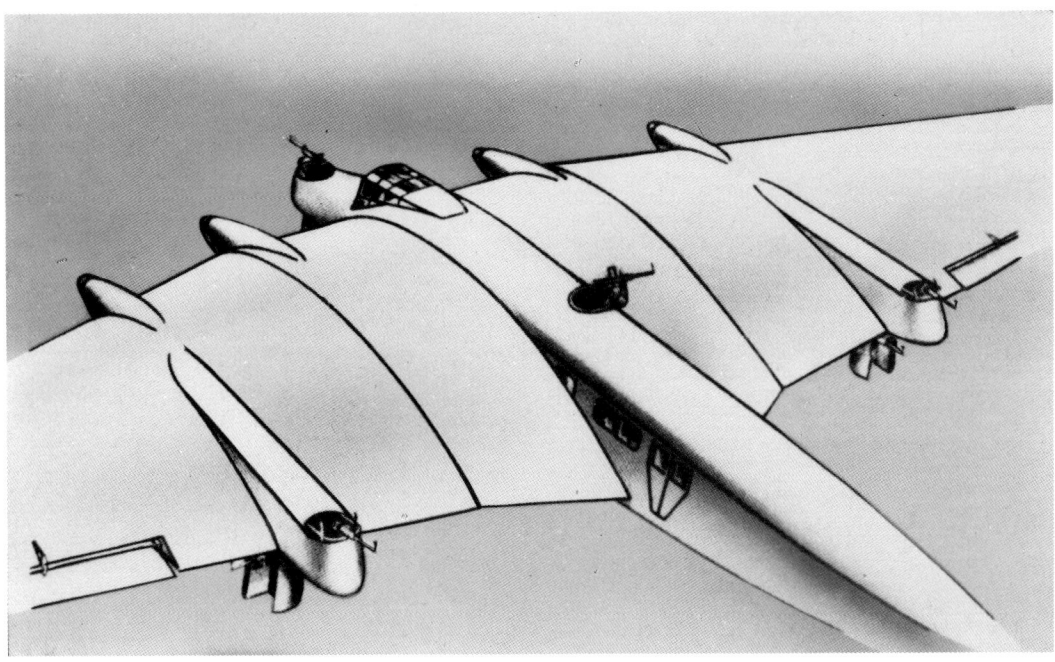

Eine japanische Mitsubishi Ki 20,
die Bomberversion
des Junkers-Großverkehrsflugzeuges G 38

Gefechtsstände der militärischen
Adaption der G 38
für die japanische Bomberversion Ki 20
in einer Übersichtszeichnung

*Ein Frachtflugzeug Ju 52
(Werknummer 4 004) nach seiner
Zulassung im September 1932;
die D-2317 wurde noch im selben Jahr
auf Schwimmer gesetzt
und in Limhamn mit einer
Torpedoabwurfvorrichtung ausgestattet*

**Einordnung der Dessauer Numerierungen von Lizenz-Flugzeugmustern
in die Abfolge der Junkers-Typennummern**

Bis zum Jahre 1923 stimmten die Lizenz-Nummern mit den Typennummern der Dessauer Flugzeuge überein. Danach erhielten Lizenz-Muster noch unbelegte Nummern des Flugzeugbaues in Dessau teilweise im Vorgriff. Dadurch wurden Doppelbelegungen in der Typennumerierung vermieden. Das wird deutlich in der folgenden Übersicht:

Baujahr	Dessauer Bezeichnung	Anmerkungen	Baujahr	Dessauer Bezeichnung	Anmerkungen
1923	A 20			41	nicht typenbelegt; lediglich als W 41, eine werksinterne Bezeichnung der F 24,
	T 21/**H 21**				
	T 22/**H 22**				
1924	G 23				
1925	G 24			42	nicht typenbelegt
	A 25		1926	**K 43**	im Vorgriff numeriert; K-Version der W 34
	T 26				
	T 27				
	28	nicht typenbelegt		44	nicht typenbelegt
	T 29		1926	**K 45**	im Vorgriff numeriert; K-Version der A 25
1926	**K 30**	eingeordnet; K-Version der G 24			
	G 31		1932	Ju 46	
	A 32		1927	**K 47**	K-Version der A 48
	W 33		1928	A 48	
	W 34		1931	Ju 49	
	A 35		1928	A 50	
1927	S 36		1929	**K 51**	K-Entwurf der G 38
1927	**K 37**	eingeordnet; K-Version der S 36	1930	Ju 52	
1929	G 38		1926	**K 53**	im Vorgriff numeriert; K-Version der A 35
1926	**K 39**	im Vorgriff numerierte K-Version der A 32	1930	**K 54**	vermutete Lizenzbezeichnung für K-Version der Ju 52
	40	nicht typenbelegt			

Es wird angenommen, daß die Buchstabenbezeichnungen „H" (bis 1923) und „K" (ab 1923) als Dessauer Musterkennzeichnung für „Heeresflugzeug" bzw. „Kriegsflugzeug" galten.

Im übrigen war die „A. B. Flygindustri" mittlerweile in umfangreiche finanzielle Schwierigkeiten geraten, denn das Konzept, Junkers-Flugzeuge für militärische Verwendungen umzurüsten und zu exportieren, hatte sich nicht als tragfähig erwiesen. Seit dem Verkauf einiger K 47 im Jahre 1928 nach China hatte es für Limhamn keinerlei Fertigungsaufträge gegeben. Ebenso war inzwischen die „A. B. Aerotransport" in die roten Zahlen gelangt, die offiziell als Muttergesellschaft des Werkes in Limhamn galt, weshalb sich die Brüder Florman die Direktorenposten beider Gesellschaften geteilt hatten.

Von Junkers war in solcher Situation keine Hilfe zu erwarten, denn er hatte mit seinen Dessauer Werken und vielerlei ausländischen Verpflichtungen, die er eingegangen war, selbst ständig finanzielle Sorgen. Die Brüder Florman versuchten intensiv, von der schwedischen Luftwaffe für das Werk Limhamn Aufträge zu erhalten, hatten damit aber keinerlei Erfolg. So kam es schließlich in der Jahresmitte 1931 zu einer Vereinbarung mit Junkers über sein Ausscheiden aus der „A. B. Aerotransport". Das war die Bedingung gewesen, die der schwedische Staat für die Sanierung der Luftverkehrsgesellschaft gestellt hatte. Wenige Jahre später ging die „A. B. Flygindustri" in Konkurs.[132]

Konstruktionen bis zum Schnellverkehrsflugzeug

*Zeitweise mit „gewaltigem Schnauzbart":
Prof. Junkers etwa im Jahre 1926*

Nach der vorausgegangenen Exkursion, die den Flugzeugbau in dem Junkers-Zweigwerk in Fili bei Moskau und im Junkers-Lizenzbauwerk in Limhamn bei Malmö kennzeichnen wollte, kehren wir zum Flugzeugbau in Dessau zurück, der bis zum viermotorigen Großverkehrsflugzeug G 38 betrachtet worden war.

Mit den beiden Exemplaren der G 38, deren Bau völlig unwirtschaftlich war, weil eine so geringe Stückzahl selbst bei einem Verkaufspreis von 1,5 Millionen Reichsmark (Verkaufserlös der D-2500) wohl den Fertigungsaufwand, nicht aber den zuvor betriebenen Forschungsaufwand decken konnte, war der Großverkehrsflugzeugbau in Dessau beendet. Den Werbeflügen in verschiedene europäische Hauptstädte war zwar ein großes Interesse entgegengebracht worden, aber es folgte kein Bauauftrag. Auch weiterhin beschäftigten sich Dessauer Konstrukteure mit Großflugzeugprojekten. Gebaut wurden in diesem Zeitraum allerdings vorwiegend einmotorige Flugzeuge mit sehr moderner aerodynamischer Formgebung, denen deutlich die Absicht anzusehen war, daß die allgemeine Konstruktionsrichtlinie, von Junkers vorgegeben, nunmehr weniger auf große Lastenträger als vielmehr auf höhere Fluggeschwindigkeiten und größere Flughöhen zielte.

Auch diese Entwicklungsrichtung blieb teuer genug. In einer als „Persönlich!" und „Vertraulich!" bezeichneten Dokumentation, im August 1932 von einigen der damaligen leitenden Junkers-Mitarbeiter in überaus verärgerter Stimmung verfaßt, wird dies am Beispiel der A 50 gekennzeichnet (die an späterer Stelle vorgestellt wird). Es heißt darin: „Auch in den Typenbau griff Prof. Junkers ohne Rücksicht auf viele warnende und scharf ablehnende Kritiken des größten Teils seiner Mitarbeiter diktatorisch ein: so besonders beim Bau und Ver-

trieb des Sportflugzeuges A 50 ‚Junkers-Junior'. Diese Type ließ Prof. Junkers gegen den einstimmigen Rat aller seiner im Flugzeugwerk verantwortlichen Mitarbeiter in seinem Hauptbüro entwickeln und erstrebte ihren Absatz in scharfem Konkurrenzkampf zu der übrigen Sportflugindustrie. Ein Versuch, der, wie ihm vorausgesagt, weit über eine Million Reichsmark Verluste verursacht hat."[133]

Dieser kritische Einwand wird nicht unberechtigt gewesen sein, er korrespondiert mit vielerlei Vorwürfen (gerade in dem kritischen Jahr 1932, dem Höhepunkt der Auswirkungen der Weltwirtschaftskrise auf die deutsche Industrie), die zwar Junkers' „technische Genialität" respektieren, aber zugleich von kaufmännischem Dilettantismus sprechen. Hermann Pohlmann, der Konstrukteur der A 50, erinnerte sich später ebenfalls an die Diskrepanz zwischen erhofftem und tatsächlichem Absatz: „Die sehr optimistischen Absatzerwartungen ... erfüllten sich leider nicht, obwohl der Lieferpreis mit RM 16 200,- nicht besonders hoch war. Trotzdem — es wurden insgesamt etwa 50 Flugzeuge verkauft — war das Unternehmen A 50 doch ein ganz schöner Erfolg, und es wurde damit der Beweis erbracht, daß das ‚Ganzmetall-Flugzeug' auch auf dem Gebiet ‚Sport und Reise' mit den herkömmlichen ‚Holz/Stoff'-Geräten durchaus konkurrieren konnte."[134]

Offenbar basierte der Verkaufspreis auf einem einkalkulierten beträchtlich höheren Absatz. Da er nicht erreicht werden konnte, traten finanzielle Verluste ein. Die Entwicklung und der Bau eines neuen Musters als Verlustgeschäft kann von vornherein auch für alle anderen einmotorigen Flugzeuge unterstellt werden, die dem Großverkehrsflugzeug G 38 folgten, denn ihr Absatz war noch geringer als der, der für den Sportzweisitzer A 50 angegeben worden ist.

**Buchstaben-Kennzeichnungen
der Dessauer Junkers-Flugzeuge**

	Bedeutung	Beispiele
A	offener sportlicher Tiefdecker	A 20, A 48, A 50
F	einmotoriges Verkehrsflugzeug	F 13, F 24
G	drei- und mehrmotoriges Verkehrsflugzeug	G 24, G 31, G 38
H	militärisch verwendbares Adaptionsmuster (als Bezeichnung verwendet bis 1923)	H 21, H 22
J	Junkers-Flugzeug (verwendet von Anbeginn bis in das Jahr 1920)	J 1, J 11, J 15
Ju	Junkers-Flugzeug (verwendet ab 1930)	Ju 46, Ju 52, Ju 60
K	Doppelverwendung:	
	– kleines Reiseflugzeug (1921)	K 16
	– militärisch verwendbares Adaptionsmuster (als Bezeichnung verwendet ab 1926)	K 30, K 37, K 51
S	zweimotoriges Flugzeug	S 36
T	offenes sportliches Versuchsflugzeug	T 19, T 26, T 29
W	einmotoriges Mehrzweckflugzeug, bevorzugt für den Gütertransport	W 33, W 34

Darüber hinaus wurden auch der Typenbezeichnung nachgestellte Buchstaben verwendet, beispielsweise F 13L, F 13W und F 13S. Damit wurden die jeweiligen Ausstattungsvarianten bezeichnet. Es bedeuteten:

L   Landflugzeug (Ausstattung mit Radfahrwerk)
W   Wasserflugzeug (Ausstattung mit Schwimmern)
S   Schneeflugzeug (Ausstattung mit Gleitkufen)

Weitere Buchstabenverwendungen waren die nachgestellte Bezeichnung der Motorenanzahl beim Flugzeugmuster Ju 52, also
Ju 52/1m   einmotorige Ju 52
Ju 52/3m   dreimotorige Ju 52

Gleichwohl – unser Anliegen besteht nicht in der detaillierten betriebsökonomischen Analyse, sondern in der Betrachtung der Junkers-Flugzeugentwicklung. Und aus dieser Sicht fällt auf, daß die folgenden „Einmotorigen" aus Dessau eine völlig neue Qualität aufwiesen, als die einmotorigen Flugzeuge, mit denen die Junkers-Konstrukteure noch zuvor, zumeist lediglich durch die Ummotorisierung auf einen stärkeren Motor, experimentiert hatten.

In der chronologischen Abfolge müßte nunmehr die bereits erwähnte A 50 vorgestellt werden, deren Erstflug im Jahre 1928 stattfand. Jedoch folgen wir aus Gründen der Übersichtlichkeit weiterhin der Dessauer Typennummernfolge, ungeachtet des Zeitpunktes der Fertigstellung des jeweiligen Baumusters.

Ju 46

katapultierfähiges Postflugzeug

Die Typennummern 39 bis 45 blieben frei oder wurden vereinzelt, wie im Zusammenhang mit Fili und Limhamn zu sehen war, mit Lizenzmusterbezeichnungen bzw. Limhamn-Bezeichnungen belegt (K 39, R 41, R 42, K 43, K 45).

Die Ju 46 war als katapultierfähiges Postflugzeug von der W 34 abgeleitet worden. Bereits im Jahre 1927 hatte die „Deutsche Luft Hansa A. G." die Idee aufgegriffen, den Atlantik mit Dampfer-Lande-und-Start-Zwischenstationen zu überwinden, weil die flugzeugtechnischen Voraussetzungen für den gefahrlosen Nonstop-Flug von Europa nach Amerika und zurück zu diesem Zeitpunkt noch nicht gegeben waren. Es wurde demnach ein Kompromiß der Nutzlastbeförderung angestrebt: langsamer als ein Direktflug, aber schneller als die Beförderung auf dem Wasserwege. Die Lufthansa und der „Norddeutsche Lloyd" in Bremen

beauftragten damit im Jahre 1927 die „Ernst Heinkel Flugzeugwerke GmbH" in Rostock-Warnemünde, die im Jahre 1929 als See-Postflugzeug den katapultierfähigen Zweischwimmer-Eindecker He 12 lieferte, der die Kennung D-1717 (Baunummer 334) erhielt und auf dem Ozeandampfer „Bremen" eingesetzt wurde. Es blieb das einzige Heinkel-Flugzeug dieses Typs (ein Jahr später folgte das verbesserte Muster He 58, Baunummer 365, Kennung D-1919, von dem ebenfalls nur ein Exemplar gebaut wurde).

Der Zweck des Unternehmens bestand darin, von dem Passagierdampfer aus, während dieser noch weit von seinem Zielhafen entfernt war, Post, vor allem Geschäftspost, per Flugzeug vorauszuschicken. Zu diesem Zweck wurde auf dem Dampfer „Bremen" zwischen den Schornsteinen eine schräg zur Schiffslängsachse nach Außenbord ragende Startschiene installiert, auf der das Flugzeug mit einem Katapultschlitten mittels Preßluft auf einer 20 m langen Gleitbahn auf 110 km/h beschleunigt werden konnte.[135] Acht Katapultstarts fanden im Jahre 1929 mit der He 12 statt. Im Jahre 1930 erhöhte sich die Startzahl auf 24, wobei hieran bereits die He 58 und der Passagierdampfer „Europa" beteiligt waren, der nunmehr ebenfalls eine Startschiene mitführte. Weitere 27 Katapultstarts kamen im Jahre 1931 hinzu, allerdings forderte der Vorauspostflug im selben Jahr seine ersten Opfer: In der Nacht vom 5. zum 6. Oktober 1931 stürzte die He 12 (D-1717) beim Flug nach New York ab und ging verloren. Der Flugzeugführer Simon und der Funker-Maschinist Wagenknecht fanden dabei den Tod.

Als die Schiffsreisesaison des Jahres 1932 begann, war auch die He 58 (D-1919) aus dem Atlantik-Postflugdienst herausgenommen worden. Auf den Startschienen der Dampfer „Bremen" und „Europa" standen nunmehr die katapultierfähigen Flugzeuge Ju 46, und zwar mit den Kennungen D-2244 und D-2271.[136]

Gegenüber dem Ausgangsmuster W 34 hatte die Ju 46 ein vergrößertes Leitwerk sowie von vornherein eine geschlossene Flugzeugführerkabine. Die Rümpfe beider Flugzeuge waren rotlackiert und konnten durch diese Signalfarbe bei möglichen Notwasserungen leicht entdeckt werden. Sie waren mit unverkleideten 441-kW(600 PS)-Motoren BMW „Hornet C" ausgerüstet.

Zwei weitere Ju 46 erhielt die Lufthansa im Sommer 1933 und die letzte im Mai

1934. Diese drei Flugzeuge waren mit 477,8-kW(650 PS)-Motoren ausgestattet. Insgesamt sind nur die fünf genannten Ju 46 gebaut worden. Zwei von ihnen waren bis zum Jahre 1936 für Katapultstarts auf den Dampfern „Bremen" und „Europa" eingesetzt. Verstreuten Angaben zufolge[137] wurden die fünf Flugzeuge wie folgt verwendet:

D-2244 „Europa", Werknummer 2715, Baujahr 1932: eingesetzt auf dem Dampfer „Europa"; ab 1934 neue Kennung D-UKOV und im inländischen Seeflugverkehr eingesetzt;

D-2271 „Bremen", Werknummer 2720, Baujahr 1932: eingesetzt auf dem Dampfer „Bremen" bis zum Jahresende 1933; da-

Die katapultfähige Ju 46 „Europa"
(D-2244) beim Abflug
vom gleichnamigen Ozeandampfer (1932)

Das zweite Katapultflugzeug
der Lufthansa mit dem Namen „Europa",
die Ju 46 mit der Kennung D-UBUS
auf der Startschiene (1934)

*Versuchs- und Schulflugzeug A 48
mit Motor Siemens Sh 20
(Werknummer 3 365; Kennung D-2012)*

nach auf Radfahrwerk gesetzt und unter dem neuen Merknamen „Hamburg" geflogen; im Jahre 1936 an die brasilianische Fluggesellschaft „Syndicato Condor Ltda." verkauft und geflogen als PP-CAU „Tocantins";

D-2419 „Mars", Werknummer 2744, Baujahr 1933: mit Radfahrwerk gebaut und von der Lufthansa für Postflüge eingesetzt; ab 1934 neue Kennung D-UGUS, später (vermutlich) in D-OLMP geändert;

D-2491, Werknummer 2745, Baujahr 1933: zunächst für die Lufthansa auf Radfahrwerk gebaut und eingesetzt; zum Frühjahr 1934 auf Schwimmer umgerüstet, mit der neuen Kennung D-UHYL und dem Merknamen „Bremen" versehen; löste die D-2271 „Bremen" auf dem Ozeandampfer „Bremen" ab; Kennzeichen später geändert in D-OBRA;

D-3411 „Europa", Werknummer 2773, Baujahr 1934: löste im selben Jahr die D-2244/D-UKOV auf dem Ozeandampfer „Europa ab; erhielt 1934 die neue Kennung D-UBUS.

Für das Jahr 1932 wurde der durchschnittliche Zeitgewinn für die Postbeförderung durch den Einsatz der Ju 46 auf der kombinierten Dampfer-Flugzeuglinie über den Atlantik mit 45 bis 46 Stunden angegeben.[138] Diese Flüge folgten dem Bemühen, auch unter den Bedingungen des seinerzeit noch nicht möglichen Linienfluges über den Atlantik das Flugzeug für den beschleunigten Post- und Kleinfrachtverkehr nutzbar zu machen.

Die Ju 46 war ein freitragender Tiefdecker mit zwei Sitzen und hatte eine Höhe (mit Schwimmern) von 4,15 m, (mit Radfahrwerk) von 3,67 m.

Anteil der Junkers-Flugzeuge an deutschen Motorflugweltrekorden (Auszug)		
Zeitpunkt	deutsche Weltrekorde	Junkers Anteil
2. Mai 1927	13	13
28. Juni 1927	19	16
25. Juli 1927	19	19
12. September 1927	21	11
Februar 1928	31	9

A 48

erstmals wieder Glattblechrumpf

Das einmotorige Versuchs- und Schulflugzeug A 48 mit zwei hintereinander befindlichen Sitzen entstand im Zeitraum 1927/28. Diplomingenieur Karl Plauth, der dieses Flugzeug gemeinsam mit Pohlmann konstruiert hatte, stürzte am 1. November 1927 bei Kunstflugvorführungen mit einer A 32 tödlich ab. Bei einem Looping nach vorn (Flugzeugunterseite auf der Innenseite des Überschlags), angesetzt in relativ geringer Höhe, war es ihm nicht gelungen, aus dem Sturzflug in den Horizontalflug (Rückenflug) überzuleiten. Mit vollaufendem Motor schlug das Flugzeug auf dem Boden auf.

Dieser tragische Vorfall hatte sich zwar nicht mit dem von ihm mitkonstruierten Flugzeug ereignet, aber die A 48 war doch, bezogen auf die geringe Stückzahl, die gebaut wurde, mehr als andere Junkers-Typen ein Unfallflugzeug. Im September 1932 landete der Werkpilot Johann Riszticz die A 48 mit dem Kennzeichen D-2284 (Werknummer 3355) zu Bruch. Das Flugzeug wurde repariert, flog wieder, wurde im Jahre 1935 ins Ausland verkauft und kurz darauf bei einer Havarie total zerstört. Der letzte bekannt gewordene Unfall mit einer A 48 ereignete sich am 12. Juni 1939: Der damalige Betriebsleiter des Junkers-Motorenbaus, Achterberg, stürzte bei einem Flug von Warnemünde nach Dessau tödlich ab.

In die deutsche Luftfahrzeugrolle waren bis zum Jahre 1935 sieben A 48 eingetragen. Etwa ebenso viel weitere wurden sogleich nach ihrer Fertigstellung von Dessau nach Limhamn in Schweden gebracht, dort

für die militärische Verwendung ausgerüstet und als K 47 nach China sowie in die UdSSR verkauft. Die A 48 existierte mit fünf verschiedenen Motorisierungsvarianten:

A 48b: 441-kW(600 PS)-Bristol „Jupiter VII" (Eintrag in die deutsche Luftfahrzeugrolle: D-2248, D-2284, D-2532),

A 48ba: 404,3-kW(550 PS)-BMW „Hornet" (keine Kennzeicheneintragung; nur nach Limhamn geliefert),

A 48da: 404,3-kW(550 PS)-BMW „Hornet" (Eintrag: D-ITOR[139]; vermutlich eine nicht verkaufte, aus Limhamn „entwaffnet" nach Dessau zurückgeführte ehemalige K 47),

A 48dy: 397-kW(540-PS)-Siemens Sh 20 (Eintrag: D-2012; wurde als Versuchsflugzeug im Juni 1931 von der „Deutschen Versuchsanstalt für Luftfahrt e. V." in Berlin-Adlershof übernommen),

A 48fi: 374,9-kW(510 PS)-Siemens „Jupiter VI" (Eintrag: D-1057, D-2185).

Mit der letztgenannten Version sind eine Reihe von Versuchen unternommen worden, darunter mit einfachem Seitenleitwerk, mit Doppelsteuerung als Schulflugzeug sowie zur Erprobung der Junkers-Sturzflugbremsen bei Sturzflugversuchen.

Besonders bemerkenswert an diesem Flugzeug war neben der auffallenden aerodynamischen Formgebung der Umstand, daß erstmals seit der J 2 aus dem Jahre 1916 wieder ein Eindecker mit Glattblechrumpf entstanden war, wohingegen für die Tragflächen sowie für das Schwanzleitwerk mit den beiden Seitenrudern und dem langgestreckten Höhenruder das Wellblech beibehalten worden war. Der Tiefdecker erreichte in der Ausführung A 48b eine Höchstgeschwindigkeit von 275 km/h, in der Ausführung A 48fi von 265 km/h.

Ju 49
Sonderanfertigung für die Höhenforschung

In der Luftfahrtliteratur der etwa letzten zehn Jahre kann man lesen[140], daß sich bereits im Jahre 1928 die „Deutsche Versuchsanstalt für Luftfahrt e. V." (DVL) ein Höhenflugzeug gewünscht habe und deshalb Junkers mit dem Bau eines derartigen Flugzeuges beauftragt wurde, weil sich der Dessauer Motorenbau seit Jahren mit der Entwicklung von Höhenmotoren befaßte und dieses Werk für die Aufgabe sehr geeignet schien.

Das klingt wie ein Lob für Junkers, und es kann wohl auch in dieser Weise akzeptiert werden, wenn es als Anerkennung und Herausforderung für den Technikwissenschaftler Junkers verstanden wird. Er hat den Auftrag angenommen und schließlich auch erfüllt. Wenn aber bedacht wird, welcher Entwicklungsaufwand damit verbunden war, und zwar über drei Jahre hinweg, dazu zwei weitere Flugerprobungsjahre, um schließlich nur ein einziges Höhenforschungsflugzeug zu bauen und zu verkaufen, dann ist die Ju 49 geradezu ein mustergültiger Beleg für die in der Folgezeit immer lauter geäußerte Kritik von leitenden Mitarbeitern der Dessauer Werke, derzufolge die Junkers-Motorenforschung den ohnehin nicht mehr rentablen Flugzeugbau zu ruinieren beginne. Und die anderen Werke ebenso, weil die gewaltigen Forschungsaufwendungen für den Motorenbau als Finanzmittel aus den anderen Betrieben herausgenommen würden. Spätestens zu diesem Zeitpunkt begann das von Professor Junkers unnachgiebig verfolgte Prinzip der großzügigen technischen Grundlagen- und Anwendungsforschungen bei gleichzeitiger Eigendeckung der Forschungsausgaben durch Betriebsgewinne und Lizenzeinnahmen ganz erheblich zu wanken.

Die Höhenforschungsflugzeug-Sonderanfertigung Ju 49 erhielt die Werknummer 3701, rollte erstmals am 2. Oktober 1931 in Dessau zur Flugerprobung an den Start und erhielt die Kennung D-2688, ab

Das Höhenforschungsflugzeug Ju 49 im Bau – mit bereits eingesetzter Druckkabine (Höhenkammer)

Die flugfertige und zugelassene Ju 49, nur in einem Exemplar gebaut

1934 das Buchstabenkennzeichen D-UBAZ. In der dreijährigen Entwicklungszeit war neben dem Bau und der Erprobung eines geeigneten Höhentriebwerkes auch eine Druckkabine zu entwickeln gewesen, bevor der Bau der Flugzeugzelle begann.

Das fertige Flugzeug war ein freitragender Tiefdecker; die Querruder als Doppelflügel ausgebildet, wie sie erstmals an der T 29 aus dem Jahre 1925 erprobt worden waren. Als eigenständige Baugruppe war eine druckdichte doppelwandige Höhenkammer mit Kälteschutzisolation, eingerichtet für zwei Besatzungsmitglieder, in den Rumpf eingesetzt worden. Der Flugzeugführer hatte Aussicht nur durch kleine runde Fenster (Bullaugen) und Erdsicht durch ein Sehrohr im Rumpfboden. Die Ju 49 war in Ganzmetallbauweise mit Wellblechbeplankung gefertigt und hatte einen Junkers-Motor L 88a mit einer Leistung von 588 kW (800 PS) sowie eine Vierblatt-Luftschraube mit einem Durchmesser von 5,60 m. Der Kraftstoff erhielt zur Erhöhung der Kälteresistenz einen chemischen Zusatz.

Die Flugerprobungen der Ju 49 nahmen allein zwei Jahre in Anspruch, in deren Verlauf das Flugzeug, sein Triebwerk und die Druckkabine eine Reihe von leistungsverbessernden Neuerungen erhielten, beispielsweise der Motor einen zweistufigen Höhenlader mit stufenlos regelbaren Hydraulikkupplungen. Fünf Jahre nach der Auftragerteilung, im September 1933, übernahm die DVL das Flugzeug. Damit sind zunächst Höhen von mehr als 9 000 m erreicht worden. Diese Höhen wurden von Versuch zu Versuch gesteigert. Bei einem dieser Flüge kam es zur Zerstörung des Motors. In einem vertraulichen Bericht der DVL, für dessen Nichtgeheimhaltung „strafrechtliche Verfolgung und schwere Bestrafung" angedroht wurden, hieß es dazu:

„Höhenforschungsflugzeug Ju 49: Das Flugzeug wurde von der DVL mehrmals nachgeflogen und nach einem Steigflug auf Gleichdruckhöhe übernommen. Bei diesem Flug am 21. 11. 33 mit geschlossener Höhenkammer zerbrach in 11 km Höhe ein Kolben, welcher während des Abstiegs sekundär zur Zerstörung des gesamten Motors und zu leichter Beschädigung des Laders und des Triebwerk-Vorbaues führte. Ein Ersatzmotor gleicher Bauart wurde bei der Junkers-Motorenbau GmbH in Auftrag gegeben."[141] Mit dem neuen Triebwerk sind im Jahre 1935 Höhen von 13 000 m erreicht worden.

Innenansicht der Druckkabine der Ju 49

A 50

leistungsfähiger Sportzweisitzer

Das erfolgreichste einmotorige Junkers-Flugzeug für Sportzwecke war der ab 1928 gebaute, vollständig duralwellblechbeplankte zweisitzige Sporttiefdecker mit ovalem Rumpfquerschnitt A 50, in der Literatur allgemein auch als A 50 „Junior" bezeichnet, obgleich es Hinweise darauf gibt, daß in Dessau nur die ersten Exemplare, deren Flächen keine V-Stellung aufwiesen, als A 50 „Junior" benannt worden sind.[142] Insofern war „Junior" kein Merkname für ein einzelnes Flugzeug, sondern der Gruppenname für die erste A 50-Version. Es war allerdings bisher nicht eindeutig feststellbar, ob diese Hinweise zutreffend sind, denn die Aufschrift „Junior" trugen auch A 50-Flugzeuge späterer Baujahre mit Tragflächen-V-Stellung. Die A 50 wurde mit auswechselbarem Radfahrwerk und Schwimmern geliefert.

Gegenüber allen anderen vorausgegangenen einmotorigen Sport-, Kurier- und Versuchsflugzeugen war die A 50 ein überaus wohlgeformtes, geradezu ein schönes Flugzeug. Und es bewies bei mancherlei Gelegenheiten seine hohe Leistungsfähigkeit. Beispielsweise haben Junkers-Werkpiloten mit diesem Flugzeugtyp auf Schwimmern im Juni 1930 innerhalb von zwei Wochen acht neue Weltrekorde aufgestellt. Dennoch blieb der Verkauf weit, sogar sehr weit unter den Dessauer Erwartungen. So kann man lesen: „Junkers war damals davon überzeugt, vom Junior pro Jahr 5000 Maschinen verkaufen zu können. Er hoffte, eine Großserienproduktion und ein Verkaufsnetz wie die großen Autofirmen einrichten zu können."[143] Nun wissen wir bereits, daß nicht pro Jahr 5000, sondern insgesamt nur 50 Flugzeuge dieses Typs verkauft worden sind. Und daran gemessen, wie wohl überhaupt, waren die an die A 50 geknüpften Dessauer Absatzerwartungen irreal.

Aber der Hinweis auf eine Junkerssche Überlegung, zur Großserienproduktion möglicherweise übergehen zu wollen, wenn sich ein Flugzeugmuster infolge großer und anhaltender Nachfrage dafür als geeignet ausweist, ist überraschend, weil sich Junkers gegen die Ausweitung der Dessauer Werke in Massenserienfabriken immer gewandt hat. Bis etwa zum Jahre 1928 jedenfalls sah er die Kleinserienproduktion als ausreichende Finanzierungsquelle seiner Forschung sowie als Voraus-

Der Sportzweisitzer A 50, der als erstes Junkers-Flugzeug in die Großserienfertigung gehen sollte

A 50-Versuchsanordnung mit Einrad-Fahrgestell unter dem Rumpf

A 50 als Einsitzer mit Verschlußkappe über dem Vordersitz (Werknummer 3528, Kennung D-1821)

Versuchsvariante einer A 50 (Werknummer 3502, Kennung D-1682) als flügelgesteuerter Hochdecker

setzung dafür an, daß sich sein qualifizierter wissenschaftlich-technischer Mitarbeiterstab der Forschung widmen konnte und nicht in die Fabrikationsorganisation einer Großserienproduktion eingespannt werden mußte.

Mit der A 50 hat, offenbar unter dem Dauerdruck ständig wiederkehrender Finanzsorgen, eine Wandlung in Junkers' kaufmännischem Denken begonnen. Der Unternehmer trat wieder stärker hervor, und er erlebte mit dem Flugzeug, das ihm den Großserienbau ermöglichen sollte, sogleich einen Reinfall – trotz der herausragenden Qualität dieses Flugzeuges. Für die Größenordnung, die für den Verkauf konzipiert worden war, gab es keinen Bedarf. Schon gar nicht mehr seit dem Herbst 1929, als die zerrüttende Weltwirtschaftskrise immer rascher um sich griff.

Der Vertriebsorganisation der A 50 lag, wie schon so oft in den Überlegungen von Junkers, wiederum ein neuer Gedanke zugrunde, der den Massenbedarf des „gehobenen Mittelstandes" wecken wollte und auf die Nutzung einer bereits existierenden Absatzorganisation zielte. Der leitende Konstrukteur der A 50 schrieb darüber: „Werbung und Verkauf sollten über die Auto-Händler erfolgen."[144]

Das Sportflugzeug A 50 wurde von 1928 an in mancherlei Hinsicht modifiziert:
A 50: Tragflächen ohne V-Stellung; 58,8 kW(80 PS)-Motor Armstrong-Siddeley „Genet";
A 50ba: Tragflächen mit leichter V-Stellung; Walter-Motor;
A 50be: Tragflächen mit leicher V-Stellung (wie A 50ba) und A. S. „Genet"-Motor (wie A 50);
A 50ce: Tragflächen mit leichter V-Stellung; 62,5 kW(85 PS)-Motor A. S. „Genet II", einige Exportexemplare wurden mit einem 73,5-kW(100 PS)-Motor A.S. „Genet-Major I" ausgestattet;
A 50ci: Tragflächen mit leichter V-Stellung; 64,7 kW(88 PS)-Motor Siemens Sh 13;
A 50fe: Tragflächen mit leichter V-Stellung; 62,5 kW(85 PS)-Motor A. S. „Genet II"; Verbesserungen der Zellenbauausführung.

Mit der A 50 sind in Dessau eine Reihe von Versuchen vorgenommen worden, darunter die Verwendung eines Einrad-Fahrgestells unter dem Rumpf bei seitlichen Stützkufen, auch die Variante eines flügelgesteuerten Hochdeckers mit veränderli-

Eine A 50 (Werknummer 3538, Kennung D-1862) für den Landtransport vorbereitet

Ju 52
„fliegender Möbelwagen„

Mit dem einmotorigen Frachtverkehrsflugzeug Ju 52 (gelegentlich auch als Ju 52/1m bezeichnet, womit auf die einmotorige Ausstattung hingewiesen werden sollte), knüpften die Dessauer Konstrukteure an die Einsatzerfahrungen der W 33 bzw. W 34 an. Es sollte den speziellen Bedingungen der rentablen Luftfrachtbeförderung entsprechen und auf behelfsmäßigen Flugfeldern nicht nur starten und landen können, sondern dabei auch für die Aufnahme einer Nutzmasse von mehr als zwei Tonnen geeignet sein. Das Flugzeug war ein freitragender Tiefdecker in der typischen Junkers-Bauweise mit Wellblechbeplankung. Auffallend waren das robuste Fahrwerk, die trapezförmigen Tragflächen mit Junkers-Doppelflügel (Hilfsflügel) über die gesamte Flügellänge sowie das gleichfalls nach dem Prinzip des Doppelflügels gestaltete Höhenleitwerk. Das Fahrwerk war gegen Schwimmer oder Schneekufen austauschbar, wodurch, wie bereits bei vielen anderen vorausgegangenen Junkers-Typen, die vielseitige Einsatzbarkeit gewährleistet war. Die in mehrere Einzelbehälter aufgeteilte Kraftstoffanlage war in den

chem Anstellwinkel des Flügels. Für die Verwendung als Einsitzer war es möglich, den vorderen Sitz wie mit einem Topfdeckel zu verschließen und dadurch das Widerstandsmoment zu verringern. Zu den Exportländern gehörten Südafrika, Australien, Brasilien, Portugal, Finnland, die Schweiz und Japan.

Acht Weltrekorde in einem halben Monat mit der A 50 auf Schwimmern, ausgestattet mit einem 80 PS/58,8 kW-Motor: Armstrong-Siddeley „Genet"

Datum	Besatzung	Start- und Landeort	Leistung
Entfernung auf geschlossenem Kurs ohne Passagier			
13. 6. 1930	Grundke	Dessau-Leopoldshafen	2 100,420 km
Entfernung auf geschlossenem Kurs mit einem Passagier			
6. 6. 1930	Grundke/Pfeiffer	Dessau-Leopoldshafen	900,180 km
Dauer auf geschlossenem Kurs ohne Passagier			
13. 6. 1930	Grundke	Dessau-Leopoldshafen	16 h, 29 min
Dauer auf geschlossenem Kurs mit einem Passagier			
6. 6. 1930	Grundke/Pfeiffer	Dessau-Leopoldshafen	8 h, 27 min
Höhe ohne Passagier			
4. 6. 1930	Zimmermann	Dessau-Leopoldshafen	5 652 m
Höhe mit einem Passagier			
4. 6. 1930	Zimmermann/Schinzinger	Dessau-Leopoldshafen	4 614 m
Geschwindigkeit auf geschlossenem Kurs von 100 km ohne Passagier			
13. 6. 1930	Grundke	Dessau-Leopoldshafen	165,44 km/h
Geschwindigkeit auf geschlossenem Kurs von 100 km mit einem Passagier			
6. 6. 1930	Grundke/Pfeiffer	Dessau-Leopoldshafen	164,30 km/h

(Diese Weltrekorde wurden gegen Monatsende Juni 1930 von der FAI bestätigt.)

Die erste flugfertige Ju 52
(Werknummer 4001), ein Frachtflugzeug,
das der Presse als „fliegender
Möbelwagen" vorgestellt wurde

Die erste Ju 52 (Werknummer 4001)
mit ihrer Kennung D-1974

Tragflächen untergebracht. „Mit der gewählten mäßigen Flächenbelastung hatte die Ju 52 sehr gute und narrensichere Flugeigenschaften. Der waggonartige Kastenrumpf mit seinen großen Seitenwänden führte das Flugzeug wie einen Schienenbus in der Luft, während der Doppelflügel ein niedriges Landetempo für kleinste und holprige Plätze erlaubte."[145]

Das Frachtflugzeug Ju 52 ist bis zum Jahre 1933 in sechs Exemplaren gebaut worden und, wie in Dessau inzwischen längst die Regel, verschiedenartig motorisiert worden.

Die erste Ju 52 erhielt die Werknummer 4001 und wurde als Ju 52ba mit einem Junkers-Motor L 88 von 588 kW (800 PS) ausgerüstet und am 13. Oktober 1930 eingeflogen. Nach der Erprobung erfolgte eine Umrüstung auf den Motor BMW VIIau mit 507,3 kW (690 PS). Die nun einsatzfertige Ju 52 (jetzt eine Ju 52be) bekam die Kennung D-1974 und wurde am 17. Februar 1931 auf dem Lufthansa-Flughafen Berlin-Tempelhof als „fliegender Möbelwagen" der Öffentlichkeit vorgestellt. Im Juni 1933 ist das Flugzeug von der Berliner „Luftfrako Air Expreß GmbH". übernommen, aber bereits einen Monat später wieder an die Junkers-Werke zurückgegeben worden. Es wird vermutet, daß die Einsatzerprobung der Ju 52 im Linienverkehr von der genannten Luftfrachtgesellschaft vorgenommen werden sollte, das Flugzeug aber den Anforderungen nicht genügte, weshalb es zur ständigen Indienststellung nicht gekommen ist.

Mit veränderten Tragflächen in leichter Pfeilform und verbesserten Seitenrudern wurden drei weitere Maschinen gebaut (Werknummern 4002, 4003 und 4004) und zunächst als Ju 52ce mit dem Motor BMW VIIau bestückt. Die 4002 verblieb im Junkers-Werk und diente später der Ermittlung von Flugleistungen mit dem Rohölmotor Jumo 4 (Ju 52do). Die 4003 erhielt bald darauf den verbesserten BMW VIIa und wurde mit Schwimmern ausgerüstet an eine Seefliegerstaffel geliefert.

Im September 1932 wurde die 4004 (Zulassung D-2317) an die „Deutsche Verkehrsfliegerschule" verkauft und von dort noch im gleichen Jahr nach Schweden überstellt. Mit der Kennung SE-ADM wurde sie zeitweilig als Torpedoflugzeug verwendet (siehe Abschnitt: K 54 — eine Torpedoflugzeugversion).

Als Werknummer 4005 (Zulassung D-2356) entstand eine Ju 52cai als Einzelexemplar mit einem 588-kW(800 PS)-Motor BMW IXau. Im Februar 1933 wurde diese Maschine an den „Reichsverband der Deutschen Luftfahrtindustrie" (RDL) übergeben und flog bei der RDL-Erprobungsstelle Staaken. Im Mai 1933 ist sie durch einen Brand zerstört worden.

Die Werknummer 4006 (Zulassung D-2133) wurde wieder mit der ursprünglichen Leitwerkform ausgeführt. Als Triebwerk verwendete man den 551,3-kW(750 PS)-Motor Armstrong-Siddeley „Leopard" (Ju 52di). Nach der Erprobung wurde das Fahrgestell durch Schwimmer ersetzt und das Flugzeug an die „Canadian Airways Ltd." geliefert. Die dort als CF-ARM zugelassene Ju 52 erhielt im Jahre 1936 einen neuen Motor Rolls Royce „Bussard" mit 606,4 kW(825 PS). Nun, als Ju 52cao, flog sie in Kanada bis zum Jahre 1947 und wurde erst nach 16jähriger Dienstzeit verschrottet. Vgl. [146]

Die erste ausgelieferte Ju 52/3m
(Werknummer 4016),
als „fliegender Reisesalon" für den
damaligen FAI-Präsidenten gebaut,
trug die Kennung DV-FAI
und den Merknamen „Romania"

Bilder Seite 173: Die Ju 52/3m
war ein international begehrtes
Linienpassagierflugzeug (im Bild:
ein Exemplar
mit der französischen Kennung F-BAJC)

Vorderteil einer Ju 52/3m,
ab Mai 1932 als Passagierflugzeugtyp
von der Lufthansa eingesetzt

Ju 52/3m

dreimotoriges Passagier-Erfolgsflugzeug

Ein sehr beträchtlicher Kostenfaktor, der in den Verkaufspreis eines Flugzeuges einging, war nach wie vor das Flugzeugtriebwerk. Offenbar hatte die einmotorige Ju 52-Variante es auch kleineren und daher finanzschwächeren Fluggesellschaften ermöglichen sollen, ein robustes Frachtflugzeug relativ preisgünstig zu erwerben. Der Verkaufserfolg für die Dessauer Flugzeugbauer blieb aber aus.

Von vornherein war jedoch auch eine dreimotorige Ausführung konzipiert worden, die mit der größeren Triebwerkanzahl auch eine höhere Flugsicherheit ermöglichen konnte und als Passagierflugzeug angeboten werden sollte.

Nachdem unter der Regie von Professor Junkers mit der G 23/G 24 bereits ein dreimotoriges Passagierflugzeug entstanden war, dem später die G 31 folgte, kam im Jahre 1931 eine dreimotorige Ju 52 (deshalb: Ju 52/3m) zur Flugerprobung. Im wesentlichen, jedenfalls nicht mit neukonstruktiven Aufwendungen, konnten die Tragflügel und der Rumpf der Ju 52 übernommen werden. Die Kabine konnte nach ihrer Passagierausstattung bis zu 17 Fluggäste aufnehmen und verfügte über eine Warmluftheizung. Außerdem waren ein Stauraum für das Passagiergepäck, ein Waschraum und eine Toilette vorhanden. Das Flugzeug konnte 2 000 Liter Kraftstoff mitführen, der auf zehn Leichtmetallbehälter mit zylindrischer Form in den Tragflächen verteilt war und mittels Kraftstoffpumpen, bei Junkers entwickelt, zu den Motoren befördert wurde.

Das Verkehrsflugzeug war wiederum variantenreich motorisiert, zum Beispiel:
Ju 52/3mce:
drei 404,3 kW(550 PS)-Pratt & Whitney „Hornet";
Ju 52/3mba:
ein 551,3 kW(750 PS)-Hispano-Suiza 12 Mb, zwei 422,6 kW(575 PS)-H. S. 12 Nb (in Sonderausführung als Werknummer 4016 für den damaligen rumänischen Präsidenten der FAI gebaut und als erstes Exemplar dieses Typs zum Beginn des Monats April 1932 verkauft);
Ju 52/3ml:
drei 488,8 kW(665 PS)-Pratt & Whitney „Hornet S1EG"; Ju 52/3mg:
drei 404,3 kW(550 PS)-Pratt & Whitney „Wasp S3H1-G" (für Großbritannien und Argentinien); drei 515-kW (700 PS)-Diaggio PXR (für Italien); drei 533-kW (725 PS)-Bristol „Pegasus VI" (für Polen);
Ju 52/3mho:
drei 404,3 kW(550 PS)-Jumo 205c (für die DLH);
Ju 52/3mreo:
drei 588 bis 646,8 kW (800 bis 880 PS)-BMW 132Da/Dc.

Die erste Ju 52/3m (Werknummer 4007) war bereits im Jahre 1931 flugfertig, wurde aber zurückgehalten, bis die vom FAI-Präsidenten bestellte Luxusausführung (Werknummer 4016) eingeflogen und als erstes Flugzeug des neuen Musters an den Auftraggeber überstellt worden war. Danach erhielt ab Mai 1932 die „Deutsche Luft Hansa A. G." ihre ersten Ju 52/3m (Werknummer 4013) und stellte sie in den Dienst. Schon nach kurzer Zeit war dieser Flugzeugtyp das neue Erfolgsflugzeug aus Dessau. Die dreimotorige Ju 52 wurde 1937 auf allen Kontinenten von mindestens 27 Luftverkehrsgesellschaften geflogen.

Zur selben Zeit bestand auch der Lufthansa-Flugzeugpark mit 110 Exemplaren dieses Typs zu 85 Prozent aus Ju 52/3m. Mit ihnen wurde „der planmäßige Streckenflug grundsätzlich auch bei Ausfall eines Motors weitergeführt. Dadurch konnte nach Einsatz der Ju 52/3m die Flugsicherheit auf 100 % und die Regelmäßigkeit des Dienstes auf 97 % im Jahresdurchschnitt gesteigert werden".[147]

Seit der Indienststellung dieser Flugzeuge war die Anzahl der durch technische Gründe verursachten Außenlandungen von vorher sieben pro Million Flugkilometer auf anderthalb gesunken.

Es läßt sich wohl behaupten, daß die Ju 52/3m nach der F 13 das bekannteste Junkers-Verkehrsflugzeug geworden ist. Und so haben sich auch um dieses Flugzeug vielerlei Legenden gewoben. Durch mehrere Quellen belegt ist aber der folgende Sachverhalt, der erneut, wie dies bereits an mehreren anderen Beispielen geschah, die immer wieder erstaunliche Unverwüstlichkeit der Ganzmetallflugzeuge aus Dessau bezeugt.

Ihre erste Ju 52/3m hatte die „Deutsche Luft Hansa A. G." im Mai 1932 übernommen. Es war die Werknummer 4013. Sie erhielt das Kennzeichen D-2201. Bereits zwei Monate später, im Juli 1932, nahm das Flugzeug an einem internationalen Flugmeeting für Verkehrsflugzeuge in Zürich teil und beendete den Wettbewerb als Siegerflugzeug am 27. Juli. Einen Tag später, am 28. Juli, wurde die Maschine zurückgeflogen. Sie landete zunächst auf dem Flugplatz München-Oberwiesenfeld, flog dann weiter und wurde über der Fliegerschule München-Schleißheim, einem Gelände der „Deutschen Verkehrsflieger-Schule" (DVS), in einer Höhe von 250 m von einem

Schulflugzeug des Musters Udet U 12 „Flamingo" frontal gerammt. Während der „Flamingo" abstürzte, verspürten der Pilot der Ju 52/3m und sein Bordwart einen heftigen Stoß, hörten zugleich ein lautes Krachen und sahen sich plötzlich in einer ganz anderen Richtung, etwa um 90 Grad nach links versetzt, weiterfliegen, und zwar in einem recht steilen Gleitflug. Der Pilot richtete das Flugzeug wieder in den Horizontalflug auf und setzte es ein wenig später in einem Kornfeld auf. Die erste Besichtigung erbrachte Aufschluß über eine Reihe von Beschädigungen.

Das Flugzeug ist repariert und noch im August desselben Jahres wiederum nach Zürich geflogen worden, um dort am „Internationalen Alpenflug-Wettbewerb" teil-

zunehmen. Am 30. August 1932 war diese D-2201 wiederum das Siegerflugzeug. Für die 708 km lange Strecke Zürich—Genf—Mailand—Zürich wurden nur drei Stunden, 43 Minuten und 29 Sekunden benötigt. Das war für diese Flugzeugklasse auf dieser Strecke eine neue Rekordzeit.[148] Daher kann es kaum verwundern, daß vereinzelte Ju 52/3m heute noch fliegen, wenngleich längst nicht mehr im Linienverkehr.

Ju 52/3m auf Schwimmern
(mit provisorischem Kennzeichen D-9)
bei der Musterprüfung

Blick in die Fluggastkabine
der Ju 52/3m

Ju 60
Flugzeug für den zivilen Schnellverkehr

Das letzte Flugzeugmuster, das in der Zeit der Dessauer Tätigkeit von Professor Junkers entstand, war das Schnellverkehrsflugzeug Ju 60. Es war wiederum ein freitragender Tiefdecker, für den eine Reihe von Vorzügen mehrerer vorausgegangener Flugzeugtypen genutzt wurden. Dazu gehörten der Glattblech-Rumpf, wie er schon bei der A 48 verwendet worden war; der ovale Rumpfquerschnitt, der schon zu der vorzüglichen aerodynamischen Form der A 50 beigetragen hatte, sowie der Hilfsflügel. Das Fahrwerk war halb einziehbar und wurde während des Fluges nach vorn eingeschwenkt. Als Triebwerk wurde ein 404,3-kW(550 PS)-Motor Pratt & Whitney „Hornet" verwendet. Die Ju 60 hatte zwei Sitze für die Besatzung in einer geschlossenen Flugzeugführerkabine sowie Plätze für sechs Passagiere.

Der Konstrukteur des Flugzeuges schrieb später, daß dieses Flugzeug „ziemlich schnell, zu schnell entwickelt" worden sei und nicht ganz den Erwartungen entsprochen habe.[149] Und das ist eine noch recht zurückhaltende Feststellung, wie aus aufgefundenen Betriebsunterlagen der Junkers-Werke hervorgeht. Danach war der Auftrag zum Bau eines Schnellverkehrsflugzeuges nicht, wie aus neuzeitlichen Publikationen hervorgeht, von der Lufthansa, sondern vom Reichsverkehrsministerium (RVM) erteilt worden, und zwar mit Schreiben vom 3. Oktober 1931, 9. März sowie 10. Juni 1932. Es wurde daraufhin in Dessau mit dem Bau von drei Flugzeugen des Typs Ju 60 begonnen, und zwar:
ein Versuchsmuster Ju 60V1
(Werknummer vermutlich 4200):
das Flugzeug wurde bereits gegen Jahresende 1931 der ersten Flugerprobung unterzogen, jedoch blieben die Ergebnisse unbefriedigend; in den Werkunterlagen findet sich deshalb der Satz: „Bau des Typs für Verkaufszwecke und Lizenzvergebung wegen technischer Überholung nicht möglich."
Werknummer 4201:
das Flugzeug, in den Werkunterlagen als „Ju 60/1" vermerkt, wurde im Jahre 1932 fertiggestellt und es sind als Erprobungsflüge 75 Starts mit insgesamt 37 Flugstunden eingetragen worden; danach wurde es vom RVM abgenommen und der Lufthansa übergeben; das Flugzeug erhielt das Kenn-

Das Schnellverkehrsflugzeug
Ju 60 „Pfeil"
(Werknummer 4201, Kennung D-2400)

zeichen D-2400 (nach 1934: D-UPAL), den Merknamen „Pfeil", und ist mehrere Jahre lang geflogen worden;
Werknummer 4202:
diese Flugzeugzelle ist parallel zur „Ju 60/1" aufgelegt worden, und zwar auf eigene Veranlassung der Dessauer Betriebsleitung, weil ein zweiter Bauauftrag zugunsten der Lufthansa in Aussicht stand; der Bau ist dann aber noch vor der Fertigstellung wieder eingestellt worden.[150]

So blieb die Werknummer 4201 das einzige Exemplar der Ju 60, das im Flugverkehr zum Einsatz gelangte. Zum Serienbau kam es erst mit einer Weiterentwicklung, dem Schnellverkehrsflugzeug Ju 160 (Erstflug im Juni 1934).

Konstrukteure der Junkers-Flugzeuge von der Ju 46 bis zur Ju 60		
Typ	Baujahr	Konstrukteure
Ju 46	1932	Zindel, Ernst; Pohlmann, Hermann
A 48	1927/28	Plauth, Karl; Pohlmann, Hermann
Ju 49	1931	Zindel, Ernst
A 50	1928	Pohlmann, Hermann
Ju 52	1930	Zindel, Ernst
Ju 52/3m	1931	Zindel, Ernst
Ju 60	1931/32	Pohlmann, Hermann

Wenn an dieser Stelle, auf den Dessauer Flugzeugbau bezogen, ein Fazit zu ziehen ist, dann wären vor allem die folgenden Gesichtspunkte hervorhebenswert:

Der im ersten Weltkrieg begonnene Bau von Junkers-Flugzeugen ist im Jahre 1919 zielstrebig und zügig in die Phase des Verkehrsflugzeugbaus übergeleitet worden. Dabei sind eine Reihe von hervorragenden Baumustern für den Passagier- und Frachtflugverkehr entstanden, die auf Grund ihrer technischen Reife den internationalen Verkehrsflugzeugbau revolutioniert haben. Die F 13 als welterstes Ganzmetall-Verkehrsflugzeug, die G 23/G 24 als dreimotoriges Passagierflugzeug, die W 33/W 34 als universell einsetzbares Mehrzweckflugzeug, die viermotorige G 38 als erster vollkommener Nachweis von der praktischen Realisierbarkeit der Großraumflügel-Idee aus dem Jahre 1909 sowie die an Zuverlässigkeit viele Jahre nicht zu überbietende

*Fluggastkabine der Ju 60
für sechs Passagiere*

Ju 52/3m gehören zu den von Fachleuten in der ganzen Welt anerkannten Spitzenleistungen des Junkers-Flugzeugbaus.

Flugtechnischer Fortschritt, und die Dessauer Flugzeugbauer haben ihn von 1919 bis 1932 maßgeblich beeinflußt, ging aber für Junkers aus vielerlei Gründen, auf die wiederholt hingewiesen worden ist, einher mit finanziellen Schwierigkeiten, Fehlinvestitionen und Fehlschlägen. Dieser Sachverhalt wird um eine Erkenntnisnuance bereichert, wenn resümierend akzeptiert wird, daß der wissenschaftlich orientierte Hugo Junkers zwar ein ungewöhnlich kreativer und vorwärtsdrängender Pionier des modernen Verkehrsflugzeugbaus war, aber keineswegs zu allen Zeiten zugleich auch ein wirtschaftlich erfolgreicher Flugzeugfabrikant. Wenn allein die Dessauer Flugzeugtypen von 1919 bis 1932 aus dieser Sicht näher betrachtet werden, so zeigt

---

**Leitende Mitarbeiter
von Hugo Junkers
in Forschung, Entwicklung
und bei der Erprobung
von Flugzeugen**

Otto Reuter
erster Technischer Direktor der „Junkers Flugzeugwerk A. G." (bis zum Sommer 1921)

Otto Mader
Leiter der „Forschungsanstalt Prof. Junkers"; Leiter der Entwicklungsabteilung der „Junkers Flugzeugwerk A. G." von 1921 bis 1927

Ernst Zindel
Leiter der Entwicklungsabteilung der „Junkers Flugzeugwerk A.G." ab 1927 und Leiter der Konstruktionsabteilung ab 1932

Günther Bode
Leiter des Statistischen Büros der Konstruktionsabteilung

Philipp von Doepp
Leiter der Abteilung Strömungstechnik der „Junkers Flugzeugwerk A. G."

Fritz Hoppe
Leiter der „Junkers Flugversuchsgruppe"

Wilhelm Zimmermann
Chefpilot der „Junkers Flugzeugwerk A. G." und der „Junkers Flugversuchsgruppe"

**Junkers-Flugzeugprojekte
der Jahre 1928 bis 1930**

Die Großflugzeugentwicklung beschäftigte auch weiterhin die Dessauer Konstrukteure, obgleich die G 38 das letzte derartige Flugzeugmuster war, das zu Lebzeiten von Hugo Junkers bis zur Einsatzreife gelangte.

Ju X – Verkehrsflugboot mit Propellerfernantrieb (Projekt 13): Dieses Projekt kann als weitergedachte Realisierungsvariante des Passagierflugboot-Projekts „Junkerissime" aus dem Jahre 1921 angesehen werden. Für das neue Projekt aus dem Jahre 1928 fand sich in Dessauer Unterlagen keine Werkskennzeichnung, weshalb wir es hier fiktiv als Ju X-Projekt bezeichnen. Wie „Junkerissime" sah das neue Projekt zwei Bootsrümpfe vor, in denen sich die Aufenthaltsräume für die Fluggäste befinden sollten. Neu waren ein Kastenleitwerk, das die beiden Bootsrumpfenden verband, sowie zwei hochgelagerte Propellerpaare in Tandemanordnung. Ein asymmetrisches Aussehen erhielt der Flugbootentwurf dadurch, daß die Flugzeugführerkanzel auf dem linken Bootsrumpf angeordnet war. Technische Daten, die der Studie zugrunde lagen, konnten nicht aufgefunden werden.

Ju Y – ein 100-Tonnen-Verkehrsflugzeug (Projekt 14): Auch für dieses Projekt aus dem Jahre 1930 fand sich keine Werksbezeichnung, weshalb hier, um die Verwechslung mit anderen Entwürfen auszuschließen, die fiktive Bezeichnung Ju Y verwendet wird. Es kann nicht ausgeschlossen werden, daß

die aufsehenerregende Flugerprobung des Dornier-Flugschiffes DO-X, die im Juli 1929 begann, die Junkers-Konstrukteure veranlaßt hatte, sich erneut einem Großflugzeug-Projekt zuzuwenden. Während das Dornier-Flugschiff 12 Motoren hatte, die über der Tragfläche in sechs Tandem-Gondeln installiert waren, sah das Ju Y-Projekt eines 100-Tonnen-Verkehrsflugzeuges 10 Dieselmotoren von je 753 kW/1 000 PS vor. Sie sollten, dem Prinzip des Junkersschen Großraumflügels folgend, weitgehend in den etwa 10 m dicken Mittelflügel integriert werden und über Zwischengetriebe sowie Fernwellen die 10 Druckschrauben hinter der Tragflächenhinterkante antreiben. Die Übersichtszeichnung dieses Projekts aus der „Forschungsanstalt Prof. Junkers" trägt die Zeichnungsnummer „F. B. 5243" und die Bezeichnung „Nurflügel-Flugzeug", obgleich ein Rumpf mit einem etwa 3,50 m hohen Seitenleitwerk eingezeichnet ist. Die Pfeilung der Außenflügel läßt jedoch vermuten, daß an eine Konstruktionsvariante sowohl mit als auch ohne Rumpf gedacht worden sein könnte und zum Zeitpunkt dieses Entwurfs eine Variantenentscheidung noch nicht gefallen war. Für die Flugzeugführung, Motorenwartung, Navigation u. a. sowie für die Betreuung von bis zu 100 Passagieren war eine 20köpfige Besatzung vorgesehen. Außerdem sollte eine Frachtmenge bis zu einer Gesamtmasse von 5 to befördert werden können.

---

sich, daß von 30 Mustern (von der Zivilflugvariante der J 10 bis zur Ju 60) lediglich 11 in größeren Stückzahlen gebaut worden sind, einige davon unter Einbeziehung der Werke in Fili und Limhamn. Die weitaus überwiegende Anzahl der Junkers-Flugzeugtypen kam über ein einzelnes oder nur wenige Exemplare nicht hinaus, hat also nur Entwicklungsaufwand verursacht sowie Forschungs- und Baukapazität beansprucht. Fast zwei Drittel der in 14 Jahren in Dessau entstandenen Flugzeugtypen waren deshalb, so interessant sie aus flugzeughistorischer Sicht auch sind, beträchtliche Fehlinvestitionen, und zwar in kostensteigendem Maße. Der Bau der K 15 im Jahre 1920 als Einzelexemplar mochte, zumal angesichts der Erfolge der F 13 zu jener Zeit, die Finanzen der Junkers-Werke noch kaum durcheinander gebracht haben. Das änderte sich jedoch mit dem allgemei-

nen technischen Fortschritt im Flugzeugbau sowie dem damit verbundenen Anstieg der Entwicklungs- und Baukosten für jedes neue Flugzeugmuster und hatte schließlich im Jahre 1932 schon katastrophale Folgen. Als kennzeichnender Beleg für diese Feststellung mag das Verhältnis von Kosten und Einnahmen beim Bau und Verkauf der einzigen einsatzfähigen Ju 60 ausreichen. Das Reichsverkehrsministerium hatte als Auftraggeber eine Summe von 301 000 Reichsmark für das Flugzeug bewilligt. Eine betriebsinterne Prüfung der Selbstkosten ergab aber einen weitaus höheren Betrag, nämlich 446 280,88 RM.[151] Wenn nun noch bedacht wird, daß eine weitere Flugzeugzelle halbfertig wieder aufgegeben wurde, weil der erwartete Nachfolgeauftrag ausblieb, so wird von vornherein klar, daß auch die Ju 60 wieder ein Verlustgeschäft für die Junkers-Werke

---

gewesen ist, und zwar in der Größenordnung von etwa einer Viertelmillion Reichsmark.

Hätten sich die Dessauer Flugzeugkonstrukteure mehr Zeit lassen können, dann könnte die Entwicklung anders verlaufen sein und die Ju 60 wäre dann sicherlich – wie erst später die weiterentwickelte Ju 160 – zur Serienreife gelangt. Aber man stand unter Erfolgsdruck, denn es war in Dessau bekannt, daß nicht nur die Junkers-Werke, sondern auch die „Ernst Heinkel Flugzeugwerke GmbH" in Rostock-Warnemünde einen Auftrag für ein Schnellverkehrsflugzeug erhalten hatte. Das Ergebnis war die einmotorige Heinkel He 70 „Blitz", die ihren Erstflug am 1. Dezember 1932 absolvierte. Die Junkers Ju 60 war zwar früher fertig, aber die Heinkel He 70 flog bedeutend schneller, und mit ihr sind in der Folgezeit mehrere Geschwindigkeitsrekorde aufgestellt worden. Das Flugzeug erreichte eine Höchstgeschwindigkeit von 360 km/h (Ju 60: 280 km/h). Das war der Grund, weshalb es bei dem Auftrag für eine einzige Ju 60 geblieben war und die Lufthansa sich den Heinkel-Schnellverkehrsflugzeugen zuwandte. Junkers war in diesem Falle im Konkurrenzkampf unterlegen.

In diesem Zusammenhang sollen auch die sieben Projekte, an denen seit dem Jahre 1919 nicht nur am Zeichentisch, sondern teilweise bis zum Attrappenbau und zur Fertigung von Versuchsteilen gearbeitet worden war, als reine Kostenverursacher nicht unerwähnt bleiben.

Bei der Betrachtung der großen Anzahl verschiedenartiger Junkers-Flugzeugmuster stellt sich heraus, daß sie die zahlreichen Entwicklungsleistungen und flugzeugtechnischen Erfindungen, die sich damit verbinden, auf besonders interessante Weise veranschaulichen. Wird aber, angesichts des ungünstigen Verhältnisses von

11 Flugzeugen, die in größeren Stückzahlen gebaut wurden,
19 Flugzeugen, die nur in Einzelexemplaren entstanden,
7 Flugzeugprojekten, die nicht bis zur Fertigstellung gelangten,

die Relation von Entwicklungsaufwand und realisiertem Nutzen durch Erfolg und Verkauf in die Erwägung einbezogen, so muß angemerkt werden, daß die Dessauer Flugzeugentwicklung im Zeitraum von 1919 bis 1932 überwiegend zur Unrentabilität tendierte. Auf diese Weise wird klar, daß die wirtschaftlichen Schwierigkeiten, in die

Junkers' Positionen zu wirtschaftlich betriebener technischer Forschung
(Gedanken aus dem Vortrag am 11. Oktober 1932 im „Haus der Technik" in Essen)

„Unsere ‚Forschungsanstalt' ist eine Fabrik für Neuerungen. Auf die gleiche Weise, wie eine Fabrik für Massenherstellung durch geeignete Organisation, Methoden, Hilfsmittel und Menschen es erreicht, gegebene Produkte gut und billig zu erzeugen, wollen wir in unserer Fabrik für Neuerungen neue Produkte gut und billig erzeugen. Das ist unser Ziel."

„Das Ziel ist erst erreicht, wenn das neue Produkt in die Praxis eingeführt ist. Deshalb genügt es nicht, als Erfinder eine Idee in die Welt zu setzen und Patente darauf zu nehmen. Wir müssen weitergehen, in planmäßiger Forschungsarbeit sämtliche Wege finden, prüfen, versuchsweise ausführen, dabei die verschiedensten Anforderungen zur rechten Zeit berücksichtigen, seien es die der Fabrikation, seien es die des zukünftigen Abnehmers oder andere, und daraus die günstigsten Kompromisse ziehen. Kurz, wir müssen dafür sorgen, daß die Entwicklung des Produkts bis zum Ende durchgezogen wird, und wenn wir — obwohl das ursprünglich nicht in der Absicht lag — Fabrikation und Vertrieb, wenigstens zeitweise, selbst in die Hand nehmen müßten."

„Bei einem Vorstoß in unbekanntes Land, einer Pionieraufgabe, ist der Wahrscheinlichkeitsgrad des Erfolges geringer als bei gebahnten Wegen. Aber warum sollen wir Aufgaben mit ungeheuren Möglichkeiten nicht anpacken dürfen? Muß das unwirtschaftlich, unkaufmännisch sein? Es kommt doch nur darauf an, wie man eine solche Pionieraufgabe wirtschaftlich behandelt. Man muß auf Schritt und Tritt Aufwand und Wahrscheinlichkeitsgrad gegeneinander abwägen."

„Man muß sich in solchen Fällen fragen: Was ist das Objekt, wenn es zustande kommt, wert? Angenommen, wir kämen mit einem

Versuch, der nach roher Schätzung 2500 Mark kostet, unserem Ziel, dem Objekt selbst, um 5 Prozent näher, und dieses Ziel selbst wäre, vorsichtig geschätzt, 10 Millionen wert. Dann dürften wir im äußersten Falle 50000 Mark auf den Versuch verwenden. Wenn die Wahrscheinlichkeit, daß der Versuch gelingt, nur mit 50 Prozent eingeschätzt wird, dann beträgt der erlaubte Aufwand immer noch 25000 Mark, also das Zehnfache der für den Versuch erforderlichen Ausgaben. Damit ist die Durchführung des Versuchs vom wirtschaftlichen Standpunkt aus vollkommen gerechtfertigt."

„Da sich immer unerwartete Dinge ergeben, welche die Voraussetzungen, von denen man ausgegangen ist, einschränken oder gar umstoßen, kann man nicht einseitig vorgehen, sondern muß alle Möglichkeiten dauernd im Auge behalten, mit all ihren Vorteilen und Mängeln. Oft tritt eine vorher verlassene Lösung später in die vorderste Reihe; oft ist es nur ein einziger Haken, der die ganze Lösung unmöglich macht, bei dessen Beseitigung mit einem Male die volle Lösung da ist. Wir haben daher keine gerade Entwicklungsbahn, kein einfaches Durchlaufen einer Reihe von Entwicklungsstadien in einer Richtung. Die Bearbeitung pendelt hin und her, zum Beispiel aus der Idee in die Aufgabenstellung, weiter in die konstruktive Gestaltung, zurück in die Idee, Änderung der Aufgabenstellung, experimentelle Untersuchungen, wieder Konstruktion, Ausführung in der Werkstatt. Es ist nicht möglich, von vornherein ein starres Programm für die Bearbeitung aufzustellen und dieses einfach durchzuführen."

„Daraus ergeben sich manche Anforderungen an die Mitarbeitenden, die anderer, zum Teil gegensätzlicher Art sind als die der Massenfabrikation. Man kann die

Mitarbeitenden nicht einfach kontrollieren. Es muß daher Selbstkontrolle herrschen. Jeder muß innerhalb der ihm gesteckten Grenzen einen Weg wählen und verlassen können auf eigene Verantwortung. Jeder muß sich um das Ganze kümmern, was aber nicht heißen soll, daß sich jeder in alles hineinmischt und keiner für etwas verantwortlich ist. Jeder muß eine angemessene Kritik an den sachlichen Problemen und an den mitarbeitenden Persönlichkeiten üben können, aber diese Kritik darf natürlich keine zügellose sein. Jeder muß mit ihr vor allem bei sich selbst einsetzen. Die Kritik muß von unbedingter Unterordnung unter die Aufgabe beherrscht sein. Das ist das, was unter Disziplin zu verstehen ist, wenn man in neues, unbekanntes Land vorstoßen will. Es handelt sich dabei um eine Art von Disziplin, die nicht eingedrillt ist, sondern um freiwillige."

„Der einzelne Mitarbeiter muß stets die Rückwirkung seiner Arbeit auf den ganzen weiteren Verlauf der Entwicklung im Auge behalten. Es kommt ja auf die beste Gesamtlösung an. Diese läßt sich nicht dadurch erreichen, daß der Einzelne losgelöst von der Gesamtaufgabe für sich arbeitet, und wenn er auf seinem Teilgebiet noch so Gutes schaffen würde. Man kann nicht einfach die so gefundenen besten Einzellösungen addieren, um zu einem guten Gesamtergebnis zu kommen. Jeder muß vielmehr mit seinem Nachbarn dauernd Fühlung haben und mit ihm gemeinsame Wege suchen. Er muß — und das ist der schwierigste Punkt — eigene Gedanken, die ihm lieb geworden sind und die, für sich betrachtet, vielleicht eine gute Lösung einer speziellen Teilaufgabe darstellen, zurückstellen können zugunsten einer anderen Lösung, die der Gesamtheit der Anforderungen mehr entspricht."

„Da wir in der technisch-wirtschaftlichen Forschungsarbeit das Produkt für die Praxis reif machen wollen, ergeben sich so viele und so mannigfaltige Probleme, daß immer eine Zusammenarbeit vieler Mitarbeiter notwendig wird. Die Gefahr von Meinungsverschiedenheiten und Reibungen ist dabei sehr groß, denn jeder einzelne darf und muß sogar selbständig denken und handeln. Bei einer Vielzahl von so selbständigen Persönlichkeiten entsteht immer Gärung, und darin liegt ein Gefahrenpunkt. Solche Gärung muß aber sein, wo Fortschritt sein soll. Entscheidend ist, daß aus der Gärung klarer Wein entsteht. Eine fruchtbare Zusammenarbeit ist nur möglich, wenn zwischen den einzelnen Bearbeitern auf den verschiedensten Gebieten und in den verschiedensten Entwicklungsstadien der engste Kontakt und Gedankenaustausch besteht."

„Eine Quelle ernster Schwierigkeiten, an deren Beseitigung ein Leitender dauernd arbeiten muß, liegt darin, daß von außen her — die Berührung mit der Praxis ist ja Voraussetzung für die Erreichung des Zieles — Menschen in die Arbeitsgemeinschaft eindringen, deren ganze Haltung durch die Ausbildung und die Arbeit in anderen Organisationsformen bestimmt ist. Entweder müssen diese lernen, die Eigengesetzlichkeit der Forschung zu verstehen und sich ihr unterzuordnen, oder aber sie sind für Pionieraufgaben nicht geeignet, mögen sie auf anderen Arbeitsgebieten die Tüchtigsten sein. Ihre Mitarbeit führt genau so sicher zu einer zerstörenden Reibung, als wenn man etwa einen Bolzen mit Rechtsgewinde und eine Schraubenmutter mit Linksgewinde zusammenfügen wollte."

Junkers-Betriebe immer wieder gerieten, keineswegs allein durch äußere Umstände, sondern in hohem Maße selbst verursacht worden waren.

Wäre Junkers bei Verkehrsflugzeugen geblieben und hätte darauf das Forschungspotential konzentriert – was sich aus heutiger Sicht leicht sagen läßt –, dann hätten die wirtschaftlichen Erfolge größer gewesen sein können, weil ihm umfängliche Fehlinvestitionen erspart geblieben wären. Doch angesichts der Typenvielfalt der Dessauer Flugzeuge für Versuchs-, Post-, Kurier-, Sport-, Schädlingsbekämpfungs-, Luftbild-, Landvermessungs-, Passagier-, Fracht-, Höhen- und Schnellverkehrsflüge läßt sich die Feststellung nicht umgehen, daß sich Hugo Junkers mit seiner führenden Position auf dem Gebiete des Verkehrsflugzeugbaus nicht zufrieden geben wollte und – wie er es mehrere Jahre lang mit dem Aufbau eines umfassenden internationalen Fluglininennetzes und der Gründung von Unionen mit Monopolcharakter versucht hatte – auch auf allen anderen Gebieten der Fliegerei den ersten Platz einnehmen und seine Konkurrenten aus dem Felde schlagen wollte. In derartigen Bemühungen äußerten sich die expansiven Ziele von Junkers. Daß er im Jahre 1928 mit der A 50, analog zu den allgemeinen Erfahrungen des Automobilbaus, erstmals zur Fließbandfertigung eines Flugzeuges und zu seinem Massenvertrieb über das eingespielte Verkaufsnetz des Autohandels übergehen wollte, war ein Schritt in der gleichen Richtung, den Flugzeugmarkt zu beherrschen.

Mit dieser Feststellung wenden wir uns gegen die nicht selten anzutreffenden Behauptungen von einer angeblichen „Schicksalhaftigkeit" seiner „unverschuldeten" finanziellen Mißerfolge, die Junkers mit bestimmter Regelmäßigkeit in erhebliche Schuldensituationen führten, woraus

gewöhnlich abgeleitet wird, daß der überragende Erfinder zugleich ein „schlechter Kaufmann" war. Das trifft zwar in Einzelfällen zu, ist aber im Grundsatz anzuzweifeln, denn Junkers war eher ein gewitzterer, in großräumigeren Dimensionen denkender Kaufmann im Vergleich mit anderen Flugzeugindustriellen. Kein anderer hat, wie er, einen so gewaltigen Aufwand für europäische Propagandaflüge zur Werbung für seine Flugzeuge betrieben; so konsequent und zielstrebig internationale und ausländische Luftverkehrslinien, selbst im überseeischen Gebieten, erschlossen, um sie sodann allein mit seinen Flugzeugen zu befliegen; sich einen so vielgestaltigen Aufwand für Pressemitteilungen, Zeitschriften und Druckschriften der verschiedensten Art geleistet, um die Dessauer Fabrikate zu propagieren; die interalliierten Kontrollbehörden während der Zeit des Bauverbots so total ausmanövriert, daß seine Flugzeuge ungehindert (wie die G 24) selbst mit stärkerer Motorisierung als der zugelassenen geduldet oder als militärische Adaption (wie die K 30) sogar in die Weltrekordlisten der FAI eingetragen werden mußten. Nur – mit alledem hat sich Junkers übernommen, zumal er, wie schon an früherer Stelle erwähnt, zwar die aktive Mitarbeit aller seiner Mitarbeiter immer förderte, aber sachkundigen und wohlgemeinten Rat oft ausschlug.

Hier spätestens hört die an früherer Stelle erwähnte soziale Doppelfunktion des Wissenschaftlers und des Unternehmers Hugo Junkers auf, ein dialektischer Widerspruch zu sein, der sich aus den gesellschaftlichen Wirkungsbedingungen seiner Zeit ergab. Mit zunehmenden Erfolgen und wachsendem Einfluß auf den Flugzeugbau und den Luftverkehr wuchs das Streben nach möglichst weitgehender Beherrschung, in dem der Unternehmer dem Wissenschaftler an Kühnheit der Ideen und

Akribie der Ideenrealisierung nicht nachstehen wollte. Und das wiederum wurde zum geistigen Nährboden für deutschnationale Selbstüberschätzung (mitunter auch persönliche Selbstüberschätzung), der er näher stand, als es allgemein in späteren Schriften über Junkers zur Kenntnis gegeben worden ist. Am 3. Februar 1929, aus Anlaß seines 70. Geburtstages, sagte Hugo Junkers beispielsweise, daß die Deutschen „mehr als andere Völker … besonders wertvolle Voraussetzungen haben", Technik und Forschung voranzubringen.[152] Und ein Jahr später, am 17. Mai 1930, aus Anlaß der ersten erfolgreichen Flüge der G 38, erklärte er in Dessau vor der Presse, daß die deutsche Luftfahrt das Mittel sei, auf friedlichem Wege jene Ziele zu erreichen, die mit den dafür untauglichen Mitteln des Krieges nicht erreicht werden konnten.[153] Mit dieser differenzierten Position befand sich Junkers allerdings von vornherein sowohl im Einvernehmen als auch zugleich im tiefen Gegensatz zu der vorherrschenden Haltung führender Kreise der deutschen Finanz- und Industriebourgeoisie. Einvernehmlich war das Streben nach wirtschaftlicher Expansion. Gegensätzlich war die Meinung zu den Mitteln, wie sie zu erreichen sei. Junkers gehörte zu jenen Angehörigen der liberal gemäßigten deutschen Bourgeoisie, die erklärtermaßen den Krieg als Transportvehikel wirtschaftlicher Machtausdehnung ablehnten. Das sollte bald zu tiefgreifenden Konflikten führen, die seiner vollständigen Entmachtung vorausgingen.

Daher befindet sich der Sachverhalt, daß Junkers die militärische Verwendung von Flugzeugmustern aus Dessau nicht verhindert, sondern aus unterschiedlichen Gründen über die Werke Fili und Limhamn sogar gefördert hat, nicht von vornherein im Widerspruch zu seiner Haltung zum Krieg, weil Militärflugzeug nicht automatisch Angriffswaffe heißt. Und am militärischen Flugzeugbau in Deutschland nach 1933 war Junkers, wie noch zu sehen sein wird, nicht beteiligt.

**Junkers –
ein guter oder schlechter Kaufmann?**

Zur Vorbereitung auf eine Finanzberatung am 9. Oktober 1927 hatte Prof. Junkers eine stenografische Argumentation vorbereitet, in der es unter anderem hieß:
„Denken Sie nur nicht, Js. ist leichtsinnig oder oberflächlich; ich bin niemals in meinem Leben oberflächlich oder leichtsinnig gewesen, das liegt mir nicht. Oder etwa – Js. ist kein nüchtern rechnender Kaufmann, sondern ein Erfinder, der, wie es eben Erfinderart ist, die Dinge mit einer rosigen Brille betrachtet und nun alles für rosig hält, was in Wirklichkeit grau ist. Fokker hat in einer ähnlichen Lage, in Gegenwart seines eigenen gerissenen Managers, einmal gesagt, Js. ist ein besserer Kaufmann, als wir alle zusammengenommen."
(Archiv: Deutsches Museum München)

Übersicht der Junkers-Flugzeugtypen

Flugzeug- muster	Bau- jahr	Verwendung	Besat- zung	Passa- giere	Triebwerk	Leistung	Abmessungen			
						kW	Spann- weite m	Flügel- fläche m²	Länge m	Höhe m
J 1 (E 1)	1915	Erprobung	1	–	Mercedes D II	88	12,95	24,60	8,62	3,11
J 2 (E 250/16)	1916	Erprobung	1	–	Mercedes D II	88	11,00	19,84	7,30	3,13
J 2 (E 251)	1916	Erprobung	1	–	Mercedes D III	118	11,70	24,64	7,43	3,13
J 4 (J 1)	1917	Erdkampf	2	–	Benz Bz IV	147	16,00	49,40	9,10	3,40
J 7 (D I)	1917	Erprobung	1	–	Mercedes D III a	118	9,00	11,70	6,70	2,60
J 8 (CL I)	1918	Erprobung	1	–	Mercedes D III	118	12,25	23,40	7,90	3,10
J 9 (D I)	1918	Jagdflugzeug	1	–	Mercedes D III aü	118	9,00	14,80	7,25	2,60
J 10 (CL I) 1. Variante	1918	Schlacht- flugzeug	2	–	Mercedes D III aü	118	12,15	23,70	7,90	3,10
J 10 (CL I) 2. Variante	1918	Schlacht- flugzeug	2	–	BMW III a	136	12,02	23,00	7,90	3,10
J 11 (CLS I)	1918	Seeauf- klärer	2	–	Benz Bz III a	136	12,75	26,60	8,80	3,22
F 13 „Nachtigall"	1919	Passagier- flugzeug	2	4	Mercedes D III a	118	14,82	34,50	9,60	3,50
F 13 „Annelise"	1919	Passagier- flugzeug	2	4	BMW III a	136	14,82	34,50	9,60	4,10
F 13a	1920	Passagier- flugzeug	2	4	Mercedes D III a	118	17,75	43,00	9,60	4,10
J 15	1920	Erprobung	1	2	Daimler D III a	118	11,00	17,00	8,00	2,75
K 16	1921	Reise- flugzeug	1	2	Siemens Sh 4	47	12,80	19,00	8,00	2,75
T 19	1922	Erprobung	1	1	Siemens Sh 5	63	11,25		6,85	2,75
A 20	1923	Merzweck- flugzeug	1	1	Mercedes D III a	118	15,27	28,30	8,30	2,95
T 21	1923	Erprobung	1	1	BMW III a	136	10,77		6,70	2,50
T 22	1923	Erprobung	1	1	BMW III a	136	10,77		6,70	

In den Tabellen werden die technischen Daten der jeweiligen Landversion (mit Fahrwerk) angegeben, sofern der Flugzeugtyp nicht im Ausnahmfalle (J 11) allein ein Wasserflugzeug war. Die mitgeteilten Leistungsdaten entsprechen dem angegebenen Triebwerk. Flugzeuge, die vor dem Jahre 1933 als militärische Adaptionen in Fili, Limhamn oder Tokio gebaut worden sind, werden in den Tabellen nicht gesondert aufgeführt, denn sie entsprechen bis auf vereinzelte Abweichungen – auf die in vorausgegangenen Abschnitten verwiesen wurde – den Abmessungen des jeweiligen Dessauer Entwicklungsmusters.

Fehlende Datenangaben haben zwei Ursachen. Entweder waren sie nicht auffindbar, weshalb wir sie nicht angeben können, oder sie wurden als sehr widersprüchlich aufgefunden, weshalb wir sie unter solchen Umständen nicht angeben wollten. Flugzeugprojekte und nicht fertiggestellte Flugzeugmuster erscheinen in den Typentabellen nicht.

Massen und Belastungen					Flugleistungen				Rollstrecken		
Leermasse kg	Zuladung kg	Startmasse kg	Flächenbelastung kg/kW	Leistungsbelastung kg/m²	Höchstgeschwindigkeit km/h	Reisegeschwindigkeit km/h	Steigleistung m/s	Gipfelhöhe m	Start m	Landung m	Reichweite km
900	180	1 080	43,90	12,24	170	160	1,04		40		230
863	195	1 058	53,32	11,96	170	160					
1 018	147	1 165	42,28	9,91	185	165	3,30	4 000			
1 766	410	2 176	44,05	14,80	155	140	1,50				
656	180	836	71,45	7,11	205	185	7,20	6 000	100	120	310
710	340	1 050	44,87	8,93	180	160	4,50	5 000	120	200	640
654	180	834	56,30	7,09	220	200	6,40	6 700	100	120	300
735	420	1 155	48,73	9,82	190	175	4,30	5 200	130	210	700
735	400	1 135	49,35	8,35	190	175	4,50	6 500	120	200	700
915	505	1 420	53,38	10,44	180	165	3,00	5 000			750
951	689	1 640	47,54	14,03	173	153	2,40	5 000	150	150	1 400
1 075	725	1 800	52,17	13,24	170	140	3,00	4 600	200	150	1 200
1 160	655	1 815	42,21	15,43	170	140	2,40	4 300	200	150	1 200
430	282	712	41,80		145	138					700
535	315	850	45,00	11,00	150	120		2 500			
515	250	765		12,40	133	110		4 000			
940	560	1 500	53,50	12,80	170	150	3,70	3 500			
		990		7,50	220						
		850		6,40	240						

Flugzeug-muster	Bau-jahr	Verwendung	Besat-zung	Passa-giere	Triebwerk	Leistung	Abmessungen			
						kW	Spann-weite m	Flügel-fläche m²	Länge m	Höhe m
T 23 (E)	1923	Erprobung	1	1	Le Rhône	59	12,97	21,20	7,10	2,65
G 23	1924	Passagier-flugzeug	2	9	1× Junkers L 2 2× Mercedes D III a	1× 169 2× 118	28,50	89,00	15,23	5,40
G 24 1. Bauserie	1925	Passagier-flugzeug	2	9	3× Junkers L 2	3× 169	28,50	89,00	15,23	5,40
G 24 2. Bauserie	1925/26	Passagier-flugzeug	2	9	1× Junkers L 5 2× Junkers L 2	1× 228 2× 169	29,37		15,15	4,20
G 24 3. Bauserie	1926/27	Passagier-flugzeug	2	9	3× Junkers L 5	3× 228	29,90	97,80	15,70	4,15
F 24	1928	Fracht-flugzeug	2	–	BMW VI u	551	25,98	79,20	15,63	5,05
A 25	1925/26	Mehrzweck-flugzeug	1	1	Junkers L 2	169	15,35	28,50	8,35	3,00
T 26 (E)	1925	Erprobung	1	1	Junkers L 1 a	59	13,15	21,50	7,54	2,72
T 27	1925	Erprobung	1	1	Clerget	96	13,15	21,50	7,54	2,72
T 29	1925	Sport-flugzeug	1	–	Junkers L 1 a	59	11,50	15,60	7,15	2,25
G 31	1926	Passagier-flugzeug	3	15	3× Gnôme et Rhône	3× 375	30,30	94,60	16,50	6,00
A 32	1926	Mehrzweck-flugzeug	1	2	BMW VI	441	17,82	41,00	11,10	3,38
W 33	1926	Mehrzweck-flugzeug	2	(6)	Junkers L 5	228	17,75	43,00	10,50	2,90
W 33 nach Umbau	1928	Atlantik-flug	2	(1)	Junkers L 5 (1:7)	265	18,35	46,00	10,90	3,50
W 34	1926	Mehrzweck-flugzeug	2	(6)	Gnôme et Rhône	375	17,75	43,00	11,10	3,18
A 35	1926	Mehrzweck-flugzeug	1	1	Junkers L 5	228	15,94	29,76	8,22	3,50
S 36	1927	Mehrzweck-flugzeug	3	–	2× Gnôme et Rhône	2× 375	20,14	54,00	11,40	4,60
G 38 (D-2500)	1932	Passagier-flugzeug	7	34	4× Junkers L 88 a	4× 588	44,00	305,00	23,20	6,85
Ju 46	1932	Katapult-flugzeug	2	–	BMW „Hornet"	441	18,00	44,00	11,60	4,15
A 48	1927/28	Versuchs- u. Schulflugz.	1	1	Bristol „Jupiter"	441	12,40	22,80	8,55	2,80
Ju 49	1931	Höhen-forschung	2	–	Junkers L 88 a	588	28,26		17,20	4,75
A 50	1928	Sport-flugzeug	1	1	Armstrong Siddely	59	10,00	13,70	7,12	2,40
Ju 52/1m	1930	Mehrzweck-flugzeug	2	(15)	BMW VII au	507	29,00	110,50	18,50	4,65
Ju 52/3m	1931	Passagier-flugzeug	3	15	3× Pratt & Withney „Hornet"	3× 404	29,25	110,50	18,90	4,50
Ju 60	1931/32	Schnell-verkehr	2	6	Pratt & Withney „Hornet"	404	14,30	31,00	11,84	3,90

Massen und Belastungen

Flugleistungen

Leermasse kg	Zuladung kg	Startmasse kg	Flächenbelastung kg/kW	Leistungsbelastung kg/m²	Höchstgeschwindigkeit km/h	Reisegeschwindigkeit km/h	Steigleistung m/s	Gipfelhöhe m	Rollstrecken Start m	Landung m	Reichweite km
515	250	765	36,00	12,90	145	125		2500			
2825					170						
3600	2400	6000	67,00	10,00	175	150		3800			
					195	170	2,80	4700			1300
4192	2308	6500	66,00		197	170		4950			
3550	1150	4700	61,00	9,70	185						
500	230	730	34,00	12,20	130	115		3200			
490	200	690	48,00	10,00	140	120		2500			
4970	2730	7700	81,50		200	170	3,00	4400	320	380	850
1860	865	2725	68,10	8,30	220	185		6000			
1200	900	2100	49,00		197	155		5800			1000
1350	2350	3700	85,50		195	150					7700
1500	600	2100			190		5,20	6300	450	220	850
1030	570	1600	53,80		206	170	4,80	6300			
2600	1700	4300	79,60	6,10	245	220		7800			1100
14920	6280	21200	69,60	12,00	210	185	2,00	3700			3500
1980	1220	3200	72,60	7,20	230	190	3,30	4200			2000
1090	560	1650	72,50		265	220		7500			500
		4250			146			13000			
360	240	600	43,80		172	145	2,80	4600			600
3890	2710	6600	66,60	13,90	195	160	1,70	3800	315	175	1500
5345	3855	9200	91,00	6,80	290	255	3,90	5200	340	245	1300
2020	1080	3100	100,00	8,30	280	240		5200			

**Die Farbtafeln zeigen
eine Auswahl
von Junkers-Flugzeugen:**

J 1

„Blechesel" war das erste flugfähige verspannungslose Ganzmetallflugzeug. Der Mitteldecker entstand im militärischen Auftrag und war ein Einzelexemplar.

F 13

Das erste Ganzmetall-Passagierflugzeug der Welt startete bereits am 25. Juni 1919 zum Erstflug und revolutionierte den internationalen Verkehrsflugzeugbau.

K 16

Ein dreisitziger Reiseeindecker, der zunächst unter Umgehung des Bauverbots in den Niederlanden gebaut wurde und in mehreren Ländern flog.

A 20

Ein zweisitziges Mehrzweckflugzeug, das, vorrangig im Postdienst eingesetzt, auch als Schwimmerflugzeug ausgerüstet werden konnte.

J 21

Eine Entwicklungsleistung für das Junkers-Zweigwerk in Fili. Der zweisitzige, abgestrebte Hochdecker wurde für die sowjetischen Fliegerkräfte gebaut.

G 24

Das dreimotorige Passagierflugzeug wurde während seiner Bauzeit mit unterschiedlichen Triebwerken ausgerüstet; zunächst in Linhamn, ab 1926 in Dessau montiert.

T 29

Ein zweisitziges Sportflugzeug, von der Junkers-Forschungsabteilung vor allem als Versuchsflugzeug verwendet.

K 30

Die militärische Variante der G 24 war als Bomben-Flugzeug ausgelegt und wurde im schwedischen Montagewerk „A. B. Flygindustri" gebaut und eingeflogen.

G 31

Ein dreimotoriges Passagierflugzeug, welches nicht nur als „fliegender Speisewagen" international bekannt, sondern auch erfolgreich als Transporter eingesetzt war.

W 33

Eine modifizierte Weiterentwicklung der F 13, vorrangig für den Frachtflugverkehr eingesetzt; erste Ost-West-Atlantikbezwingung machte sie weltbekannt.

G 38

Das viermotorige Großverkehrsflugzeug war Ende 1929 das größte zivile Landflugzeug der Welt. Damit hatte Junkers seine Großraumflügel-Idee verwirklicht.

Ju 49

Eine Sonderanfertigung für spezielle Aufgaben der Höhenflugforschung der „Deutschen Versuchsanstalt für Luftfahrt e. V.". Nur ein Exemplar gebaut.

A 50

„Junior" galt als das erfolgreichste einmotorige Sportflugzeug der Junkers-Werke. Allein die Schwimmerversion holte innerhalb von zwei Wochen acht Weltrekorde.

Ju 52/1m

Ein Frachtflugzeug, das der Öffentlichkeit als „fliegender Möbelwagen" vorgestellt wurde. Insgesamt wurden bis 1933 sechs dieser Maschinen gebaut.

Ju 52/3m

Das dreimotorige Passagierflugzeug ging 1931 in die Flugerprobung und wurde zu einem der erfolgreichsten Verkehrsflugzeuge.

Ju 60

Das letzte Muster, welches während der Tätigkeit von Prof. Junkers in Dessau gebaut wurde. Es gelangte nur in einem Exemplar zum Linieneinsatz.

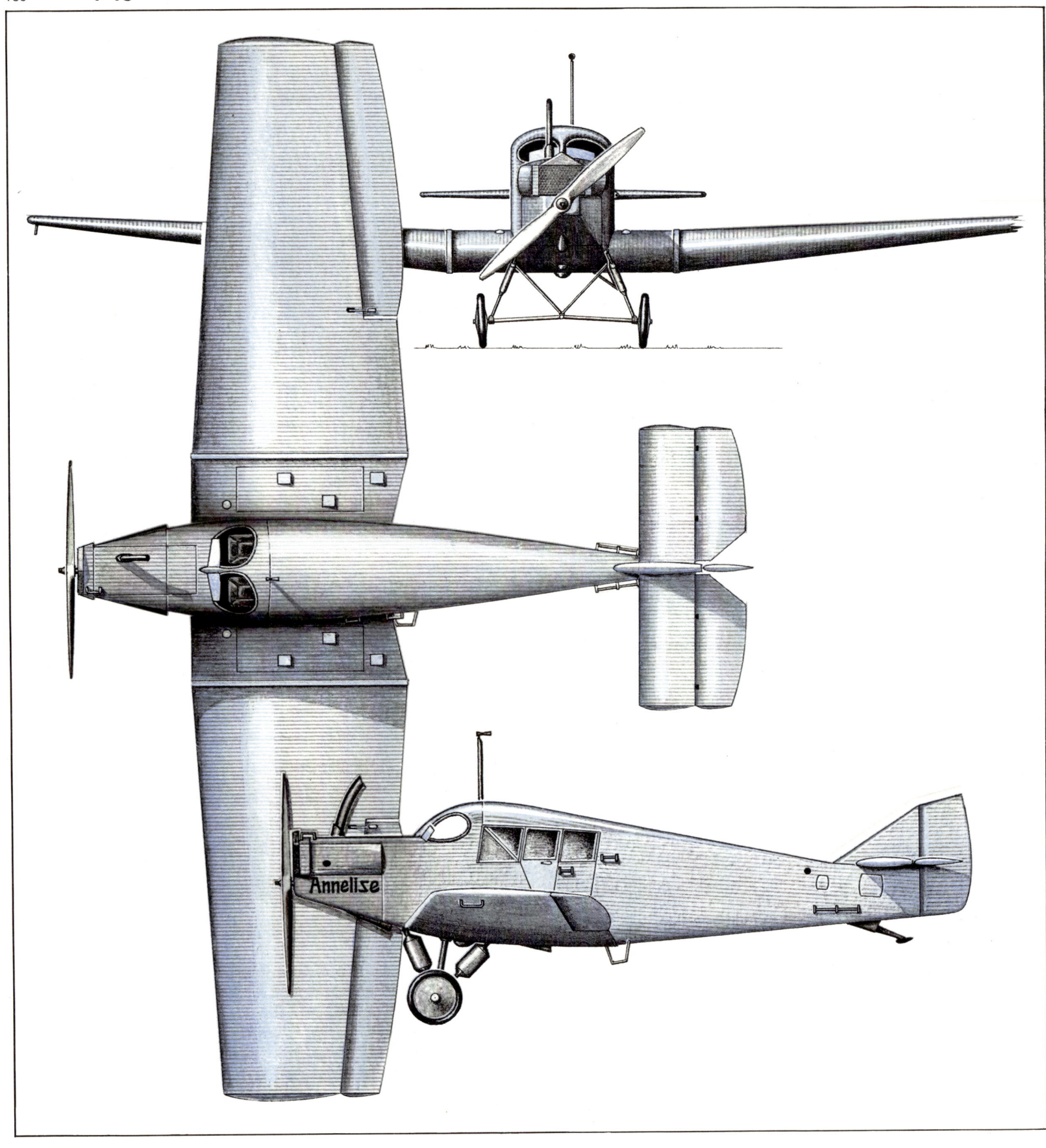

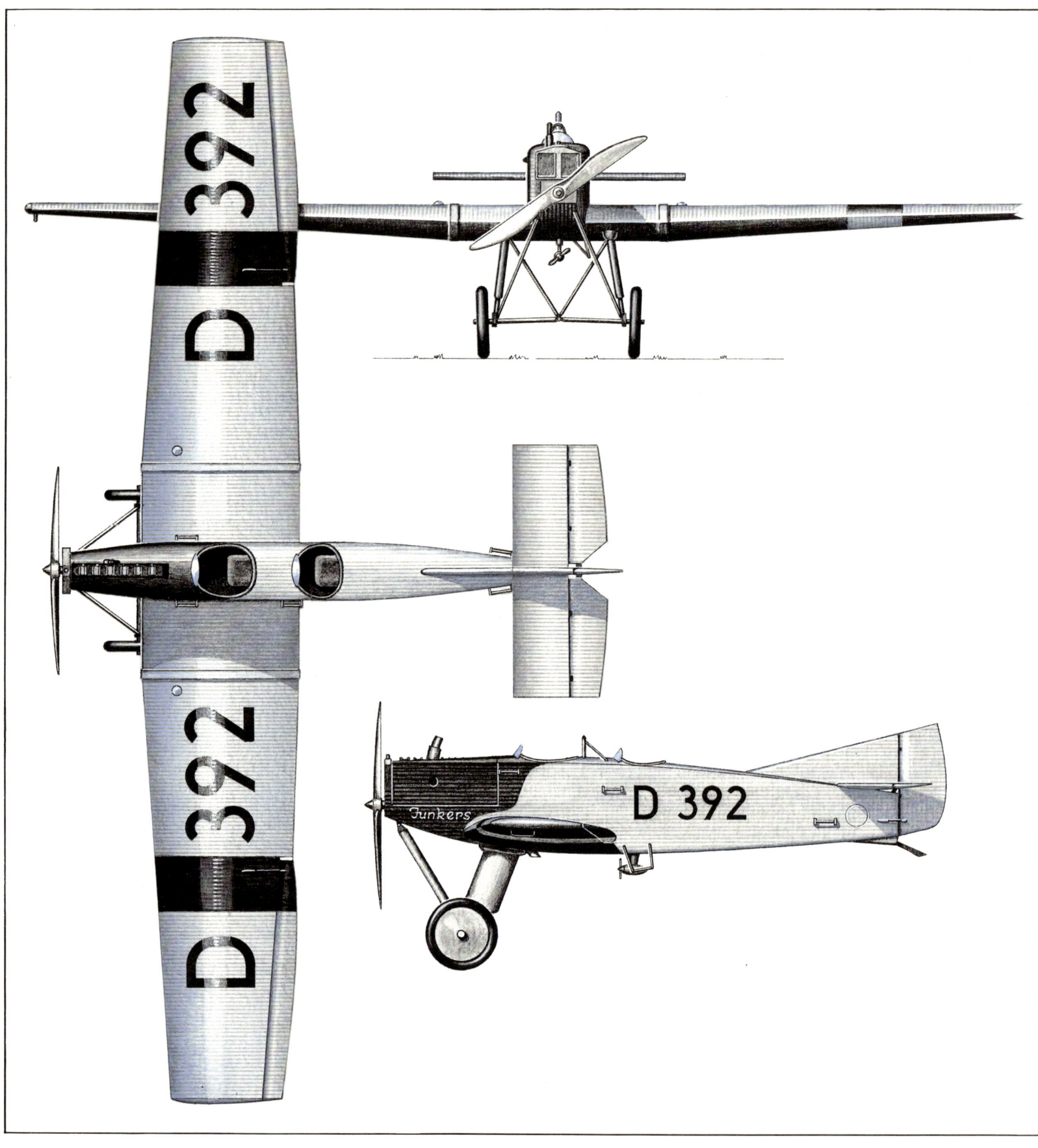

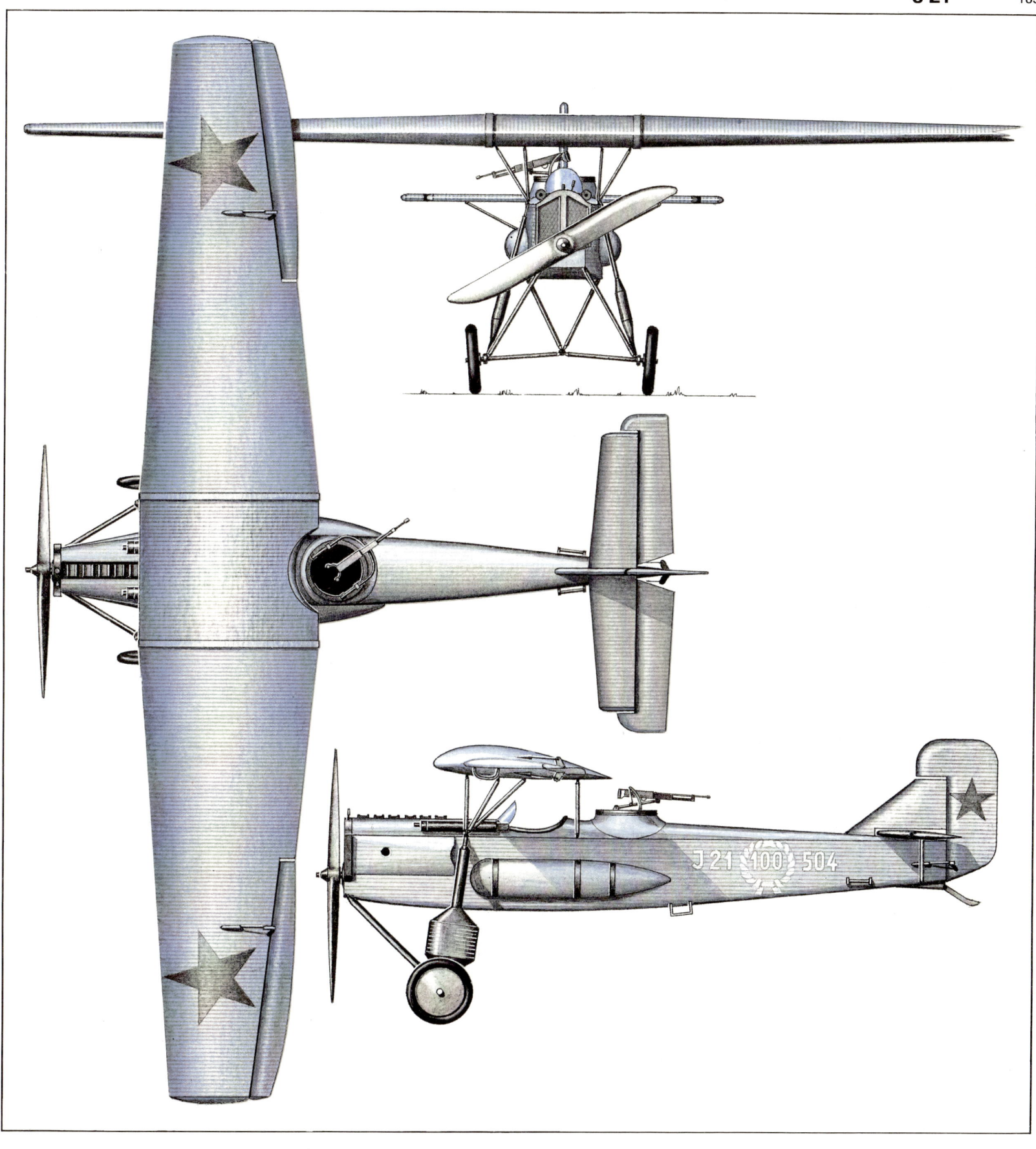

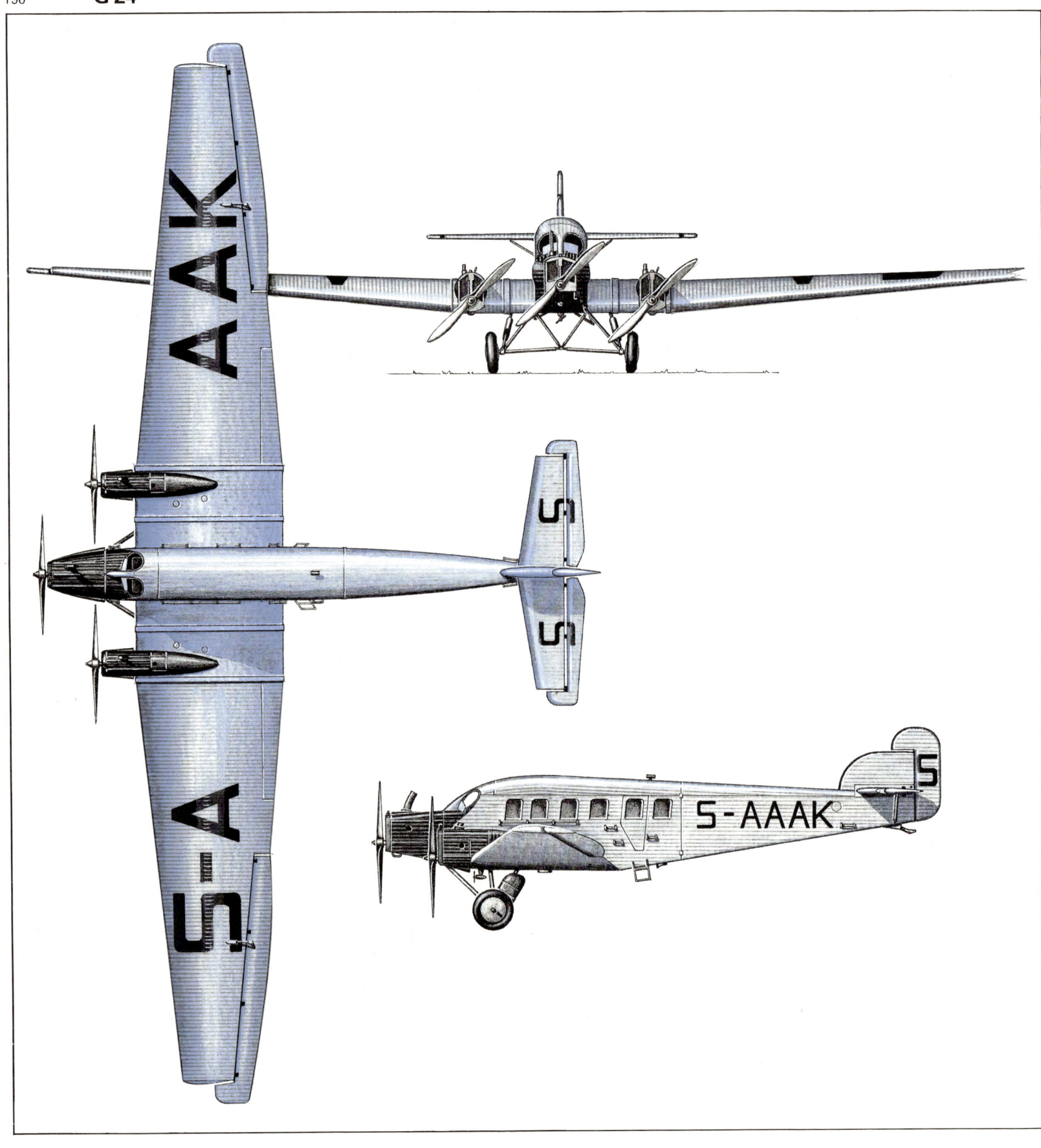

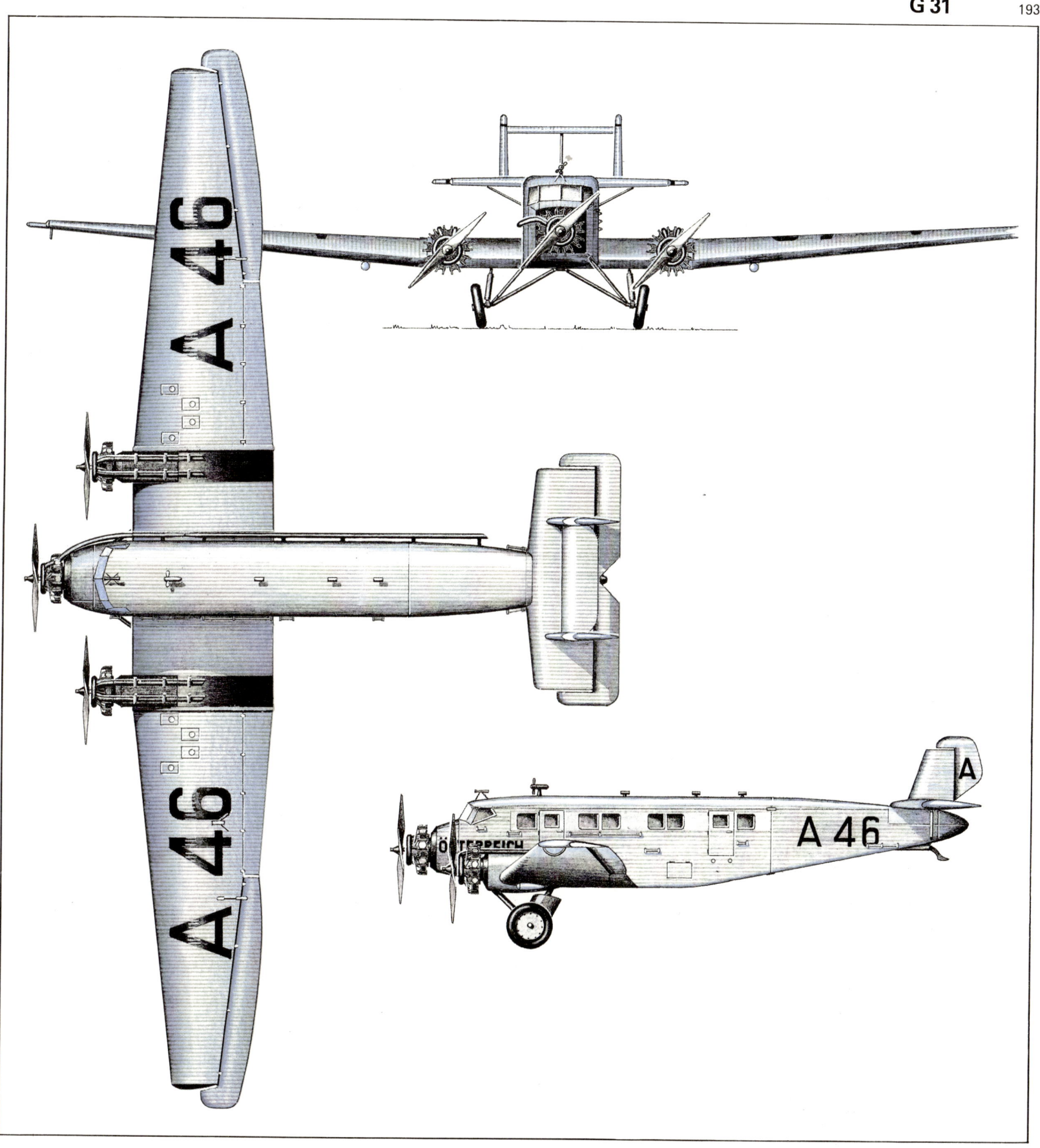

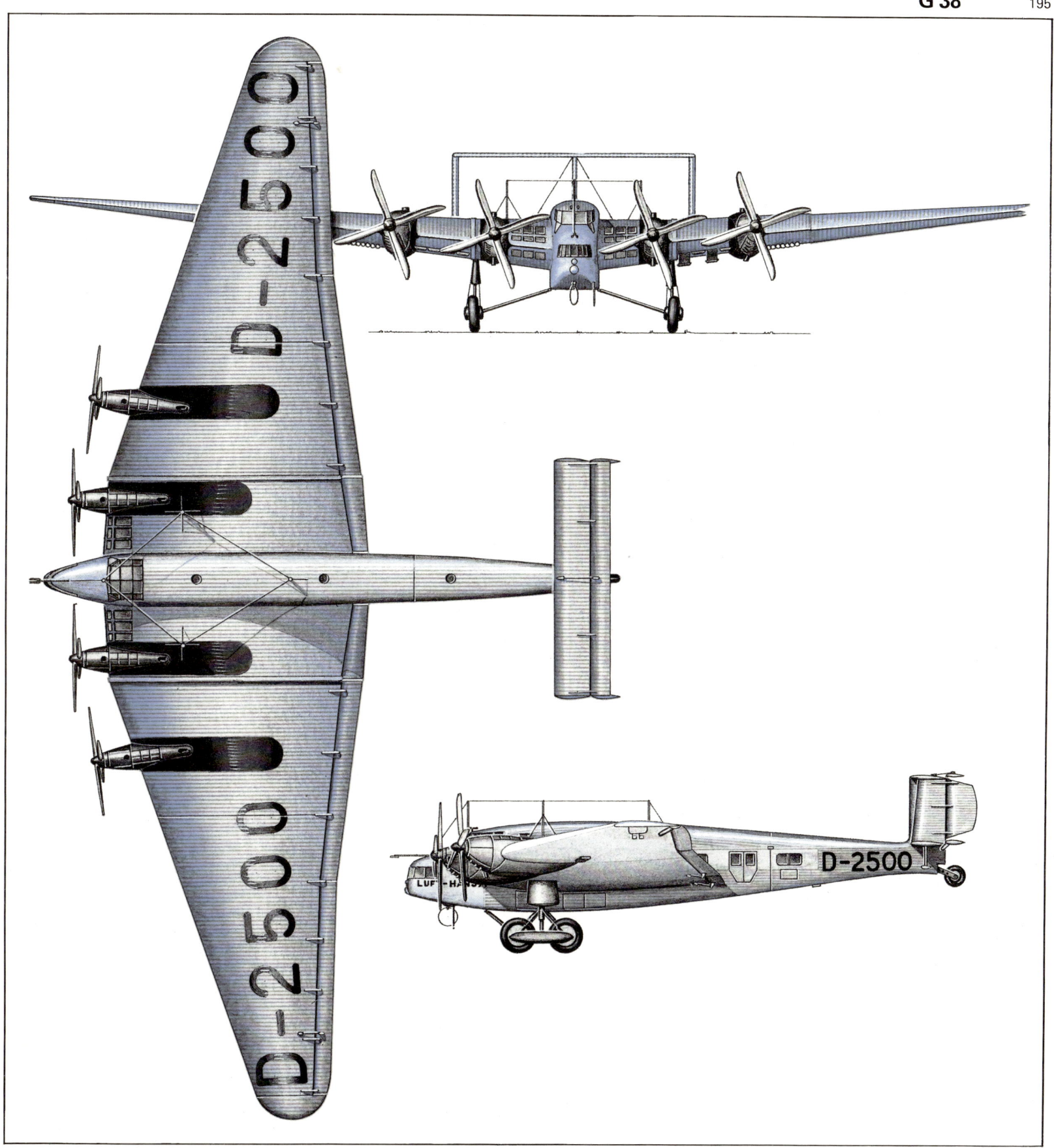

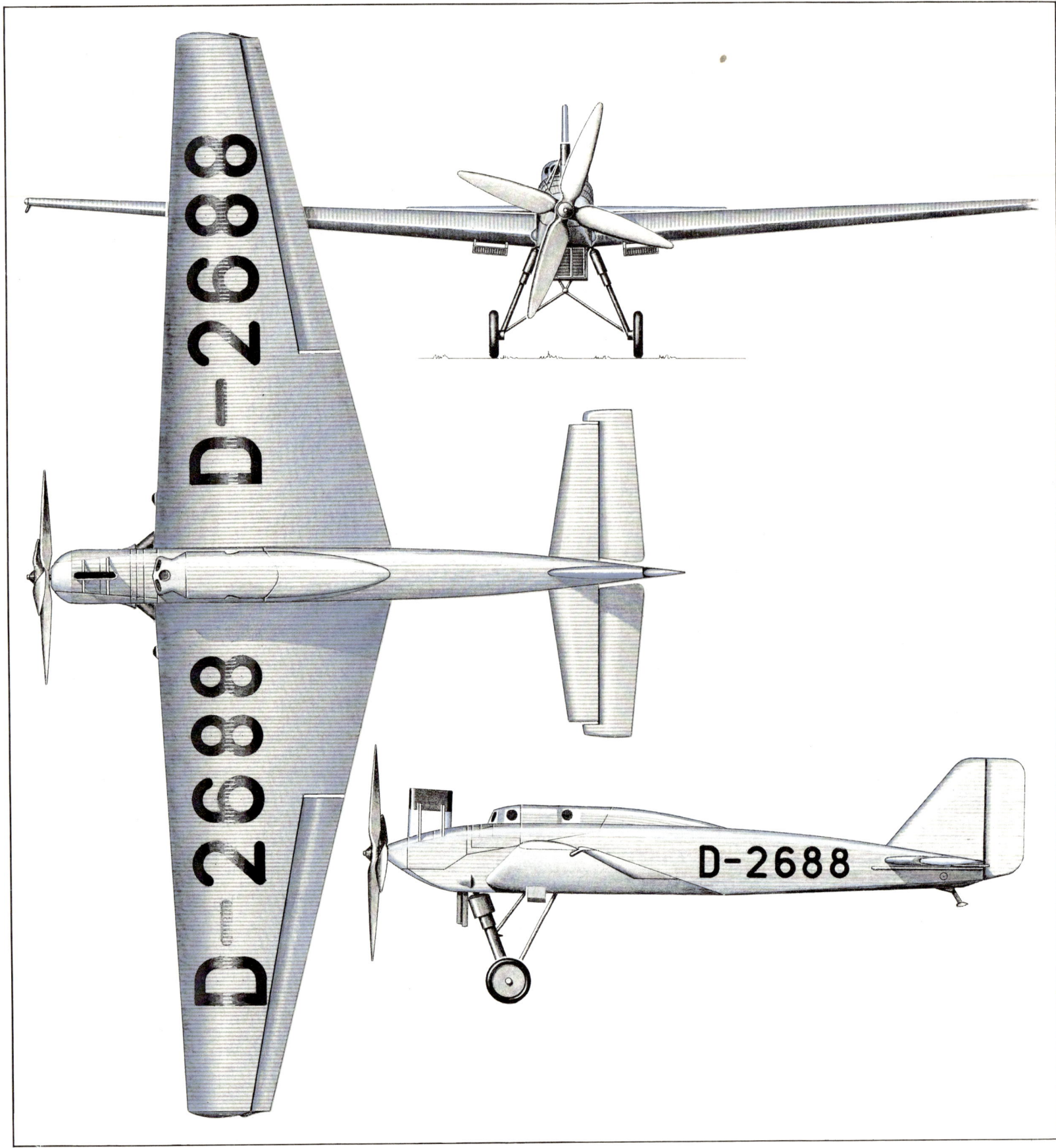

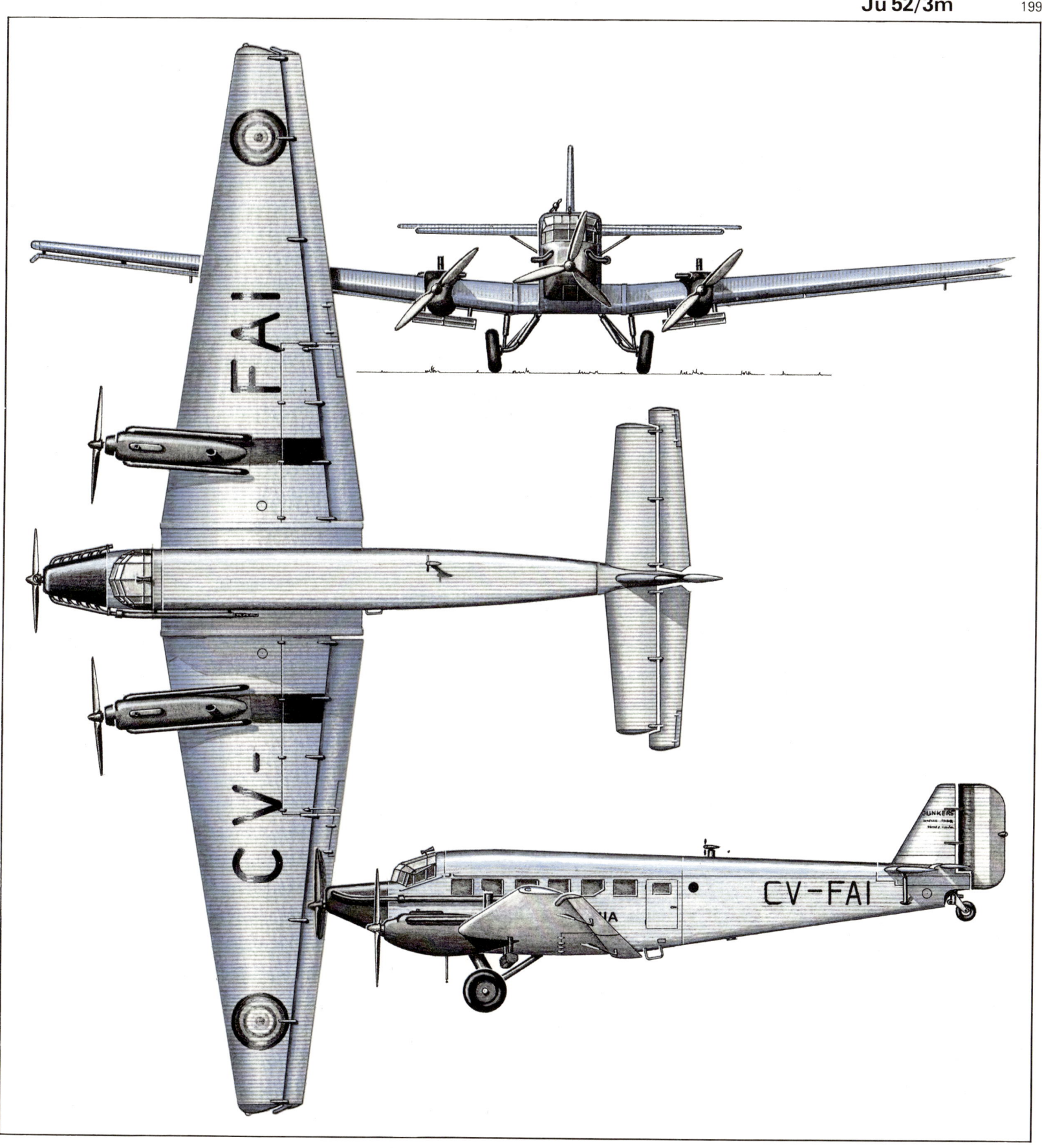

Junkers-Flugmotorenbau

Lange bevor sich Hugo Junkers dem Flugzeugbau zuwandte, hatte er sich mit dem
Motorenbau beschäftigt. Die Anfänge selb-
ständiger Motorenentwicklung gehen auf
das Jahr 1892 zurück, als er in Dessau gemeinsam mit Oechelhäuser eine erste Gas-
motor-Versuchsanlage und ein Jahr später
den ersten Gegenkolben-Gasmotor baute.
Später, als er bereits in Aachen lehrte,
richtete er an der dortigen Technischen
Hochschule eine eigene Versuchswerkstatt
ein, gründete am 11. Dezember 1902 die
„Versuchsanstalt für Ölmotoren" und entwickelte hier den Gegenkolben-Ölmotor.
Hervorhebenswerte Ergebnisse der damaligen Versuche waren die beiden Doppelkol-
ben-Ölmotoren in Tandem-Bauweise M 12
mit 147 kW (200 PS) und M 15 mit 551,3 kW
(750 PS) sowie die ersten stehenden
Schiffsmotoren M 22 mit 147 kW (200 PS)
und M 24 mit 73,5 kW (100 PS). Die Arbeiten an Motoren sind in den Jahren 1913 bis
1915 im Magdeburger „Junkers-Motorenbau" fortgesetzt worden und wurden noch
im Jahre 1915 in die Werkstatt der „Junkers & Co." nach Dessau verlegt. Dort entstanden die liegenden Doppelkolbenmoto-
ren mit Benzineinspritzung FO 1 und FO 2[154]
(in der Literatur mitunter in phonetischer
Schreibweise auch bezeichnet als EFO I
und EFO II).

Der FO 2 war als erster Gegenkolben-
Zweitakt-Versuchsflugmotor gebaut worden und leistete etwa 367,5 kW (500 PS) bei
1 800 U/min. Die Zylinder waren liegend angeordnet, denn als Voraussetzung für
seine Verwendung war daran gedacht worden, ihn im Tragflügel einzubauen. Der Motor kam nicht zur Flugerprobung, aber im
Jahre 1917 wurde er als Lizenzausführung
von den „Linke-Hofmann Werken" für die
Verwendung in Marine-Schnellbooten gebaut.[155]

Zielstrebiger als zuvor und in Übereinstimmung mit den Anforderungen des Ver-

Der Versuchsmotor FO 2

kehrsfluges begann die Flugmotorenent-
wicklung nach dem ersten Weltkrieg.
Zunächst wurden noch zahlreiche ehemalige Kriegsmotoren, vor allem von BMW
und Daimler, verwendet, aber dann stellte
sich heraus, daß eigene Anstrengungen
unternommen werden müßten, um den
Flugmotorenbedarf für die Flugzeugferti-
gung sicherzustellen, wenn sich der eigene
Flugzeugbau von den Leistungen anderer
Motorenfabrikanten unabhängig machen
wollte. Daher wurde am 27. November 1923
in Dessau die „Junkers Motorenbau
GmbH" (Jumo) gegründet.

Mit der Hinwendung zum Flugmotoren-
bau waren ein erneutes Mal völlig neuartige Anforderungen an die Leistungsfähigkeit der wissenschaftlichen und technischen Mitarbeiter sowie an die Metallarbei-
ter der Dessauer Werke entstanden.
Schwierigkeiten bereiteten die Baustoff-
Forschung, die Erkundung der möglichen
Bezugsquellen für die gewünschten Bau-

stoffe, deren fortwährende Belastungsprü-
fung, die Entwicklung zweckmäßiger Ferti-
gungstechnologien bei höchster Präzision
in der Serienfertigung sowie die wartungs-
freundliche Konstruktion der Motoren mit
der Möglichkeit, auf Flugplätzen oder bei
Außenlandungen bestimmte Teile mit dem
geringsten Aufwand an Ort und Stelle aus-
wechseln zu können. Hinzu kam das Erfordernis, Fertigungsvorrichtungen und Präzi-
sionsmaschinen für das Anfertigen der
verschiedenartigen Bauteile und deren
Montage zu entwickeln, zu bauen, zu erproben — um sie danach entweder wieder
umzubauen oder unverändert einsetzen zu
können.

Professor Junkers hat zwar den Flugzeugbau bis zur Ju 60 nie aus dem Blickfeld
verloren und für ihn die Entwicklungsricht-
linien vorgegeben, seine besondere Aufmerksamkeit aber seit 1919 vorwiegend
der Entwicklung und dem Bau von Flugmotoren zugewandt. Aus Werkspublikationen

ist zu entnehmen, daß die Flugmotorenfa-
brikation mit einer Belegschaftsstärke von
1 800 Mitarbeitern im Jahre 1927 ihren Höhepunkt erreichte. Im selben Jahr, am
26. Januar 1927, ist der 500. Junkers-Flugmotor fertiggestellt worden.[156] Der
1 000. Motor wurde 1933 ausgeliefert.

Der erste Motor, mit dem im Jahre 1924
die Serienfabrikation in der Jumo begann,
war der wassergekühlte 6-Zylinder-Flugmo-
tor L 2 mit 169/106,6 kW (230/145 PS) bei
1 550/1 380 U/min. Er fand erstmals Verwendung für die laufende Ausstattung von
Flugzeugen F 13, als Mittelmotor der G 23
und für die Motorisierung der G 24 durch
die „A. B. Flygindustri" in Limhamn. Als
Weiterentwicklung entstand noch im selben Jahr der L 2a mit erhöhter Drehzahl
und Leistung, nämlich 194,8/169 kW
(265/230 PS) bei 1 650/1 420 U/min.

Vorausgegangen war im Jahre 1923 der
Motor L 1. Er leistete 56,6 kW (77 PS) bei
1 800 U/min. Variationen waren der L 1a
und der L 1b mit geringfügig veränderter
Leistung.

*Der luftgekühlte Junkers-Flugmotor L 1
(Ersteinsatz im Flugbetrieb: 1925)*

*Der luftgekühlte Junkers-Flugmotor L 1a
(Baujahr und Ersteinsatz
im Flugbetrieb: 1925)*

*Der erste Junkers-Flugmotor,
der in die Serienfabrikation
gelangte (1924): der wassergekühlte
Reihenmotor L 2*

Ein Anwendungsbereich
des Junkers-Motorenbaues:
das Einsatzmuster
eines Junkers-Diesel-Fahrzeugmotors
(Aufnahmen vom April 1926)

Der aus dem L 2-Motor
entwickelte wassergekühlte
Reihenmotor L 5 (1925)

Eine verkleinerte Version
des L 2-Motors,
der Versuchsmotor L 7 (1926)

Motorenprüfstand in Dessau (Juli 1927),
Innen- und Außenansicht

Blick in eine Halle des
Junkers-Motorenbaues (Dezember 1926)

Als ein sehr zuverlässiger Motor erwies sich der im Jahre 1925 aus dem L 2 weiterentwickelte L 5 mit Verdichtungen von 1:7, sowie 1:5,5 und 1:5. Dementsprechend erbrachte er 279,3/205,8 kW (380/280 PS) beziehungsweise 227,9/205,8 kW (310/280 PS) und 220,5/205,8 kW (300/280 PS) bei jeweils 1 500/1 380 U/min. Mit der Verdichtung 1:7 war der Motor für den Atlantikflug der W 33 „Bremen" im April 1928 verwendet worden. Variationen dieses Motors mit Schwingungsdämpfern waren später der L 5G, der L 5Ga und der L 5Z. Nicht im Flugbetrieb verwendet und nur als Versuchsmotor gebaut wurde der L 7, eine verkleinerte Version des Motors L 2.

Der L 5 ist zum L 8 weiterentwickelt worden, verließ die Jumo jedoch nur in geringer Anzahl. Der Motor leistete 308,7/257,3 kW (420/350 PS) bei 2 100/1 850 U/min. Obgleich der Motor schon im Jahre 1928 auf einer internationalen Ausstellung zu sehen war, findet sich der erste Nachweis über seine flugpraktische Verwendung im Jahre 1929. L 8-Motoren waren zu jenem Zeitpunkt die beiden Außentriebwerke der G 38 mit der Kennung D-2000, also vor dem Umbau des Flugzeuges.

Während alle genannten Motoren der L-Reihe bisher 6-Zylinder-Reihenmotoren waren, ist erstmals der im Jahre 1927 entstandene L 55 als 12-Zylinder-V-Motor, ebenfalls wassergekühlt, gebaut worden. Mit Verdichtungen wie beim L 5 (1:7; 1:5,5; 1:5) wurden als Leistungen registriert: 515/496 kW (700/675 PS) bzw. 477,8/441 kW (650/600 PS) bzw. 441/404,3 kW (600/550 PS) bei jeweils 1 520/1 460 U/min. Der Motor ist beispielsweise in Limhamn für die Ausstattung der K 39 verwendet worden.

Gleichfalls ein V-Motor mit zwölf Zylindern war der L 88 mit 588/477,8 kW (800/650 PS) bei 1 870/1 750 U/min. Der Motor entstand in einzelnen Exemplaren im Jahre 1929, wurde für den Prototyp der Ju 52 verwendet, im Verlaufe der Flugerprobung jedoch durch einen BMW VIIau ersetzt. Die Nachbaulizenz für den Motor erwarb das japanische Mitsubishi-Flugzeugwerk und verwendete die Motoren für

das viermotorige Bombenflugzeug Ki 20. Ebenfalls in geringer Stückzahl wurde in Dessau der L 88a mit 588/515 kW (800/700 PS) bei 1 870/1 750 U/min gebaut. Der Motor ist sowohl mit als auch ohne Fernwelle hergestellt worden und unterschied sich vom L 88 durch unterschiedliche Detailausführungen beispielsweise der Luftschraubengetriebe, der Innendämpfung, der Lader und der Kupplungen. Er ist für die G 38 und die Ju 49 verwendet worden.

Die Auflistung der Junkers-Motorentypen mag zu dem Eindruck führen, daß deren Entwicklung bis zur Einsatzreife ohne Komplikationen verlief. Das Gegenteil ist der Fall, was sich an einer der damals neuartigen Leistungen des Dessauer Motorenbaues, dem Schwerölmotor, verdeutlichen läßt.

Eine Nebenschwierigkeit besteht aus der heutigen Sicht bereits darin, daß in damaligen Veröffentlichungen für ein und denselben Motor vier verschiedene Bezeichnungen zu finden sind, und zwar FO 4, SL 1, Jumo 4 und Jumo 204. Außerdem findet sich dafür nicht nur die Bezeichnung Schwerölmotor, sondern auch Rohölmotor. Letzteres zu klären ist leicht, denn der Rohölmotor ist ein Schwerölmotor, also ein Verbrennungsmotor, der mit Rohöl (Schweröl) betrieben wird, das eine spezifische Dichte aufweist, die auch die Bezeichnung Gasöl trägt und erst zwischen 200 bis 300 Grad Celsius und darüber siedet. Folglich ein Dieselmotor, der mit Dieselkraftstoff betrieben wird.

Die Umständlichkeit der Bezeichnung könnte entstehen, weil in Dessau nicht der bereits von Rudolf Diesel im Jahre 1897 geschaffene Dieselmotor ein zweites Mal erfunden wurde, sondern unter Nutzung des Dieselprinzips[157] ein völlig neuartiger Flugmotor entwickelt worden ist. Für diese eigene technische Entwicklungsleistung nicht lediglich den Namen des Ingenieurs Diesel zu verwenden, weil es sich um einen Junkers-Motor (zumindest in den Junkers-Werken entstandenen Motor) handelte, erscheint verständlich. Schon allein deshalb, weil das spezielle Problem zu lösen war, beim schnellaufenden Ölmotor die Brennstoffeinspritzung überhaupt erst zu ermöglichen, die den Motor in Gang hält, und zwar sowohl zuverlässig als auch dauerhaft. Einen Einblick in die Lösungsanforderungen gab ein maßgeblich an der Entwicklung dieses Flugmotors beteiligter Ingenieur in einem Vortrag aus dem Jahre 1929: „Die Hauptschwierigkeit liegt darin, daß jedes kleinste Brennstoffteilchen in kürzester Zeit in die ihm zugehörige Menge Verbrennungsluft hineingebracht werden muß. Bei einem Ölmotor, der mit 1 500 U/min läuft, beträgt die Einspritzzeit nur noch 1/1000 Sekunde. In dieser kurzen Zeit spielt sich der ganze von der Pumpe gesteuerte Einspritz- und Zerstäubungsvorgang ab und wiederholt sich 25mal in jedem Zylinder in einer einzigen Sekunde. Für die Vollkommenheit der Verbrennung spielt der Grad der Zerstäubung, d. h. die Feinheit der Tröpfchen,

Der erste 12-Zylinder-V-Motor der Jumo, der Flugmotor L 55 (1927)

Der Flugmotor L 55 mit Verdichter (1929)

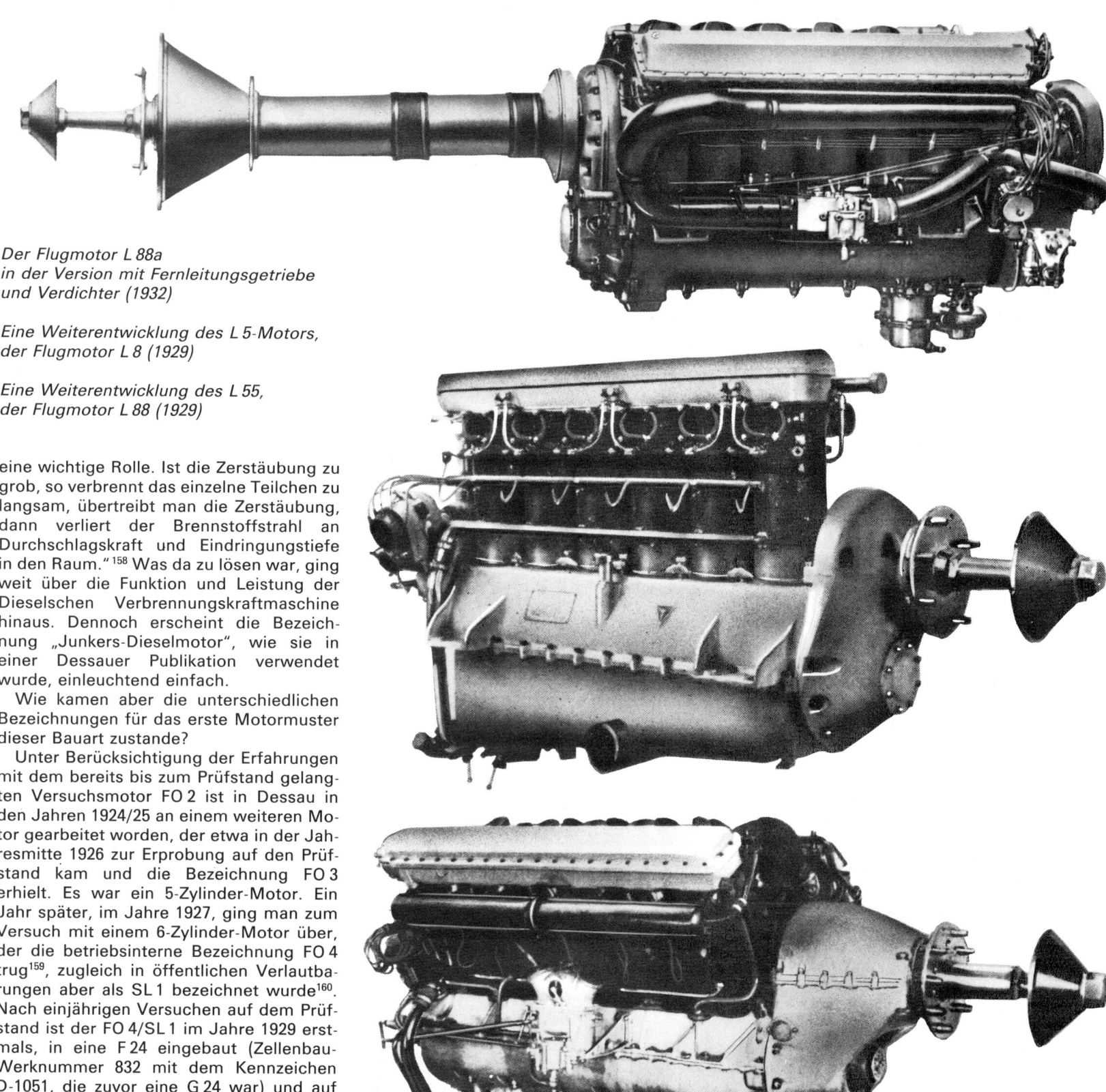

*Der Flugmotor L 88a
in der Version mit Fernleitungsgetriebe
und Verdichter (1932)*

*Eine Weiterentwicklung des L 5-Motors,
der Flugmotor L 8 (1929)*

*Eine Weiterentwicklung des L 55,
der Flugmotor L 88 (1929)*

eine wichtige Rolle. Ist die Zerstäubung zu grob, so verbrennt das einzelne Teilchen zu langsam, übertreibt man die Zerstäubung, dann verliert der Brennstoffstrahl an Durchschlagskraft und Eindringungstiefe in den Raum."[158] Was da zu lösen war, ging weit über die Funktion und Leistung der Dieselschen Verbrennungskraftmaschine hinaus. Dennoch erscheint die Bezeichnung „Junkers-Dieselmotor", wie sie in einer Dessauer Publikation verwendet wurde, einleuchtend einfach.

Wie kamen aber die unterschiedlichen Bezeichnungen für das erste Motormuster dieser Bauart zustande?

Unter Berücksichtigung der Erfahrungen mit dem bereits bis zum Prüfstand gelangten Versuchsmotor FO 2 ist in Dessau in den Jahren 1924/25 an einem weiteren Motor gearbeitet worden, der etwa in der Jahresmitte 1926 zur Erprobung auf den Prüfstand kam und die Bezeichnung FO 3 erhielt. Es war ein 5-Zylinder-Motor. Ein Jahr später, im Jahre 1927, ging man zum Versuch mit einem 6-Zylinder-Motor über, der die betriebsinterne Bezeichnung FO 4 trug[159], zugleich in öffentlichen Verlautbarungen aber als SL 1 bezeichnet wurde[160]. Nach einjährigen Versuchen auf dem Prüfstand ist der FO 4/SL 1 im Jahre 1929 erstmals, in eine F 24 eingebaut (Zellenbau-Werknummer 832 mit dem Kennzeichen D-1051, die zuvor eine G 24 war) und auf einem Streckenflug von Dessau nach Köln erprobt worden. Diese F 24 erhielt während der Versuche die werksinterne Bezeichnung W 41[161], und der Motor wurde von

Eine Weiterentwicklung des L 5-Motors, der Flugmotor L 5G (1933)

diesem Flugerprobungszeitpunkt an als Jumo 4 bezeichnet. Die erste Musterprüfung des Motors fand im Jahre 1930 statt, wurde aber nicht bestanden. Danach wurde an diesem Motor weitergearbeitet. Er wurde in Dessau mit einer F 24 (Werknummer 833, danach schwedisches Kennzeichen S-AAAD, im Jahre 1931 deutsche Kennung D-2175) mehrere Wochen lang im Fluge erprobt. Danach verlief die zweite Musterprüfung erfolgreich. Inzwischen waren mehrere weitere Verbesserungen vorgenommen worden, die sowohl die Leistung des Motors als auch seine Betriebssicherheit erhöhten. Seit diesem Zeitpunkt der bestandenen Musterprüfung ist dieser Motor durch die Veränderung der Typennummer von 4 auf 204 als Jumo 204 bezeichnet worden. Er hatte eine Leistung von 529 kW (720 PS). Im Jahre 1932 setzte die „Deutsche Luft Hansa A. G." die erste F 24 mit diesem Motor für den Frachtflugverkehr auf der Strecke Berlin—Amsterdam ein. Es war die D-896 „Düsseldorf" (Werknummer 850). Weitere F 24 mit dieser Motorisierung folgten.

Im Jahre 1932 ist in Dessau noch der Junkers-Dieselmotor Jumo 205 gebaut und im Jahre 1933 zur Musterprüfung vorgestellt worden. Die höchste dabei erreichte Leistung betrug 404,3 kW (550 PS) bei einer Motoreigenmasse (Leermasse) von etwa 500 kg. „Das war das erste Mal, daß das Leistungsgewicht eines Flugdieselmotors den Wert 1,0 kg/PS unterschritt! Seine er-

Wasserwirbelbremsen im Prüfstand für Schwerölmotoren. (Dezember 1925)

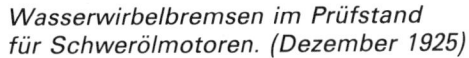

Der Schwerölflugmotor FO 3, der nach vier Versuchsjahren auf dem Prüfstand zum FO 4 (SL 1) führte

ste Flugerprobung erfolgte in dem Verkehrsflugzeug Focke-Wulf ‚Möwe'."[162] Weitere Motoren sind unter der wissenschaftlich-technischen Leitung von Professor Junkers, den durchgesehenen Unterlagen zufolge, nicht gebaut worden. Das nächste einsatzfähige Flugzeugtriebwerk, das folgte, entstand in Dessau erst nach seinem Tode im Jahre 1935. Es war der Jumo 210a.

Werfen wir jedoch, bevor wir das Kapitel des Dessauer Motorenbaus verlassen, noch einen Blick auf die Schwierigkeiten der Flugerprobung des Junkers-Dieselmotors Jumo 4. Aufschlußreiche Einblicke vermittelt dazu der Bericht eines der Konstrukteure, die an seiner Entwicklung und Erprobung beteiligt waren. Es heißt dort: „Dieser Motor kam im Januar 1928 auf den Prüfstand, und nun begann von neuem eine mühsame und angestrengte Arbeit,

Der erste flugeinsatzreife Junkers-Dieselmotor Jumo 4/Jumo 204 (1929/30)

um den Motor – besonders die Kolben – für die Flugerprobung betriebssicher zu machen."

Als Flugzeug war ein einmotoriges F 24-Flugzeug vorgesehen. Im Winter 1928/29 wurden die Einsatzvorbereitungen getroffen ... Erst am Montag, dem 24. Februar 1929, konnten wir wieder ans Flugzeug. Die Leitungen wurden angebracht, der Motor lief einwandfrei. Der Chef-Pilot Zimmermann, der gespannt war, den Motor kennenzulernen, rollte mehrmals mit dem Flugzeug auf dem Flugplatz hin und her, machte einige kurze Sprünge und war mit dem Benehmen des Motors vorläufig zufrieden. Wir entschlossen uns ... einen Flug zu versuchen, und starteten mit insgesamt vier Personen an Bord am Nachmittag dieses Tages zum ersten Flug. Zimmermann umrundete mehrmals den Flugplatz, überflog die Werke, flog dann in niedriger Höhe zur Stadt, umkreiste das Haus von Professor Junkers in der Albrechtstraße und dessen Hauptbüro auf dem Kaiserplatz und landete wieder auf dem Flugplatz. Für uns war das ein außerordentliches Erlebnis, wir empfanden es als eine Krönung jahrelanger Arbeit ... Prof. Junkers selbst, der während des Fluges telephonisch unterrichtet wurde, äußerte sich ungehalten über das starke Auspuffgeräusch des Motors.

Im selben Jahr wurde der erste Überlandflug ausgeführt. Für ausländische Interessenten sollte der Motor in Köln vorgeführt werden ... Als wir herunter kamen, stellte sich heraus, daß eine für die Verhandlungen wichtige Persönlichkeit des

Flugmotoren in Junkers Flugzeugen (1919 bis 1933)

Typ	Motoren
F 13	Daimler D IIIa/Mercedes D IIIa/**Junkers L 2**/ BMW IV/**Junkers L 5**/ BMW Va/Armstrong-Siddeley „Jaguar"/Pratt & Whitney „Wasp"
J 15	Daimler D IIIa
K 16	Siemens Sh 4/Siemens Sh 5/Bristol „Lucifer"/Siemens Sh 12
T 19	Siemens Sh 4/Siemens SH 5/Armstrong-Siddeley „Genet"
A 20	Daimler D IIIa/BMW IIIa/BMW IV/ **Junkers L 2**/
T 21	BMW IIIa
T 22	BMW IIIa
T 23	Le Rhône/**Junkers L 1**
G 23	Daimler D IIIa/**Junkers L 2**
G 24	**Junkers L 2/Junkers L 5/Junkers L 5G**/Gnôme et Rhône „Jupiter"
F 24	BMW VIu/BMW VIIau/**Jumo 4-Jumo 204**
A 25	**Junkers L 5**
T 26	**Junkers L 1a**
T 27	Clerget
T 29	**Junkers L 1a/Junkers L 1b**
K 30	**Junkers L 5**
G 31	**Junkers L 5**/Gnôme et Rhône „Jupiter VI"/Siemens „Jupiter"/BMW „Hornet"/Pratt & Whitney „Hornet"
A 32	BMW VI
W 33	**Junkers L 5**/Siemens Sh 20/**Junkers L 5G**
W 34	Gnôme et Rhône „Jupiter 9Ab"/Gnôme et Rhône „Jupiter VI"/Bristol „Jupiter VII"/Pratt & Whitney „Hornet"/BMW „Hornet"/Armstrong-Siddeley „Panther"/Pratt & Whitney „Wasp"/Siemens Sh 20/Siemens Sh 20u/Armstrong-Siddeley „Jaguar-Major"/BMW 132A/E/Bramo 322H
A 35	BMW IV/**Junkers L 5**
S 36	Gnôme et Rhône „Jupiter VI"
G 38	**Junkers L 8/Junkers L 88/Junkers L 88a/Jumo 4-Jumo 204**
Ju 46	BMW „Hornet C"/BMW 132E
A 48	Bristol „Jupiter VII"/BMW „Hornet"/Siemens „Jupiter VI"
Ju 49	**Junkers L 88a**
A 50	Armstrong-Siddeley „Genet"/Walter/Armstrong-Siddeley „Genet II"/Armstrong-Siddeley „Genet-Major I"/Siemens Sh 13a
Ju 52	BMW VIIau/BMW IXu/Armstrong-Siddeley „Leopard"/Rolls-Royce „Bussard"/**Jumo 4-Jumo 204**/Pratt & Whitney „Hornet"/Hispano-Suiza 12 Mb/Hispano-Suiza 12 Nb/BMW „Hornet"/Pratt & Whitney „Hornet S4D2"/Pratt & Whitney „Hornet T2D2"/BMW 132A/E/BMW 132A-3/Pratt & Whitney „Hornet S1EG"/Pratt & Whitney „Wasp S3H1-G"/Piaggio PXR/ Bristol „Pegasus VI"
Ju 60	Pratt & Whitney „Hornet"

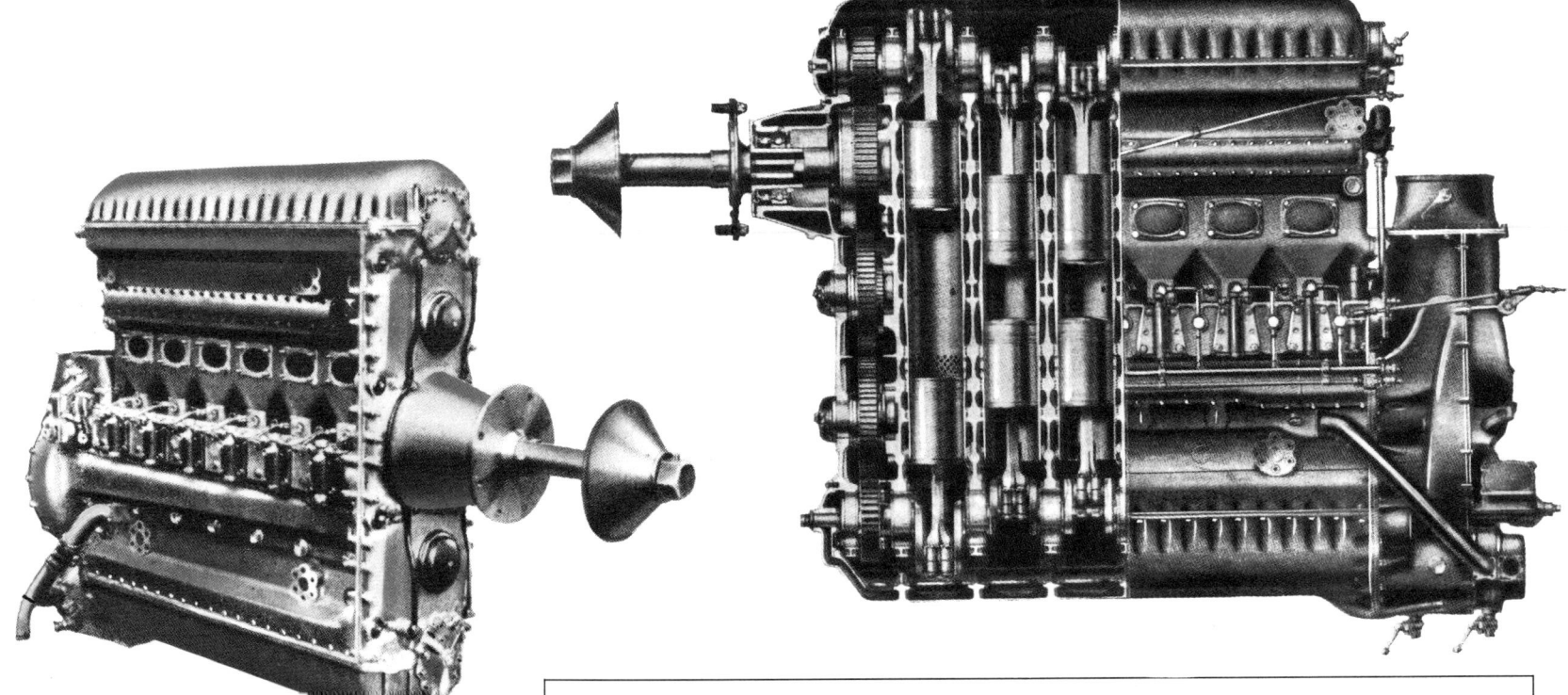

Der Junkers-Dieselmotor
Jumo 5/Jumo 205 (1932/33)
mit Schnittdarstellungen
aus einer Dessauer Werkspublikation

ausländischen Luftfahrtministeriums noch nicht eingetroffen war, so daß wir am darauffolgenden Tag nochmals fliegen mußten. Das schien dem Motor doch zu viel verlangt. Nach einer halben Stunde brach – wie sich später herausstellte, wegen eines Gußfehlers – ein Kolben. Wir mußten zwischen Köln und Düsseldorf notlanden ...

Neben den Flugversuchen wurde auf den Prüfständen mit Anspannung aller Kräfte daran gearbeitet, den Motor betriebssicher zu machen. Um die Einführung des Motors in die Luftfahrt zu erleichtern, mußte eine Musterprüfung bestanden werden. Das war ein schweres Ringen. Mit Mühe gelang es uns, auf 40 Stunden Dauerbetrieb zu kommen. Dann war es restlos aus. Meist waren viele Kolbenringe fest und schwarz und die Kolben fraßen ... Die Arbeit ... riß nicht wieder ab.

Die Musterprüfung wurde von neuem versucht. Es ist heute ... schwer, glaubhaft zu machen, welche Sorgen uns dieser erste 50-Stunden-Lauf, der schon mehrmals begonnen worden war, brachte. Fünf Tage

Junkers-Firmengründungen
im Inland

1892 „Hugo Junkers – Civilingenieur, Dessau"

1895 „Junkers & Co." (Ico), Dessau (Compagnon war Dr. phil. Robert Ludwig)

1897 „Versuchsanstalt Prof. Junkers", Aachen

1898 Badeofenfabrik in Rheidt (präzise Bezeichnung nicht bekannt; existierte bis 1906 in den Werkstätten des verstorbenen Bruders)

1902 „Versuchsanstalt für Ölmotoren", Aachen (gegründet: 11. Dezember 1902)

1908 Kaloriferwerk in Aachen (präzise Bezeichnung nicht bekannt; existierte bis 1920)

1913 „Junkers-Motorenbau", Magdeburg (existierte bis 1915)

1914 „Kaloriferwerk Hugo Junkers", Dessau

1915 „Forschungsanstalt Prof. Junkers", Dessau (1919 wurde ihr die Aachener „Versuchsanstalt Prof. Junkers" angegliedert)

1916 „Hauptbüro der Junkers-Werke", Dessau

1917 „Junkers-Fokker A. G." (gegründet: 20. Oktober 1917)

1917 Inbetriebnahme des Flugplatzes Dessau-Alten/Mosigkau

1919 „Junkers Flugzeugwerk A. G." (Ifa), Dessau (gegründet: 24. April 1919)

1919 „Abteilung Lamellen-Kalorifer" der „Junkers & Co." in Dessau

1921 „Abteilung Junkers-Stahlbau" des „Kaloriferwerk Hugo Junkers" in Dessau

1921 „Junkers Luftbild" (Abteilung der „Junkers Flugzeugwerk A. G.")

1921 „Abteilung Luftverkehr" (in Berlin) der „Junkers Flugzeugwerk A. G.", Dessau (übersiedelte am 14. November 1923 nach Dessau, behielt Geschäftsbüro weiter in Berlin)

1923 „Junkers Motorenbau GmbH", Dessau (gegründet: 27. November 1923)

1924 „Junkers Luftverkehr A. G." (Ilag), Dessau (am 13. August 1924 hervorgegangen aus der „Abteilung Luftverkehr")

1925 „Junkers Flugzeugführerschule" (gegründet im Januar 1925)

1925 „Abteilung Schädlingsbekämpfung" der „Junkers Flugzeugwerk A. G.", Dessau

1927 „Junkers Zentrale Lehrwerkstatt", Dessau

1930 „Gesellschaft für Junkers-Diesel-Kraftmaschinen mbH" (Jukra), Chemnitz (heute: Karl-Marx-Stadt)

1932 „Junkers Betriebs-GmbH" (eine Holding-Gesellschaft, d. h.: Gesellschaft zur Verwaltung und Kontrolle von Geschäftsanteilen)

Einbau des Motors Jumo 204
in eine G 38 im Jahre 1932

lang wurde mit Herzklopfen auf jede kleine Änderung des Motorengeräusches geachtet. Aber der Motor hielt aus. Am 9. September 1930 wurde der verlangte Dauerlauf unter der Anteilnahme des ganzen Werkes beendet."[163]

Noch im selben Jahr wurde eine Nachbaulizenz nach Frankreich verkauft, im Jahre 1933 nach Großbritannien. Die Stückzahl der in Dessau gebauten Junkers-Dieselmotoren blieb gering. Der technische Fortschritt, der erstmals mit dem Flugdiesel erreicht worden ist, bleibt unbestreitbar. Ebenso aber auch das insgesamt dürftige ökonomische Ergebnis nach einer mehrjährigen Entwicklungszeit dieses Motors. Allein mit dem Flugzeugzellenbau verglichen, der zu höheren Ergebnissen gelangte, weil überwiegend Triebwerke anderer Motorfabriken in die Junkers-Flugzeuge eingebaut wurden, war der Motorenbau die kostenaufwendigste Position der Dessauer Junkers-Betriebe, geradezu ein Faß ohne Boden. Das ursprüngliche Ziel, mit dem die „Junkers Motorenbau GmbH" im Jahre 1923 gegründet worden war, angesichts des großen Mangels an Flugmotoren den Bedarf für den eigenen Flugzeugbau und den Verkauf an andere Flugzeugfabriken sicherzustellen, ist ohnehin zu keinem Zeitpunkt auch nur annähernd erreicht worden, auch nicht mit den verhältnismäßig erfolgreichen Motoren L 2 und L 5. „Dieser großzügige Aufbau der Motorenfabrikation in Deutschland", so hieß es in dem Versuch einer Analyse damals leitender Mitarbeiter der Junkers-Werke aus dem Jahre 1932, „wurde von Professor Junkers gegen den Rat und die Warnungen des größten Teils seiner Mitarbeiter sowohl in der Leitung des Flugzeugwerks als auch des Luftverkehrs in Angriff genommen. Der Luftverkehr besonders, von dem in neuerer Zeit behauptet worden ist, daß für seine Bedürfnisse der Motorenbau geschaffen worden sei, hätte für seine Verkehrsinteressen damals selbstverständlich mit den fabrikatorisch schon fertigen und praktisch erprobten BMW-Motoren leichter arbeiten können, als es bei Schaffung des neuen Motors, wie des Junkers L 2, tatsächlich möglich gewesen ist. Herr Prof. Junkers aber wollte unbedingt den an sich technisch und wirtschaftlich gesunden Gedanken, die Entwicklung von Flugzeugzelle und Motor organisch miteinander zu verbinden und den Gewinn auch für den Motorenumsatz in einer eigenen Firma zu erfassen, sofort ausführen ..."[164]

Das Triebwerk hatte schon immer einen hohen Anteil an den Gesamtkosten eines Flugzeuges. Solange und soweit Junkers-Flugzeuge nicht mit Junkers-Motoren flogen, mußte der Dessauer Flugzeugbau, wenn er mit einem eigenen Flugzeug zugleich einen fremden Flugmotor verkaufte, den Verkaufserlös mit anderen teilen. Das wollte Junkers nicht nur verhindern, sondern möglichst umkehren. Und dabei, in dem Bemühen also, auch den Flugmotorenmarkt eines Tages zu beherrschen, hat sich Junkers übernommen, wie auf anderen Gebieten auch.

Erpressung und Internierung von Professor Junkers

Prof. Junkers zur Zeit seiner erpresserischen Entfernung aus Dessau (1933)

Der Zeitraum, in dem Professor Junkers unter Druckausübung aus Dessau entfernt worden ist, umfaßt die neun Monate von Februar bis Oktober 1933. Die Maßnahmen, die zu seiner wirtschaftlichen Entmachtung und territorialen Isolierung führten, begannen mit Aufforderungen und endeten mit diktatorischen staatlichen Zwangsmaßnahmen.

Vorausgegangen waren Schwierigkeiten, die für Junkers vornehmlich aus den Auswirkungen der Weltwirtschaftskrise erwuchsen und in diesem Ursprung zunächst selbst von vielen seiner leitenden Mitarbeiter nicht erkannt worden sind, möglicherweise in vollem Umfange auch von Junkers nicht. In dieser Krisenzeit entstanden erhebliche Spannungen zwischen Professor Junkers, leitenden Mitarbeitern sowie Personen außerhalb der Junkers-Betriebe, in die eine recht unübersichtliche Anzahl von Einzelpersonen mit unterschiedlichen Standpunkten verwickelt war, weshalb es unergiebig wäre, die Meinungsunterschiede und Bestrebungen der Beteiligten im einzelnen nachzuvollziehen, weil es unter unserem speziellen Betrachtungsaspekt „Hugo Junkers und seine Flugzeuge" keinerlei Erkenntniszuwachs brächte. Nicht zu übersehen ist allerdings, daß der immer mehr spürbare Widerspruch zwischen dem weltweit guten Ruf der Junkers-Flugzeuge und den bedrückenden finanziellen Sorgen der Dessauer Werke zu beträchtlichen Unzufriedenheiten, sogar zu unversöhnlichen Gegensätzen zwischen Junkers und vielen seiner leitenden Mitarbeiter geführt hatte. Unter ihnen gab es nicht wenige, die Junkers als Konzernchef nicht mehr akzeptierten und es gern gesehen hätten, wenn er, beispielsweise aus Altersgründen, von der Gesamtleitung zurückgetreten wäre.

Festzuhalten ist zunächst, daß im Deutschland des Jahres 1930 die Anzahl der Arbeitslosen die Höhe von 3,2 Millionen erreichte und auf je sechs Beschäftigte ein Arbeitsloser kam. Die Regierung, die noch zum Jahresbeginn der Luftfahrtindustrie eine Beihilfe von fast einer Millionen Mark zugesagt hatte, wovon mehr als ein Fünftel als größter Anteil auf die Junkers-Werke entfallen sollte, sah sich zur Zahlung weiterer Unterstützungen außerstande. Noch im Dezember 1930 erhielten die meisten Flugzeugfirmen eine regierungsamtliche Mitteilung, wonach in Zukunft entweder gar keine, oder nur in Ausnahmefällen noch Aufträge für Luftfahrtgerät von Regierungsdienststellen zu erwarten wären. Die Arbeitslosigkeit stieg also auch in der Luftfahrtindustrie weiter. Die Staatskasse war leer. Das Geld wurde knapp. Eine Folgeerscheinung war, daß auf dem Höhepunkt der Weltwirtschaftskrise im Juli 1931 sämtliche deutschen Banken und Börsen vorübergehend geschlossen wurden und die Geldgeschäfte zum Erliegen kamen; im Dezember 1931 die „August Borsig GmbH" in Berlin-Tegel vor dem Zusammenbruch stand, wodurch die Existenz der „Junkers Motorenbau GmbH" unmittelbar bedroht wurde, weil zwischen beiden Industrieunternehmen umfangreiche Geschäftsbeziehungen existierten und die Borsig-Werke ein wichtiger Zulieferer für

den Junkers-Motorenbau waren. Zwischen Dessau und Berlin-Tegel wurden üblicherweise für gegenseitige Zahlungsverpflichtungen sogenannte Wechsel (Zahlungsanweisungen) mit einer längeren Laufzeit ausgestellt. Nun aber wurden Junkers die für Borsig ausgestellten Wechsel zur sofortigen Einlösung präsentiert. Zur unverzüglichen Bezahlung war Junkers nur teilweise imstande, denn im Jahre 1931 sollen, einer Finanzübersicht zum Jahresabschluß zufolge, Einnahmen der Junkers-Betriebe von insgesamt elf Millionen Mark weitaus höhere Ausgaben von rund 42 Millionen Mark gegenübergestanden haben.[165] Da neue Kredite von Banken nicht zu bekommen waren, mußte Junkers „Ende März 1932 die Zahlungen einstellen und das gerichtliche Vergleichsverfahren beantragen",[166] von dem dann sämtliche Junkers-Betriebe betroffen wurden.

In den folgenden Verhandlungen zur Sanierung seiner Werke gibt es einen bemerkenswerten Sachverhalt, der auf besondere Weise die Widersprüchlichkeit der Haltungen von Hugo Junkers erhellt: Er weigerte sich, die auf seinen Namen eingetragenen umfangreichen und vielzähligen Patente, die aber keineswegs nur das Ergebnis seiner eigenen erfinderischen Ideen waren, als vergleichsfähige Wertobjekte in die Sanierung der Werke einzubringen.

Es war üblich, daß sämtliche aus den Verbesserungsleistungen seiner Mitarbeiter hervorgegangenen und patentrechtlich verwertbaren Ideen unter dem Namen des

Fabrikbesitzers Junkers angemeldet und geführt wurden. Eine Werkspublikation teilt in einer vergröberten Übersicht mit, daß die Gesamtzahl der Patente, die bis etwa zum Ausscheiden von Junkers aus Dessau (also etwa bis Herbst 1933) auf seinen Namen eingetragen worden sind, in Deutschland rund 350 und in anderen Ländern rund 2 150 betragen haben soll, was dadurch erklärbar ist, daß die Schutzrechte für jedes Land gesondert angemeldet und zuerkannt werden müssen. Falls diese Angaben über die Anzahl der Patente der Wirklichkeit angenähert sind, dann haben die Ausgaben der Junkers-Werke für die Patenterlangung insgesamt etwa drei Millionen Reichsmark betragen, denn die durchschnittlichen Kosten pro Patenterwerb betrugen damals 1 200 Reichsmark.

Nach der Zahlungseinstellung im März 1932 und dem beantragten gerichtlichen Vergleichsverfahren hatte „die erste gerichtlich bestellte Vertrauensperson ... die Übertragung der Patente auf die Werke gegen Verrechnung der Forderung von insgesamt 4 Millionen Reichsmark" verlangt. „Aber noch heute" (im August 1932; d. Verf.) „hält Herr Prof. Junkers die unabhängig von der Erfindungsstelle stets auf seinen Namen eingetragenen Patente zäh in seiner Hand ...", weil „dieses persönliche Besitzstreben Prof. Junkers dem Bestand der Werke und dem Wohl der Belegschaft übergeordnet wird", schrieben leitende Dessauer Mitarbeiter damals. Und sie nannten als Ursache für die Krise der Dessauer Betriebe „das kaufmännische Versagen" von Junkers, „der in wirtschaftlicher und ethischer Hinsicht das Vertrauen der Außenwelt und Schritt für Schritt auch das Vertrauen der einzelnen Mitarbeiter verloren hatte".[167]

Diese Zerwürfnisse müssen gravierend gewesen sein, denn noch bis in die Gegenwart sehen einige ehemalige Junkers-Mitarbeiter in damals leitenden Tätigkeiten darin die Gründe für die Verdrängung von Professor Junkers aus Dessau. Wie aber sogleich zu sehen sein wird, waren dafür nicht gestörte persönliche Beziehungen, sondern vor allem veränderte gesellschaftliche Verhältnisse verantwortlich.

Junkers hatte sich inzwischen von einer Reihe seiner leitenden Mitarbeiter getrennt und einen neuen Vorstand berufen[168], dazu mehrere Direktorenposten neu besetzt. Sein ältester Sohn, Klaus Junkers, wurde der neue Direktor des Flugzeug-Werkes. In dieser Situation der wirtschaftlichen Krise und der Vertrauenskrise um Professor Jun-

---

Auszug aus einem faschistischen Drohbrief an Prof. Junkers

„Dessau, den 23. September 1930
Herrn Professor Junkers
Alleiniger Besitzer des Junkers-Konzerns
Dessau

Deutschland ist erwacht!
Jetzt geht es an das große Aufräumen! Es wird jetzt Ordnung geschaffen in unserem Vaterland und Deutschland wird jetzt von den Schmarotzern der Demokratie befreit, für die das Dritte Reich keinen Platz bietet ...
Erstens, zweitens und drittens sind Sie Demokrat; Volksparteiler sind Sie natürlich auch ..., dann halten Sie es mit der popligen Wirtschaftspartei und bei den Kommunisten haben Sie auch Anschluß gesucht – es wird Ihnen aber nichts nutzen ...
Glauben Sie doch nicht, daß Sie das Volk noch weiter über Ihren ‚vaterländischen' Rußland-Film täuschen können! ... Wenn Sie auch noch so gerissen sind, vor Gericht wird jetzt wohl oder übel von Ihnen ausgepackt werden müssen ... Die Öffentlichkeit soll es wissen, und dann gnade Ihnen Gott, Sie alter Demokrat!
Dann müssen Sie Farbe bekennen, dann können Sie sich nicht mehr vor der Verantwortung drücken. Im Dritten Reich ist kein Platz für solche Leute ...
Wir werden mit allen fertig, denn wir sind Nationalsozialisten ..."
(Statt einer Unterschrift: ein mit Bleistift gezeichnetes Hakenkreuz)

kers liefen die folgenden Ereignisse ab, die der Übersichtlichkeit halber in der Reihenfolge ihres zeitlichen Verlaufes dargestellt werden:

Am 30. Januar 1933 war die faschistische Koalitionsregierung unter Hitler gebildet worden (deren NSDAP noch im selben Jahr zur alleinigen Staatspartei wurde), der diesen Tag zum Datum der „nationalsozialistischen Machtergreifung" erklärte.

Am 2. Februar 1933, dem zweiten Tag nach der „Machtergreifung", forderte das Reichsluftfahrtministerium Professor Junkers auf, die auf seinen Namen eingetragenen Patente und deren Schutzrechte auf die „Junkers Flugzeugwerk A. G." (Ifa) und die „Junkers Motorenbau GmbH" (Jumo) zu übertragen. Hugo Junkers weigerte sich, dieser Aufforderung Folge zu leisten.

Am Abend des 27. Februar 1933 steckten faschistische Trupps den Reichstag in

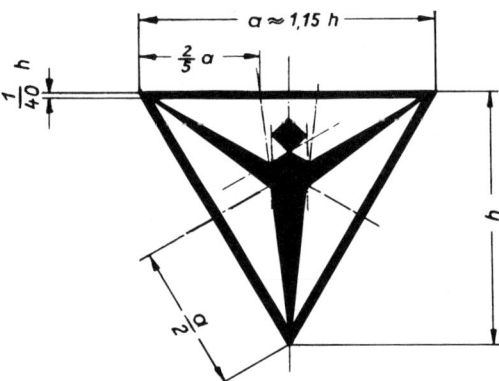

Das Markenzeichen des Junkers-Flugzeugbaues, der „fliegende Mensch", wurde im Frühjahr 1925 von F. P. Drömmer entworfen, der im Herbst 1933 politisch verfolgt und zeitweilig inhaftiert wurde

Der „fliegende Mensch" als Tischmodell

Brand, um dies unter dem Vorwand einer „kommunistischen Brandstiftung" zur Beseitigung aller politischen Gegner zu benutzen.

Am 28. Februar 1933 wurde die bereits vorbereitete „Verordnung zum Schutz von Volk und Staat" erlassen. Sie umfaßte nicht einmal eine ganze Manuskriptseite und nur sechs Paragraphen. Bereits mit dem § 1 wurden grundlegende Rechte der Weimarer Verfassung außer Kraft gesetzt und der Willkür Tür und Tor geöffnet: „Es sind daher Beschränkungen der persönlichen Freiheit, des Rechts der freien Meinungsäußerung, einschließlich der Pressefreiheit, des Vereins- und Versammlungsrechts, Eingriffe in das Brief-, Post-, Telegraphen- und Fernsprechgeheimnis, Anordnungen von Haussuchungen und von Beschlagnahmen, sowie Beschränkungen des Eigentums auch außerhalb der sonst hierfür bestimmten gesetzlichen Grenzen zulässig."

Im März 1933 wurde der Dessauer Oberstaatsanwalt Lämmler auf Veranlassung des Reichsluftfahrtministeriums vom Reichsinnenministerium mit Untersuchungen zum „Fall Junkers" beauftragt.

Am 23. März 1933 wurden drei Mitarbeiter aus der Umgebung von Professor Junkers — Dr. Adolf Dethmann (Direktor des „Junkers & Co."), Friedrich Peter Drömmer (Leitender Werbegrafiker und Gestalter) und Benno Fiala von Fernbrugg (Leitender Ingenieur) — aus ihren Wohnungen geholt und in „Schutzhaft" genommen. Gegen sie wurde ermittelt wegen des „Verdachtes, daß sie die kommunistischen Fäden bis in die letzte Zeit hinein weitergesponnen und womöglich auch Beziehungen zu Rußland unterhalten hätten", wie darüber der Leiter dieser demonstrativen Verhaftungsaktion schrieb.[169] Kurze Zeit später wurden die drei Inhaftierten mit der Begründung der „Reinigung der Leitung der Junkers-Werke" sowie der Anschuldigung „kommunistischer Gruppenbildung" aus Dessau ausgewiesen[170] und damit gänzlich aus der Nähe von Professor Junkers entfernt. Fiala, der tschechoslowakischer Staatsbürger war,

wurde am 26. März 1933 nach Wien abgeschoben. Dr. Dethmann und Drömmer wurden am 26. Mai 1933 mit polizeilichen Beschränkungsauflagen aus der Schutzhaft entlassen. Etwa zu dieser Zeit begannen intensive Ermittlungen gegen Direktor Klaus Junkers, den ältesten Sohn von Professor Junkers, weil er mit Dr. Dethmann und Drömmer befreundet war, sowie gegen die Junkers-Tochter Anneliese.

Noch vor dem Ende des Monats Mai 1933 kapitulierte Hugo Junkers zum ersten Mal vor dem auf ihn, einige seiner engen Mitarbeiter und zwei seiner Familienmitglieder ausgeübten psychischen Druck. Nachdem er dem ständigen Bearbeiter der Rechtsangelegenheiten seines Konzerns, Dr. Kottmeier, zu Protokoll gegeben hatte, daß „er sich dem Zwang der Umstände beuge", erklärte er, daß er die auf seinen Namen eingetragenen Patente und Schutzrechte auf die Ifa und die Jumo übertrage. Daraufhin verlangte das Reichsluftfahrtministerium mit Schreiben vom 31. Mai 1933 formelle Schutzrechts-Übertragungs-Verträge zwischen Junkers und seinen beiden Werken Ifa und Jumo sowie eine zusätzliche schriftliche Erklärung nach einem vom Reichsluftfahrtministerium vorgegebenen Text. Beides unterschrieb Junkers am 2. Juni 1933.[171]

Jetzt schien ein strittiges Problem gelöst zu sein, aber ein neues, schwerwiegendes Problem war entstanden. Die neuen Machthaber hatten nun die Erfahrung gemacht, daß dem Professor Junkers ohne Druck nicht beizukommen war. Und Junkers hatte die Erfahrung gewonnen, daß brutale Willkür das Vorgehen der neuen Machthaber bestimmte.

Von Anfang an und zu jeder Zeit hatte Junkers das Prinzip der Alleinentscheidung über das, was in seinen Werken geschah oder nicht geschah, konsequent durchzusetzen versucht. Der gesamten Forschung, Fertigung, Verbreitung der Fabrikate und Lizenzvergabe lagen die von ihm vorgegebenen Grundsatzentscheidungen zugrunde, bei gleichzeitigem Verzicht auf das Hineinreden in Detaillösungen, wodurch jeder Mitarbeiter, soweit sein Tätigkeitsgebiet das zuließ, einen hinreichenden, mitunter sogar fast unbegrenzten eigenen Entscheidungsspielraum hatte. Immer aber im Rahmen der handlungsorientierenden Richtlinien und damit in Übereinstimmung mit dem Willen von Junkers.

Ebenso konsequent hatte er jegliche Versuche der Einmischung von außen in seine alleinige Entscheidungskompetenz abge-

*Gedenktafel am damaligen Wohnhaus
in Dessau (heute: Joliot-Curie-Str. 109),
eingeweiht am 3. Februar 1984,
dem 125. Geburtstag von Prof. Junkers*

*Das Wohnhaus von Prof. Junkers
in der damaligen Dessauer
Albrechtsstraße 109*

lehnt — seit seiner Erfahrung aus der staatlich zustandegebrachten zeitweiligen Zusammenarbeit mit Fokker im ersten Weltkrieg. Seither war er eher bereit, sich von einem Vorhaben oder einer Verbindung zu trennen, als anderen ein Mitspracherecht einzuräumen oder zur gleichberechtigten Zusammenarbeit, etwa mit anderen Luftfahrtunternehmen, bereit zu sein. Solche Beziehungen wurden von den unerbittlichen Regeln des Konkurrenzkampfes beherrscht, nicht von denen der Kooperation oder der Einordnung, schon ganz und gar nicht von denen der Unterordnung. So gab es wohl kaum einen anderen bedeutenden deutschen Flugzeugindustriellen, „mit dem er sich nicht in Fehde-Schriftwechseln und Prozessen bis aufs Messer verfeindet hatte". Mit dieser ihm eigenen, nahezu starrköpfigen Konsequenz, war er dann sogar etwa im Jahre 1930/31 aus dem Unternehmerverband der Flugzeugfabrikanten, dem „Reichsverband der Deutschen Luftfahrtindustrie", ausgetreten, schriftlich und unverblümt: „Ich bin Forscher und Wissenschaftler und nur nebenbei Fabrikant. Ich habe das Gefühl, daß ich in Ihrem Kreis nicht recht am Platze bin. Mit der Ihnen gebührenden Hochachtung …"[172]

Diese eigene Standortbestimmung, daß er in erster Linie Forscher sei und die Fabrikation seiner Werke für ihn die Primärfunktion habe, die wissenschaftlichen Forschungen zu finanzieren, hat Junkers wiederholt betont und ist in dem umfangreichen Bericht des mit dem „Fall Junkers" beauftragten Dessauer Oberstaatsanwalts Lämmler an mehreren Stellen aktenkundig vermerkt worden. Und diese Position war augenscheinlich der Dreh- und Angelpunkt in den Auseinandersetzungen zwischen Junkers und einigen seiner Direktoren, die ihm vorwarfen, daß er „nur das eine Ziel im Auge hat …, die Machtposition im Konzern zu behalten".[173]

Darum ging es ihm, wie allen aufgefundenen Belegen zu entnehmen ist, tatsächlich. Und in letzter Konsequenz mußte es ihm, dem Wissenschaftler mit dieser umfangreichen Möglichkeit und Absicht der

von seinen Werken zu erbringenden Finanzierung seiner Forschungen, auch gehen. Denn nur solange er die ungeteilte Macht über seine Betriebe ausübte, konnte er auch allein entscheiden, ob, in welchem Umfange und worüber geforscht wurde. Insofern war seine wirtschaftliche Macht für ihn das entscheidende Mittel zum forschungssicherstellenden Zweck. Und darum hat er sie, ungeachtet aller Vorwürfe, Kritiken und Anfeindungen auch verteidigt. Das zu tun, war er auch weiterhin bereit, wie sich bald herausstellen sollte. Aber gerade dagegen richteten sich die weiteren diktatorischen Zwangsmaßnahmen des faschistischen Staates, denn die zunächst als „großzügige Luftfahrtentwicklung" getarnten weitreichenden Luftrüstungspläne verlangten die restlose Einbeziehung der Ifa und der Jumo in Dessau sowie die sprunghafte Ausdehnung ihrer Produktionskapazität nach den Richtlinien des Reichsluftfahrtministeriums. Diese waren nur durchsetzbar, wenn Professor Junkers die Entscheidungsbefugnis über das, was in Dessau zu geschehen oder zu unterbleiben habe, entrissen wurde. Darum ging es in den folgenden Monaten.

Die Hauptaspekte für das weitere Vorgehen gegen Junkers waren: Er hatte sich den braunen Machthabern von vornherein durch seine liberale politische Haltung verdächtig gemacht. Junkers galt bis zum Jahre 1932 nicht nur als prominentes Mitglied der „Deutschen Demokratischen Par-

tei", der er seit ihrer Gründung im November 1918 angehörte, sondern auch „als Pazifist und Friedensfreund"[174]. Hinreichend oft hatte er sich öffentlich zur friedlichen Luftfahrt bekannt. Da über kurz oder lang die Enttarnung der geheimen Luftrüstung ohnehin stattfinden mußte (sie erfolgte im Jahre 1935), konnten an der Spitze der Rüstungsbetriebe nur solche Leute geduldet werden, die vorgegebene außenpolitische Ziele, einschließlich ihrer militärischen Durchsetzung, zu ihren eigenen machten, ohne Einschränkungen und Skrupel. Und gerade das war von Junkers nicht zu erwarten. Deshalb mußte ihm die alleinige Entscheidungsgewalt über seine Betriebe aus der Hand genommen und jeder weitere Einfluß unmöglich gemacht werden. Als geeignete Maßnahmen dafür wurden vor allem zwei angesehen: Junkers sollte veranlaßt werden, seine Aktienmehrheit abzugeben, denn wer diese besitzt, entscheidet auch. Und er sollte gezwungen werden, Dessau zu verlassen, denn wer von den Junkers-Betrieben isoliert ist, kann auf sie keinen Einfluß nehmen.

Aber Junkers galt noch aus einem anderen Grunde für das Reichsluftfahrtministerium als politisch unzuverlässig. Das hing mit dem einstigen Werk in Fili und der intensiven Gemeinschaftsarbeit mit sowjetischen Luftverkehrsgesellschaften zusammen. „Zu einem Zeitpunkt, als imperialistische Staaten … versuchten, den jungen Sowjetstaat wirtschaftlich zu erdrosseln, ja ihn sogar durch militärische Interventionen zu zerschlagen, verhandelte Junkers mit der sowjetischen Führung ... Er half objektiv der sowjetischen Flugzeugindustrie ..., den Anschluß an den modernen Flugzeugbau zu finden ..."[175] Damit hatte er bereits seine bürgerlich-liberale Haltung dahingehend deutlich gemacht, daß er nicht zu den blindwütigen Antikommunisten gerechnet werden konnte. Aber gerade der Antikommunismus stand seit dem Februar 1933 in Deutschlands höchster Blüte und war Staatspolitik, nach innen und nach außen.

Andererseits war die Lage verzwickt, denn der Name des Professors Junkers hatte einen weitreichenden guten Klang in der Welt. Deshalb wurde ein Weg gesucht, Junkers zu entmachten, ohne sich zugleich außenpolitisch zu blamieren, wie das gerade vor dem Reichsgericht in Leipzig geschah, wo inzwischen am 24. September 1933 der Reichstagsbrandprozeß begonnen hatte und der bulgarische Kommunist Georgi Dimitroff dabei war, vom Angeklagten zum Ankläger zu werden. (Dieser für seine Urheber in der internationalen Öffentlichkeit so überaus peinliche Prozeßverlauf endete am 23. Dezember mit dem Freispruch aller Angeklagten.)

Wenige Tage nach dem Prozeßbeginn in Leipzig „wegen Brandstiftung und Hochverrat", was laut § 5 der „Verordnung zum Schutz von Volk und Staat" mit dem Tode zu bestrafen war, fand am 3. Oktober 1933 in Berlin im Reichsluftfahrtministerium eine Besprechung unter dem Vorsitz des Staatssekretärs Milch statt, „in der die Voraussetzungen der Anwendbarkeit der Verordnung zum Schutze von Volk und Staat vom 28. Februar 1933 auf Prof. Junkers erörtert wurden. Diese Voraussetzungen wurden bejaht." Der bereits erwähnte Oberstaatsanwalt Lämmler erhielt von Milch den Auftrag, die folgenden Bedingungen gegenüber Professor Junkers durchzusetzen:
1. Professor Junkers hat mindestens 51% der Ifa und der Jumo abzugeben, damit sein wirtschaftlicher Einfluß gebrochen wird;
2. der Käufer wird vom Reichsluftfahrtministerium präsentiert;
3. Professor Junkers hat Dessau zu verlassen, es werden ihm Aufenthaltsbeschränkungen auferlegt;
4. der Pass wird Professor Junkers entzogen;
5. zur Annahme der Vorschläge erhält Prof. Junkers eine Frist von dreimal vier-

undzwanzig Stunden. Nach fruchtlosem Ablauf der Frist soll zur strafrechtlichen Verfolgung des Prof. Junkers geschritten werden."[176]

Lämmlers Auftrag war damit endgültig klargestellt. Eigens als Instrument zur raschen Lösung des „Falles Junkers" ist am 9. Oktober 1933 in Dessau (damals Landeshauptstadt von Anhalt) eine Landeskriminalpolizei-Dienststelle geschaffen und Oberstaatsanwalt Lämmler zu ihrem Chef ernannt worden.

Für das, was nun folgte, hat Lämmler ein halbes Jahr später in seinem Bericht eine umfängliche Begründung gegeben, aus dem die folgenden verfahrenskennzeichnenden Sätze stammen. Er schrieb dort, „daß Professor Junkers wegen seiner politischen Einstellung, seines pazifistischen Verhaltens, seines wahllosen Einstellens staatsbedenklicher Persönlichkeiten in der Leitung des Betriebes ... mit dem schweren Verdacht eines Blickpunktes nach Rußland, wegen des staatsfeindlichen Verhaltens in der unerhörten Verschleuderung von Reichsgeldern ..., ferner wegen des besonderen landesverräterischen Treibens usw. Grund bestand, die Verordnung zum Schutze von Staat und Volk ... auf Professor Junkers anzuwenden, d. h. die Beschränkung der persönlichen Freiheit und des persönlichen Eigentums, wenn sie im Staatsinteresse notwendig werden, vorzunehmen."

Außerdem schrieb Lämmler, damit die willkürliche Anwendbarkeit der erwähnten Verordnung kennzeichnend: „Es wäre völlig abwegig zu verlangen, daß die der Verordnung zugrunde liegenden Tatbestände notwendigerweise so beschaffen sein müßten, daß sie einer gerichtlichen Verurteilung in objektiver und subjektiver Hinsicht standhielten ... Die Verordnung zum Schutz von Staat und Volk will gerade diejenigen staatsfeindlichen Elemente erfassen, die mangels ausreichender Gesetzgebung kriminell nicht erfaßbar sind. Hierzu genügt der Nachweis von Tatsachen, welche die betreffende Person als staatsbedenklich oder staatsfeindlich (volksfeindlich, landesverräterisch) erscheinen läßt, ohne daß in objektiver oder subjektiver Hinsicht der Tatbestand eines Strafgesetzes erfüllt wird."

Schließlich wurde in dem Bericht auch noch einmal verdeutlicht, worin der ganze Zweck des „Falles Junkers" bestanden hatte: „Wenn das Reich überhaupt ernstlich daran dachte, sich seines Werkes zu besonderen Zwecken zu bedienen ..., wa-

ren Wehrinteressen und außenpolitische Interessen ... des Reiches zu berücksichtigen."[177]

Lämmler konnte sich in seiner neuen landeskriminalpolizeilichen Dienststelle noch gar nicht richtig eingerichtet haben, da begann er schon, vom Reichsluftfahrtministerium zur Eile gedrängt, aus dem „Fall" eine „Aktion Junkers" zu machen. Am 15. Oktober 1933 schickte er an Junkers, der sich aus gesundheitlichen Gründen in seinem Landhaus in Bayrischzell aufhielt, ein Telegramm mit der Aufforderung, zu einer Besprechung sofort nach Dessau zurückzukehren. Junkers bat, ebenfalls telegrafisch, um einen dreitägigen Terminaufschub bis zum 18. Oktober. Ohne darauf zu antworten, veranlaßte Lämmler die Herbeischaffung von Junkers unter Polizeibewachung. Am Vormittag des 17. Oktober holten ihn mehrere Polizeibeamte in Zivilkleidung von Bayrischzell ab, brachten ihn mit einem PKW nach München und von dort per Flugzeug nach Dessau.[178]

Lämmler hatte derweil am selben Tag in einer überraschenden Polizeiaktion aus den Büros der Junkers-Werke „alles geschriebene und gedruckte Material" beschlagnahmen lassen.[179]

Unmittelbar nach seinem Eintreffen in Dessau wurde Junkers aufgefordert, sich zu einer Zusammenkunft in die Handelskammer zu begeben. Lämmler eröffnete dort um 20.00 Uhr die Sitzung und gab zu verstehen, daß die bisherige Untersuchung genügend Material dafür erbracht habe, daß Junkers „wegen Landesverrats verurteilt werden müsse". Sollte Junkers den Wünschen des Reichsluftfahrtministeriums durch die Unterzeichnung des fertig vorgelegten Vertrages nachkommen, werde eine Strafverfolgung nicht stattfinden. Sollte hingegen der Vertrag noch in dieser Nacht nicht unterschrieben werden, „müsse er Herrn Professor Junkers sofort verhaften und mit dem nächsten Zug nach Leipzig schaffen".[180]

Professor Junkers wurde also brutal erpreßt. In Leipzig, wohin er, der Androhung Lämmlers zufolge, im Weigerungsfalle gebracht werden sollte, lief noch immer das makabre Schauspiel des mit großem Propagandaaufwand aufgezogenen Reichstagsbrandprozesses ab. Die Zeitungen berichteten täglich darüber unter fetten Schlagzeilen. Junkers mußte sich ausrechnen, daß er möglicherweise als nächstes Opfer eines Schauprozesses dort stehen würde. So beugte er sich in jener Nacht dem Druck, dem zu widerstehen er als

74jähriger nicht mehr die physische und psychische Kraft hatte. Nach sechsstündiger Sitzungsdauer, um zwei Uhr, unterschrieb er. Damit war sein Einfluß auf die weiteren Vorgänge in Dessau ausgeschaltet. Seinen Reisepaß mußte er sofort abgeben. Der mündliche Verkehr mit Arbeitern und Angestellten der Werke in Dessau wurde ihm untersagt.

Professor Junkers verlegte seinen Wohnsitz nach Bayrischzell und wurde auch dort mit weiteren Repressalien verfolgt. Zunächst erhielt er noch einmal schriftlich von Lämmler bestätigt, daß sein Aufenthalt „auf Bayrischzell und München beschränkt" sei. Doch bald folgten weitere Diskriminierungen, deren Bösartigkeit kaum noch zu übertreffen war. Ausgerechnet für Junkers 75. Geburtstag hatten sich Lämmler und seine Auftraggeber etwas Besonderes ausgedacht. Am Morgen des 1. Februar 1934 erschienen in Bayrischzell „im Auftrag der Landeskriminalpolizei Dessau" ein Polizeiobersekretär in Begleitung dreier weiterer Polizisten in Uniform und erklärte Professor Junkers, daß ihm in Abänderung einer früheren Anordnung als künftiger Aufenthaltsort nur noch Bayrischzell zugewiesen sei. Er dürfe den Gemeindebezirk bis auf Widerruf nicht verlassen. Sodann teilte er dem hochbetagten Jubilar mit:

„1. Besuche dritter Personen sind nur unter Aufsicht eines Kriminalbeamten gestattet. Darunter fallen auch Familienangehörige, soweit sie nicht ständig im Hause wohnen.

2. Angestellten und Arbeitern des Junkers-Konzerns ist jeder Verkehr mit Prof. Junkers verboten. Zu diesen Personen gehört auch Ihr eigener Sohn Klaus. Er darf also auch nicht gratulieren.

3. Sobald Sie Ihr Besitztum verlassen, wird Sie ein Beamter begleiten.

4. Auch der Anwalt fällt unter diese Personen.

5. Der Fernanschluß 614 ist gesperrt."[131]

Nicht einmal mehr telefonische Glückwünsche konnten Junkers erreichen. Seine Isolierung und Polizeiüberwachung war jetzt total.

Danach hat sich ein von Junkers bevollmächtigter Berliner Rechtsanwalt um die Rehabilitierung bemüht und nachgewiesen, daß der Flut von Anschuldigungen, die Lämmler gegen Junkers erhoben hatte, jegliche Beweisgrundlage fehle. Deshalb focht er die Gültigkeit des Vertrages an, den Professor Junkers in der Nacht vom 17. zum 18. Oktober 1933 infolge von

Zwangsandrohungen unterschrieben hatte. Der übereifrige Oberstaatsanwalt Lämmler hatte noch in einem mehr als hundert Seiten langen Bericht vom 28. April 1934 versucht, sein Vorgehen gegen Junkers zu rechtfertigen und dabei eine Vielzahl von Beschuldigungen angehäuft, ohne allerdings wiederum auch nur einen einzigen Beweis zu erbringen, der einer Prüfung standgehalten hätte. Von welch inhaltlicher Wertlosigkeit dieses Schriftstück ist, vermag schon ein einziges herausgegriffenes Beispiel zu belegen, dessen sachunkundige Oberflächlichkeit die Beweisqualität des ganzen Lämmler-Berichtes erhellt. Unter anderem hatte Lämmler nämlich versucht, Professor Junkers auch als Forscher und Wissenschaftler zu diffamieren, indem er behauptete, daß dieser in Wirklichkeit gar keine neuen Ideen in den Flugzeugbau eingebracht, sondern lediglich schon seit langem bekannte Gedanken benutzt habe. Dazu hat er sich „als Beleg" gerade die revolutionierendste Idee von Junkers herausgesucht, die vom Großraumflügel aus dem Jahre 1909, die am 1. Februar 1910 in Deutschland und danach in mehreren anderen industriell entwickelten Ländern patentiert worden ist. Lämmler schrieb: „Wenn Professor Junkers behauptet, daß er 1910 mit dem Gedanken des freitragenden, verspannungslosen dicken Flügels allein stand und noch viele Jahre blieb, so müßten ihm bekannt sein:

1. Das Patent Lanchesters aus dem Jahre 1897 über ein Flugzeug, das mit dünnen Aluminiumblechen beplankt werden konnte,

2. die Versuche Lilienthals in den 90er Jahren,

3. die Konstruktion durch Blériot im Jahre 1908,

4. die Konstruktion eines Eindeckers durch Antoinette im Jahre 1911, die dem ersten Junkers-Tiefdecker aus dem Jahre 1917 zum Verwechseln ähnlich sieht,

5. die Konstruktion des ersten Ganzmetallflugzeuges, welches in Deutschland geflogen wurde, durch Prof. Reissner im Jahre 1911 …

Im übrigen sind eine große Anzahl von Flugzeugkonstrukteuren in grundlegenden Fragen völlig anderer Ansicht wie Professor Junkers und haben dennoch damit die auffälligsten Erfolge und Weltrekorde erreicht, die die Erzeugnisse von Professor Junkers bisher nicht aufweisen konnten."[182] (Den letzten Halbsatz hatte er sogar dick unterstrichen!)

Das war Demagogie reinsten Wassers, ein Appell an die Uniformiertheit derer, für die der Bericht bestimmt war. Aber der geneigte Leser weiß inzwischen längst, daß kein anderer deutscher Flugzeugfabrikant auf dem Gebiete der Verkehrsfliegerei nach 1919 mit der F 13, ab 1925/26 mit der G 24 und ab 1932 mit der Ju 52/3m ernsthaft konkurrieren konnte. Und er weiß auch, daß beispielsweise im Juli 1927 in die FAI-Listen 19 deutsche Motorflugweltrekorde eingetragen waren, und zwar sämtlich für Junkers-Flugzeuge.

Nicht anders verhielt es sich mit Lämmlers „Beweisen", die er von 1 bis 5 aufgelistet hat. Diese Klarstellung können wir kurz fassen. Der Lanchester, den Lämmler meint, denn es gab mehrere dieses Namens, die sich gegen Ende des vorigen Jahrhunderts mit dem Studium des Vogelfluges und aerodynamischen Forschungen beschäftigt haben, hat, wie zu etwa gleicher Zeit andere Aerodynamiker auch, erkannt, daß die Auftriebsbildung vor allem durch die Zirkulationsströmung um eine Tragfläche möglich wird. Das Ergebnis seiner Bemühungen waren allgemeine Hinweise auf Tragflächenprofile, mehr nicht. Otto Lilienthal hat sich ebenfalls nicht mit verspannungslosen Flugzeugen oder dem starren dicken Flügel beschäftigt, denn seine Erkenntnisse gipfelten in dem Nachweis der Auftriebswirkung stoffbespannter gewölbter Flächen, die er dann auch bei seinen Gleitflugapparaten mit Erfolg benutzt hat. Der Franzose Louis Blériot hat zwar Eindecker gebaut (im Jahre 1908 übrigens noch erfolglos), aber weder hatten sie damals einen Hohlraumflügel, noch waren sie unverstrebt. Der von Léon Lavavasseur konstruierte Antoinette-Eindecker aus dem Jahre 1911 trug den Namen „Monobloc", war verkleidet und unverstrebt, aber mehr Attrappe als Flugzeug, weil es eben niemals flog und nur zum Rollen auf dem Flugfeld geeignet war. Außerdem war die Junkers-Idee zu diesem Zeitpunkt längst patentiert. Und die Konstruktion von Prof. Reißner war dem Prof. Junkers selbstverständlich bekannt, denn er hatte ja dafür die Wellblechtragflächen gebaut; auch dieser Flugapparat war verspannt und ohne Hohlraumflügel.

Lämmler mochte sich abmühen wie er wollte, der erste flugfähige freitragende verspannungslose Eindecker mit dickem (hohlräumigem) Flügel war die J 1 aus dem Jahre 1915, und jahrelang stand Junkers damit allein, hatte sogar Voreingenommenheiten und Fliegerängste vor dieser

Statt besonderer Anzeige!

Heute entschlief nach längerem Leiden,
ungebeugt in seinem Schaffenswillen

**Professor
Dr. Hugo Junkers**

Im Namen der Hinterbliebenen

Frau Therese Junkers

Gauting bei München, 3. Februar 1935

Die Einäscherung findet in aller Stille statt

An seinem 76. Geburtstag entschlief in Gauting bei München

Herr Professor Dr. ing. e. h.

HUGO JUNKERS

der Schöpfer unserer Werke.

Seiner zähen Arbeit und seinem Wagemut, selbst in schweren
Zeiten, sind das Entstehen und die Leistungen der Junkers-Werke
zu verdanken.

Die Werke verlieren in ihm den Pionier wissenschaftlicher Forschungs-
arbeiten und werden ihm stets ein ehrendes Andenken bewahren.

Dessau, den 3. Februar 1935.

Junkers-Flugzeugwerk A.G.
Junkers-Motorenbau G.m.b.H.
Junkers & Co. G.m.b.H.
Forschungsanstalt Professor Junkers
Kaloriferwerk Hugo Junkers G.m.b.H.
Junkers-Kalorimeterbau G.m.b.H.

Todesanzeigen am 5. Februar 1935

fortschrittlichen Konstruktions- und Bauweise zu überwinden. In vollkommener
Weise hat er den „dicken Flügel" mit der
G 38 schließlich als Großraumflügel zum
Fliegen gebracht. Das war schon damals
allgemein bekannt. Lämmlers Bericht cha-
rakterisierte deshalb lediglich ihn selbst.
Als Unterlage für luftfahrthistorische Untersuchungen oder gar zu „Verfehlungen"
von Junkers erwies er sich nicht als tragfähig.

In diese Angelegenheit hatten sich
zuerst Milch, der Luftfahrtstaatssekretär,
dann Göring als Reichsminister für Luftfahrt eingeschaltet. Beide waren dem Jun-

kers-Rechtsanwalt mit sehr resoluten, an-
maßenden und drohenden Schreiben entgegengetreten, sind aber von diesem bald
mit sachlichen Argumenten zum Schwei-
gen gebracht worden.

Professor Junkers starb nach wiederholten vorausgegangenen Erkrankungen am
3. Februar 1935, seinem 76. Geburtstag, an
plötzlichem Herzversagen. In der Presse
erschienen darüber ganz knappe und im In-
nenteil versteckte Ein-Satz-Nachrichten,
beispielsweise diese: „An seinem 76. Geburtstag ist am Sonntagmittag Professor
Hugo Junkers an seinem Ruhesitz in Gauting bei München nach längerem Leiden
verstorben." [183]

Auffallend groß hingegen standen, sogar ganzseitig, in vereinzelten Zeitungen
die Todesanzeigen, aufgegeben von Frau
Junkers und von den Dessauer Junkers-
Werken.

Nach Junkers Tod hatte es das Reichsluftfahrtministerium dann leicht, die Übernahme der Ifa und der Jumo in der beabsichtigten Weise zu vollziehen, denn Professor Junkers' Frau, die Alleinerbin Therese
Junkers, war nicht nur in der Sache völlig
überfordert, sondern auch psychisch, da
sie sämtliche Maßregelungen ihres Man-
nes miterlebt und mitertragen hatte. Sie
verkaufte den Dessauer Luftfahrtkomplex.
Eine Schiedskommission, mehrheitlich aus
Gefolgsleuten des Reichsluftfahrtministeriums zusammengesetzt, fällte einen
„Spruch in dem Rechtsstreit Deutsches
Reich/Frau Junkers", demzufolge das
Reichsluftfahrtministerium sämtliche Aktien und Geschäftsanteile der „Junkers
Flugzeugwerk A. G.", der „Junkers Motorenbau GmbH" und der „Forschungsanstalt Prof. Junkers" für insgesamt
27 120 000 Mark übernahm. Außerdem erhielt Frau Junkers im Verlaufe von zehn
Jahren für die Verwertung von Junkers-Patenten im Flugzeug- und Motorenbau einen
weiteren Gesamtbetrag in Höhe von
3,5 Millionen Mark. [184] Demnach mehr als
30 Millionen Mark als Verkaufserlös aus
dem gesamten Luftfahrt-Komplex in Dessau. Diesen Preis hatte das Reichsluftfahrtministerium schon festgelegt, bevor die
Schiedskommission zum ersten Mal zu-
sammengetreten war. Es war ein Schleu-
derpreis in bezug auf den tatsächlichen
Wert eines Bereiches der Luftfahrtindustrie, dessen Existenz dem mehr als anderthalb Jahrzehnte langen Fleiß von Dut-
zenden von Wissenschaftlern, Hunderten
von Ingenieuren und Tausenden von Arbeitern zu verdanken war.

Jedenfalls war damit der monatelang geradezu stabsmäßig geführte „Fall Junkers"
für das Reichsluftfahrtministerium abgeschlossen. Es hatte nun völlig freie Hand.
Die aus dem Junkers-Nachlaß erworbenen
Aktien wurden aufgeteilt. 25 Prozent davon
behielt das Reichsluftfahrtministerium,
75 Prozent wurden an interessierte Kapital-
gruppen verkauft. Schon in den ersten Um-
verteilungsüberlegungen des Reichsluftfahrtministeriums waren die Thyssen- und
die Flick-Gruppe im Gespräch, die zu den
bedeutendsten Stützen, finanziellen Förde-
rern und Nutznießern der Nazi-Herrschaft
gehörten.

In dieser Sache wäre noch nachzutra-
gen, daß sich das Reichsluftfahrtministerium gegenüber Lämmler für dessen Vorgehen gegen Junkers erkenntlich zeigte.
Es ist eine von Lämmler unterzeichnete
Quittung erhalten geblieben, datiert am
24. November 1933, also schon knapp
sechs Wochen nach jener Nacht, in der
Professor Junkers gezwungen worden war,
die Aktienmajorität des Flugzeug- und des
Flugmotorenwerkes an das Reichsluftfahrtministerium abzugeben und Dessau für immer zu verlassen. Die Quittung bestätigt,
daß Lämmler ein Aktienpaket der „Junkers
Flugzeugwerk A. G." zum Nominalwert von
drei Millionen Reichsmark erhalten hat. Ju-
daslohn für das Werkzeug Lämmler, der
einen Luftfahrtwissenschaftler beseitigte,
weil er den neuen Machthabern unbequem
war. Dafür hat man ihn zum Millionär gemacht.

„Aktion Francaise"
zum Tode von Prof. Junkers (Auszug)

Paris, 6. Februar 1935: „Das Ableben des
deutschen Professors Hugo Junkers stellt
ein wirkliches Ereignis für das Flugwesen
dar. Junkers hat in der deutschen Fliegerei eine führende Rolle gespielt. Er ist
einer der wenigen alten Konstrukteure,
die sich zunächst ins Laboratorium wand-
ten, bevor sie in die Praxis gingen ... Der
Name Junkers wird für immer mit dem
dicken Flügel, dem Tiefdecker und dem
Schwerölmotor verknüpft sein. Der Tod
des Dessauer Erfinders reißt eine große
Lücke in die Reihen der deutschen Luftfahrt."

Ein Wort zum Schluß

Wie bereits geschildert, war Professor Junkers in der Nacht vom 17. zum 18. Oktober 1933 von dem eigens dafür eingesetzten Oberstaatsanwalt Lämmler zum Unterschreiben eines Vertragspapiers gezwungen worden, wodurch er die Aktienmajorität der Ifa und der Jumo aus der Hand gab. Danach wurde er unverzüglich aus Dessau entfernt.

Allem Anschein nach hatte Göring nur auf diese Vollzugsmeldung aus Dessau gewartet, denn schon zwei Tage danach, für den 20. Oktober 1933, berief er in großer Eile eine geheime Sondersitzung der führenden Vertreter der deutschen Industrie nach Berlin ein. Unter ihnen befanden sich „die Führer der Flugzeugwerke und des Motorenbaues". Der Staatssekretär im Reichsluftfahrtministerium, Milch, „wies nach, daß für Deutschland nunmehr der große Augenblick gekommen sei, in dem es gälte, den Aufbau der Luftflotte vorzunehmen". Und Göring erklärte, „binnen einem Jahr" werde er „die Wende in der Stellung Deutschlands auf dem Gebiet der Luftfahrt herbeiführen". Danach verkündete Göring „die sachlichen Bekanntgaben über die Eingliederung der einzelnen Firmen in den Gesamtrahmen des Planes".[185]

Als Vertreter der Junkers-Werke nahm Koppenberg an dieser geheimen Beratung teil, ein ehemaliger Direktor des Flick-Konzerns, der im November 1933 vom Reichsluftfahrtministerium offiziell zum Vorsitzenden des Aufsichtsrates der Dessauer Flugzeug- und Motorenwerke berufen wurde. Schon vor seiner Berufung war im Oktober 1933 im Wirtschaftsteil der Presse eine Mitteilung zu lesen, die die wirklichen Vorgänge um Professor Junkers verschleiern sollte. Es hieß dort, daß „in Dessau ... mit einer intensiven Aufnahme der Forschungstätigkeit gerechnet werden kann, so daß sich Prof. Hugo Junkers von der Leitung der Fabrikationsstätten völlig

zurückzieht, um sich nunmehr nur neuen großen Forschungsaufgaben zu widmen.[186]

Die damaligen Junkers-Betriebe, die sich mit dem Flugzeug- und Motorenbau beschäftigt hatten (Ifa und Jumo), wurden seit dem Jahre 1934 unter einer gemeinsamen Leitung zusammengefaßt. Im Jahre 1936 wurde dieser Zusammenschluß auch in einer neuen Betriebsbezeichnung ausgedrückt, denn zu jener Zeit teilte die neue Dessauer Direktion offiziell mit: „Unsere Firma und Anschrift lautet ab 15. 7. 1936: „Junkers Flugzeug- und Motorenwerke Aktiengesellschaft, Flugzeugbau Stammwerk Dessau."[187] Zur Abkürzung wurden die Initialen JFM verwendet.

Zu dieser Zeit war die Luftrüstung bereits im vollen Gange und steigerte sich rasch zunehmend zur Fließbandproduktion. Ständig steigende Flugzeugmengen für vielfältige militärische Verwendungszwecke entstanden in territorial immer mehr ausgeweiteten Fertigungspotentialen. Allein im Dessauer Flugzeug- und Motorenbau stieg die Anzahl der Beschäftigten schon bis Dezember 1934 auf fast 14 000. Beträchtliche Produktionskapazitäten in Hamburg und Leipzig-Mockau wurden in die Fertigteilproduktion einbezogen. Bereits bis zum Jahre 1934 waren Fabriken in Halberstadt, Aschersleben, Staßfurt, Köthen, Halle, Gräfenhainichen und Jüterbog schrittweise übernommen und in die von Dessau aus geleitete Flugzeugherstellung einbezogen worden. Weitere Zweigwerke der JFM entstanden später in Bernburg, Magdeburg, Schönebeck, Merseburg, Leopoldshall, Langensalza, Kassel, Zittau und anderen Orten. Zehntausende von Flugzeugen verschiedener militärischer Grundmuster mit ungezählten Modifikationen sind für die größenwahnsinnigen und barbarischen Eroberungsfeldzüge geliefert worden.

Mit der Weiterverwendung des Namens von Prof. Hugo Junkers, der weltweit be-

kannt war und dessen Verkehrsflugzeuge auf den Kontinenten bis heute gültige Luftwege erschlossen hatten, sind im Zusammenhang mit den aggressiven militärpolitischen Zielsetzungen weitreichende massenpsychologische Absichten verbunden gewesen, die innen- wie außenpolitische Wirkungen hervorbringen sollten. Erstens ging es den braunen Machthabern von Anfang an um die Hebung ihres Ansehens, um den Eigenanstrich von Seriösität. Denn wenn es gelang, den Eindruck zu erzeugen, ein international so angesehener Technikwissenschaftler und Flugzeugtechniker wie Hugo Junkers habe sich mit seinem Lebenswerk in den Dienst ihrer politischen Ziele gestellt, dann mußte davon ein positiver, vertrauenerweckender Widerschein auf diese Ziele selbst fallen – und auf jene, die sie repräsentierten. Und zweitens ging es bei der seit dem Jahre 1935 offen zur Schau gestellten Kriegsrüstung darum, durch massenpsychologische Beeinflussung die allgemeine Überzeugung von der „Unbesiegbarkeit der deutschen Waffen" zu forcieren. Auch dafür wurde die mißbräuchliche Verwendung des Namens Junkers als Qualitätsbegriff gebraucht. Denn wenn sich mit diesem Namen in der internationalen Zivilluftfahrt Respekt verband, dann mußte es möglich sein, unter demselben Markenzeichen, wird er mit der Militärluftfahrt verknüpft, Schrecken zu erzeugen. So wurde Junkers, weil unbequem, absichtsvoll berechnend ausgeschaltet, aber sein Name, weil willkommen, in eine Reihe mit denen von vornherein bereitwilligen Luftrüstungsindustriellen gestellt – mit denen von Messerschmitt und Heinkel, Tank und Henschel ...

Mißbraucht wurde jedoch nicht nur der Name, sondern auch die Lebensarbeit von Hugo Junkers. Die von ihm hervorgebrachten flugzeug- und triebwerkstechnischen Lösungen für räuberische Kriegszwecke zu nutzen, war der abartige Gebrauch von Technik als Mittel ebenso abartiger Politik. Schuld daran waren die politischen Verhältnisse in Deutschland, nicht die technischen Verhältnisse bei Junkers in Dessau. Technische Erfindungen und technische Reifezustände sind nicht resistent gegen die Beliebigkeit ihrer Verwendung. Es liegt, wie jeder weiß, eine Spezifik der Technik darin, daß man sich ihrer bedienen und ihr eben gerade dadurch den Stempel von Nützlichkeit oder Schädlichkeit für den Menschen und die Menschheit aufprägen kann. Ein technisches Ding kann veraltet oder modern, einfach oder kompliziert, häßlich oder formschön sein. Gutartig oder zerstörend wird es erst infolge seiner Bestimmung, Verwendung und Wirkung. Und der Schöpfer dieser Technik, der Erfinder, kann Beginner, Neuerer und Umwälzer sein. Bestimmer aber darüber, was mit den Resultaten seines kreativen Strebens geschieht und welche gesellschaftlichen Kräfte sich ihrer bedienen, ist er letztendlich nicht. Die Geschichte der Technik und der Erfindungen ist reich an Beweisen dafür, das selbst segensreiche Entdeckungen oftmals zum Schaden der Menschen angewendet wurden.

So geschah es auch mit den technikwissenschaftlichen Leistungen und mit der leistungspotenten Technik, die Prof. Hugo Junkers gemeinsam mit seinen Forschungsgruppen, den Ingenieuren, Technikern und Technologen, den Fliegern und hochqualifizierten Facharbeitern seiner Werke hervorgebracht hatte, solange es darum ging, den Luftraum mit seinen Ganzmetall-Passagierflugzeugen zu erschließen, die „Sendboten des Friedens" sein sollten, im humanistischen Sinne zu begreifen als „Waffen des Friedens und der Menschlichkeit", wie er es im Jahre 1927 formuliert hatte. Aber auch seine technischen Lösungen waren so beschaffen, daß sie sowohl friedlichen als auch zerstörerischen, fortschrittlichen als auch reaktionären Zielen dienen konnten. Den tiefgreifenden Konflikt, der sich daraus ergab, mußte er als Deutscher in Deutschland durchleben. Obgleich selbst Bourgeois, wurde er entrechtet und im Hinblick auf die Weiterverwendung wie auch die Weiterentwicklung seiner Arbeitsergebnisse entmündigt. Es war gleichsam die politische Hinrichtung des humanistisch gesinnten bedeutenden Erfinders und Technikwissenschaftlers Hugo Junkers. Wer nach der Tragik in seinem Leben sucht, findet sie in diesem Konflikt.

Zum Verbleib der Dessauer Werksbibliothek

Im Zusammenhang mit den Junkers-Forschungen entstand wiederholt die Frage, auf welchem Wege und wohin die Bibliotheksbestände des Dessauer Flugzeug- und Motorenbaues verschwunden sind. Nachforschungen haben zu folgender Antwort geführt: Nachdem der ehemalige Atlantikbezwinger im Alleinflug, Charles Augustus Lindbergh, schon im Juli 1936 und im Oktober 1938 als Oberst der US Air Force in Begleitung weiterer amerikanischer Fliegeroffiziere den Dessauer Flugzeug- und Motorenbau besucht hatte, kehrte er nach dem Ende des zweiten Weltkrieges noch einmal dorthin zurück. Wieder in Begleitung, aber diesmal nicht zum Empfang und zur Entgegennahme von Huldigungen, sondern im Sonderauftrag zur Beschlagnahme von Archivmaterialien. Er handelte als Mitglied der technischen Kommission der US-Marine und als Berater der damaligen „United Aircraft Corporation", einem führenden Luftrüstungskonzern der USA.

Im Mai 1945 nahmen Lindbergh und etliche weitere Offiziere des neugebildeten Spezialkommandos im Hauptquartier der „Navy Technical Mission Europe" in Paris ihre Anweisungen entgegen, erhielten Sonderausweise und tauschten ihre Offiziersuniformen gegen die „einfacher US-Soldaten", wie Lindbergh in seinen Erinnerungen schrieb, „um auf deutschem Territorium so wenig wie möglich aufzufallen". Am 17. Mai 1945 startete die Gruppe vom Pariser Flugplatz Villacoublay in einer Douglas C-47, einem Jeep mit Anhänger und diversem Gepäck an Bord. Mit Flugzeug und Jeep bereisten sie verschiedene ehemalige deutsche Luftrüstungsbetriebe, „konfiszierten Dokumente, befragten Ingenieure und Wissenschaftler", durchsuchten Labors und Anlagen, veranlaßten umfangreiche Abtransporte.

Am Freitag dem 8. Juni 1945 traf die Gruppe auch in Dessau ein. Lindbergh nahm, seinen eigenen Angaben zufolge, sogleich die „Junkers-Lehrschau" und die Betriebsarchive in Augenschein. Schon am nächsten Tag begann die Räumung. Darüber gibt ein aufgefundener Brief des damaligen Vorstandsmitgliedes der „Junkers-Werke A. G." Richard Thiedemann, der zu jener Zeit mit der technischen Leitung beauftragt war, detaillierte Auskunft:

JUNKERS-WERKE AKTIENGESELLSCHAFT
Dessau, den 16. Juni 1945

An die
Amerikanische Militär-Regierung
Herrn Major Baen
Dessau
Arbeitsamt – mit der Bitte um Weiterleitung an Colonel Staal

Am 9. 6. 45 wünschte der englische Captain Witter mit Begleiter unsere Fachbücherei zu besichtigen und ein Inhaltsverzeichnis mitzunehmen. Er wies darauf hin, daß evtl. die ganze Bibliothek in Kürze abgeholt werden würde.
Am 12. 6. 45 erschien der Begleiter des englischen Cpt. Witter zusammen mit einem amerikanischen Offizier und veranlaßte, daß die gesamte Bibliothek einschließlich der Kartei nach einer Flugzeughalle gebracht wurde, von wo aus das gesamte Material am gleichen Tage mit 18 Flugzeugen abgeholt werden sollte. Da diese Flugzeuge weder am gleichen noch am folgenden Tage ankamen, würde die Bücherei mit Lastwagen abtransportiert. Wohin, wurde uns nicht beantwortet, auch keine Quittung gegeben. Diese technisch-wissenschaftliche Bibliothek wurde vor 40–50 Jahren von Prof. Junkers gegründet und hatte einen erheblichen Umfang. Es wurden ca. 10 000–12 000 Bände mitgenommen.

Hochachtungsvoll
Thiedemann

In Westeuropa ist diese Sammlung bisher nirgendwo aufgetaucht. Fachleute gehen davon aus, daß sie sich in den USA befindet.

Quellen-verzeichnis

1. Nägel, A.: Der Junkersmotor. In: Junkers-Festschrift zum 70. Geburtstag. VDI-Verlag GmbH., Berlin NW 7, 1927, S. 10
2. Ebenda. S. 11
3. Gramberg, A.: Junkers' wärmetechnische Arbeiten. In: Ebenda. S. 27
4. Vergl. Engelmann, H.: Hugo Junkers – ein Pionier des technischen Fortschritts. In: Traditionen der Ingenieurausbildung in Köthen 1891–1981. Ingenieurschule Köthen (Hrsg.), o. J., S. 37
5. Ebenda. S. 38
6. Blunck, R.: Hugo Junkers. Ein Leben für Technik und Luftfahrt. Econ-Verlag GmbH, Düsseldorf 1951, S. 54
7. Ebenda. S. 65
8. Junkers, H.: Eigene Arbeiten auf dem Gebiete des Metall-Flugzeugbaues. In: Berichte und Abhandlungen der Wissenschaftlichen Gesellschaft für Luftfahrt. Sonderdruck, 11. Heft, München 1924, S. 1
9. Mader, O.: Vom Junkers-Flugzeugbau. In: Junkers-Festschrift zum 70. Geburtstag. A. a. O., S. 65
10. Ebenda. S. 66
11. Junkers, H.: Eigene Arbeiten auf dem Gebiete des Metall-Flugzeugbaues. A. a. O., S. 1 ff.
12. Vergl. Meier, H.-J.: Junkers-Patent 1910. Nurflügel oder nicht? In: Luftfahrt international, H. 2, Verlag E. S. Mittler & Sohn, Herford und Bonn 1980, S. 68
13. Junkers, H.: Eigene Arbeiten ... A. a. O. S. 3 ff.
14. Junkers, H.: Grundsätze technisch-wirtschaftlicher Forschung, entwickelt aus ihren Zielen und nach eigenen Erfahrungen. Vortragsmanuskript vom 11. Okt. 1932. In: Junkers-Nachrichten, Nr. 1, Köln 1962

15. Wissmann, G.: Geschichte der Luftfahrt vom Ikarus bis zur Gegenwart. VEB Verlag Technik, Berlin 1966, S. 374
16. Wagner, W.: Von der J 1 bis zur F 13. Leuchtturm-Verlag, Konstanz 1976, S. 17 ff.
17. Ebenda. S. 20
18. Zuerl, W.: Deutsche Flugzeugkonstrukteure. Curt Pechstein Verlag, München 1938, S. 57
19. Die Junkers-Lehrschau. 2. Aufl., Dessau 1939, S. 34
20. Junkers, H.: Eigene Arbeiten ... A. a. O., S. 14
21. Fokker, A. H. G.; Gould, B.: Der fliegende Holländer. Rascher & Cie. A. G. Verlag, Zürich–Leipzig–Stuttgart 1933, S. 194 f.
22. Mader, O.: Vom Junkers-Flugzeugbau. A. a. O., S. 69
23. Brandenburg, F.: Etwas vom Panzer-Doppeldecker J 4, dem ersten kriegtüchtigen Junkers-Flugzeug. In: Der Propeller, Werkzeitung der Ifa-Jumo, H. 2/3 – 1936, S. 28
24. Ebenda. S. 29
25. Wagner, W.: A. a. O., S. 35
26. Ebenda. S. 53 f.
27. Fokker, A. H. G.; Gould, B.: A. a. O., S. 223
28. Ebenda. S. 192 f.
29. Junkers, H.: Eigene Arbeiten ... A. a. O., S. 15
30. Wagner, W.: A. a. O., S. 80
31. Geschichte der deutschen Flugzeugindustrie (Entwurf). Bearbeitet von der Inspektion des Flugwesens, Zentral-Abnahme-Kommission. Reichsdruckerei, Berlin 1918, S. 200
32. Groehler, O.: Geschichte des Luftkriegs 1910 bis 1970. Militärverlag der DDR, Berlin 1975, S. 58
33. Zuerl, W.: Deutsche Flugzeugkonstrukteure. A. a. O., S. 58
34. Schmitz, F. W.: Die Junkers F 13 – nach 25 Jahren gesehen.

In: Luftwissen, Jhrgg. 1944. Vergl. auch Nevin, D.: Der Aufbau der Luftstreitkräfte. Time-Life-Books B. V., Amsterdam 1982, S. 86
35. Ries, K.: Recherchen zur Deutschen Luftfahrzeugrolle, Teil 1: 1919–1934. Verlag Dieter Hoffmann, Mainz 1977, S. 20
36. Wagner, W.: A. a. O., S. 86
37. Vergl. Schmidt, H. A. F.: Flugzeuge gestern und heute. transpress-Verlag, Berlin 1963, S. 51
38. Lufthansa-Nachrichten, Nr. 167, Köln 1959, S. 4
39. Schmidt, H. A. F.: A. a. O., S. 56
40. Ries, K.: A. a. O., S. 16 ff.
41. Vergl. ebenda. S. 4 f.
42. Kopenhagen, W.; Neustädt, R.: Das große Flugzeug-Typenbuch. transpress-Verlag, Berlin 1982, 2. Aufl., S. 119
43. Bachmann, P.; Zeisler, K.: Der deutsche Militarismus. Bd. I. Deutscher Militärverlag, Berlin 1971, S. 305
44. Lenin, W. I.: Werke Bd. 31. Dietz Verlag, Berlin 1959, S. 317
45. Vergl. Autorenkollektiv: Deutsche Geschichte (Bd. 3) von 1917 bis zur Gegenwart. VEB Deutscher Verlag der Wissenschaften, Berlin 1968, S. 44
46. Trautvetter: Über die Begriffsbestimmungen für den deutschen Luftfahrzeugbau. In: Der Luftweg, H. 8/1922, S. 78
47. Jahrbuch für den Luftverkehr 1924. München 1924, S. 133 f.
48. Everling, E.: Die Luftfahrt. In: Zehn Jahre Versailles. Bd. II. Brückenverlag GmbH, Berlin 1929, S. 168
49. Montjou, Guy de: Impressions d'Allemagne. Paris 1922, S. 129 (französ.)
50. Illustrierte Flugwoche, Jhrgg. 1921, S. 159
51. Nachrichten für Luftfahrer, Nr. 15/1921
52. Vergl. Illustrierte Flugwoche, Jhrgg. 1921, S. 540; vergl. auch: Nachrichten für Luftfahrer, Nr. 46/1922
53. Der Luftweg, Nr. 4/1922, S. 37
54. Nobile, U.: Flüge über den Pol. VEB F. A. Brockhaus Verlag, Leipzig 1980, S. 46
55. Ebenda. S. 51
56. Vergl.: Eine Prise Arktis. In: Flieger-Revue, H. 9/1970, S. 364 ff.
57. Vergl. Eyermann, K. H.: Luftspionage. Bd. II. Deutscher Militärverlag, Berlin 1963, S. 17 ff.

58. Junkers-Nachrichten, Dessau 1926, S. 51
59. Ebenda. S. 50
60. Junkers und die Weltluftfahrt. Richard Pflaum Verlag, München 1934, S. 69
61. Dessauer Neueste Nachrichten, 17. Mai 1930
62. Junkers und die Weltluftfahrt. A. a. O., S. 71
63. Kaumann, G.; Sachsenberg, G. u. a.: Antwort an Professor Junkers. Als Manuskript in numerierten Exemplaren gedruckt. Dessau, 25. Aug. 1932, S. 18
64. Der Luftweg, Nr. 13/14 – 1921, S. 101
65. Irving, D.: Die Tragödie der deutschen Luftwaffe. Ullstein-Verlag, Frankfurt/M.–Berlin–Wien 1975, S. 31
66. Tilgenkamp, E.: Die Geschichte der schweizerischen Luftfahrt. Bd. II. Aero-Verlag, Zürich 1941/42, S. 338 f.
67. Ebenda. S. 343
68. Ebenda. S. 344
69. Der Luftweg, Nr. 12/1925
70. Ebenda. Nr. 15/1925
71. Maass, M.: Die Unternehmungen im Luftverkehr, ihre Entstehung, Entwicklung sowie ihre Formen, Verbände und Zusammenschlüsse bis zum Jahre 1926 unter besonderer Berücksichtigung des deutschen Verhältnisse. Dissertation. Universität Göttingen, Rechts- und Staatswiss. Fakultät, 1926, S. 66
72. Loose, F.: Zu Wasser, zu Lande und in der Luft. Luftfahrt-Verlag Walter Zuerl, Steinebach-Wörthsee o. J., S. 39
73. Reisner, L.: Von Astrachan nach Barmbeck. Mitteldeutscher Verlag, Halle–Leipzig 1983, S. 187 f.
74. Monday, D.: Illustrierte Geschichte der Luftfahrt. Südwest Verlag, München 1980, S. 233
75. Loose, F.: A. a. O., S. 90 f.
76. Junkers-Nachrichten. Dessau 1926, S. 44
77. Loose, F.: A. a. O., S. 73 f.
78. Vergl.: Die Geschichte der deutschen Lufthansa. DLH (Hrsg.), Köln 1975, S. 13
79. Der Luftweg, H. 5/1923, a. a. O., S. 35
80. Loose, F.: A. a. O., S. 74
81. Der Propeller, H. 2/3 – 1936, S. 12
82. Junkers-Nachrichten, Nr. 5/6, Köln 1978
83. Vergl.: Ebenda
84. Reisner, L.: A. a. O., S. 182

85. Vergl.: Junkers-Groß-Verkehrsflugzeug Typ G 23. In: Flugsport. Frankfurt/Main, Nr.5/1925, S.110
86. Junkers-Nachrichten. Dessau 1926, S.57
87. Loose, F.: A.a.O., S.117
88. Vergl.: Ebenda, S.121ff.
89. Ebenda, S.119f.
90. Ebenda, S.128
91. Atlantikflug der „Bremen" 1928. Flughafen Bremen GmbH (Hrsg.), Bremen 1978, S.23
92. Ebenda, S.26
93. Kimenkowski, E.: Wir von der „Bremen". Die Geschichte des ersten Fluges über den Atlantischen Ozean von Ost nach West. Verlag Richard Gahl, Berlin 1928, S.22
94. Atlantikflug der „Bremen" 1928. A.a.O., S.61
95. Vergl.: Ebenda, S.97
96. Junkers Flugzeuge und Flugmotoren. 1.Bd. Luftfahrt-Verlag Walter Zuerl, Steinebach-Wörthsee o.J., S.62
97. Loose, F.: A.a.O., S.94
98. Dzierzynska, Z.: Jahre großer Kämpfe. Militärverlag der DDR, Berlin 1977, S.293f.
99. Geschichte der Kommunistischen Partei der Sowjetunion. Bd.IV. Verlag Progreß, Moskau 1973, S.285
100. Vergl.: Ebenda, S.287
101. Deutsche Geschichte von den Anfängen bis 1945. VEB Bibliographisches Institut, Leipzig 1965, S.754
102. Der Luftweg, H.10/1922, S.1
103. Lenin, W.I.: Werke Bd.32, S.480
104. Ebenda, S.383f.
105. Geschichte der Kommunistischen Partei der Sowjetunion. A.a.O., S.442
106. Groehler, O.: Geschichte des Luftkriegs 1910 bis 1970. A.a.O., S.110
107. Schawrow, W.B.: Der sowjetische Flugzeugbau in der Periode des Wiederaufbaus der Volkswirtschaft (1921 bis 1925). In: Fliegerkalender der DDR 1975, Militärverlag der DDR, Berlin 1974, S.151f.
108. Vergl. Lichte, A.: Der Reichseingriff in die Junkers-Werke. In: Junkers-Nachrichten, H.5/6, Bremen 1976
109. Schmidt, H.A.F.: Flugzeuge gestern und heute. A.a.O., S.57
110. Schawrow, W.B.: Die Geschichte der Konstruktion von

Flugzeugen in der UdSSR bis 1938. Verlag Maschinenbau, Moskwa 1978 (russ.)
111. Bongers, H.M.: Es lag in der Luft. Erinnerungen aus fünf Jahrzehnten Luftverkehr. Econ-Verlag, Wien–Düsseldorf 1971, S.26f.
112. Kratz, P.: Fertigung und Einführung der Junkers-Motoren. In: Mitarbeiter berichten aus gemeinsamer Tätigkeit. Dessau 1940, S.74
113. Schawrow, W.B.: A.a.O., S.301
114. Zindel, E.: Junkers Flugzeugbau von der F 13 bis zur G 38. In: Mitarbeiter berichten … A.a.O., S.106
115. Schmidt, H.A.F.: A.a.O.
116. Vergl. Junkers-Luftverkehr-Nachrichtenblatt, Berlin, Nr.3/1924, S.1
117. Ebenda, Nr.6/1925
118. Schawrow, W.B.: A.a.O., S.301
119. Ebenda, S.302
120. Junkers-Nachrichtendienst, Dessau-Ziebigk, 7.Okt.1930
121. Schawrow, W.B.: A.a.O., S.302
122. Nachrichten für Luftfahrer, Nr.18/1926
123. Maass, M.: A.a.O., S.40
124. Bongers, H.M.: A.a.O., S.33f.
125. Böhme, K.-R.: A B Aerotransport, Junkers och flygvapnet (A B Aerotransport, Junkers und die Luftwaffe). Särtryk ur Kungl Krigsvetenskapsakademiens Bihäfte – Militärhistorik Tidskrift 1980, S.94 (schwed.)
126. Loose, F.: A.a.O., S.63ff.
127. Ries, K.: Die Maulwürfe 1913–1935/Luftwaffe. Verlag Dieter Hoffmann, Mainz 1970, S.123; vergl. auch Nowarra, H.-J.: Die verbotenen Flugzeuge 1921–1935. Motorbuch Verlag, Stuttgart 1980, S.152ff.
128. Nowarra, H.J.: Ebenda, S.154
129. Ebenda, S.188
130. Ebenda, S.194
131. Vergl. Lange, B.: Das Buch der deutschen Luftfahrttechnik. Verlag Dieter Hoffmann, Mainz 1970, S.283
132. Vergl. Böhme, K.-R.: A.a.O., S.95
133. Kaumann, G.; Sachsenberg, G. u.a.: A.a.O., S.11
134. Pohlmann, H.: Prof.Junkers nannte es „Die Fliege". Motorbuch Verlag, Stuttgart 1983, S.89f.

135. Heimann, E.H.: Die Flugzeuge der deutschen Lufthansa. Motorbuch Verlag, Stuttgart 1980, S.90
136. Ebenda, S.94 und 98
137. Vergl. z.B. Heimann, E.H.: A.a.O., S.98; Lange, B.: A.a.O., S.283; Ries, K.: Recherchen zur deutschen Luftfahrzeugrolle. A.a.O., S.159 und 207
138. Matthias, J. u. H.: Tod und Sieg über den Weltmeeren. Verlag E.S.Mittler & Sohn, Berlin 1937, S.188
139. Lange, B.: A.a.O., S.283
140. u.a. ebenda, S.283f.
141. Hoff, W.; Stahr, W. (Hrsg.): Tätigkeitsbericht 1934 der Deutschen Versuchsanstalt für Luftfahrt e.V. Berlin-Adlershof, S.44
142. Vergl. auch Lange, B.: A.a.O., S.284
143. Pletschacher, P.: Deutsche Sportflugzeuge. Motorbuch Verlag, Stuttgart 1977, S.136
144. Pohlmann, H.: A.a.O., S.89
145. Lange, B.: Tante Ju. Verlag Dieter Hoffmann, Mainz 1976, S.12
146. Vergl.: Ebenda, S.12f.
147. Junkers-Nachrichten, H.7/8/9 – 1939, S.165 und 179f.
148. Vergl. Heimann, E.H.: A.a.O., S.128
149. Pohlmann, H.: A.a.O., S.135
150. Staatsarchiv Magdeburg, Außenstelle Oranienbaum. Junkers-Werke, Nr.123
151. Ebenda
152. Junkers-Werke (Hrsg.): Zur Erinnerung an die Feier des 70.Geburtstages Hugo Junkers, 2./3.Februar 1929. S.25
153. Dessauer Neueste Nachrichten, 17.Mai 1930
154. Der Propeller, a.a.O., H.6/7 – 1936, S.86
155. Ebenda, S.89
156. Gasterstädt: Die Entwicklung des Junkers-Schwerölmotors. Vortrag vor der Wissenschaftlichen Gesellschaft für Luftfahrt, Nov.1929 (Ablichtung; Archiv d.Verf.)
157. Ebenda
158. Der Propeller, a.a.O., H.6/7 – 1936, S.99
159. Ebenda
160. Gasterstädt: A.a.O.
161. Lange, B.: A.a.O., S.277
162. Der Propeller, a.a.O., H.6/7 – 1936, S.99
163. Gimm, A.: F 24 und Jumo 4. In: Mitarbeiter berichten … A.a.O., S.31ff.
164. Kaumann, G.; Sachsenberg, G. u.a.: A.a.O., S.19

165. Lämmler: Bericht zum Fall Junkers. Stadtarchiv Dessau, 1 043: D 823, S.2
166. Vergl. Bongers, H.M.: A.a.O., S.93f.
167. Kaumann, G.; Sachsenberg, G. u.a.: A.a.O., S.32f.
168. Bongers, H.M.: A.a.O., S.93f.
169. Lämmler: A.a.O., S.8
170. Vergl. Jablonowski, U.: Beziehungen zwischen dem Dessauer Bauhaus und den Werken des Junkerskonzerns. In: Dessauer Kalender 1983, Dessau, S.27
171. Lichte, A.: Die Übernahme der Junkers-Luftfahrt-Unternehmen in Reichsbesitz. In: Junkers-Nachrichten, Bremen, Nr.2/3 – 1975, S.1
172. Veken, K.: Jagd ohne Gnade. Verlag Neues Leben, Berlin 1977 (4.Aufl.), S.52
173. Kaumann, G.; Sachsenberg, G. u.a.: A.a.O., S.32
174. Engelmann, H.: Die Entfernung von Prof.Hugo Junkers von seinen Werken. In: Dessauer Kalender 1984. Dessau, S.39
175. Groehler, O.: Von den Verdiensten und Grenzen des Professor Hugo Junkers. In: Flieger-Revue, H.2/1984, S.59
176. Lämmler: A.a.O., S.9f.
177. Ebenda, S.6f., 78 und 80f.
178. Vergl. Lichte, A.: Die Übernahme … A.a.O., S.2
179. Radandt, H.: Hugo Junkers – ein Monopolkapitalist und korrespondierendes Mitglied der Preußischen Akademie der Wissenschaften. In: Jahrbuch der Wirtschaftsgeschichte, Teil I. Akademie-Verlag, Berlin 1960, S.132
180. Ebenda
181. Lichte, A.: A.a.O., S.3
182. Lämmler: A.a.O., S.28f.
183. Völkischer Beobachter, Berlin, 5.Febr.1935
184. Lichte, A.: A.a.O., S.9
185. Zitiert nach Zumpe, L.: Wirtschaft und Staat in Deutschland 1933 bis 1945. Bd.3. Akademie-Verlag, Berlin 1980, S.81
186. Völkischer Beobachter, Berlin, 22./23.Okt.1933
187. Staatsarchiv Magdeburg, Außenstelle Oranienbaum: Junkers-Werke Nr.64–65

Bildquellen:

Sammlung Autor (229); Sammlung Thomas Hofmann (69); Sammlung Stadtbezirk Berlin-Treptow (2); Sammlung Mau (18); Sammlung Dr. Koos (1); Archiv DLH (7); Foto Jens Hofmann (1).

Literatur-verzeichnis

BLUNCK, R.: Hugo Junkers – der Mensch und das Werk. Wilhelm Limpert-Verlag, Berlin 1943

BRÜTTING, G.: Das Buch der deutschen Fluggeschichte, Bd.3, Drei Brunnen Verlag GmbH, Stuttgart 1979

BÜTTNER, A.: Menschenflug. Franckhs Technischer Verlag Dieck & Co., Stuttgart 1924

CONIN, H.: Gelandet in Berlin. Berliner Flughafengesellschaft mbH, Berlin (West) 1974

DEMAND, C.: Die großen Atlantikflüge 1919 bis heute. Motorbuch Verlag, Stuttgart 1983

Der Flugzeugpark der Deutschen Lufthansa A.G.. Vervielfält. DLH-Manuskr., Archiv d. Verf.

Die Junkers-Werke. Dessau 1926

Deutscher Fliegerkalender/Fliegerkalender der DDR. Militärverlag der DDR, Berlin 1964 bis 1984

EBERHARDT, W.v. (Hrsg.): Unsere Luftstreitkräfte 1914–18. Vaterländischer Verlag C.A.WELLER, Berlin 1930

EYERMANN, K.-H.: Der große Bluff. Aus Geheimarchiven der deutschen Luftfahrt. transpress-Verlag, Berlin 1963

EYERMANN, K.-H.: Die Luftfahrt der UdSSR 1917 bis heute. transpress-Verlag, Berlin 1983

Flieger-Jahrbuch. transpress-Verlag, Berlin 1958 bis 1984

FREYTAG, L.: Zur Geschichte der Pionierzeit im deutschen Luftverkehr (1919–1929). In: Technisch-ökonomische Informationen der zivilen Luftfahrt. Berlin, Jhg.1969

FRICKE: Die bürgerlichen Parteien in Deutschland. VEB Bibliographisches Institut, Leipzig 1968

GAST, P.: Die Technische Hochschule zu Aachen. Eigenverlag der TH Aachen, 1921

HESSE, F.: Erinnerungen an Dessau. Bd.1 und 2. Bad Pyrmont-München (ca.) 1963

HOFMANN, A. & Th.: Chronik der Junkers-Werke. Unveröff. Manuskript, Dessau 1983

HOFMANN, A. & Th.: Piloten im Junkers-Luftverkehr und Werkspiloten 1919–1925. Unveröff. Manuskript, Dessau 1983

HOFMANN, P.: Korruption um Junkers. Dessau (ca.) 1932

Hugo Junkers – Pionier der industriellen Forschung. Deutsches Museum München, 1969

JAKOWLEW, A.S.: 50 Jahre sowjetischer Flugzeugbau. Verlag „Nauka", Moskwa 1968 (russ.)

JOHANNSEN, F.: 158 Stunden treibend im Ozean. In: LANGSDORFF, W.v. (Hrsg.): Flieger und was sie erlebten. Verlag C.Bertelsmann, Gütersloh 1935

JÜNGER, E. (Hrsg.): Luftfahrt tut not! Wilhelm Andermann Verlag, Berlin o.J.

Junkersarbeit – Qualitätsarbeit. Bild-Text-Mappen 1 bis 3. Dessau o.J.

Junkers-Nachrichten, Köln, Jhrgg.1961 bis 1980

Junkers-Ratgeber. C.Dünnhaupt Verlag, Dessau 1937

KÖHL, H.: Bremsklötze weg! Sieben-Stäbe-Verlag, Berlin 1983

Kreisvorstand Dessau der URANIA (Hrsg.): Kolloquium – zum 125.Geburtstag von Prof. Hugo Junkers, 3.Febr.1984 Bauhaus Dessau

Lenin und die Sowjet-Luftfahrt. Militärverlag, Moskwa 1979 (russ.)

LINDBERGH, C.A.: Kriegstagebuch 1938–1945. Verlag Fritz Molden, Wien–München–Zürich 1972

LINDBERGH, C.A.: Stationen meines Lebens. Verlag Fritz Molden, Wien–München–Zürich–New York 1984

LÜDTKE, G. (Hrsg.): Kürschners Deutscher Gelehrten Kalender. Verlag Walter de Gruyter & Co., Berlin–Leipzig 1931

MALINA, J.B.: Luftfahrt voran! Verlag der Reimar Hobbing GmbH, Berlin 1932

MEYER, G.: Luftfahrt. Urania-Verlag, Leipzig–Jena 1959

MIKULSKI, M: GLASS, A.: Polski Transport Lotniczy. Warszawa 1980 (poln.)

MUNSON, K.: Verkehrsflugzeuge 1919–1939. Orell Füssli Verlag, Zürich 1974

NĚMEČEK, V.: Militärflugzeuge, Bd.2. Naše Vojsko, Praha 1979 (tschech.)

NĚMEČEK, V.: Tschechoslowakische Flugzeuge (1918–1945). Naše Vojsko, Praha 1983 (tschech.)

NOWARRA, H.J.: 60 Jahre deutsche Verkehrsflughäfen. Verlag Dieter Hoffmann, Mainz 1969

OCHELHÄUSER, W.v.: Ein Beitrag zur Geschichte der Großgasmotoren. In: Aus deutscher Technik und Natur. R.Oldenburg-Verlagsgesellschaft, München-Berlin 1920

Österreichische Luftfahrzeugrolle von 1923 bis 1938. H.Weishaupt Verlag, Graz 1982

PERRIN, G.: Ju wie Junkers. In: Die Weltbühne, Wochenschrift für Politik, Kunst und Wirtschaft. Nr.5/1984

POLLOG, C.H.: Hugo Junkers. Ein Leben als Erfinder und Pionier. Carl Reissner Verlag, Dresden 1930

POLTE: Und wir sind doch geflogen! Verlag C.Bertelsmann, Gütersloh 1940

PRITT, D.N.: Memoiren eines britischen Kronanwalts. VEB Deutscher Verlag der Wissenschaften, Berlin 1970

Reichshandbuch der Deutschen Gesellschaft. Bd.1. Deutscher Wirtschaftsverlag A.G., Berlin 1931

REITZ, A.: Große Erfinder des deutschen Flugwesens. Alemannen-Verlag, Stuttgart 1943

RIABTSCHIKOW, E.; MAGID, A.: Anfänge. Verlag „Nauka", Moskwa 1978 (russ.)

SACHSENBERG, W.: Versuch zur Darstellung der Absatzkrise und ihrer Behebung. Manuskript etwa 1930

SAMOILOWITSCH, R.: SOS in der Arktis. Die Rettungsexpedition des Krassin. Union Deutsche Verlagsgesellschaft, Berlin o.J.

SCHMEISSER, R.J.: Deutscher Flug in Persien. In: Durch alle Welt. Peter J.Oestergaard Verlag, Berlin, Jhrgg.1930

SCHMIDT, H.A.F.: Historische Flugzeuge. Bd.I und II. transpress-Verlag, Berlin 1972

SCHMIDT, H.A.F.: Sowjetische Flugzeuge. transpress-Verlag, Berlin 1971

SCHMITT, G.: Als die Oldtimer flogen. Die Geschichte des Flugplatzes Berlin-Johannisthal. transpress-Verlag, Berlin 1980

SCHWIPPS, W.: Kleine Geschichte der deutschen Luftfahrt. Haude & Spenersche Verlagsbuchhandlung, Berlin (West) 1968

SEIFERT, K.-D.: Geschäft mit dem Flugzeug. transpress-Verlag, Berlin 1960

SUPF, P.: Das Buch der deutschen Fluggeschichte. Verlagsanstalt Hermann Klemm A.G., Berlin, Bd.I o.J., Bd.II 1935

Unterm schwarzen Balkenkreuz. Anonym, o.J. (Archiv d.Verf.)

WACHTEL, J.: Die Geschichte der Deutschen Lufthansa. Köln 1975

WENTSCHER, B. (Hrsg.): Deutsche Luftfahrt. Verlag Deutscher Wille, Berlin 1925

ZINDEL, E.: Die Geschichte und Entwicklung des Junkers-Flugzeugbaus von 1910 bis 1945 und bis zum endgültigen Ende 1970. Deutsche Gesellschaft für Luft- und Raumfahrt, Köln 1979

10 Jahre deutsche Handelsluftfahrt. Deutsche Luft Hansa A.G. (Hrsg.), Berlin 1930

25 Jahre Junkers-Flugzeug-Entwicklung von der J 1 bis zur J 90. Lichtbild-Lehr-Vortrag Nr.22. Dessau 1941

Personen-register

Die nachfolgende Zeichnung zeigt einen Junkers-Flugplan aus dem Jahre 1925, dessen Aushang auf Bahnhöfen von der „Deutschen Reichsbahn A. G." aus Konkurrenzgründen verboten wurde

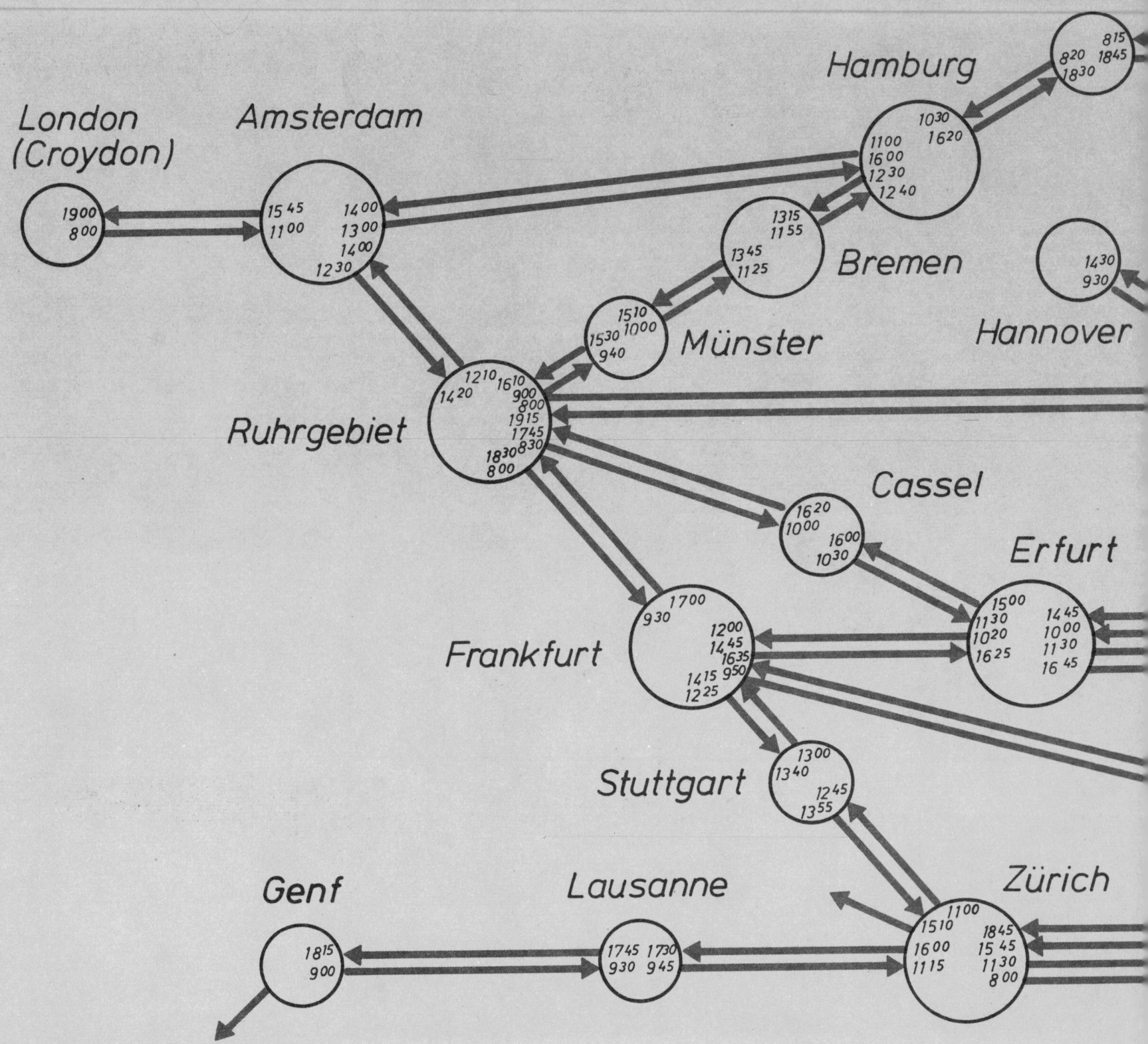

London (Croydon)

Amsterdam

Hamburg

Kopenha

Bremen

Münster

Hannover

Ruhrgebiet

Cassel

Erfurt

Frankfurt

Stuttgart

Genf

Lausanne

Zürich